## 学习、创造与使

# 概念图

## 促进企业和学校的学习变革

Learning, Creating, and Using Knowledge
Concept Maps as Facilitative Tools in Schools and Corporations

[美] 约瑟夫 · D. 诺瓦克（Joseph D. Novak）著
赵国庆 吴金闪 唐京京等 译

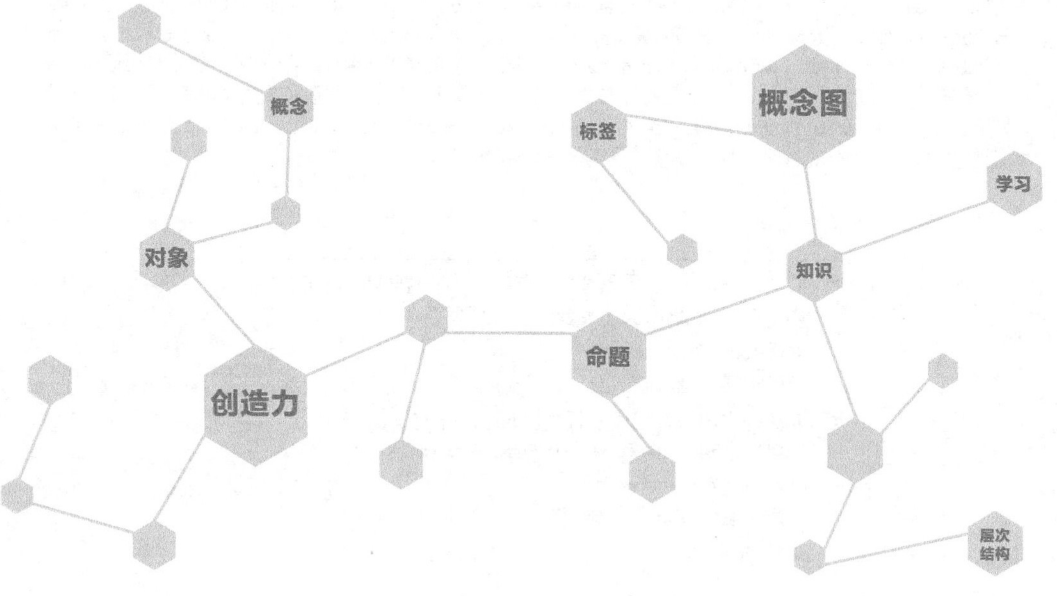


人 民 邮 电 出 版 社
北 京

图书在版编目（CIP）数据

学习、创造与使用知识：概念图促进企业和学校的学习变革 / (美) 约瑟夫·D.诺瓦克 (Joseph D. Novak) 著；赵国庆等译. -- 北京：人民邮电出版社，2016.7(2020.4重印)
ISBN 978-7-115-42807-3

Ⅰ. ①学… Ⅱ. ①约… ②赵… Ⅲ. ①思维方法－通俗读物 Ⅳ. ①B804-49

中国版本图书馆CIP数据核字(2016)第139504号

## 版权声明



◆ 著　[美] 约瑟夫·D.诺瓦克（Joseph D.Novak）
译　赵国庆　吴金闪　唐京京等
责任编辑　李　莎
责任印制　杨林杰
◆ 人民邮电出版社出版发行　北京市丰台区成寿寺路 11 号
邮编　100164　电子邮件　315@ptpress.com.cn
网址　http://www.ptpress.com.cn
涿州市京南印刷厂印刷
◆ 开本：700×1000　1/16
印张：23.25
字数：310 千字　2016 年 7 月第 1 版
印数：7 021　-7 520 册　2020 年 4 月河北第 9 次印刷

著作权合同登记号　图字：01-2016-0523 号

定价：59.00 元

**读者服务热线：(010) 81055410　印装质量热线：(010) 81055316**
**反盗版热线：(010) 81055315**
**广告经营许可证：京东工商广登字 20170147 号**

# 内容提要

知识是一个由相互联系的概念通过关系构成的网络。学习是为了增加对这个网络的理解，从而更好地组织这个网络，乃至促进有基础、有意义的创造，而这一切的核心就是关联性思考。本书跟你一起来探讨什么是关联性思考，如何通过概念图来发展它，为什么我们需要它，以及怎样应用它。这是一本值得所有企业管理者、教育管理者、教师、家长以及学生阅读的书，一本真正思考和部分解决教什么，怎么教，为什么教的书。

# 中译本序

约瑟夫·D. 诺瓦克
康奈尔大学，荣誉退休教授

尽管吴金闪教授本身的研究领域主要是量子物理学，但多年来，他对如何帮助学习者更高效地学习并能深刻理解所学内容这个问题充满了兴趣。他对于学校教育中强调记住知识而不是帮助学生深入地理解知识的问题感到愤慨。当他在 2012 年发现我的这本书——《学习、创造与使用知识——概念图促进企业和学校的学习变革》的时候，他立即与我联系，并开始在我的帮助下，把书中的这些理念和学习工具带给中国的学生和老师们。而后，他的同事，本书中翻译版的第一作者——赵国庆，也加入了队伍中。

2013 年 2 月，吴教授到我佛罗里达塔蓬斯·普林斯的家中做了为期 6 天的访问。当年 8 月，他和赵国庆教授还有其他几位同事在克里夫兰，又与我和阿尔伯特·卡弥亚斯（Albert Cañas）——概念图工具（CmapTools）软件的主要设计者——一起学习和讨论了 4 天。自此，我们还在多个旨在提升教育的努力上有合作。例如，我们（吴教授、阿尔伯特·卡弥亚斯和我）一起设计了一个把以概念图为基础的教学方法和具体领域的基本概念相结合的，用来促进学习者对具体领域的知识和理念加深理解的教学和教学研究项目。简短地说，这些项目的根本目的就是帮助学习者实现高层次的理解型学习。对于任何一个领域的学习者来说，当知识和技能是通过理解型学习得到的时候，他们就会更具有创造性。

本书呈现了一个关于教育的综合理论。在任何领域中，这个理论对于能在全面整合学习者的思考、行动和情感性的教学设计都是有指导意义的。它包含了成功教育的 5 个方面：教师、学生、领域知识、情境和评价。本书展现了这 5 个方面如何协同起来从而帮助学习者实现对领域知识的深刻理解，并且同时体验到建设性地使用知识所带来的成就感以及自我认知的提高。本书还展示了概念图如何用于提取、归档和更好地使用专家知识与方法。它不仅力争帮助教师和学生们更好地掌握领域中的思想和技术，还试图去改良这个社会。

中国是一个经济快速增长的国家，现在经济总量仅次于美国。同时在清洁能源等领域，中国也正在成为国际上的领导者之一。为了保持这个增长率，中国从学前班一直到大学阶段的教育实践有必要向着理解型学习迈进。我们希望，本书的出版能够进一步改善中国教育，无论是在地区还是国家的层面。同时，我们已经看到本书的理念和工具对于企业界也是有帮助的。因此，我们有望看见随着它们在企业界的应用，中国在商业培训、研发和管理方面也得到进一步的提升。

随着全球气候变化进程的加快，我们这个世界将面临更严峻的挑战：我们需要为全世界的居民提供食物、住房、工作和舒适的条件。我们需要一个能够应对这些挑战的教育系统。我们希望，通过提升在各个领域中的教育实践，能够为这些挑战提供更好的、更加具有创造性的解决方案。若没有这样的提升，在未来的几十年，我们可能会见到这个世界上有更多的数以亿计的人们生活在贫困之中。

# 推荐序

2009年6月，卡耐基基金会的数学和科学教育高级研究委员会（The Carnegie Corporation-Institute for Advanced Study Commission on Mathematics and Science Education）发布了一份报告[1]。该报告督促美国抓住机会缩小学生当前水平与未来需求之间的差距，以应对将来急剧变化的世界。为了达成这一目标，该委员会呼吁制定国家数学和科学教育标准，改进数学和科学教育，甚至重新设计学校和学校系统，从而给所有学生提供优质、平等的教育。

《学习、创造与使用知识——概念图促进企业和学校的学习变革》一书给出了对学校进行重新设计的一条可能路径。正如诺瓦克在本书第二版中所描述的那样，“在今天，教育危机（education crisis）在美国是真实存在的，而且还在循环往复着，这是非常令人沮丧的”。诺瓦克认为，本书“是写给那些心系教育事业的人，无论他们是相信教育能够得到显著改善，还是因半个世纪以来的教育改革未能取得显著成效而深感沮丧。”

让诺瓦克和很多人感到沮丧的是，我们已经拥有能够改进教育的理论和工具，其中一些理论和工具均已问世 50 余年（译者注：但这些理论和工具没有得到合理的对待）。事实上，30 年前诺瓦克在《一种教育理论》[2] [*A Theory of Education* (Novak)] 一书中就提出了一套可行的理论和工具。拉尔夫·泰勒（Ralph Tyler）为那本书写了推荐序，认为“众多（任何）教育工作者一直希望有一套综合性的学习和教育理论，这套理论将提供一个始终如一的基础，帮助他们解释他们已经取得的成功，并指导他们的日常工作。”于是，诺瓦克这么做了，这也是让他今天感到如此沮丧的原因（译者注：努力了没有收到预期的反

❶ http://www.opportunityequation.org/
❷ Novak, J.D. (1977). *A theory of education*. Ithaca, NY: Cornell University Press.

响）。在《一种教育理论》一书中，诺瓦克把教育改革比作布朗运动，“不断转变但没有固定的方向”。在本书中，诺瓦克又写道：“当时我就断定这种现象很有可能会持续下去，现在我更加坚信这一点，除非包括学校和企业在内的每一种教育环境都在综合性的教育理论上寻求根本的变革”。

《学习、创造与使用知识——概念图促进企业和学校的学习变革》正是这样一本书，书中给出了一套可以用来显著改善美国教育（和企业）的理论和工具。这套理论的核心观点是：“**教育的核心目标是增强学生的能力，让他们对自己的意义建构负责。意义建构是思维、感情、行动的有机体，在新知识的学习中，特别是在新知识的创造过程中，必须对这 3 个方面加以整合。**”

诺瓦克理论的核心思想是：**学生必须积极参与（engage in）学习并在学习中付出努力（exert effort），他们必须建立起新旧知识之间的联系**。为了实现这一目标，教育内容必须是概念丰富并具有挑战性的。在面临充满挑战而又能够被理解的学习材料时，只要学生愿意不断调整他们的已有知识，从认知层面对学习材料进行重组从而容纳新知识，就能够实现充满努力的参与式学习了。

如果说意义建构和知识组织是诺瓦克理论体系的概念基础的话，那么概念图就是其理论体系的核心工具：一方面，它支持意义建构和知识组织；另一方面，可以对学习进行评估。概念图是由概念术语（节点）及节点之间的有向连线组成的（层次）网络，连线上用连接词标明节点对之间的关系。概念图提供了一个透视学生心智的窗口——折射出学生的知识结构。作为学习工具，概念图帮助学生清晰地组织和外化他们的（当前版本的）知识。概念图使他们能够参与到学习内容中去，并付出努力进而对学习内容进行深入思考。概念图同时也是非常宝贵的评价工具，能帮助老师和学生对学习进行跟踪，发现知识的欠缺，并共同努力去弥补这些欠缺。

这些思想都被收入诺瓦克关于教学和学习的六大原则之中：①必须激发起学生学习的动机——他们必须选择去学习——否则什么学习都不会发生；②教师必须理解和进入学生的先验知识，不仅包括他们对概念形成的准确理解，也包括他们对概念形成的不准确理解；③教师应该对他想要教授的概念性知识进行组织；④教师应该组织教育情境以促进学习；⑤教师应该具有渊博的知识并对学生的知识和情感保持敏感；⑥教师应该对学生的学习进行持续的评估，从而对教学进行有效的指导并给学生以激励。

您就要开启一段冒险的旅程了，这段旅程很可能会改变您的教育观念——对您的知识和情感进行重构！正如诺瓦克所说的，这将是一个挑战——但是，请坚持下去。因为这段旅程是值得的！

理查德·J. 莎沃森 (Richard J. Shavelson)
斯坦福大学

本书第二版对第一版进行了全面的修订和更新。第二版中，我们认识到，在当今知识和信息社会中，经济生活的未来将取决于学校和企业能在多大程度上把人们转变为更有效的学习者和知识生产者。本书第一版中呈现的教育理论依然是可行和有用的。第二版中对意义学习理论、自主知识建构理论部分以及让理论变为可操作的工具（概念图以及V形图）部分进行了更新。由于概念图将促进学习过程的学习资源纳入其中（如今概念图工具软件又优化了这一过程），使这一教育理论变得非常容易实施。概念图工具软件非常直观，而且使用起来也很方便，即使那些不太愿意在职业生涯中使用新技术的人也会发现这本书非常有用。

## 第二版的变化

本书第二版用了更多概念图来说明学习理论、知识理论和教学理论中的核心思想，增加了一些在学校和企业环境中应用这些教育理论的案例，并强调在企业环境中运用这些教育思想的重要性。这一版就元认知以及其他增强学习能力的策略进行了深入讨论。考虑到人们对学习者的误解这一问题表现出持续的关注，我就自己在这一领域的研究工作进行了讨论，并就如何纠正误解给出了建议。

## 历史回顾

在本书第一版出版后的10年中，教育学家和心理学家达成了更多的共识，那就是人类学习包含了先验知识基础上的建构过程，这一过程需要对新意义进行积极主动建构。这是令人鼓舞的，因为这一观点是我在《一种教育理论》（*A Theory of Education*，1977）、本书第一版（1998）以及更早的《学会如何学习》（*Learning How to Learn*，1984）等书中表达的主要思想。《学会如何学习》随后还被翻译成8种语言出版。由于计算机性能、互联网和其他科技一起发生了爆炸性增长，我们提出的新教育模型也得以向前发展，这一模型将在本书第10章中进行讨论。

从1987年开始，我就很幸运地和佛罗里达“人机认知研究所”（Institute for Human and Machine Cognition, IHMC）开展合作。在过去10年里，我一直作为高级研究助理在“人机认知研究所”做兼职工作。1987年，在肯尼斯·福特（Kenneth Ford）期望领导一个聚焦于使用计算机增强人类能力而非替代他们的不同类型的研究组织时，他发现概念图正好能帮助他实现这一点。在阿尔伯特·卡弥亚斯（Albert Cañas）的带领下，IHMC开发了一套杰出的制作概念图和促进协同构建概念图的软件，我们称之为“知识模型”。这项研究的资金部分来源于美国国家航空航天局、美国海军部、美国国家安全局，还有其他政府和民间组织的资助，这些机构和组织在一些工作中都用到了概念图。CmapTools软件可以从http://cmap.ihmc.us网站上免费获取。本书中的所有概念图都是基于这个软件制作而成的，这些图也都可以从网上获取（选择IHMC-Internal，JDN LCUK）。为了更好地理解本书的思想，我建议读者下载CmapTools软件，并将这些概念图复制到自己的计算机中（放到My Cmaps文件夹中），看看你能怎样修改它们从而比读文字时更好地捕捉到概念图中的意义。

身为科学家，我接受到的教育使我确信，发展和细化那些用以指导科研和衍生的实践的理论是我们科技取得成功的主要原因。正是由于这种信念，如果要从实质上改进教育研究和教育实践，我们就需要建立一套综合性的教育理论。我最初的努力，也就是《一种教育理论》一书，对我、我的学生以及我的同事来说都是非常有用的，这本书和《学会学习》一起作为教材在我为康奈尔大学开设的“教育理论与方法”课程中使用了20年。我从我的学生、访问学者以及其他关心这一理论的优势与不足的同事们身上学到了很多，这其中还包括越来越多的在IHMC的新同事和合作者。本书第一版中呈现的教育理论对我们的项目开展则更加有用。

我于1993~1998年给宝洁公司做顾问期间所做的工作，以及和其他公司与政府机构的合作让我确信，我们在教育研究项目中开发的理念和方法在企业领域中同样有价值。商业领域的一些优秀著作也持同样的观点，本书的第一版和第二版都引用了这些论著。让我多少有些惊讶的是：在过去10年中，除了人们认识到加速的全球化进程正在深入改变世界商务规则这一点，商业领域中出现的新的思想相对较少。

自1995年我从康奈尔大学退休开始，我有机会和包括IHMC在内的公司以及其他组织合作，将我们所学到的（知识）用到改进知识检索、知识归档和教育实践中去。我这么早就选择退休是因为这样可以有时间与宝洁公司共事，这种联合最有价值。我很惊喜地看到我们在教育项目中开发的理念和工具在企业环境中得到了充分的应用。尽管我们之前和一些公司合作过，如柯达公司、康宁公司等，但人们对新思想总是呈现出明显地抗拒。一方面，我的背景是科学教育和生物而非商业，因此我面临着信任问题，这个问题在我早期和宝洁公司合作时表现得非常明显。事实上，从1993年6月我第一次和后来成为革新副总裁的拉里•休斯敦（Larry Huston）见面开始，到1993年12月第一次和研发团队见面，经历了6个多月。在随后把我介绍给高级团队成员的各种会议中，休斯敦常说他们发现“有用的思想不是来自商业领域，而是来自一位科学教育专业的教授”！多年来，休斯敦一直非常支持我们的工作，所以，我要特别感谢他在宝洁公司的领导力。在现任主席兼CEO——A.G•弗雷（A.G.Lafley）的领导下，宝洁持续成为商业新思想的领袖，我也在多个场合下引述他最近和拉姆•查兰

(Ram Charan，2008) 合著的书中的思想。

我和卡弥亚斯以及其他拉美同事的合作是最具回报的。卡弥亚斯是 IHMC 的副主任，他是哥斯达黎加人。我们的合作已经持续了多年，主要工作包括开发当前版本的概念图工具、实施巴拿马教育改进项目，这些合作让我们在私人关系和职业关系上都很愉快。在卡弥亚斯的倡议下，我们已经成功举办了三届国际概念图大会（见 http://cmc.ihmc.us，本书出版时已经成功举办 6 届）。

本书中呈现的研究成果和理念在南美及拉美、欧洲以及其他一些国家广受好评。在里卡多·巴克（Ricardo Chrobak）和他同事们的努力下，我很高兴在 1998 年阿根廷科姆哈尔大学被授予了我人生的第一个荣誉博士学位。2002 年，费尔曼·萨雷斯（Fermin Gonzales）和他的同事们帮助我在西班牙纳瓦拉大学获得了第二个荣誉博士学位。2006 年，朱塞佩·瓦里图提（Giuseppe Valitutti）和他的同事们又让第三个荣誉博士学位在乌尔比诺大学成为可能，当时正好还是该大学建校 500 周年的纪念日。

多年来，我一直很荣幸拥有那么多优秀的研究生、客座教授和其他亲密的合作者（超过 350 人）。他们已经成为我的良师益友，我会继续向他们学习。他们中的很多人在很多国家已成为各个行业的领袖。我从这种关系中正得到收获并将持续收获回报。

由于我们正在迈向法里德·扎卡利亚 (Fareed Zakaria，2009) 所说的后美国时代，所以我们将面临众多新的挑战，这些挑战不仅来自于美国，也来自全球。只有大幅度改进教育才能从根本上避免全球性的灾难，就此人们已经达成共识。我很高兴选择成为一名教育工作者而不是一名植物学家，尽管在 20 世纪 50 年代我的植物学教授反对我这么做。我希望本书能对全球学校和企业中的教育改进以及知识的创造和使用作出一点贡献。这或许就是奥巴马总统（Obama，2006）所说的“无畏的希望（Audacity of Hope）”，但我有理由去相信这样的改进是有可能的。

## 参考文献


Novak, J.D. (1977). A theory of education. Ithaca, NY: Cornell University Press.

Novak, J.D., & Gowin, D.B. (1984). Learning how to learn. New York: Cambridge University Press.

Obama, B. (2006). The audacity of hope: Thoughts on reclaiming the American dream. New York: Crown.

Zahkaria, F. (2009). The post-American world. New York: Norton (paperback).


## 致谢


非常荣幸，50 多年来我和那么多优秀的研究生共事，其中就有 20 世纪 70 年代初帮我开发概念图工具的团队。我也非常享受来自世界各地的众多客座教授们的激励、支持和洞见。这些人已经成为我的良师益友，我们共同学习！ 31 年来，康奈尔大学农业与生命科学学院教育系和生物科学系为我的工作提供了家一般的舒适环境。约翰逊管理学院亚当斯（Alan McAdams）教授在商业问题的理解方面为我提供了巨大的帮助，尤其是在康奈尔大学约翰逊管理学院我们合作授课期间。我在宝洁公司、拉里兄弟公司以及其他公司的同事同样成了我的良师益友。

1987 年，我开始了和西佛罗里达大学以及佛罗里达 IHMC 同行们的合作。这是非常关键的一步，它不仅促进了我们在帮助人类学习方面的研究工作，还促进了我们对专家知识捕捉、归档以及协作学习的努力。在阿尔伯特 • 卡弥亚斯的领导下，IHMC 开发了一些杰出的概念图软件，学校和企业可以在 http://cmap.ihmc.us 上免费下载这些软件。卡弥亚斯博士和他的妻子卡门（Carmen）也持续地提出了很多建设性意见，并和我保持了友好的私人关系。互联网的发展以及概念图工具的出现使得卡弥亚斯和我提出的新教育模型成为可能。我的 3 个孩子、两个孙辈以及我的妻子琼也都是我创作的力量、思想和灵感的源泉。本书中很大一部分优秀思想受到了他们的启发，如书中有不足之处则是我的个人责任。我要真诚感谢这些善良的人！

我还要感谢莎沃森（Shavelson）教授百忙之中抽出时间阅读本书并为本书作序。

Joseph D. Novak

记得上大三时，教我《教学设计》课程的李芒教授说过一句话，大意是教育教学改革就如同单摆一样，今天行为主义盛行，明天可能就是建构主义盛行了，过段时间发现矫枉过正，又回归到行为主义，如此周而复始……鉴于我当时还是一个热心于设计电子线路和开发计算机软件的本科学生，所以并未想过自己的人生和教育教学研究会有什么交集。但我骨子里先天就有的对教师事业的向往和热爱，一直在促使我思考李教授的这句话，并经常反问自己："到底什么才是真正有效的教育理论呢？"

戏剧性的一面发生在 2001 年，受当时信息科学学院陈星火教授的力邀，还在读大四的我有幸成为他教授的《C 语言程序设计》课程的助教，让没有学习过 C 语言的我不得不每天去面对计算机专业同学们各种问题的狂轰乱炸。幸运的是，我坚持下来了。从那以后，我开始给大学生授课，课程范围几乎涵盖了计算机专业的各种课程，其中包括大部分我从未学过的课程。我对自己的教师成长生涯基本还是满意的，很多同学是这么评价我的："赵老师的最大特点就是能够在一秒钟之内定位我们的问题所在，并以最快的速度教会我们寻找问题的答案。"

思考背后的原因，我想一定与我研究概念图和思维导图有关。我于 2003 年开始接触概念图和思维导图，并从此开启了知识可视化研究之旅。在 2005 年对概念图的发明人，也是本书的作者诺瓦克教授做了专访，2006 年完成以知识可视化为主题的博士论文，同年开始给中小学校长和教师做相关的培训，2009 年提出了"隐性思维显性化—显性思维工具化—高效思维自动化"的思维训练框架，并逐步把思维训练的理念融入到中小学课堂。在此过程中，概念图、思维导图等可视化认知工具犹如一面明镜，让我时刻对自身的认知结构保持着高度的敏感，所以在教学中才能充当知识的“活地图”。

理论上的探索和实践上的反思交替前行，尽管对“什么才是真正有效的教育理论”这一问题依然没有明确的答案，但随着教学经验的不断积累，我慢慢地感悟到，无论各种学习理论在表述上有多大的不同，它们都是从特定视角对复杂教育教学现象作出描述，观察的视角不同，看到的风景自然也就不同。但教育教学就那么客观地存在着，能不能有一个更为全面、综合的教学理论呢?

幸运的是，2013 年在本书另一译者吴金闪教授的牵线下，我得以和北京师范大学的同事一起赴美国克里夫兰向诺瓦克教授当面学习，并很荣幸获得将本书翻译成中文出版的机会。翻译的过程就是和大师对话的过程，慢慢地，诺瓦克教授的思想跃然眼前。诺瓦克教授同样认为“教育需要一套能够指导实践的综合性理论”，并且书中就给出了这套“综合性理论”。这套“综合性理论”的核心思想是：教育的目标是增强学习者建构知识的能力，意义学习是实现这一目标的有效学习模式，概念图则是实现意义学习的强有力工具。

这一“综合性理论”与我多年的教学经验不谋而合（这么说有点自夸嫌疑，只能怪自己读这本书读得太晚了）。我于 2011 年启动的思维训练项目实验校，以及 2014 年发起的思维发展型学校联盟，推行的思维发展型课堂建设，正是“增强学习者能力”的具体实践。在此过程中，我深深感受到本书中“综合性理论”的威力，联盟学校老师和学生们的进步也让我欢欣鼓舞，并激励着我不断前进。越是如此，我越急切地想让本书中文版早日问世。我希望这本中文版能够帮助更多中国教育工作者认识这套“综合性理论”，帮助教育改革找到真正的方向，从而走出“单摆现象”的魔咒。

不得不说，翻译本书是一个巨大的工程，过程中遇到的困难绝不是一开始就能想象得到的。完成本书的翻译不仅需要个人的毅力和坚持，更需要一个团队的协同努力。本书各章节翻译工作的具体承担情况如下：推荐序和作者序（赵国庆）、第 1 章（赵国庆）、第 2 章（赵国庆）、第 3 章（辛明秀、王晓玲、赵国庆）、第 4 章（吴金闪）、第 5 章（吴金闪）、第 6 章（尉东英、张媛媛、赵国庆）、第 7 章（辛明秀、姚茜、赵国庆）、第 8 章（唐京京）、第 9 章（唐京京）、第 10 章（梁前进、赵国庆）、附录（赵国庆、唐京京）、后记（赵国庆）。王雨晨和曾嘉灵帮助重绘了书中的插图，王晓玲、毛荷、马丽、龙飞对翻译稿进行了校对整理，最后全书由吴金闪和赵国庆审订并定稿。

本书中文版即将付梓，我要感谢北京师范大学国际处、教师发展中心、教务处、研究生院以及相关院系的支持；感谢梁前进、刘京莉、马利文、尉东英、辛明秀、杨丽姣、朱嘉、朱文泉、姚茜、唐京京、张媛媛在翻译过程中付出的辛劳和汗水；感谢王晓玲、毛荷、王雨晨、曾嘉玲、马丽和龙飞等在整理和校对中做出的努力；感谢教师发展中心的李芒主任和魏红副主任对本书翻译工作一如既往地支持；感谢本书的原作者约瑟夫 • D. 诺瓦克教授授权本书中文版出版并为中文版作序；感谢阿尔伯特 • 卡弥亚斯，Charles (Kip) Ault，Simone C.O. Conceição，Joel Mintzes 等教授来北京师范大学为师生开设概念图课程；感谢人民邮电出版社的李莎和蒋艳在引进和出版本书的过程中付出的辛苦劳动。

需要指出的是，尽管参与翻译工作的每一位老师都尽心尽责，但由于我们知识面有限，时间太紧，加上本书涉及知识面太广，我们无法对每一个细节进行一一核实，译文中一定存在不少理解偏差或错误。

所以，恳请各位读者，特别是对相关领域比较熟悉的读者，在阅读本书时帮我们找出并校正这些错误，以便本书再版时能够更准确地传达原书的思想。

# 目录 Contents

**中译本序 / 001**
**推荐序 / 003**
**作者序 / 006**
**译者序 / 012**

Chapter 01
**概论 / 001**
**1.1** 引言 / 001
**1.2** 本书概要 / 005
**1.3** 说明可能性的一个例证 / 010

Chapter 02
**对教育理论的渴求 / 013**
**2.1** 教育的五要素 / 015
**2.2** 人类教育理论 / 018
**2.3** 教育研究和评估的改进 / 022

Chapter 03
**增强学习者能力的意义学习 / 025**
**3.1** 事实、概念、命题和原则：知识的组成要素 / 027
**3.2** 人类记忆系统 / 030
**3.3** 概念图和知识整合 / 036
**3.4** 意义学习增强学习者能力 / 042
**3.5** 组织学习 / 043

Contents

Chapter 04

## 新意义的建构　/ 045


**4.1**　“意义”这个词的意义　/ 045

**4.2**　意义学习的基本概念　/ 047

4.2.1　概念学习和表征学习　/ 047

4.2.2　表征学习　/ 048

4.2.3　情境认知　/ 049

4.2.4　命题学习　/ 051

**4.3**　概念形成与概念同化　/ 052

**4.4**　认知结构的发展　/ 056

**4.5**　皮亚杰的认知发展理论　/ 056


Chapter 05

## 奥苏贝尔的同化学习理论　/ 062


**5.1**　意义学习与机械学习　/ 066

**5.2**　接受式学习和发现式学习　/ 071

**5.3**　归并和湮灭性归并　/ 074

**5.4**　渐进分化　/ 078

**5.5**　整合性认同和概念层次、质的提升　/ 080

**5.6**　上位学习　/ 085

**5.7**　先行组织者　/ 089

**5.8**　脚手架学习　/ 091

**5.9**　同化、学习和建构主义　/ 092

**5.10**　创造性　/ 093

**5.11**　智力　/ 096

**5.12**　情商　/ 099

06

Chapter

## 知识的本质以及人类如何创造知识 / 102


**6.1** 知识的本质及来源 / 102

6.1.1 高文的 V 形认识论 / 103

6.1.2 知识 V 形图的元素 / 107

6.1.3 学习和知识创造的关系 / 119

6.1.4 简约性原则 / 122

6.1.5 提高科研生产力 / 123

**6.2** 知识的形式 / 126

6.2.1 知识与信息 / 126

6.2.2 隐性知识和显性知识 / 126

6.2.3 陈述性知识、程序性知识和结构性知识 / 128

**6.3** 知识获取和利用的方法 / 128

6.3.1 个人访谈 / 128

6.3.2 问卷 / 132

6.3.3 焦点团体 / 133

6.3.4 团队概念图 / 133

6.3.5 获取和存档专家知识 / 138

6.3.6 知识捕捉的其他途径 / 141


07

Chapter

## 有效的教师和管理者 / 146


**7.1** 建设性地整合思维、情感和行动 / 146

**7.2** 概念误解的问题 / 153

7.2.1 克服概念误解 / 157

7.2.2 组织机构设置的问题 / 158

**7.3** 教育理论的知识 / 161

7.3.1 一个典型案例 / 164

7.3.2 关于概念学习的 12 年追踪研究 / 166
7.3.3 咨询环境情境下的教学 / 172
7.3.4 情感敏感度 / 174
7.3.5 信任 / 175
**7.4** 安德烈的故事 / 176
**7.5** 公司环境中的信任和诚实 / 185
**7.6** 促进团队合作 / 191
7.6.1 作为学习小组的团队 / 194
7.6.2 使用概念图和V形图 / 194

Chapter 08
**教育与管理的情境 / 201**
**8.1** 情境的重要性 / 201
**8.2** 情感情境 / 203
8.2.1 情感的重要性 / 203
8.2.2 爱的艺术 / 205
8.2.3 同伴关系 / 211
8.2.4 学习材料 / 215
**8.3** 物质情境 / 219
8.3.1 学校设施，千篇一律 / 219
8.3.2 教育的“理想”环境 / 221
**8.4** 文化情境 / 224
8.4.1 遗传和环境因素 / 224
8.4.2 性别问题 / 226
8.4.3 种族 / 232
**8.5** 组织情境 / 233

Chapter 09


## 评价与奖励 / 239

**9.1** 评价的重要性 / 239

**9.2** 测量 / 241

**9.3** 测试 / 242

9.3.1 客观测试 / 242

9.3.2 李克特量表 / 248

**9.4** 其他评价形式 / 251

9.4.1 表现性评价 / 251

9.4.2 概念图 / 253

9.4.3 V形图评价 / 260

9.4.4 报告作为评价工具 / 263

9.4.5 档案袋评价 / 265

**9.5** 真实性评价 / 267


Chapter 10


## 学校和企业教育的改革 / 269

**10.1** 对教育持乐观态度的前提 / 269

**10.2** 组织的提升 / 275

10.2.1 学校组织 / 275

10.2.2 学校改革 / 275

10.2.3 营利性组织 / 282

**10.3** 新技术带来的希望 / 287

10.3.1 互联网 / 287

10.3.2 双向视频会议 / 289

10.3.3 课程开发的新形式 / 289

10.3.4 一种新的教育模式 / 290

**10.4** 将资源添加到概念图中以构建“知识模型” / 293

**10.5** 各种学习体验形式的整合 /295

**10.6** 前方的路 /306

附录 1 如何构建概念图 /308
附录 2 V 形图教学流程 /310
参考文献 /312
人名索引 /334
术语索引 /338
主题词索引 /340
译者后记 /345

Contents

# 01 Chapter 概论

## 1.1 引言

本书谨献给那些心系教育事业的人，无论他们是相信教育能够得到显著改善，还是因半个世纪来的教育改革未能取得显著成效而深感沮丧。20 世纪 70 年代，尽管学校的财务预算在不断增加，但学生们的标准化考试成绩却在逐年下降。1955 ～ 1985 年间，除了通货膨胀的影响，每个学生的平均花费上升了 300%，学校的预算也在持续增加。50 多年来，美国为学校教育倾注了大量的资金。1984 年，古德拉德（Goodlad）在一份关于美国学校的报告里写道："越来越多的人认为教育正在扭转颓势……这种态度的转变可能是源自我们的教育目前正处于历史最低谷的现状，好转是唯一可能的方向"。1985 ～ 2007 年，公立学校的生均花费从 5879 美元增加到了 9928 美元（以等值美元计）[1]，但是在 25 年后的今天，没有任何迹象表明学校教育在变好。

尽管人们认为教育质量与经济发展之间有很大的关联（Lutz，et al.，2008），但在美国，学校教育没有取得进步也是不争的事实。几乎每天我们都可以看到关于美国学生落后于大多数工业化国家的报道，美国的文盲

❶ 详见 http://nces.ed.gov/。

率和辍学率也是发达国家中最高的。在美国城市规模排在前 50 的城市中，超过 50% 的城市大约只有 70% 的学生完成了 4 年的高中学业，这么高的学校辍学率无疑是令人沮丧的（Fields，2008）。学校教育如此糟糕的表现无疑对这些城市甚至整个美国的经济发展产生了负面的影响。更严重的是，教师的离职率也很高，5 年内达到了 30%（Truesdale，2008）。为什么会是这样的呢？学校教育改革进程为什么如此缓慢？就连那些优秀的学校也不例外！我必须指出的是，重复过去的老路不可能让我们的教育得到改善，我们必须在坚实的教育理论的指导下，充分发挥新技术的威力，迈向教育的新实践。

美国的企业发展一直做得很好。虽然经济增长率无法与其他国家相比，但 GDP 却一直是世界最高的，仍然为大多数国家所艳羡。随着经济全球化的不断深入，我们已经来到了弗里德曼（Friedman，2005）所说的“平坦化世界”。尽管国际贸易还在持续增长，但美国和很多国家一样面临着一些重大挑战。为了维持和推动经济的快速增长，印度和中国的领导人正致力于提升各自国家的教育质量，努力提高学校教育（特别是高等教育）的入学率。弗里德曼写道：“中国在 2004 年的英特尔科技博览会上一举荣获 35 项大奖，其中还有一项是三大全球奖项之一，这个数量超过了亚洲的其他国家。”如果不对教育进行大的升级，美国的经济地位将岌岌可危，这一问题已引起美国领导层越来越多的关注。与野中郁次郎和竹内弘高（Nonaka & Takeuchi，1995）在《知识创造型企业》一书中的观点相似，我在本书的第一版中曾经强调知识资产对企业成长的作用正在与日俱增。如今，每一个企业领导人都在谈论知识和知识创造的重要性，这也是我老生常谈的话题。在阅读大量的最新商业著作时我很惊讶地发现，在过去十年中很少有新的思想出现。那些 1998 年就被广为引用的作者如今依然广受欢迎，但他们中很少有人提出过新的观点。除了弗里德曼（Friedman，2005），还有泰普斯科特和威廉斯（Tapscott & Williams，2007，《维基经济学》（*Wikinomics*）以及弗里和查兰（Lafley & Charan 2008，*The Game-Changer*）提出了新的思想，这些我将在后面有所讨论。这3本书都在强调全球化正在进一步深入，商业模式已被互联网所颠覆。

你有没有想过为什么遇到的人很多连最简单的问题都解决不了？事实上，一个当时无法解决的问题，在事后看起来却很简单，你可曾想过其中的原因呢？相比之下，一些年龄很小的孩子总能比我们先找到解决问题的办法。为什么寻找普通问题的解决方法变得如此困难？简而言之，为什么人们在组织、使用和创造知识时会遇到如此多的困难？这正是我将要回答的问题。这是一个复杂的问题，而我将给出的答案也不简单。为了更好地理解我的解决方案，读者需要学习更多关于学习、知识和知识创造方面的知识。但是随着对本书理解的不断加深，到最后你会和过去几十年的人们有同样的想法："这太有意义了，为什么我们不多按书中的建议去做呢？"我希望您在读完本书后，利用所得能够在学校、政府机关或企业中帮助他们改变教授知识、运用知识和创造知识的方式。

我们正处于危机之中之类的话已经是老生常谈了。历史上也有过许多危难时刻，但世界仍在继续发展。然而，古老的帝国已经倒下了，西方逐渐取代东方成为世界文化和经济的主宰，而历史很有可能会再次重演。正如普莱斯特威兹（Prestowitz，1988）所说的那样，美国和日本可能要"换位"。在未来十年里，美国将从世界上最大的债权国变为最大的债务国，并且债务还会不断增长。愚昧带来的经济后果将产生极大的负面影响。或许与资本主义历史上的任何时候相比，美国以及依赖美国国家的人民都面临着巨大危机。无论是个体，还是组织，我们都要学习如何把自己培养得更好，正如野中郁次郎和竹内弘高（Nonaka & Takeuchi，1995）强调的，美国企业必须成为"知识创造型企业"。

美国经济学家彼得·德鲁克（Peter Drucker，1993）在《后资本主义社会》（*Post-Capitalist Society*，P198）一书中强调，我们需要的是与现在明显不同的学校。这些学校需要满足以下要求。

- 超越今天的"识字"教育，培养学生高层次的读写能力。

- 能够激发所有层次和所有年龄的学生学习的动力和增强继续学习的自律性。
- 学校应该是一个开放的系统，无论是那些接受过高等教育的人，还是那些在早年因为种种原因没能接受高等教育的人，他们都能够参与其中。
- 不仅将知识作为“内容”来教授，也将其作为“过程”来教授，德国人曾把这两者区分为“知”和“能”。
- 最后，教育不再是学校垄断的产业。后资本主义社会的教育必须渗透到整个社会，企业、政府部门以及非营利性组织（non-profit organizations）等都应成为学习和教学的参与者。学校必须不断加强与雇主以及用人单位之间的合作关系。

德鲁克的观点可能还有改良或者补充的空间，但我们不能否认他所列举的这些观点的价值。如何才能让这些具有革命性精神的学校成为现实呢？这很难找到简单的答案！本书的一个基本设想是我们必须寻求在一个综合性的教育理论的基础上，建立起学校和企业间新的合作关系，并同时在学校和企业中开展教育变革。本书尝试提出一个这样的理论和框架。

如今，前所未有的经济全球化进程仍在进行。这一进程在 20 世纪 90 年代显著加速，随着新技术的发展为全球通信和贸易持续提供便利，这一进程似乎还将持续加速。但在学校，特别是在大学，很少看到迅速迎接新的教育挑战的迹象出现。很有可能美国的企业和世界上的其他公司将会采取最有效的理念和最可行的办法来增强他们的影响力。经济的持续全球化将会使更多的企业破产。随着印度、中国、巴西以及其他国家经济的崛起，美国和欧洲将会面临很多挑战。我们可能进入了扎卡里亚（Zakaria，2009）提出的“后美国世界”。对于任何一个人来说，特别是那些想要抓住机遇的教育工作者，接下来的 10 年或 20 年将会是一个令人激动的时代。我希望本书为促进世界上所有人接受更好的教育而贡献自己的力量。

## 1.2 本书概要

图 1.1 是本书的概要图示。这是一幅概念图，在本书接下来的很多章节中都会用到概念图。概念图是一种知识表征的工具，这张图展示了本书的大致内容。概念图一般以自上向下的顺序阅读，越靠近顶部的概念越综合，越靠近底部的概念则越具体，概念图中还有表示不同概念间的相互关系的交叉连接。

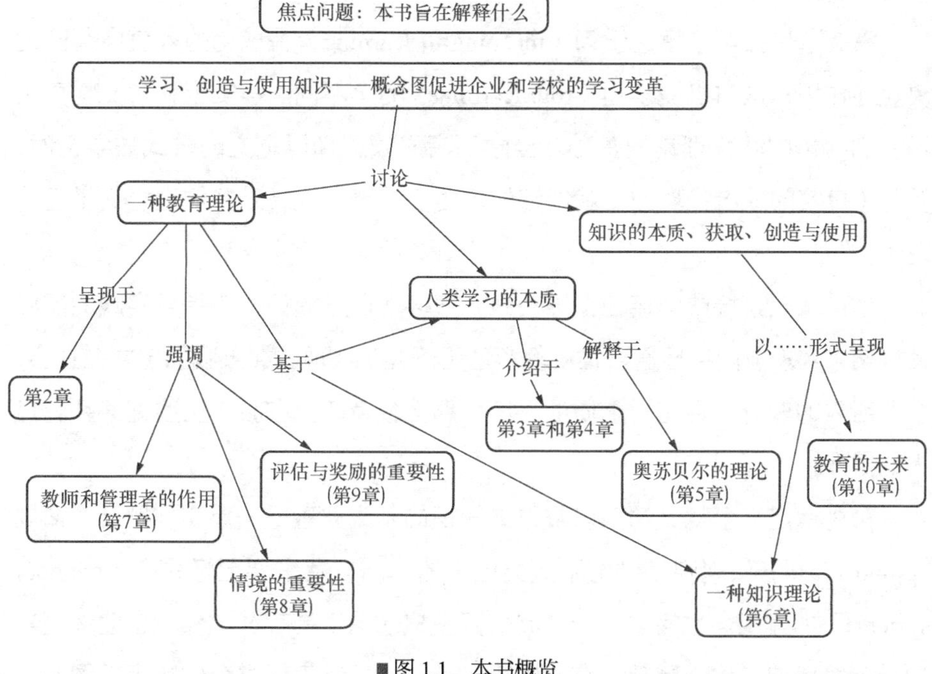


■图 1.1　本书概览

图 1.1 表明本书要阐述 3 个最主要的理念：①知识的本质、获取、创造及使用；②人类学习的本质；③将二者连接起来并解释它们之间相互关系的一种新的教育理论。在继续阅读本书的概要前请回顾这张概念图。这个概念图是使用 IHMC 开发的概念图软件工具制作的，可以在 http://cmap.ihmc.us 网站上找到该软件的使用方法。这款软件为知识的捕捉和管理带来了新的可能，并适合于任何环境下的教学，我们将在后面的章节里讲述这些可能。同时，

该软件支持设置焦点问题（focus question），用来定义概念图着力解决的问题，这个话题将会在后读章节中讨论。

第 2 章讨论了对一种新的教育理论的渴求，这种理论能帮助我们解决在把人们培养成强大、自信和坚定的知识创造者和使用者的过程中遇到的种种问题。本书的教育理论有 5 个核心要素，各要素之间相互作用，创造一个有影响的教育事件时必须考虑所有的要素。这 5 个基本要素分别是：①学习者；②教师；③知识；④情境；⑤评价。在本章中将会讨论每个要素以及它们之间的关系。

第 2 章也强调了意义学习（meaningful learning）在成功的教育中起到的决定性作用，这与机械学习（rote learning）完全不同。事实上，意义学习正是我们给出的教育理论的基础。当学习者必须选择以意义的方式去学习时，教师（真实的或者代理的）就能够做出更多的努力以鼓励并促进意义学习的发生。

理论可以直接或间接地指导实践：直接地通过提供一个指导实践的解释性框架来实现或间接地通过推动教育理论研究来实现。如果我们想要在社会、企业所需的教育前沿有一个质的飞跃，那么教育研究和教育实践都必须有巨大的提升。

第 3 章定义了意义学习以及组成知识的基本要素——事实、概念、命题（propositions）和规则，讨论了人类记忆的本质以及主要记忆系统（memory systems）的作用。也简要介绍了我们开发概念图工具表征学校和企业环境知识运用的早期工作。最后，简要描述了意义学习对于促进个体和组织提升方面的作用。

第 4 章进一步阐述了人类是如何建构新意义以及概念和命题在这个过程中所发挥的作用。人类在发展自身知识结构 [ 心理学家称为认知结构（cognitive frameworks）] 时不断建构复杂的概念和命题网络。在讨论新思想的同时，本章还将简要讨论皮亚杰（Jean Piaget）不可磨灭的成就以及他的认知发展理论（cognitive developmental theory）。

第 5 章将详细介绍奥苏贝尔（David Ausubel）的关于意义学习的同化学习理论（assimilation learning theory），同时将呈现大量的案例，还有基于我们的研究和认知科学的最新研究对这些案例所做的修正。奥苏贝尔（Ausubel，1962，1963）是帮助心理学走出行为主义（behaviourism）学习模型并走向认知主义（cognitivism）学习模型的先驱之一。行为主义主要的研究基础是 20 世纪 30 年代到 20 世纪 70 年代间基于大量动物行为的研究，认知主义则侧重于人类如何建构新意义以及如何运用知识解决实际问题的研究。本章还讨论了同化学习理论中创造力和智力的本质。对那些不太熟悉心理学的读者来说，这一章读起来可能有些费劲。然而，如果要深刻理解人类是如何创造和使用知识的，这一章是值得认真阅读的。尽管不断有关于人类如何学习的新理论涌现，但我认为经过一定修正和补充的“奥苏贝尔的学习理论”仍然是应用最广泛、最强大的。作为对“奥苏贝尔理论”的补充，这一章还会呈现一些认知心理学的新进展。

理解意义学习是理解知识和知识创造本质的前提。第 6 章呈现了一个以第 5 章提出的同化学习理论为基础的知识理论。本章还将展示使用 V 形图（Vee diagrams）来帮助描述知识结构以及知识创造过程中的 12 个要素，并对 12 个要素一一进行了定义，通过举例来展示如何使用 V 形图在任何特定知识领域对知识的创造过程与知识结构进行表征。

第 6 章还将讨论知识的不同形式，如显性知识（explicit knowledge）与缄默知识（tacit knowledge）。这一章将给出隐性知识（implicit knowledge）的捕捉方法以及多种捕捉和运用知识的方法。这一章还将用学术和商业中的例子来说明相关的方法和原则，另外还将特别关注如何从消费者那里获得并使用知识。意义学习的一个最基本原则是新的学习必须建立在学习者已有的特定相关知识的基础上。因此，无论是学校的学习者还是消费者，理解知识加工的过程对于提升理解水平和理解能力都是非常关键的。

第 7 章将聚焦教育的第 3 个要素——教师或管理者。我认为管理者如果要开展有效的管理，其自身也必须是教育者。因此，我们讨论的话题和想法对教育和管理同样适用。举例来说，我相信他们都需要在情感上保持敏感、忠诚和关怀。当然，也有一些被认为很成功的教师和管理者并不完全具备这些特征。当我们处理一些复杂的情感、想法和行动时，总会有些意外发生。本章将努力提出一些大多数人在大多数时候适合的方法。这些方法与前面章节里所展示的学习理论和知识理论的思想构建基础是一致的。

所有的教育事件都是在特定的时间、特定的空间以及特定的社会和文化背景下发生的。第 8 章将会涉及为实现有效教学和有效管理的情境问题。这里将再次强调精神层面上的体验。高效的教师或管理者能够创造一个帮助学生或雇员效率最大化的情境。性别、种族以及其他社会文化因素的差异都可能给教师或管理者带来挑战，但是努力去改善其带来的不利影响能帮助培养更多高效的学生和雇员。如果忽视情境问题的处理，会给学生学习和雇员表现带来不利的影响。在学校里，高辍学率、学习失败和自我毁灭等状况都可能导致个人的能力丧失甚至一辈子的失败，社会也要为此付出沉痛代价。在商界或者政府机构里，如果不能为员工提供一个积极向上的环境，员工的工作效率就会降低，这将导致高的跳槽率从而带来更高的成本，也不能最佳地发挥和利用员工的力量、才能和创造力。另外，在美国和一些其他国家，性别歧视和种族歧视都是违法的。最近有许多大公司因为这种歧视受到了严重的惩罚。最坏的情况是公司倒闭，政府机构也为此付出了巨大的代价。

第 9 章讨论了教育和管理的最后一个要素，在某种程度上，这也是一个最重要的因素。对学习表现进行评估和奖励的方式能够提升处理教育其他 4 个要素时的表现，并挖掘出最大的潜力。学校环境中，多项选择题被广泛使用，但由于这些选择题的有效性大多非常有限，导致人们对死记硬背的学习模式更加推崇，而创造力却没能得到提升。在商业环境中，在员工的选择和提拔上也可能有类似的问题发生。对消费者的知识、兴趣以及购买欲的无效评估可能会导致产品开发或服务的失败，因为产品可能超出了消费者的需求，从而妨碍企业增长，不能为社会带来最大的贡献。本章讨论了几种替代性的评估方案以及它们各自的优点。

本书的最后一章（第 10 章）将着眼于未来。提升教育和管理水平的机遇在哪里？结合前面章节的观点，如果没有一个综合性的教育理论来指导教师教育和学校实践，教育是不大可能取得进步的。同时，由于教育改革的速度极慢，在短期内让学校取得实质性的进步是不太现实的。我们看到很多“新”的项目被引进学校，如新的阅读项目，但实证研究并没有给出证据来证明它们真正有效提升了学习。例如，一项在 10 个城区 6350 名学生的群体中实施的新阅读项目就显示没有取得丝毫提高（Zehr，2009）。在迈阿密，一项在 39 所学校里开展的 1 亿美元的项目，学年数被拉长，学生在校时间也增加了，但最后的结果却显示学生成绩是下降的（McGrory，2009）。大部分新项目都差别不大，他们都没能关注如何去促进意义学习的发生。人们为什么对教育改进仍有所期待呢？因为还存在着一些其他发挥作用的因素，这些因素正常情况下能够带来学校教育实践的缓慢进步。经济全球化加速发展要求商业变得更具创造力以保持其竞争力。劳动者的创造力提升可以通过高层次的意义学习来实现。这需要先在少数人群中实验，然后迅速扩大到大城市中的多数人群，并迅速覆盖整个美国。不幸的是，这些人群收到的总是那些枯燥的、以死记硬背为主的项目。

公立学校的私立化也是影响变革速度的可能因素。然而，有证据显示，“逐利”而生的企业在教育方面并没能比公立学校做得更好，即使采用相对简单的评价手段得出的也是同样的结论。学校的私有化和新技术的不断使用带来的成功非常有限。那么，使学校得到实质性提升的创新的源泉来自哪呢？我将希望寄托在那些愿意尝试使用包括本书中提到的思想在内的新教育思想的学校、企业和政府结构。在未来 10 年左右，商业领域的竞争压力将会驱使企业采用新的方式和思路来创造、共享和使用知识。我相信我们会看到教育和管理机构采纳本书中所讨论的理论方法的那一天。随后，通过真实的案例，例如，后面将要讨论的奥托（Otto Silesky）的学校，或新的学校的私立化（privatization of schools）形式，或者两者都有，学校教育和高等教育都将会有实质性地重大提高。

如果把我们心目中的理想教育评定为 10 级的话，我认为当前的教育只能达到 2 级或 3 级的水平。我预计，在一些更具创新性的项目的支持下，未来的 10 年或 20 年里可能会达到 6 级或 7 级的水平。由于在过去的 40 年中几乎没有取得什么进展，我知道我的预测实在是太乐观了，然而我希望本书能够为实现这一目标尽绵薄之力。

## 1.3 说明可能性的一个例证

2002 年 6 月，我和阿尔伯特・卡弥亚斯受邀为哥斯达黎加大学的师生和访问学者们做了一场报告。当地一所学校的校长就是听众之一，他的学校涵盖了从四年级到高中的所有年级。这里的学生有着不同的文化背景和不同的种族，他们中有学习积极主动的，但也有消极被动学习的学生。一些学生选这所学校的原因是他们对使用新的学习方法非常感兴趣。奥托的学校是一所公助私立学校。奥托的员工愿意尝试新事物，老师有权决定自己使用的教学策略。在对教学策略进行改变的同时，他们的一个主要创新是让所有年级、所有科目的老师都在教学中使用概念图和概念图工具。他们对真正的意义学习和死记硬背进行了深入的讨论，深入理解了走向意义学习需要教学实践改革的支持。同时，他们购买了笔记本，让学生在教室里能够方便地绘制概念图，并在这个过程中互相协作。由于过去的教学方法相对传统，教师和书本是信息的主要来源，学生只需要记住这些知识即可，向意义学习的转变对老师和学生来说不是一个简单的过渡。

从以记忆和测试记忆为中心的教学模式转向以理解知识本质并发现其在现实世界中的应用案例为评价标准的教学模式，并不是一件简单的事。事实上，该项目在第一年（2003 年）举步维艰，从全国高中毕业考试的成绩可以看出，该学校的考试通过率从 2002 年的 65% 降低到 2003 年的 55%。如果考虑到教师和学生都需要完成从过去做法到意义学习新实践的转变，这样的结果并不难理解。然而，教师和学生都报告了许多 2003 年一年中发生在他们班级的具有积极意义的事。奥托和他的员工们一直坚持努力，在随后的几年里，这些考试的通过率持续增长。2004 年增长到 92%，2005 年增长到 93%，2006 年增长到 97%，2007 年和 2008 年增长到 100%。图 1.2 是这些数据的总结。取得这样的成绩非常了不起，以至于有哥斯达黎加大学的教师专门前来学习他们的教学方法。他们发现学生和老师都非常热衷于新的教学方法。另一个积极的结果是奥托学校毕业生的大学升学率有了巨大地提高，从 2004 年的 0 增长到 2005 年的 75%，2006 年的 76% 和 2007 年的 75%。事实上，许多本来并不打算上大学的学生不仅在大学学习中取得了成功，而且还在大学里传播他们在高中时掌握的新型学习法。

■图 1.2　奥托的高中在全国高中毕业考试中的通过率

必须承认的是，这只是个例，在我写这本书的时候并不知道其他学校是否也取得了同样的成功。但是，就像我们只需要将一个人送上月球就可以证明我们能做到这件事情一样，我举这个例子是因为它清晰地证明了教育可以有显著的改善。不仅是学生在国家统一考试中成绩提高很快，奥托还说道，对于他来说最重要的是这个新项目给学生的自信带来了积极影响，学习的快乐感得到大幅度提升。考虑到美国学校的平均毕业率只有 70%，贫民区学校的毕业率只有 30%，奥托的学校取得的杰出成绩是值得赞扬的。我将给出一些其他研究结果来支持本书中观点的有效性，从而证明我为什么相信学校、企业以及其他机构的教育改进是可能的。

还有一点需要注意，这一点也是我在面向教育工作者的演讲中被频繁问到的问题的答案。“如果我们使用这种学习方法并且学习您建议的工具，我们的学生在更高级别的州级考试中能取得更好成绩吗？”这个问题并不容易回答，因为这取决于教师和学生们是在什么背景下开始这项转变的，以及我们是否愿意为达到意义学习而坚持。直到第二年，奥托学校的教师和学生才看到成果，而全国性考试正是取得成功的标准。尽管这个标准并不能完全测量出这些学生真正学到的东西，但他们确实成功了。在第 7 章（见图 7.8）我将阐明，如果评估的目标是解决新问题的能力，那么为达成意义学习所做的努力往往在几周内就会见效。还有很多关于如何在学校和企业里开展评估的问题，我将在第 9 章中讨论。很多研究也显示使用概念图以及其他意义学习的策略取得了积极的成效，大部分的研究都可以在国际概念图大会的论文集中找到。

# 02 Chapter 对教育理论的渴求

本书中的理念与其第一版以及我的早期作品是相同的，如我在《一种教育理论》一书中提到：在任何环境下，教育都是极为复杂的人类活动；与能为教育带来建设性进步的方式相比，对教育产生危害或者毫无意义的方式要多得多。我们需要一个综合性的教育理论来描绘教育的愿景，并以此指导新的教育实践和教育研究，从而为教育带来稳定的提高。本书的理念适用于所有的教育环境，包括中学、大学、企业、以技术为媒介的教育，也适用于非正式教育，如博物馆和个人爱好者俱乐部。

理论是对宇宙中一些现象为什么会发生作出的解释。在理论发展方面，科学已经取得了巨大的成功，这让自然界如何运转以及如何预测和控制一些较大范围的事件或现象方面的知识得到稳定的发展，尽管随时会出现更好的理论或对已有的理论的修正。本书中所提到的理论将会解释为什么我们认为有效的教育经验确实是有效的，而我们认为是无效的教育经验确实是无效的。例如，本书展示的学习理论将解释为什么机械学习对于知识的长期保持与应用是无效的，以及为什么意义学习对于创造性思考是有效且必要的。尽管所有的理论都没有简单、直接的答案（例如进化论），但我依然希望在理论的基础上解释什么是在“变好”的这个范围内，而什么却不在这个范围内。我将展示的教育理论是学习理论、知识理论、教育和管理理论的综合体，它们互相支持、互相补充。

教育不仅仅是科学，同时也是艺术，它需要个人的判断、情感以及价值评判。当然，我们承认这些也都逐渐被包含到科学之中。凯勒（Keller，1983）将她为诺贝尔生物学（biology）奖得主麦克林托克（Barbara McClintock）写的传记命名为《情有独钟》（*A Feeling for the Organism*，McClintock），不仅表达了她所做的细致研究，而且还包含了她在理解植物时的使命感与敏感性。对科学而言，敏感性和价值评判的问题正变得越来越重要，特别是随着越来越多的科学思想和工具被用到对植物和动物（包括人类）基因的操控方面后。这本书将同时讨论教育的科学性和艺术性。

我坚持认为教育的主要目标是让学习者能够完成自己的意义建构。意义建构包括思维、情感和行动，这 3 个方面必须整合起来才能实现显著的新的学习，对新知识的创造来说更是如此。在某种程度上，这并不是一个新想法。教育政策委员会（Educational Policies Commission，EPC）在 1961 年出版的专著中曾写道：

> 发展思维能力这一目标贯穿于所有其他的教育目标之中，并有助于其他目标的实现，因而它是教育的一条共同主线，它也是学校教育必须面对的最核心目标……必须把发展每一个学生的理性能力放到教育中心的位置上去。

EPC 报告的一个不足之处在于，它并没有认识到意义学习以及在基础学科中掌握概念框架对理性思考的重要性。它也没有认识到，学生在学习如何学习以及如何使用工具和策略来促进意义学习时需要明确的指导，这种指导在公司环境中显得尤为重要。在竞争激烈的全球化背景下，对企业来说，学会在合作的环境中学习和整合新知识变得尤其重要。这都将成为本书重点讨论的问题。

成功的教育要关注的不仅仅是学习者的思维，情感和行动也同样重要。我们必须兼顾学习的 3 种形式，分别是知识的获得（认知学习，cognitive learning），情绪和情感性的改变（情感学习，affective learning），身体或心理程序的增强（动作技能学习，psychomotor learning），它们都能增强人们从经验中获取意义的能力。积极的教育体验能增强人们在随后体验中的思维、情感以及行动能力，而消极的或错误的教育体验则会降低这些能力。人类在进行思考、感觉和行动时形成了体验的意义，如图 2.1 所示。最新研究表明，情绪在我们组织和保持经验中扮演着重要的作用（Niedenthal，2007）。本书将重点谈及如何增强体验的意义。

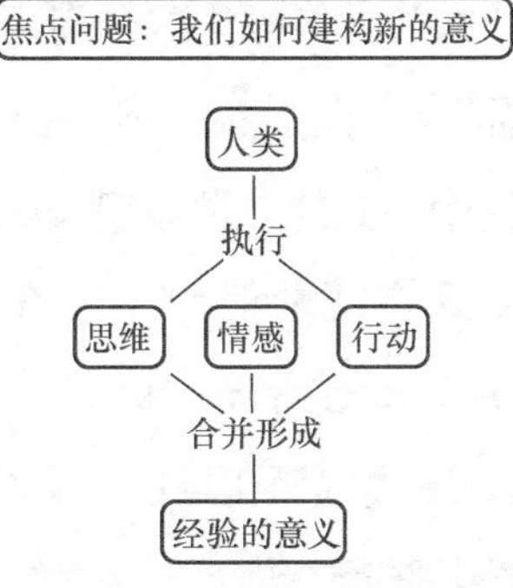


■ 图 2.1 通过自身经历构建的意义是思考、感觉、行动的综合体

## 2.1 教育的五要素

1973 年，施瓦布（Joseph Schwab）提出，教育中有所谓的“4 个老生常谈的教育要素（commonplaces，elements of education）”。他的“老生常谈的教育要素”包括学生、教师、学科内容和社会环境。每个要素都是必需的且不能被缩减的（类似于求分数的最小公分母）。研究证明，施瓦布的“老生常谈的教育要素”以及他许多其他的观点对教育工作者是有价值的。他们提供了一个“检核表”来确保我们考虑到了所有对于理解或设计有效的教育干预时的关键检查点。

我们对学校以及其他环境，特别是公司环境中学习的研究表明，教学以及学习过程中的大部分环节都依赖于所使用的评价方式。因此，我建议将评价作为教育的第 5 个要素。比起“老生常谈的教育要素”来说我更喜欢“要素”这个词，因为它意味着它们每个都是基石，共同构成教育事件，更像是 100 多种化学元素形成了无限的各种各样的分子一样。

我的 5 个要素是：①学习者；②教师 / 管理者；③知识；④情境；⑤评价。之所以加上最后一个要素，是因为人类生活中发生的大多数事情都是建立在评价的基础之上。无论怎样，我们都要接受一些评价，如我们能否驾驶汽车，能否“光荣”地毕业，能否升入大学，能否完成一个项目、能否在企业或其他工作环境中获得成功，等等。不幸的是，大部分“测试”在评价人类能力方面做得实在太差，本书也将讨论这个问题。无论如何，我仍将评价作为教育的一个额外的重要因素。图 2.2 为与这些要素有关的概念图。概念图是 1972 年在我们的研究项目中建立的一种知识表征工具（Novak & Musonda，1991），它将会在本书中得到广泛地使用。大量的出版物和《学会学习》（*Learning How to learn*，Novak & Gowin，1984）书都对如何制作和使用概念图进行了介绍。我们可以看出，概念图以及 V 形图（参考第 6 章）也可以用作强大的学习辅助工具和学习评价工具。

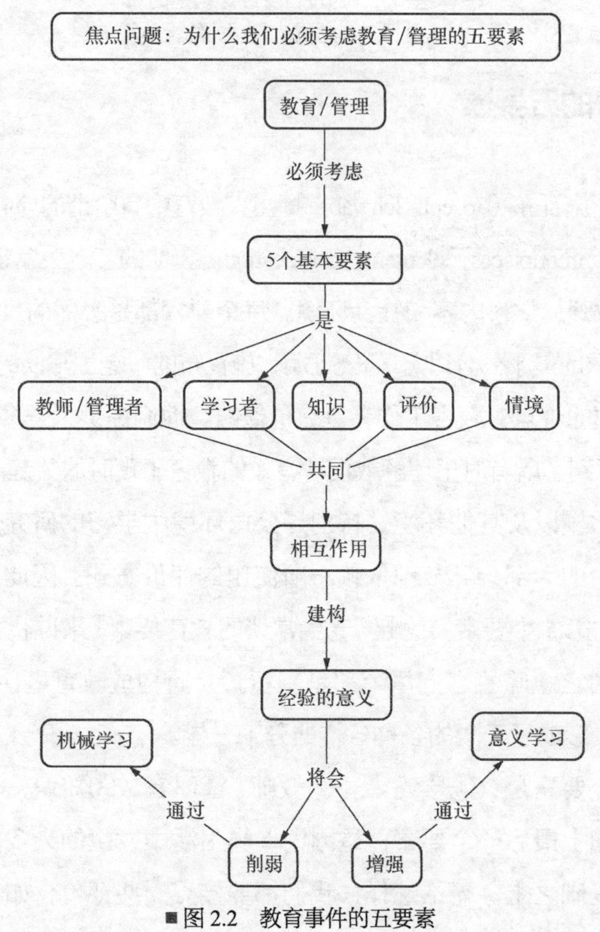


■图 2.2　教育事件的五要素

还有两个附加因素也会影响教育：时间和金钱。这两个因素不仅与教育有关，同时也与人类的所有事情都有关。通常情况下，如果我们投入更多的时间或金钱，任何事情都可以做得更好。然而，过去几十年的实践证明，仅仅在教育上投入更多的金钱不能显著提升学生成绩（Hanushek，1981；1989；1996）。延长学生的在校时间或学年长度可能会提升学生的成绩；尽管我喜欢 12 个月的校历，但这么做的原因却是刻意的，因为这么做的背后意味着政府要增加教育资金的投入。我的观点是要投入更多的金钱或时间并不是将提升教育质量作为最主要的诉求。关于财政支出与学生学业成就是否相关的争论是一个永恒的话题。现在需要的是有前景的新想法以及应用新想法并制定标准的决心。一个可行的教育理论能够帮助人们生成和识别有前景的思想和策略，从而不管在何种环境下都能改进教育。它也能帮助人们设定高标准并达成高标准。一旦经费、时间或资源到位，它们都可以得到高效利用。雷斯尼克和诺兰（Resnick & Nolan，1995）注意到："那些因学生优秀而出名的国家都有一些共同点，其中排在首位的就是清晰、持续的需求标准。"然而，正如何威（Howe，1995）指出的那样，贫困问题和资源短缺问题在贫困地区还未得到解决，仅设置学术标准并不能解决教育问题。但仅投入资金也不是解决问题的办法。魏纳（Wainer，1993）引用国家遗产基金会的数据说明，生均投入资金最高的前 10 个州在 SAT（学术能力评估测试）考试中排名第 31 ～第 49 位，而生均投入资金最低的前 10 个州考试排名则在第 2 ～第 22 位。

并不是只有我一个人认识到对教育理论的渴求。布朗（Brown，1994）在美国教育研究协会主席发言中指出，"上个世纪里学习理论的新成果并没有被应用到学校教学中去"。我也赞成这个观点。Shuell（Shuell，1993）呼吁一个综合性的教育理论和学习理论的出现以提升教育水平，但是我认为这还不够。与这些相比，观点更相近的是 Villarini-Jusino（Villarini-Jusino，2007）提出的，我们所需要的教育理论本质上应该是综合的、开放的、复杂的和科学的。我们需要一个整合教育五大要素的理论，从而取得可靠的、真实的、具有创造性的成就，而这也正是本书的目标。尽管很早就有类似的呼吁，但在近几年来的大量教育文献中，我们很少看到教育有向基于理论的研究和实践转向的迹象。

在企业界也存在着类似的问题。当企业意识到为了适应竞争，需要在制造及营销方式上进行持续改变，从而导致员工需要继续教育时，他们倾向于寻找短期内能训练员工掌握新技能的方法和技术，而很少去教会员工自己去理解新方法和新技术背后的思想。这种训练的通常形式就是让雇员记住新的规则、过程或基本原理，但缺乏对于开展工作所需要的概念的必要理解。在瞬息万变的市场环境下，培训无效可能是最好的结果，糟糕时则可能导致灾难性的后果。

## 2.2 人类教育理论

人类在做着 3 件事情：思考、感觉和行动。面向人类的教育理论必须考虑到这些因素，并且要解释如何才能在人类的思考、感觉和行为的方式上有所提升。在本书中，我会思考人类体验的各种形式，以及它们是如何与教育产生联系的。

在学校、工作场所或任何存在教师的教育环境下，甚至是用课本或计算机程序充当教师代理，我们也必须意识到学习者的世界与教师的世界从来就不会相同。因此，我们必须意识到学生和教师之间会受到两组不同的相互作用的因素的影响。图 2.3 展示了这个关系。我在书中必须解释的是企业需要像老师对待学生那样对待顾客和员工。学生和教师之间需要意义协商，商业中对待员工或者顾客时也是一样。图 2.3 中展示的关系对于学校和商业环境都适用。

在一个新兴的、有潜力的、以技术为媒介的教育中，由教师导致的错误或偏见或许会减少。早期我们将磁带作为教育工具，发现在没有教师干预的情况下，那些经过精心设计的课程会有更高的效率。以技术为媒介的教育的一个不足之处是：机器并不能像一个有影响的人类教师那样分享情感、关心、热情和兴奋。我们必须认识到，教与学是相互影响的事件，涉及教师和学生的思想、情感和行为，图 2.3 说明了这一点。

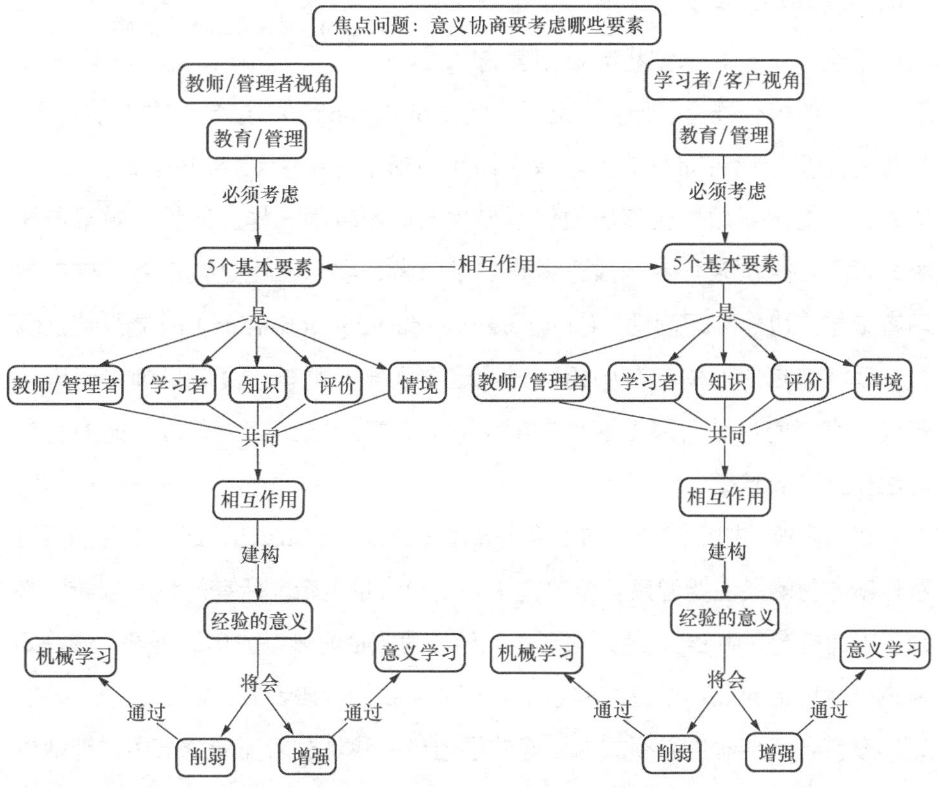


■ 图 2.3　教师或管理者和每个学习者在同一个教育事件上都有他们自己对这 5 个要素的不同看法。在每要素上协商达成一致是最大的挑战。在商业中应该把顾客在此模式中看作教师

图 2.3 同时也展现了我的教育理论的一个基本观点。任何教育事件都是在师生间交换意义和情感性的分享行为。当学习者从知识理解或情感感悟中获得增益时，他们的情绪是积极的，智力处于建构状态；反之，如果理解是模糊的或者感觉是空虚的，智力上的建构将是消极和无效的。从学习者和教授者的思考、情感和行动开始，如果教育事件本身是成功的，教师也同样会获得积极的情绪体验并感受到知识的力量。当师生就某一章节的知识成功达成一致并实现意义分享时，意义学习就发生了。关于意义学

习的最简单形式，我的教育理论是：意义学习是建设性地整合思维、情感和行动的理论基础，并为人类带来更强的奉献精神和责任心，图 2.4 中也强调了这一观点。本书将会提出教育理论背后的核心概念、原则和哲学原理（philosophy）。这是一本为学习者、教育者以及管理者而写的书。库泽斯和波斯纳（Kouzes & Posner，2006）认为，好的企业领导应该像他们所描述的理想教师一样。当教育效果最佳时，管理者也是教育者，教育者也是学习者，学习者也是教育者。这在学习者参与“协作学习活动”（cooperative learning activities）时显得特别明显，我将会在后面的章节中再次讨论这个问题。可靠和真诚是师生间进行建设性交流的基础，因为这也是师生间为分享经验和交流有价值的新看法时建立互信的基础。

> 一个新的教育理论
>
> 意义学习是建设性地整合思维、感情和行动的理论基础，并为人类带来更强的奉献精神和责任心。
>
> ——诺瓦克

■图 2.4　教育理论的简要描述

在企业界，如宝洁公司的主席拉弗雷（Lafley & Charan，2008）将消费者看作新学习的最主要源泉。拉弗雷认为消费者是上帝，所有的企业创新都必须“以消费者为中心”。他列出了 8 个他认为的企业赖以成功的要素，这些要素也和我讨论的成功教育的要素十分相似。我们应该看到，消费者也应该被看作教育者，企业也必须成为更好的学习者。我将在后面的章节中详细地讨论拉弗雷的理论。

意义学习是本书提出的教育理论的核心概念，这是一个简单并为众人所熟知的概念，但也是一个极其复杂且从未被完全理解的概念，正如科学上有关能源或者进化的观点以及人类学中的文艺复兴从未被完全理解一样。在本书中，我将努力对意义学习理论进行进一步的阐述，并将它与在学校或企业培训中流行的记忆或机械学习区分开来。在学校或工作环境中，人们玩的大多数“游戏”本身都是具有欺骗性的，它们不会使学习者和教育者有所提高。此外，我将从大脑机能的神经分泌机制的角度阐述意义学习与机械学习的不同，不过关于学习现象和大脑构造之间关系的研究仍在持续进行中（参考

Gazzaniga，1989；1995；2008）。

机械学习可能在某些情况下适用，例如，当我们背诵一首诗歌、一首音乐的配乐或是乘法口诀的时候。但是机械学习只有在我们真正理解了我们所记忆的知识的含义时才会产生价值，也只有真正理解知识的含义才能为学习赋予力量。仅仅按照记下的内容进行工作的人充其量只是一个技工，而艺术家们能理解并且读出作曲家们所谱曲子的意义。好的教师通过与学生协商意义从而帮助他们远离机械学习。

在几乎一个世纪里，大多数关于学习的“科学”研究都是在实验室中以动物为研究对象开展的。这种通过研究动物来阐释学习过程并将其作为“基础知识”的想法，后来被用于提升人类的学习。一位基于这种“科学”的行为主义心理学开展早期训练的杰出心理学家后来提到，“一旦我们理解了在动物身上最简单的学习情境，我们就能理解人类身上更复杂的学习情境，这正如一张期票，而这张期票最终变成了一张空头支票。截止到 1966 年，还没有人从中获得过成功”（Mandler，1967）。然而，行为主义心理学家所信奉的教条仍然十分流行，并且在学校和企业里仍然起着指导作用。例如，格拉瑟（Glasser，1994）注意到企业中存在的这一问题：

> 简单地回顾一下，像大多数人一样，领导者们相信传统的人类行为理论并按之进行管理，这个理论就是刺激—反应理论（stimulus-response，S-R 理论）。领导者们推崇这个理论主要是因为这个理论与他们所相信的常识一致，管理者可以通过奖励或者惩罚让人们做任何事，不管他们是否喜欢。在一定程度上，他们推崇它是因为没有人告诉他们其他的理论。如果怀疑的话就没有什么可相信的理论了，但我也肯定他们相信的东西很有可能是错的。因此，并不是因为他们过于相信 S-R 理论而不愿做出改变，更多是因为对于大多数人来说，S-R 理论是仅有的理论。

基于帮助人们建构新意义以及发掘新思想、新事物或新过程的意义的需求，格拉瑟提出了一种新的控制理论。他声称：“你不能让任何人做他们不喜欢做的事。你只能教他们以一种更好的方法去做，并鼓励他们去尝试。如果奏效了，他们就有可能继续做下去。”

我更喜欢用“行动（act）”而不是“表现（behave）”这个词的一个原因是“行动”包含了一个有意识的、有目的的且有精神参与的事件，而不是像训练一只老鼠或者一只鸟那样的被动事件。从动物的角度看，很少有人类活动只是“表现”。大多数都是有意的行为，至少在行动者的意识中，这种行动是有意义的。在《维基经济》一书中，塔普斯科特和威廉斯（Tapscott & Williams，2007）宣称，我们可以看到一种新的劳动力的增长。“……带着完全不同的工作哲学的新一代年轻人正进入职场。仅在美国就有八千万年轻人进入职场，他们能帮助他们服务的或他们自己创办的公司更好地利用高科技，并为公司带来创造力、社会联系、乐趣和多样性。”“数字一代”的年轻人将要求他们的工作是有意义和有趣的。我们需要能更好地将人类思想、情感和行动整合起来的教育实践。

## 2.3 教育研究和评估的改进

农业和医药业是在过去几十年中取得巨大成就的两个领域。我们在这些领域投入了比教育领域多得多的研究，并且大多数教育方面的研究是没有太大价值的。大多数教育方面的研究是方法驱动的而不是理论驱动的。也就是说，研究者们对两种或多种教育方法进行了比较，但很少甚至根本没有对这种教学设计的理论评判。或者使用一系列的测试或量表来作为成果评价的手段，在选择这种手段时很少有甚至根本没有什么理论支持。这类研究大多得出类似这样的结论：“不同方法或者组别间没有发现显著的不同。”或得出一些与其他研究相互矛盾的结论。大多数测试都没有产生事实，拿出的只是一些关于人类表现的劣质制品。真正的结果是教师和社会都对最好的教育研究“发现”持怀疑态度，大多数教育研究都没能对教育改善产生哪怕一丁点儿影响，更别说持续性的影响了。

教育研究一个主要的不足是使用了错误的或者说不合适的评价方式。几乎所有的教育研究都使用调查问卷、多项选择题、判断题来评估态度、知识或才能。至少我们知道大多数这类测试的结果与真实的表现几乎没有关系，最好的也只有 10% 的相关度。不幸的是，许多人的生活和未来就是由这种评估方式决定的。不仅仅在美国，在很多发展中国家，这个问题更加严重。耶鲁大学著名心理学教授斯滕伯格（Sternberg）说过："还是一个小学生时，我总是无法通过 IQ 测试。我有严重的测试恐惧症，一看到学校的心理医生进入教室进行 IQ 测试，我就被恐惧击倒了。"在家长的坚定支持下，以及一位睿智的四年级教师的指导下，斯滕伯格在学业上取得了成功，后来还因其杰出贡献赢得了世界的认可。

如果研究中使用的评估工具本身效度很低，在某些情况下甚至与人类一些有价值的表现（如创造力）呈负相关的时候，以这样的研究结果为基础的教育实践是不可能得到提高的。概念图作为一个典型"测试"的替代品，已被证明是一种强有力的评估工具，从而为教育研究和实践描绘了新的前景。

教育是一个极其复杂的事件组合。将我本科时对植物的研究经历与过去 40 年中开展教育研究的经历进行比较，我会说教育研究比绝大多数植物研究都要复杂和困难得多。此外，植物研究和其他的科学研究都有着完善的理论基础，有着以理论为基础的完善的数据收集方法，更不必说相对而言十分复杂的仪器了。尽管教育研究陷入了困境，但我对教育研究水平的提升以及随之而来的教育实践的改善依旧感到十分乐观。我的乐观部分建立在不断强大的教育理论基础，以及在新的全球经济压力的驱动下虽然缓慢但却平稳的改革步伐的基础之上。

加强研究者和实践者之间的联系十分重要，我们知道这对于提升教育和学习具有重大作用。在中小学、大学和企业中有很多技能娴熟并富有创造力的教师。私营企业和公共组织中的管理者们也正在慢慢地稳步发展成为本书中所期许的那种老师。一个重大的挑战是寻找更好的方法来加速研究者和实践者之间的信息流动，这个流动必须是双向的。用联邦的、洲际的以及地方的资金来支持这个改变并拓宽教育研究的范围是有必要的。沿着已取得较大成功的联邦赫奇法案（Federal Hatch Act，于1865年通过）所走过的路，以及在农业发展上十分成功的新倡议，我们必然也能够在教育上催生巨大的成功。我们需要的是一个愿景，更确切地说，是一个引领这些变革的综合性教育理论。理论或研究的教育改进的基石已经打好，我们需要寻找更好的组织架构以推动这些基础的建设。对于只有解决了才能促进这种提升的政治问题，我们并没有简单的解决办法，但随着教育在我们生命的每一阶段都变得越来越重要，同时经济上也逐渐稳定了，我相信这些问题一定能找到解决办法。

随着商业全球化的加速，通过创造和使用知识来保持企业的竞争力变得越来越重要，我们已经看到，过去10年中企业对教育的兴趣在显著增加，即教育在让人们变得更渊博的同时也让人们更有创造力。我看到这样一个未来：企业和教育机构将会形成新的合作关系，在合作中将会产生一种新型的问题分享和解决机制。21世纪的最初几十年中，变革可能发生在很多方面，尤其是在学会更好地教会人们任何可能需要的知识的这个方面。

# 03 Chapter 增强学习者能力的意义学习

当学习者选择将新旧知识相关联时，意义学习就发生了。意义学习的质量不仅依赖于学习者对新学内容的理解程度，也依赖于其所掌握的相关旧知识集合的质量和数量。当学习者记忆新知识或学习材料（learning materials）时，如果没有将其与先前的知识建立联系，或者学习材料本身与先前的知识就没有联系时，发生的就是机械学习。正如我们将在第 4 章中讨论的内容——创造力来自于高水平的意义学习。从单纯的机械学习到高度的意义学习，这个过程是连续统一的。图 3.1 说明了这种连续性。意义学习有三要素。

（1）相关的先验知识（prior knowledge）：学习者必须知道与新知识相关的一些旧知识，并且能用特殊关联的方式学习新的知识。

（2）有意义的材料：要学的知识必须与其他知识相关而且必须含有重要概念和命题。

（3）学习者必须选择意义学习：学习者一定要有意识地选择用某些非平庸的方式将新知识与已有相关知识联系起来。

那么问题就出现了：什么是非平庸的方式？举例来说，如果一位学习者知道俄亥俄、加利福尼亚和纽约都是美国的一个州的话，那么他很容易就能关联到密歇根也是一个州。但这种关联的方式相对而言并不重要，他需要更加深入地去了解和认识，州是一个相对较大的地理单元，包括阿拉斯加和夏威夷在内，美国只有 50 个州。也就是说，深度学习（deep learning）和关联需要学习者建立一个有组织的知识框架，这一框架应达到能识别城镇、城市、州和国家之间的层次差异。

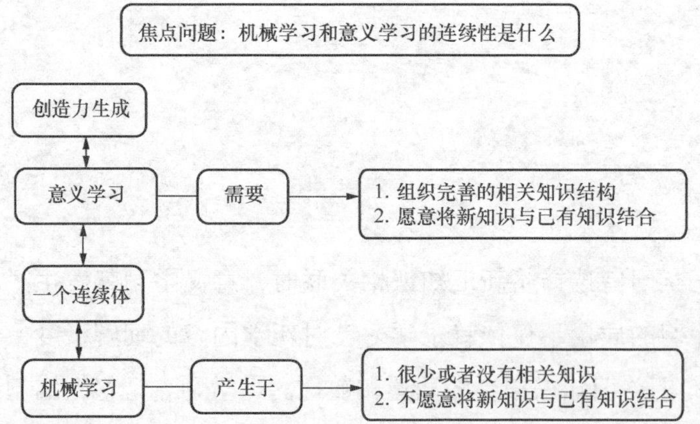


■ 图 3.1　机械学习和意义学习的连续统一体。高水平的意义学习需要：①学习者拥有组织完善的相关概念和命题；②概念和意义丰富的材料；③学习者希望将新旧知识进行整合。创造力被视为高水平的意义学习

当建立好知识框架后，相对更具体、更特殊的“低阶”（lower order）概念就被归入更宽泛、更普通的“高阶”（higher order）概念中。图 3.2 说明了历史学研究的这些归并关系，图中展示了上级概念是历史，以及下属（subordinate）的两个二级概念（时间和区域）。当然，阶层式组织（hierachical organization）依赖于我们正在处理的情境，而且我们思维的一个显著特征是我们可能会在许多不同的语境或层次结构中使用相同的概念。例如，地理学研究中，“欧洲”这一概念可能在世界地理概念图中处于一个更低的层级，而且在这种情境中也会有一些不同的含义。

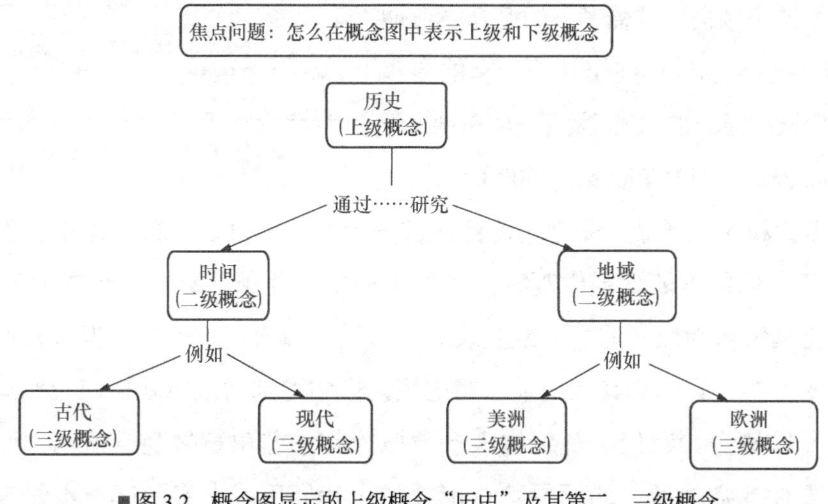


■图 3.2　概念图显示的上级概念“历史”及其第二、三级概念

## 3.1 事实、概念、命题和原则：知识的组成要素

**世界由物质和事件组成。**物质由原子和分子组成，而事件包括物质及物质间的能量交换。例如，这一页纸及写在纸上的字都是物质，它们又是由碳、纤维素和其他物质组成的。而生产这一页纸也需要投入能量。

**概念。**你阅读这一页的过程就是一次事件。阅读伴随着一系列的心理活动，就需要消耗你脑细胞中生化反应产生的能量。人类不同于动物之处在于他们能感知到事件、对象中的规律，并且能用语言来形象地表述这些规律（Gazzzniga，2008）。而动物只用神经元（neurons）记录经历，这种神经元被 Tsien（Tsien，2007）称为“神经簇”（neural cliques）。只有人类使用语言来表达我们已有的经历。我们通常用单词（在英语中大约是一百万个）来表示事件或物质中存在的规律，但有时也会用一些特殊符号，如 +、−、Σ、Δ，等等。概念可以用符号来表征，我将概念定义为在事件、对象中感知到的规律或模式，或者是一种由符号指代的对事件或物体的记录（见图 3.3）。例如，我们将“椅子”定义为一种有很多形状和不同组成部分的物体，但是一旦一个孩子领悟了“椅子”的概念，那他（她）将会正确地标注出几乎所有的有座位、后背和腿的被称为“椅子”的东西（见 Macnamara，1982；Bloom，2000）[1]。

概念
在事件或物体中感知到的规律或模式，
或者由一种符号指代的对事件或物体的记录。
——诺瓦克

■图 3.3　我对概念的定义

**事实和人工制品**。没有人曾目睹过一个原子的分裂过程，但是我们能在原子变化留下的记录中观察到规律（例如，盖革计数器的计数原理），最终将其解释为原子的衰变或分裂。类似地，没人见过恐龙，但是我们有恐龙的骨头、脚印和其他记录，在这些记录中得到的规律就能使我们建立起恐龙的概念。我们了解到的大多数概念都并非由直接观察得到，而是通过事件或物体留下的记录建构形成的。我们用“事实”这一术语来表示一个有效的记录。事实上水的沸点是 212°F（华氏度，正常大气压下为 100℃），但是如果在沸水中温度计的度数只达到 200°F，那么我们可能是在海拔数百米以上，或者是我们的温度计坏了。在科学中，特别是在社会科学中，发现物体或事件中的规律有时很困难，因为很多时候我们的记录是错误的，也有可能是我们的测量工具受限制或出错了。在教育研究中这是个很大的问题。从人工制品中发现事实并非易事。人类学家研究的陶瓷碎片是人类创造的产物（并非自然存在的物质），这些记录了人类活动的物体就是人工制品。我们需要去解读人工制品中蕴含的意义，但往往解读内容会千差万别。

**命题**。当两个或更多的概念用连接词联系起来时，就形成了命题。这些概念和连接词成了储存在我们认知结构中的基本意义单元。命题意义的丰富性将取决于组成命题的概念的准确性和明确性，也取决于连接词的精确性。而连接词的精确性一方面取决于我们形成概念时的学习质量，另一方面也会反过来影响命题的意义。我们常会在命题和介词之间产生困惑，介词是语法术语，例如，“去（to）”“在上面（on）”“除了（beside）”，等等，介词可以组

[1] 关于获得语言更复杂和更深奥的讨论见（Pinker，2007）。

成连接词，它们不是知识的基本单位，但命题却是。例如“人生而平等”和“己所不欲，勿施于人”，这是常见的命题陈述方式。图 3.4 显示了命题的关键点。

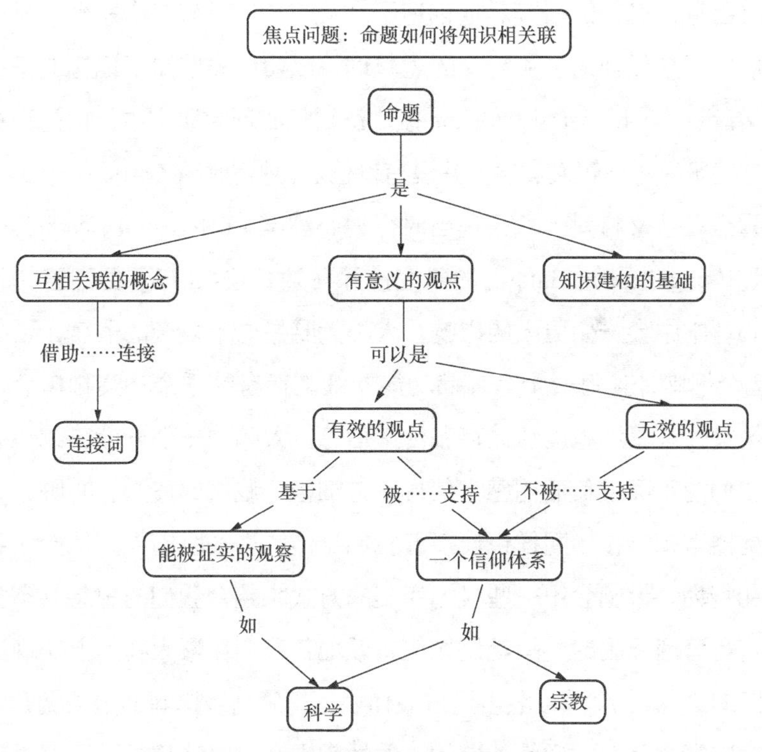


■图 3.4　概念图显示命题的意义

**原则。原则**即概念间的关系，它表明事件或物质是如何运行的，或者它们的结构是什么。例如，在物理中“力 = 质量 × 加速度（$F = ma$）”的原则。这一原则涉及力、质量及加速度的概念。在教育中我们知道，对概念的学习只是整个学习过程中的一个环节，概念间的关系才是真正复杂的，我们根本无法通过书写一个数学公式来阐释清楚这些关系。本书试图呈现出一些关于教育和管理的原则，虽然它们大多是从有限的准确性和有效性的记录中获得的，但我认为这些原则是有效的。

## 3.2 人类记忆系统

早期对记忆进行的开拓性的研究可以追溯到艾宾浩斯（Ebbinghaus，1885）对自身记忆力的研究。他创造了“无意义”音节这个概念，即由 3 个字母构成的没有任何语音和意义的短单词，以避免先前知识记忆的干扰。当时无意义音节（nonsense syllables）被广泛用于心理学研究中，但是现在我们认识到这些研究对理解人类学习并没有价值。巴特利特（Bartlett，1932）的早期研究重点在意义材料上，只是当时行为心理学（behavioral psychology）将认知学习（cognitive learning）的研究排除在外长达 75 年，否则巴特利特的研究在心理学中会产生更大的影响。人类大脑是一个复杂的器官，至少包含 300 万亿个细胞，且每一个有存储功能的细胞都有数千个轴突和树突，这些轴突和树突保证了细胞能够储存和传递信息。大脑的一部分低洼或边缘区域记录着我们的正面或负面的感觉信息。脑细胞与我们的皮肤、心脏、肺及身体的其他器官相连接，同样也连接着我们身体的许多肌肉群，从而让我们产生运动和行为。大脑会用一些极为完美的方式来整合我们的思想、感觉和行为。教育和管理面临的挑战就是如何有效地帮我们在最大程度上实现这种整合。近期的研究表明，“接收者通过肢体表达情感与发送者通过语调升降来表达情感，二者之间有一致性。这种一致性表现在，二者都是为了促进交流理解，而非干扰理解”（Niedenthal，2007）。最近研究也表明，我们的大脑在编码记忆的时候，会涉及大量神经元的共同作用，从而形成一段对经历的记忆（Tsien，2007）。其他同事的研究也表明大脑的海马区可以形成记忆，在记忆过程中产生的信号会被整合产生一个“大脑密码本”。格鲁夫（Grove，2008）也发表了他们的研究，研究证明海马区在记忆中组织信息时有重要作用。海马区也在提取记忆与想象新事物时发挥作用（Milkler，2007）。大脑杏仁核在组织和存储与经历相关的感觉时发挥作用，但关于记忆仍存在很多问题，我们期待在下一个 10 年里，在理解大脑记忆过程方面取得更大进展。

我们的知识存储系统至少由 3 部分组成：①感觉和知觉记忆（PM）；②短时或工作记忆（STM）；③长时或永久记忆（LTM）。这 3 部分之间相互依赖，储存在长时记忆（long-term/permanent memory，LTM）中的记忆在很大程度上会影响我们的感知记忆，感知记忆又会影响在短时或工作记忆中的处理过程，最终影响其在长时记忆中的存储方式。大脑中的杏仁区主要存储感觉记忆（perceptual memory），而脑和脊髓储存活动或身体运动的记忆。研究图 3.5，注意箭头显示的记忆系统（memory systems）间的反应。

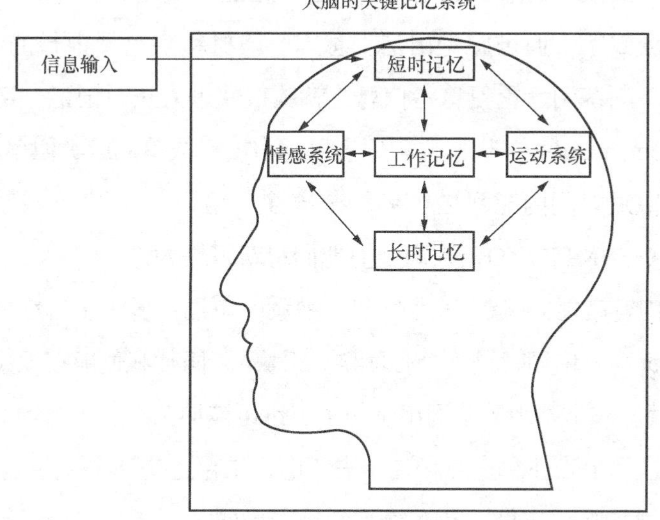


■ 图 3.5　显示了人类学习的记忆系统。每个系统都与其他系统相互作用，都会限制或促进知识的获得。这个图没有显示大脑的真实结构，可以在很多网站上使用“大脑的结构”这个词检索到此图

人类的局限大多来自于感知的局限性。大部分人听不到低于 80Hz 或大于 20000Hz 的声音，也看不到紫外或红外范围中的光。再多的学习也无法克服这些感知局限，因为我们的感觉器官在生物遗传层面就已经受限。然而，在生物感知的限制范围内，仍有大量的事实我们可以做出回应。借助改进的工具，在视觉、听觉及感觉等方面，我们在很大程度上能扩大可以记录和反应的范围。确实如此，改进的工具能赋予我们新能力去观察那些未曾被发现的事实或事物中的规律，同样也带来更大的可能，从而让我们去学习如

何使用信息，以提高对工作记忆的使用，以及对储存在长期记忆中的知识的组织质量。

1956 年，乔治·米勒（George Miller）发表了一篇名为《神奇的数字：7±2》的文章。在这篇文章中，米勒用数据表明我们的短时记忆或工作记忆系统一次只能处理信息中大约 7 个组块。在之后的一篇文章中，西蒙（Simon，1974）曾提出“一个组块是多大”的问题，西蒙的回答是他认为组块的大小依赖于长时记忆中已有的知识。大量研究及我们自身的经验都足以证实这一点。例如，认识数字的人，给他一段数字，他能在很短时间（5 ～ 10 秒）内记忆 6 ～ 8 个数字。通过感觉记忆来感知一段材料会需要很长的学习时间，但是如果能不断练习、重复这些信息，就能很快进入长时记忆。字母记忆训练（letters remembering）也一样，但字母常常被组成单词或类似单词的单元，因此人们在很短时间内能回忆起 9 个或 10 个“组块”。研究中我们发现对于单独的字母 QCVMEPYTO，人们会把他们重新组块为 Q、C、V、Me、Pyto，这样这 5 组内容就能回忆起 10 个字母。熟悉的单词由多个字母组成，但不管字母有多少，一个单词就是一个心理学“组块”，同样我们能在短期内回忆出 5 ～ 9 个单词。非常熟悉的单词串（句子）也可被加工为一个单独的“组块”。例如，下面这几个表述：杰克和吉尔去爬山；生存还是死亡，这是一个问题；圆周率等于周长除以直径；利润等于价格减去成本。如果你已经足够熟悉这些表述，那么快速阅读后你就能很容易回忆出这 4 句话，因为它们只是你短时记忆或工作记忆中的 4 个“组块”。但大部分人不会把这些表述简单可回忆的含义都储存在长时记忆中，因此在单次快速阅读后并不能回忆出所有表述。我们都会有这样的经历，在听讲座时，演讲者用的每个词我们都很熟悉，但当这些词快速出现，特别是夹杂在长句子中时，句子的含义就无法在工作记忆中进行加工，演讲也将变得生涩难懂了。

回到意义学习的要素，其中之一是需要相关的已有知识。我们会发现，对学习者来说，他所拥有的相关知识的质量和数量，都会因学习的主题而异。因此，即使每个学习者都极其希望进行意义学习，但由于对给定的学习任务相关知识有限，从而会限制意义学习达到的程度。再次参考图 3.1 所示内容，高度的意义学习体现在学习者能有对异常问题的解决能力和创造力，而要达到这样的程度，就需要学习者有相当广泛且组织良好的已有知识。深思的实践或练习也有帮助。意义学习依赖于已有相关知识的丰富度，既有利也有弊。好处是在某个领域中我们学习和组织的知识越多，在该领域中获得和使用新知识就越容易。弊端是当学习那些我们并不太了解的领域中的新知识时，我们的已有知识没有被很好地整合，开展意义学习就很困难。很多时候我们会借助机械学习来逃避挑战，哪怕我们明白所学的这些内容很快就会忘掉，而且在将来的学习中也没有用。这种自欺欺人的学习（fraudulent learning）可能会使我们通过学校考试，但对将来的学习或行动几乎没用（Edmondson and Novak，1993）。

人类不仅在获取、储存和使用知识过程中有卓越的表现，感觉或情感的模式也复杂多样。感觉，或者心理学家所说的情感，一直都与学习经历相伴，它能提高或降低学习效果。尽管我们知道大脑的杏仁区司辖感觉记忆（perceptual memory），是内分泌系统（endocrine systems）或身体上的激素系统（hormone systems），但除此之外，我们对人类情感记忆系统知之甚少。不自主或自主神经系统也通过一些复杂又无法明了的方式影响着感觉记忆，大脑中那些涉及情感性的思考系统也与知识相互影响。究竟身体的哪些系统产生并存储情感经历？是如何产生和存储的？这是目前很热门的研究问题。我相信在下个 10 年中，我们将在感觉记忆领域看到一些突破。

人类有意识、有目的地移动称为“人类行为（act）”。术语选择上，我更倾向于使用“行为”而非“表现”，因为表现常被用于描述动物运动，那大多是由遗传或环境控制的无意识的运动，无法体现出大脑意识掌控的自主性。除了膝跳反射和其他的一些非条件反射运动，人类大部分的运动都是由大脑意识控制的。赫里格尔（Herrigel，1973）在他的《箭术中的禅理》（*Zen in the Art of Archery*）一书中清楚地介绍了这种控制作用。我们知道，控制肌肉伸缩的信息通过较低的脑区和脊髓习得并存储，但关于情绪记忆系统的本质，我们的已有知识显得苍白乏力。然而，这些发生在身体已存储的知识、感觉和行为之间的复杂交互，在教育中是非常重要的。我们需要重视这些反应，图 3.6 所示为相互作用的系统。回顾一下，前面提到学习者是教育中的一个元素，它与其他 4 个元素（教师、知识、情境和评价）相互作用（见图 2.2）。

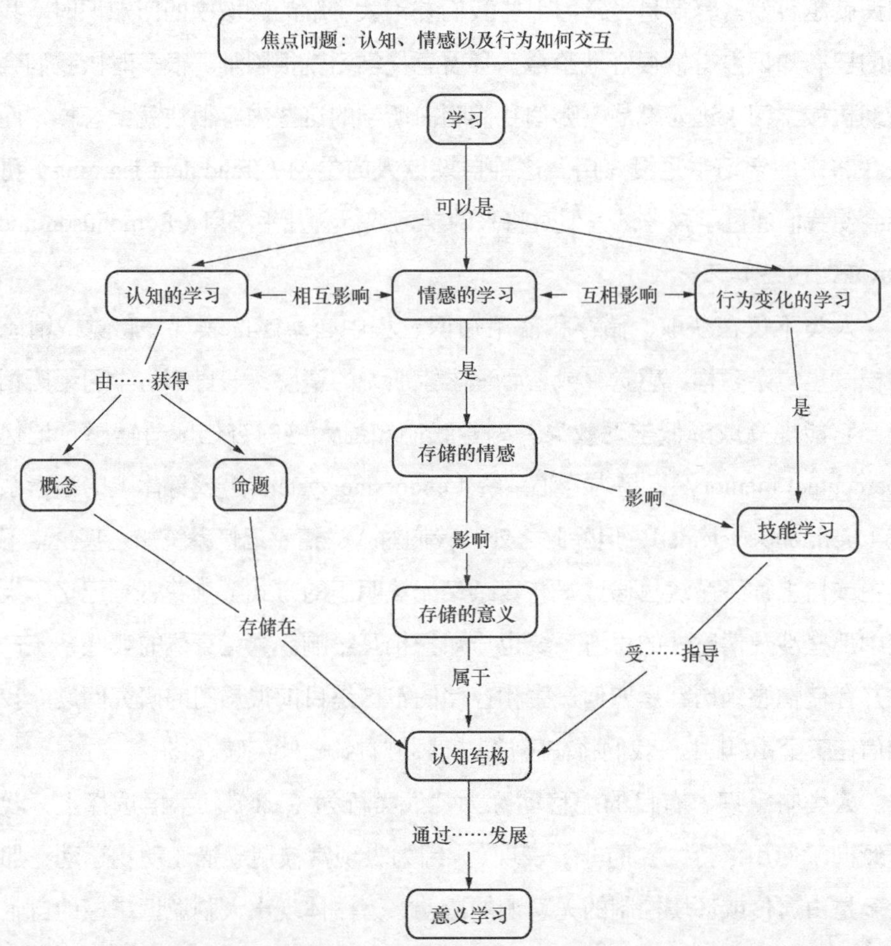


■ 图 3.6　人类学习受 3 个不同但又相互作用的系统影响，每一个系统都有其信息储存形式。意义学习是认知结构发展的基础，认知结构发展深深影响着我们的情感和心智技能

下面我跟大家分享一个学习者整合新经历的例子。有一次，我的孙女为学校储物柜换了一把新锁，我 6 岁的孙子也吵着要一个一样的锁。但这是一

个比较复杂的密码组合锁（要打开需要多道工序，如向右转到 10，向左 36，再向右 22）。我们试着去建议他用一个简单点儿的钥匙锁，但他还是坚持要一个像他姐姐那样的锁。等拿到锁后，约瑟夫开始试着开锁，试了一次又一次。之后他要我也试试，我很快就打开了。这下他知道锁一定能打开，就继续一遍一遍地尝试。我注意到他第一个密码并没有转对，就开始转下一个号码，他没有理解，这一连串的程序是环环相扣的，需要每一步都正确做完，才能打开锁。他一直试但还是打不开，就来找我帮忙。我让他一边开锁一边给我解释他做的每一步，我注意到他还没有完全旋转到第一个数字就跳到了第二个数字。这是因为他缺少了从开锁密码到锁的一个关键的知识，而我有开这种类型锁的先验知识，并能马上回想联系起来，所以很快打开了锁。当他获得了这些关键性知识后，他在接下来的尝试中，一下子就打开了锁。他是那么兴奋，不断地打开、锁住，向他的姐姐、父母和祖母展示他能很轻易地开锁。简而言之，在我给了约瑟夫一些小帮助后，他最终实现了思维、感觉和行动三者的成功整合。

任何会引起强烈负面情绪的经验，都会破坏我们思考、感觉和行动之间的正常的相互作用。如果不断重复这样的经历，或者是爆发非常强烈的情绪，传达的信号会偏离可接受的范围，极端情况下会导致精神失常，我们称之为“精神疾病”。大多数精神疾病很难“治愈”，部分原因是我们对于自己的思想、感觉和行动系统存储信息的方式和它们之间的相互影响知之甚少。最好的“治疗”方式是预防，疾病的一个重要来源就是不当的教育。例如，我们的一个研究发现，在每一个暴食症或厌食症的采访对象中，我们都主要靠机械学习的策略让学习者学习，结果是，这样的学习并没有改善学习者的情况（Hangen，1989）。我的一个目标是构建一个教育理论帮助改善教育，这不仅是为了提高人类的能力，也希望能减少不良行为，甚至是最极端的精神异常。

## 3.3 概念图和知识整合

20 世纪 70 年代早期，我们的研究项目遇到了难题，即不知道如何记录指导前后孩子们对该领域知识的掌握情况。我们尝试了每一种可能的笔试，却发现这些很难反映出孩子们的实际情况。在面试中询问他们在笔试中的思考过程以及为什么选择某个答案，发现许多孩子是因为错误的思考而选择了正确答案，而大部分孩子实际知道的知识并不能由测试问题的答案准确地反映出来。例如，有的孩子知道的较多，而有的孩子则知道的较少。在皮亚杰等人（Pines，et al.，1978）工作的基础上，我们采用更具针对性的访谈方式，但后期我们要面对大量的录音带或这些录音带转录出来的文字脚本。通过分析这些记录并从中理解孩子们是如何学习的以及他们为什么没有学到新知识背后的规律是极其困难的。根据奥苏伯尔（Ausubel，1963；1968）的意义学习理论，我们决定检查学生们给出的关于概念词和命题的访谈记录，因为这些能显示出他们已有的先验知识及学习后增加的新知识。在尝试过很多组织概念词和命题的方式之后，我们研究组提出了“概念图”这一思路。起初，我们尝试去掉除了概念名称外的所有文字，并试图显示出这些概念在分层结构中是怎样关联的，但这种关联并没有用连接词表示。图 3.7 是莫雷拉（Moreira，1977）早期研究中的一个概念图例子。理解概念的人会知道概念间的联系，这些联系都在他们心中，但对大多数人而言，单纯的一堆概念明显缺乏了明确性。很快我们就坚持要用连接词来表达命题的含义，尽量使含义清晰准确。并且，莫雷拉确实发现她的概念图显著提高了一个学生鉴赏小说的能力。

我们很快发现，对那些阅读能力较差并在学校表现一般的学生来说，概念图对他们确实很有帮助。一个六年级的男孩在接受我们的阅读矫正训练后开始制作概念图，很快他就带着他的同学通过使用他画的概念图来进行阅读理解。他的自我形象飙升，老师们也赞扬他取得的成绩。图 3.8 显示了该学生画的第一幅概念图。

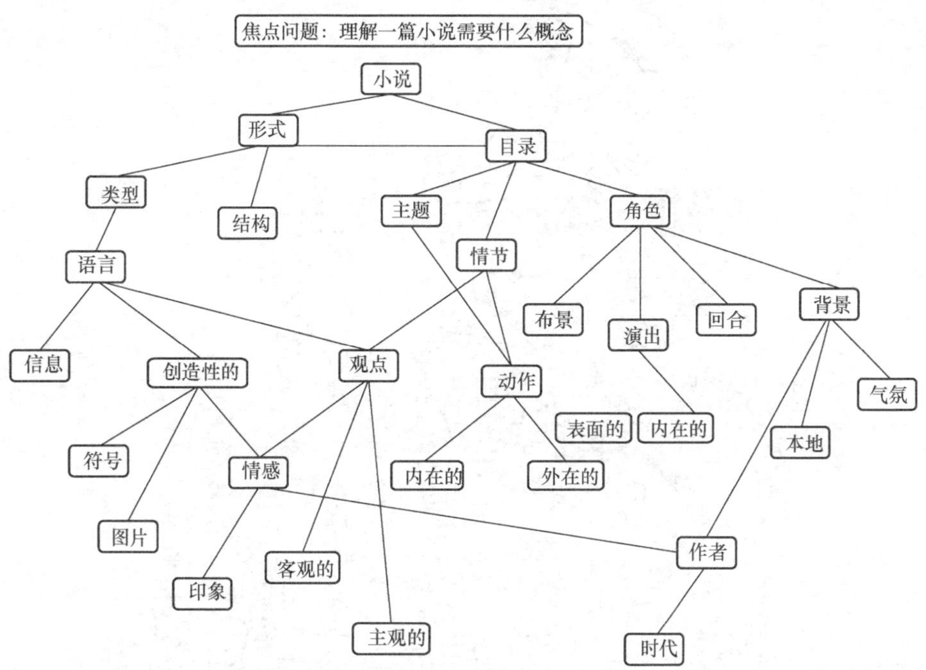


■ 图 3.7　早期没有连接词的概念图例子。为了在图中准确地表示出概念与命题之间简明的关系，我们坚持用连接词（经允许重新绘制做的图，Moreira，1977）

我们发现，对老师来说，概念图是一种组织教学内容的好工具；对学生来说，概念图也是他们在听讲座、阅读或从其他教学材料中找到关键概念和原则的好工具（cf. Novak，1991）。此外，在学生具有娴熟的构建概念图的经验和技巧时，绘制概念图的过程就是他们“学习如何学习”的过程。他们在意义学习上变得得心应手，并在很大程度上降低或消除对死记硬背的依赖。概念图正帮助他们成为真正的学习者。同样，概念图也能帮助老师成为真正的老师，因为对教师来说，概念图（concept map）是一个很有用的工具，他们既能用它与学生对知识进行意义协商，也能用它来设计更好的教学。

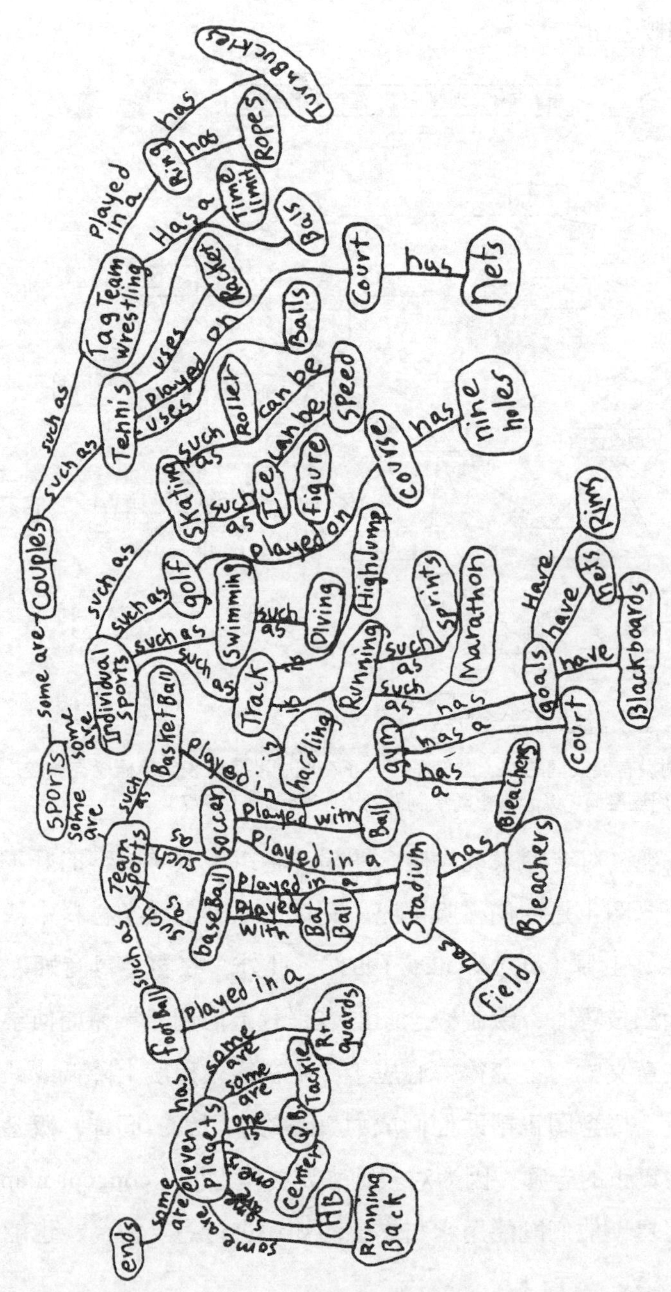


■ 图 3.8　在阅读矫正项目中，一个六年级的小男孩构建的概念图。标记直线、直线和概念组合形成命题或原理。我们把这个图看作这个小男孩认识运动的质量和数量的一种展示。经过构建和使用概念图后，这个男孩的表现进步很大（剑桥大学出版社许可使用本图，Novak & Gowin，1984）

最近，我们开始把概念图应用到各种各样的公司环境中。例如，图 3.9 所示的概念图显示了组约一个公司的结构，它清楚地说明了该公司内部交流存在的问题。利用类似这样的概念图，团队可以认识到存在的问题，并产生更多的创造性的解决方案。事实上，在和我们合作过的公司中，我们发现这些公司存在一个相同的问题，正如克罗斯比（Crosby，1992）描述的那样：组织管理者其实并不了解他们的组织。合作过程中我们发现，通过构建公司框架结构的概念图，公司就能找到赢利点并从而获利。试问，当一个人不理解公司的本质和使命时，他又怎么能从事创造性的管理呢？后续章节中我们会继续讨论这个问题。

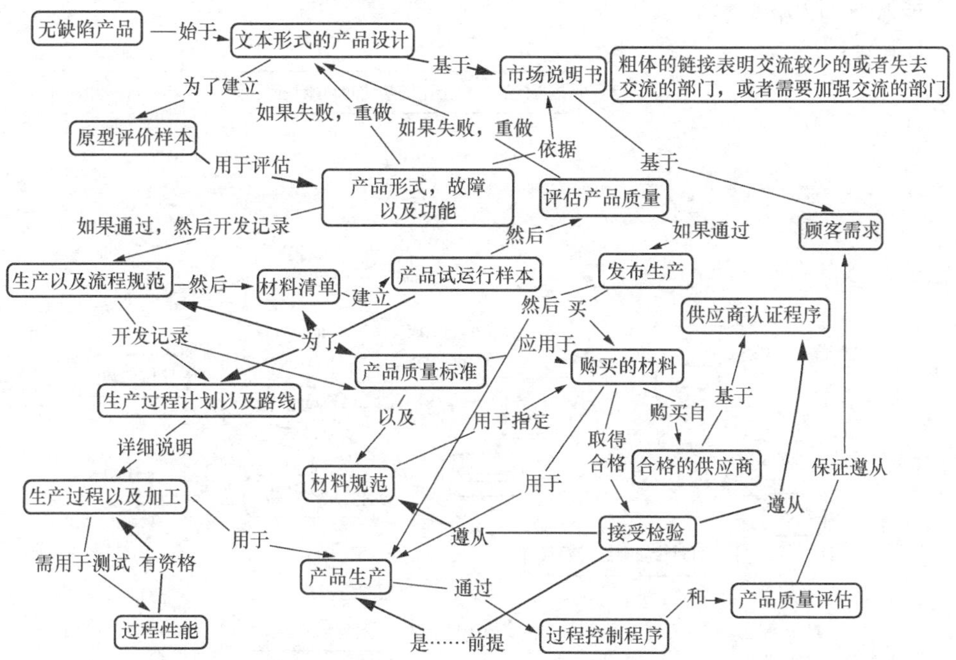


■ 图 3.9　组约某公司结构的概念图显示处理产品质量时内部的交流问题。粗线表示需改进的地方

我们的研究以及世界上许多其他国家的最新研究都表明，儿童学会制作好的概念图并不困难，但对中学生和大学生来说有些难度。他们长年累月的机械学习习惯在一定程度上产生了影响（Novak & Wandersee，

1990）。我们也发现，要想从课本或讲座中的概念图中获益，学习者需要建立起自己的概念图并学会这种组织知识的方法。我们总结研究结果并出版了《学会学习》（*Learning How to Learn*，Novak & Gowin，1984）一书，现在这本书已经被翻译成了西班牙文、意大利文、中文、泰文、日文、葡萄牙文、阿拉伯文和芬兰文。概念图作为一种工具，在可视化学习者掌握的知识以及建构各领域的学科知识方面起到了重要作用。我们不妨从现在就开始学习这个技能，为正在学习的本书或其他科目构建自己的概念图。附件中我就如何做出好的概念图给出了一些建议，现在也有了很多可以帮我们构建概念图的计算机软件。图 3.10 所示为一个关于概念图中关键概念的概念图。要了解更多的关于如何构建良好的概念图的信息，可以参阅《学会学习》这本书。

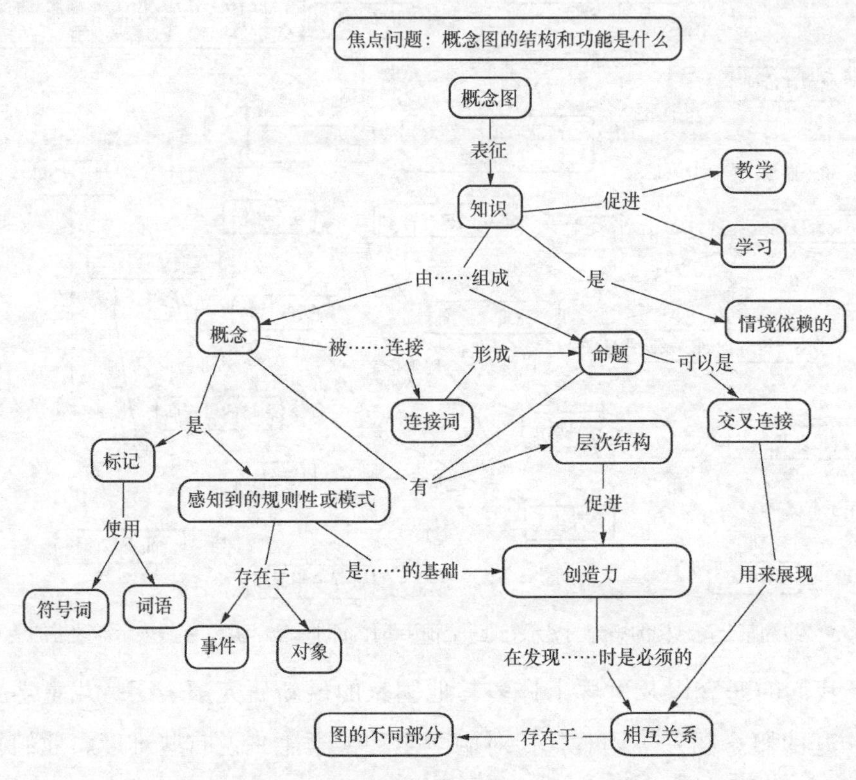


■图 3.10　好的概念图显示的关键创意和原则

本书的第一版出版后，在彭萨科拉的佛罗里达人机认知研究所开发了一些构建概念图的软件，如概念图工具。这个软件设计明确，方便用户使用，大多数孩子在一两小时之内就能学会使用。与其他概念图软件不同的是，在这款软件中，外部数据资源可以方便地与连接词相连，并作为概念图的一部分保存，当单击概念图标选择所需资源的时候，这些数据资源就可以快速检索呈现。图 3.11 所示为关于库纳印第安人的一张概念图，当时有一个旨在引进新教学策略和学习策略的项目，巴拿马的孩子们参加了项目，并绘制了这张图，图中包括给每一个四、五、六年级教室都配置计算机和互联网的计划等。在概念图中显示了一些外链资源的插入点，单击概念图标，这些资源就可以显现。后续部分会展示更多关于此项目和其他项目使用概念图工具的信息。读者可以在如下地址免费下载该软件，试着用它来构建自己的概念图（http://cmap.ihmc.us）。

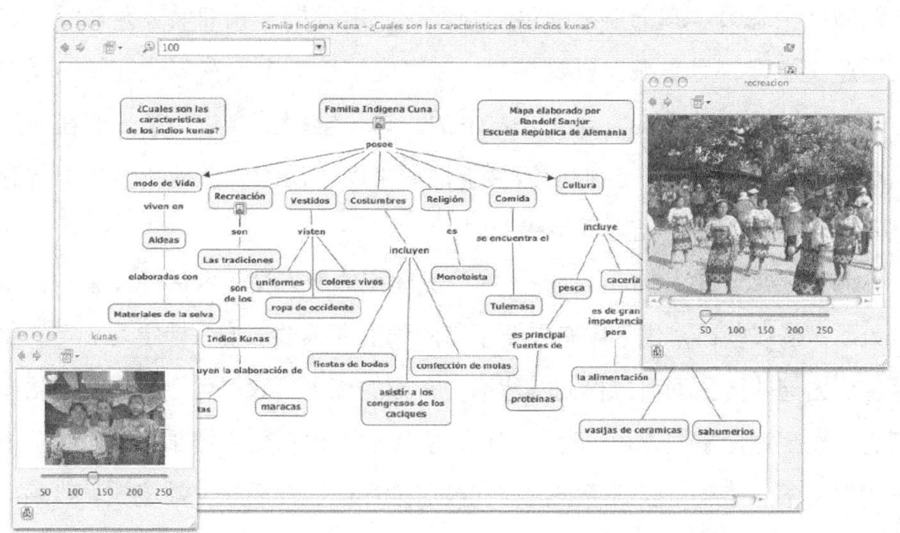


■ 图 3.11　库纳印第安人的概念图，显示一些所附的资源，这些资源可以通过单击图中的图标查看。本图由巴拿马五年级学生用概念图工具制作

## 3.4 意义学习增强学习者能力

通过意义学习，我们将行动、情感和思维整合为一个整体，通过这种方式获得的知识才是我们真正掌握的知识。意识的本质本身就是一个亟待探究的领域（Hofstader，2007），但我不会去探究这个领域。想象任何一个知识领域，在这个知识领域中，你能够将已有知识和经验结合起来，那么你就有了一个通过意义学习方式进行学习的知识的范例。这才是你能操纵的知识，对这些知识你会感到一种拥有感和成就感。再想象一下通过机械学习方式进行学习的知识，形成鲜明对比的是，不用多久这些知识大部分就会被遗忘了，它们与实际经验联系甚少，你很难感觉到它们带来的力量或控制力。不幸的是，对大部分人来说，很多学校的学习基本上都是机械学习，这会使我们对学习科学、历史、数学、音乐或者体育等一个或多个领域产生恐惧。本书旨在提供一个理论，用以指导我们增长教育经验并促进意义学习，尽量减少机械学习。教育应该给一个人在应对经验的能力方面带来建设性的改变，这正是本书的宗旨。学校教育中，学生们在一片无意义的苦海中挣扎，我们应该给予他们帮助，让他们掌握所学知识的意义并体验由此带来的无限满足和动力。

保罗·弗莱雷（Paulo Freire）为拉美国家的成人文盲农民开发了一种教学策略，从那些日常生活中有重要意义的词汇入手教他们开始学习文字。弗莱雷认为这些衍生词可以作为构建语言大厦的积木，农民可以通过读写循序渐进，直至完全掌握语言。有了文化，农民们不仅自信心增强了，也有了更强的权利感。弗莱雷因赋予农民权利被监禁在巴西，后来又被流放。弗莱雷的教学和著作（如 *Politics of Education*，1985）获得了全世界的认可，不仅因其讲述了如何帮助成年人获得读写能力，更因其中渗透着赋予人权的普遍价值观。

弗莱雷认为，大多数教育都是将学习者当作一个“空的容器”，需要用各种信息来将其填满（见图 3.12）。现实情况会更为复杂，如图 3.5 所示。这种“灌输”式教育理念之所以存在，是因为学习材料既没有意义，也与学习者的先验知识不相关，学习者只能靠死记硬背的机械学习方法。如遇到问题，学习者总是需要重新学习，重新做决策，而不能根据以往的经验举一反三，就好像动物需要不断被“驯化”一样。相比之下，通过采集、使用那些在学习者生活中有重要意义的“衍生词”，就能更好地掌握和运用新知识，让学习者自主学习并成为自身命运的主人。当然，试图改变教育现状、开展能力型教育会面对很大的挑战和风险。在学校和其他机构中的人员看来，任何的创新和改变都会给他们带来威胁，所以他们会设法联合起来抵制或转移这种威胁。

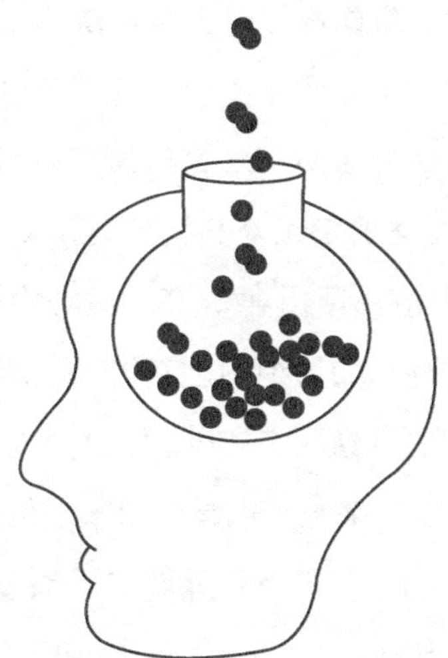

■图 3.12　很多教学过程就像这个模型，假设我们的大脑是个空的容器，就需要用信息将其填满

## 3.5　组织学习

目前，大部分的教育都是在组织中进行的，如学校、教堂、公司或其他组织等，但同时这些组织的结构与功能也在很大程度上限制了有效学习的发

生。组织是教育背景的一个重要方面，它影响人们学什么以及如何评价。圣吉（Senge，1990）关注了一些商业组织后发现，一些组织不知道如何学习，其他组织也在组织学习中显示出类似的局限性，这约束了个人在这些组织中的学习。本书提出的理论、思想和工具将适用于个人以及组织的学习。

组织面临的一个主要问题就是如何处理信息，特别是组织中员工靠多年的工作经验获得的那些信息。学校会面临这个问题，而在企业中这个问题会更加严重。因为对企业而言，知识已经变得比传统的土地资源、劳动力和资本更加重要。正如野中郁次郎和竹内弘高（Nonaka&Takeuchi，1995）所说的那样：

> 知识只由个体创造出来。一个组织如果没有个体就不能创造自己的知识。因此，对于组织而言，支持和激励个人创造知识，或为他们提供合适的环境，是非常重要的。所谓的组织知识创造其实是这样一个过程，个人创造的知识经过组织层面的放大，通过组织内不断的对话、讨论、分享经验或观察使其具体化 。

虽然组织创造的知识是一项重要资产，但野中郁次郎和竹内弘高更强调“知识创造知识的重要性，如组织的创新能力，尽管当前知识资产观倾向于具体的知识，因为他们更容易测量和处理，但更应该将注意力放在后续的创新上，因为创新是新知识的来源，也是公司未来价值的来源”。野中郁次郎（Ichijo & Nonaka，2007，eds. ）曾反复强调知识创造的重要性，本书将更深入讨论知识与知识创造的本质。

近年来，我和我的同事们花大量的时间与公司合作，帮助这些公司更高效地获取、存储、共享和创造新的知识。本书中将讨论如何使学习者的学习能力更强，同时也讨论如何使组织的学习能力更强。

# 04 Chapter 新意义的建构

## 4.1 “意义”这个词的意义

从婴儿期开始，人类就踏上了不懈追寻意义的道路。一两岁的孩子就开始了解大人们使用声音来代表的事物，这种与生俱来的强大潜力渐渐地就成了孩子口中呢喃的“妈妈”“爸爸”“狗狗”等声音。人类有天赋去做一些其他动物们不能够做到的事情，虽然对此还是有一些争论（Gazzaniga，2008）。他们可以了解并且使用语言符号（或者符号语言）来表示对象或者事件的规律。就是这种难以置信的能力将人类从其他动物中区分出来。历时久远奇迹般的生物演化，最终在过去的 5 万年中产生了一个拥有独特语言能力的物种。人类蕴含这种发现和表达规律的能力，并且也有用情感识别这些规律的能力。人类思考、感觉、行动，拥有的每一段经历中都包含这些过程。这是事实，是不言而喻的，但我们不甚明确的是，人类为什么需要建构对象或者事件的意义，以及意义是如何建构的?

我们观察到的新的对象或者事件的意义取决于我们已经知道的类似的对象或者事件的意义。学校、工作、快乐和恐惧是对经验中的某种特征的符号描述，但是对拥有不同经历的人来说，这些符号的意义可能是完全不同的。对于一个人来说，意义通常是由其一生中所有的思考、感觉和行动等阅历决定的。人类采取什么样的行动取决于他们对于与其相关的对象或者事件的思考和感觉。学校、工作、快乐和恐惧对于成长在完全不同的环境中的儿童，可能意味着完全不同的意义。显然，经验的情境对经验的意义有重要的影响。同样学习者和学习情境之间也有重要的相互作用。

自出生以来，每个人都在创造着他们自己关于对象或者事件的意义。每个人都有独特的历史经验，因此每个人都在建构自己独特的意义。然而，每个人其独特的意义中又存在着许多共性，于是我们可以用共同的语言符号去分享、比较和修改意义。当然，个体的经验越不同，他们之间分享意义就会越困难。这就是在我们所经受的社会中种族、民族、文化、宗教、地理等界线产生的根源。这个问题将在第 8 章作进一步的讨论。

在本章中，我将会呈现关于意义获得的一些核心概念，然后讨论奥苏贝尔（Ausubel，1963；Ausubel，1968）的意义学习理论。可以在图 4.1 中看到奥苏贝尔理论的一些核心概念。

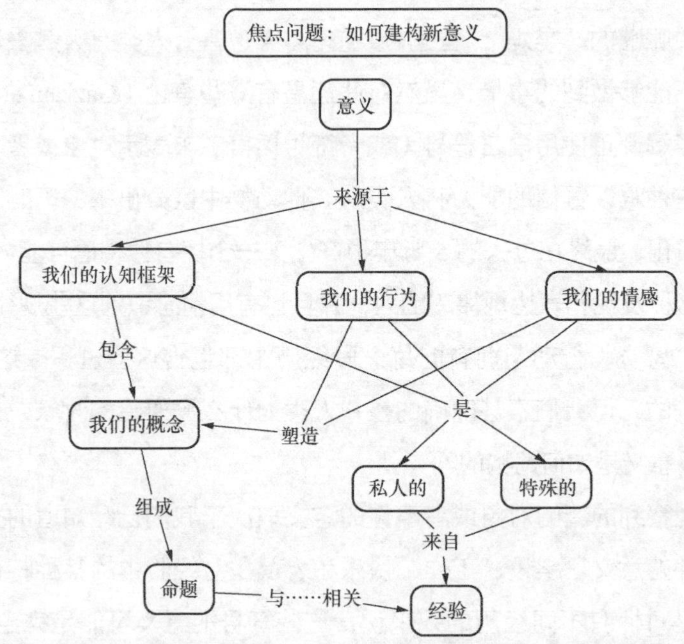


■ 图 4.1　我们拥有的意义是我们一系列个人的独特的经验的产物，因此对不同的人而言，至少在一定程度上是不同的

## 4.2 意义学习的基本概念

### 4.2.1 概念学习和表征学习

我们将概念定义为用一个特定的符号表示的感知到的关于对象或事件或其记录的规律或模式。心理学中关于概念学习（concept learning）有一个问题，究竟什么是第一位的，对规律的感知还是符号的获得？皮亚杰在他的诸多著作中宣称对规律的感知是第一位的，并且这个感知取决于学习者的“认知发展阶段（cognitive developmental stage）”。另一方面，维果斯基（Vygotsky，1962）认为，先提供概念的符号更有助于概念的获得。例如，当我们告诉儿童狗、猫和狮子都是食肉动物，儿童会进一步询问其他动物是否是食肉动物，因此加速了对食肉动物这一概念的获得。习得一个词的定义本质上来说是表征学习（representational learning）。相反，学习一个词的意义，或者词或符号所代表的规律和模式，则是概念学习。即使许多人都知道“食肉动物”这个词，他们可能从来没有获得更深层次的理解或者对于这个概念符号的概念化理解（译者注：也就是仅仅知道“食肉动物”这个词，甚至知道什么动物是或不是食肉动物，但是不知道食肉动物是“吃肉食的动物”。这个在英语中是可能的，但在中文中的可能性不大。但是，问题的关键是一样的，也就是不仅仅把概念作为一个符号记下来，还要明白这个符号背后的含义和规律）。在0～7岁，人类语言的发展和大脑发育高度相关（Sakal，2005），但是之后的语言发展更大程度上受所受教育质量的影响。

麦克纳马拉（Macnamara，1982）在他的研究中展示了孩子们如何获得“事物的名字”（一个词），既非事先学会这个名字（也就是这个词）代表的规律和模式，也非事先学会这个词，而是需要把这个符号（也就是这个词）和与此关联的意义二者结合起来才能合理地使用这个词。因此，意义是建立在一定情境下的，概念符号的意义往往含有一些个性的成分，因为对于给定的概念没有两个人关于此概念的一系列事件（情境）的经历是完全相同的。霍夫（Whorf，1956）认为一个人所生活的文化环境塑造了那个人的概念意义，他是该领域最早也是最杰出的研究者之一。

### 4.2.2 表征学习

如上所述，表征学习是意义学习的一种形式。学习者认识一个词、标志或者符号，并把它作为一个具体的或者一类的对象或事件的记号。专有名词是通过表征学习获得的（如 Fido 是我们的狗的名字）。表征学习可能会先于概念学习，在这种情况下，符号的学习先于这个符号所代表的对象或者事件的属性或者规律（Ausubel，1968）。一旦儿童注意到所有的狗都拥有一些共同特征，他们其实已经获得了“狗”的概念。同样的，儿童也许认识到狗、猫、狮子和老虎之间的相似性，然后才学会用“食肉动物”这个词来代表这些食肉的动物。因此，概念学习也有可能发生在表征学习之前。

在学习外语的过程中，我们可能会通过表征学习来学习与母语同义的外语单词[1]，然而，对这个词精细内涵的理解可能在很久之后才会获得。通过大量的表征学习，我们可以学习到新学科领域的词汇，但是对该领域专业词汇的概念意义的完全理解则可能需要很多年。对一些学生来说，也可能会达到比单纯的表征学习稍微多一点的效果。若词汇的定义是通过背诵等机械学习获得，那么表征学习不会自动晋级为概念学习。当然，表征学习有可能为促进概念学习提供语言符号。

不幸的是，对于很多学生来说，那些本来应当是以概念学习为主的学校教育，几乎都是表征学习。学生学习概念的定义，但是他们不理解那些概念的真正意义。例如，一些生物专业学生学到“细胞是生物体结构的基本单位”，但是他们不能以自己能够理解的方式来解释这一定义。其实，他们并没有学到“细胞”的概念。我们偶尔都会这么做，而考试也通常只要求我们知道概念的符号，不要求我们深入理解概念的含义。我们将在第 9 章进一步讨论这一问题。

小孩子非常擅长学习新概念。我想到我的两个孩子不到三岁的时候，将

❶ 本书原作者以英语是母语的外语学习（foreign language learning）者为对象。

大人们称作“umbrellas（伞）”的东西叫作“underbrellas”。我不确定是不是因为那样更容易发音，他们才使用了那个他们创造出来的词，还是因为这样他们能够更好地理解那个概念。确实，人们会撑着伞走路，或者在伞下站着。

教师和管理者需要记住他们所在的文化环境与其学生和下属在一些方面差别是很大的，这一点非常重要。因此，同样一个词对每个人来说会有截然不同的意思。这也就是我们为什么要反复强调需要在师生之间协商意义（参见图 2.3）。由于英语（或任何一种语言）中一个词语可能代表两个或两个以上概念，考虑到这一点，这个问题就更加重要了。例如，“红色（red）”这一词可以指一种颜色，也可以是高温（如“炽热”red hot）、政治立场以及其他事件或事物中的规律。很多时候，学生不能理解老师，是因为老师们使用的词语从学生的角度理解后并不是老师想表达的概念。专业词汇通常包含一些用来表达常见概念的词汇，而这些词汇有的时候看起来与这个相应的技术概念意义毫无联系。

### 4.2.3 情境认知

我们所学的知识会受学习情境的影响，这一事实在过去的 20 年里得到了充分的研究印证。这种学习以及应用知识需要依赖于情境的情况被称为情境认知。现在有很多关于这一主题的文献。格里诺（Greeno，1998）就一系列有关情境认知的问题发表了一篇优秀的综述论文，他指出：

> 所有的教与学都是在一定情境中发生的；关键问题是情境的性质是怎样的。同时，通过关注学生们所参与的学习、理解以及推理活动，一些教育家已经致力于创造一种学习情境，让学生参与到推理和理解中来，从而达到超过仅仅学会计算步骤，以及获得认知结构的目的。

问题是如何优化学习环境以达到高水平的意义学习，这个问题没有简单的答案。事实上，这就是整本书将要讨论的内容。帮助解决这一难题，也正是我们需要全面的教育理论的原因。

我们热衷于将概念图视为一种教学与评估的工具，其中一个原因就是概念图能极大地帮助老师、经理、管理者以及学习者对一个词或者符号所代表的概念意义达成共识，同时也能帮助学习者从掌握比较肤浅的表征意义深化到掌握更丰富的概念意义。概念图展示的不是概念的简单定义，而是一套完整的命题，而这些命题在一个特定知识领域中表现了一个概念是怎样与其他概念联系起来的。概念图还能帮助相对娴熟的学习者共享概念意义及促进创造新的知识。一个康奈尔大学研究植物根生长的研究团队很好地展现了这一点。图 4.2 是该研究团队构建的“总体图”，目的是方便其成员之间开展讨论与研究。甚至对于那些在某一知识领域受到良好的教育的专家来说，很多时候他们也会发

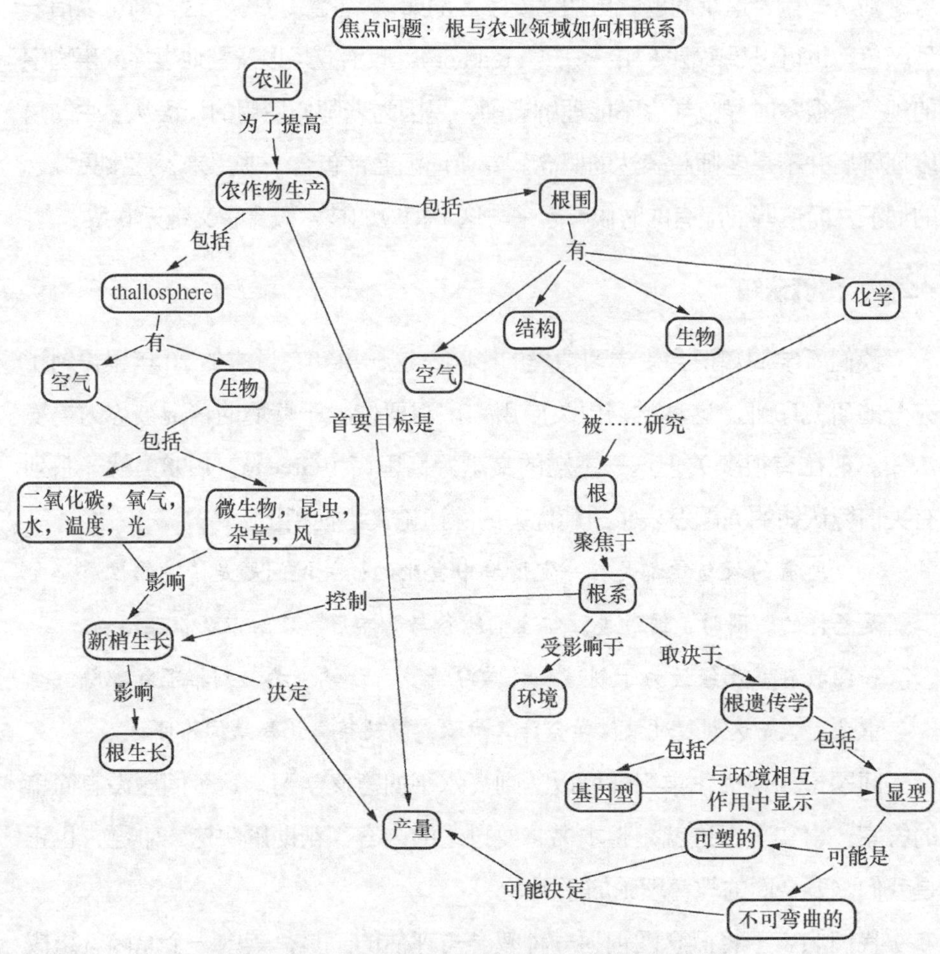


■图 4.2　康奈尔大学研究小组提供的概念图，展示了
指导农业经济及植物根部研究项目的主要概念和原则

现共享那一领域中使用的概念意义不是一件简单的事情。总之，无论对于学术界和企业团体来说，概念图都已经被证明其在研究环境中大有裨益。

### 4.2.4 命题学习

命题是由两个或两个以上的单词构成的有关事件、对象或者想法的一个陈述。命题可以是正确的（如天空是蓝色的），也可以是错误的（如巴黎是英国的首都），也可以是无意义的（如医生看起来）。命题是构成意义的基本单位。我们可以将概念比作一个原子，将命题比作一个分子。世界上仅有大约100种元素，但是却有无数种分子，构成了无数种类的物质。同样，英语语言中约有100万个词汇，但是他们可以形成无数个不同的命题。所以，诗人、小说家等创作家会源源不断创作新作品。我们所获取的某一给定概念的意义，形成于包含那个概念的命题。我们知道把这个概念与其他概念联系，形成的正确命题越多，表明我们对于这个概念含义的理解越丰富越准确。这正是为什么我们要在一个连续的统一体中展示学习过程（见图3.1），在这一统一体中，机械学习只是逐字背诵概念的定义，而意义学习则是学习者在他的一生中都通过正确的命题将新概念联系起来。

参照图4.2，思考一下图中所示命题是怎样丰富你对“根”这一概念的理解的。概念图是一种用来展示人们对一个概念或者一套概念中的命题关系或者意义框架理解的工具。如果某人能够画出关于某个概念的所有可能情况下的概念图，用概念图展示出这个概念与其他概念之间的相互联系，那么我们能很直观地看出这个人对于这个概念意义的理解情况，但这显然是不可能的。事实上，没有谁能穷举那些我们所知概念的所有潜在的意义。因为一个新的情境或者一个新的相关命题都可能产生我们从未想到过的关于这个概念的新意义。此外，当我们学习某个概念时，我们会根据学习这个概念时的情感体验给这个概念做情感评价，这个评价可以被视为概念的个性化意义的一部分。事实上，每个人在建构他所掌握的某领域知识概念图时，都会发现他们其实能理解一些他们从未思考过的命题（知识之间的联系），并且发现一些概念的意义远比他们之前理解的要模棱两可。实际上，后面这一现象非常常见。对于老师和学习者来说，建构概念图可以很大程度上揭示他们所掌握的知识框架。图 4.3 所示的概念图展示了上面讨论的一些观点。

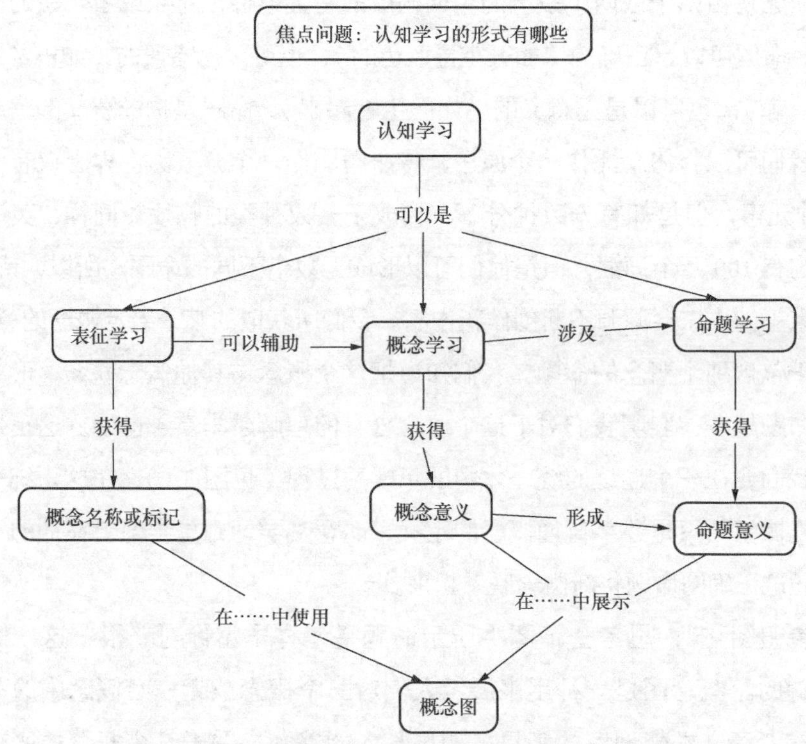


■图 4.3　认知学习的 3 种形式以及它们之间的相互影响

## 4.3 概念形成与概念同化

概念的学习有两种方式：概念形成与概念同化。很多孩子在两岁半的时候，已经能够准确地识别 200 ～ 300 个规律或者模式，并且用词的形式给这些规律或者模式做一个标记（Macnamara，1982）。对于小孩子来说，这种意识到规律并使用语言符号来指明规律的学习被奥苏贝尔称为“概念形成”。孩子通过不断试错的方式从大人们用来表示周围环境中的规律的语言符号中，学习并逐渐在自己脑海中形成这个概念。这样一种惊人的学习壮举只有人类拥有，而且所有脑部正常的孩子在 3 岁之前都能够成功做到。孩子在建立词语意思的同时也建立起了概念。在我看来，孩子们学习对象或者事件名称的过程与成人建立新概念的过程没有区别。两者都是基本的意义学习的过程，这是每个正常人的一种本能。他们从事件或者对象中观察到规律，然后建立起关于这个规律的个性化的概念意义。年长或者较为娴熟的学习者（如研究人员）也从事件或者对象的记录中建立概念，并且当这个概念符号通过关于事件或者对象的命题或者陈述与其他的概念相互联系起来的时候，这个概念的意义就会进一步深化。这一部分的主要想法的总结如图 4.4 所示。

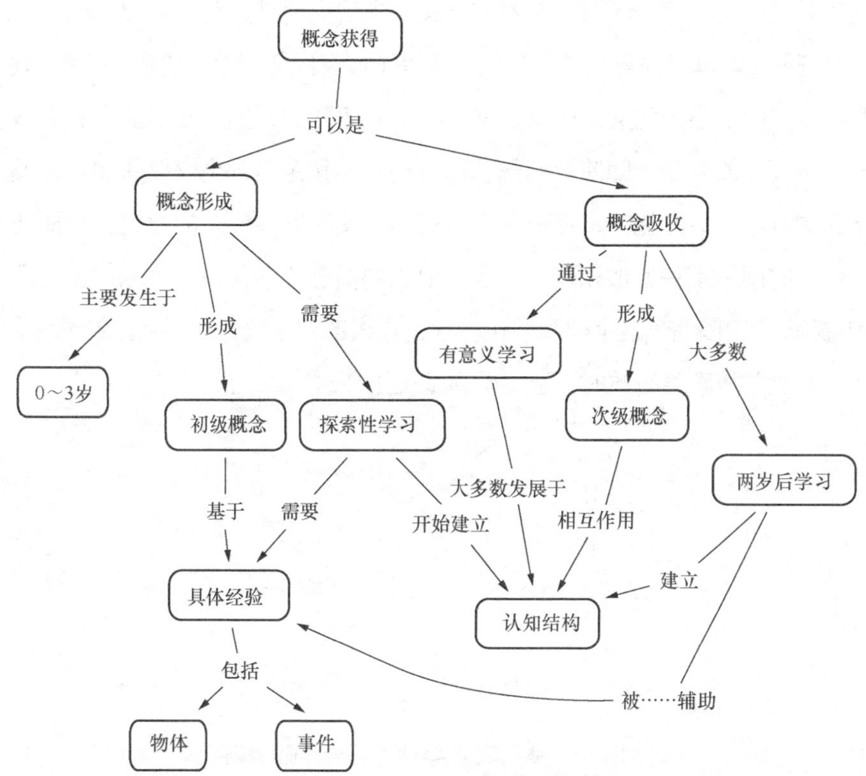


■图 4.4　概念获得的两种形式以及它们同经验和认知结构之间的关系

奥苏贝尔（Ausubel，1968）将初级概念与次生概念进行了区别。初级概念是指幼儿通过直接观察对象或者事件并意识到这其中的规律性而形成的。这个过程通常发生在幼儿在形成各个概念的尝试和假设检验的阶段，随后幼儿将其整合到他的认知结构中。“狗”“妈妈”“成长”和“吃饭”都是幼儿形成初级概念的例子，随着建构其认知结构，孩子就可以通过概念同化的过程来获得次生概念。已经存在于孩子的认知结构中的概念和命题就可以用来作为获取新的概念意义的基础，这些新的意义包括如分子、爱和历史这种不能用直观的例子进行解释的概念。学习者利用自己知晓的口头或书面词语及命题来理解获得新的概念。学龄前儿童的概念学习基本都是通过概念同化来实现的。

概念意义随着概念符号间互相联系形成命题的过程而不断深化。新概念的学习可以通过概念形成或者概念同化来实现，当新概念符号与已知的概念命题相联系时就能习得这些新概念符号的意义。当我们用字典查找获取我们不熟悉的概念符号（单词）的意义时，我们至少处于概念同化的第一阶段。不幸的是，有时候字典中给出的同义词或者定义，我们并不熟悉，因此并不能掌握新概念符号（单词）的意义。即使我们熟悉这些同义词和定义，也仅仅是完全掌握这个概念的开始。像进化论、官僚主义、资本主义等这些概念的意义，可能在我们一生的时间里都在增加和变化。大多数重要概念的同化是一个无休止的意义建构过程。3 岁以后，这个概念同化过程也是大部分新概念学习发生的过程（见图 4.5），当学校教育有效时，它能明显地促进概念的同化。

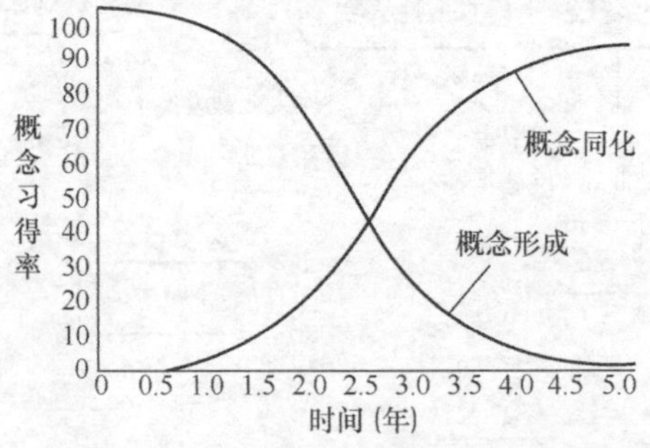


■ 图 4.5 婴儿早期学习概念完全是遵循概念形成过程的，他们发现一些可以使其以后通过概念同化学习的概念。上学以后，几乎所有的孩子都是通过概念同化学习新概念

我的孙子 5 岁时，有一天吃午饭的时候问我："爷爷，烦人是什么意思呢？"他还有一个 6 岁的姐姐，所以你可以很容易想象他是在什么情境中听到了这个词。我试着用我认为他能听懂的概念和命题来解释："'烦人'是指一些打扰到你的事或者让你感到不高兴的行为。"然后，我还举了一些例子。当我解释这个词语时，他看起来明显已经不把注意力放在我身上了，我以为试图帮他同化"烦人"的意义失败了。第二天，我们外出划船，他穿着救生衣睡着了。当我们靠岸之后，我把他放到吊床上让他继续熟睡，大约 15 分钟之后，他睡醒走到我面前拽着救生衣说："爷爷，把它脱掉，它烦死我了。"可以看出，他不仅同化了"烦人"的意义，他还能正确地把它转化成动词使用！由此证实，他已经同化了这个概念的意义，并且这个概念也已经成为他认知结构中一个具有完全功能的部分。

近来，布郎和其他研究者已经认识到了学习环境对概念发展的制约，他们把它称为"情境认知"（Brown，Collins & Duguid，1989；Greeno，1998）。他们认为知识是情境化的，是行为、环境及文化共同作用的部分产物，并不断发展和践行。前文提到我的孩子对"underbrella"概念的认知过程就是一个关于情境认知的好例子。单词的意义是根据人们使用它时的情境得到的。文化和环境的差异性越大，同一个词越可能会有完全不同的意义和内涵，这种意义的大相径庭在某些时候难免会让交流双方陷入尴尬。有时候，用一些与母语同义的外语同样会产生一些尴尬。甚至同为英语文化，同一单词也会有不同的含义。我回想起在一家澳大利亚商店的经历，店员问我："Are you right？"（您身体怎样？——我会将其理解为她在询问我的身体情况）。但事实上，她要表达的意思就是我们美国店员常说的"May I help you？"（您需要买点什么？）。

小孩也在不懈地追求概念和命题的含义。我的妻子琼跟我讲了我们的孙女雷切尔两岁时的一件事。琼打算和雷切尔去小卖部买点东西。

雷切尔问道："为什么要去呢？"

琼回答："因为我们需要买食物来吃。"

雷切尔又问："为什么要吃东西呢？"

琼说："我们需要吃东西，身体才会健康，我们才能长大。"

雷切尔问："难道不吃东西，我们就长不大么？"

琼回答："不能，我们需要食物才能长大。"

雷切尔又问："如果我一直吃，就一直会长么？""一定程度上就是这样。"

琼回答道："为什么呢？"

就这样，这样的对话持续个没完没了，直到琼被问烦了，不再回答这些"为什么"。在某种程度上，这些"为什么"会让孩子获得大人的关注，也是一种有意义的行动。读者们可能同样在两三岁时有过相似的经历。但是问"为什么"确实是孩子们获得新概念和命题意义的好方法。所以，大多数父母和祖父母都能在孩子们这种无休止的为什么问题中修炼出更高的宽容境界。

## 4.4 认知结构的发展

在我们出生之时，数十亿的大脑神经元就已经形成了。相关的神经胶质细胞的增长和神经元周围髓鞘的形成，会导致脑的大小和重量持续增长，大部分的增长都发生在出生后的两年内，在 7 岁以后大脑几乎不再生长。学习和相关的认知发展伴随我们的一生。有人断言通过听古典音乐或一些其他的环境干预进行胎教，会影响孩子的认知发展，但是这一猜想并没有明确的证据支持。然而，出生后认知开始发展，大多数孩子在 15 个月大的时候就开始学着用语言来表达他们的意愿。Macnamara（Macnamara，1982）和 Bloom（Bloom，2000）在关于语言获得的研究中做了细致描述。

## 4.5 皮亚杰的认知发展理论

认知发展最著名的研究当属瑞士科学家皮亚杰（Jean Piaget）做的研究。

皮亚杰的博士论文是对软体动物（螺、蚌类）系统发育的研究，但在和比奈（Binet）一起做了智力测试的研究后，他转而致力于研究儿童认知发展。皮亚杰的理论论述了认知运算能力的发展，这样的认知运算能力被认为是通用的，适合多种具体知识领域的。皮亚杰（Piaget，1926）提出，儿童经历 4 个主要发展阶段。

首先是感觉运动阶段（sensorymotor stage）（0 ～ 2 岁），这个阶段的儿童基本上是物理性的发展，儿童知道物体从视线中消失并没有彻底消失，并能在一堆事物中分辨出该物体。儿童开始意识到物体的客观存在性是这一发展阶段结束的关键特征。

在 2 ～ 7 岁期间，儿童进入了发展的第二阶段——前运算阶段（preoperational stage）（2 ～ 7 岁）。这一阶段的主要特征是，儿童的以“我”为视角的中心来观察事物和事件，并且难以去中心化（decentering）——也就是很难从除了自己以外的视角来看待世界万物。例如，当液体从一个宽、短的容器倒入高狭窄的容器时，孩子通常就会认为高的容器里有更多的液体。孩子更关心高度这个对他来说更加直观地观察对象，而不是去思考宽窄这个令他难以直观体会的维度，因此错误地认为高容器能保存更多的液体。

皮亚杰理论认为第三个发展阶段即具体运算阶段（concrete operations stage）（7 ～ 11 岁）。该阶段儿童能超越自我的视角，认识到如前面实例中那个高器皿也是窄的，从短宽的容器中倒过来的液体，实际丝毫没有损失。但是这些认知操作需要借助具体可见的过程。孩子们还不能做假设推理。例如，认识到液体在任何不同的容器间转移都不能改变液体的量。

皮亚杰理论的最后一个发展阶段是形式运算阶段（formal operational stage）（11、12 岁及以后）。这个时期，儿童（或者成人）能对一些假设性问题以及具体观察到的事物进行处理。例如，这个阶段的孩子可以预测到，把一定量的液体或沙子倒入不同直径的圆柱体容器中，直径越大，液面的高度就越低，即直径与高度成反比。通过控制变量可以预测，在相同质量和高度下，摆锤的绳子越长，摆动一个来回所用的时间会越长。

皮亚杰的认知发展理论在教育界非常流行，尤其在20世纪60年代初该理论被"重新发现"（Ripple & Rockcastle，1964）以后。数百位研究者们的研究表明，通常年长的试验对象比年轻的试验对象在各种任务中更成功。针对在教学中要包含和排除哪些具体的教学事件，人们按照皮亚杰理论所假设的理解这些事件所需要的认知运算能力，提出了明确的课程建议（Shayer & Adey，1981）。

我的研究成果及对其他研究的理解，使我对皮亚杰认知发展理论缺乏热情。例如，我们来看图4.6中的数据。这些基于皮亚杰任务的数据并不能用皮亚杰提出的认知发展方案来解释。假设大部分12岁（初中一年级）的孩子处于认知发展的具体运算阶段，大部分17岁（高中二年级）孩子处于形式运算阶段的理论成立，那么，为什么会得到图4.6所示的数据？我发现通过奥苏贝尔的学习发展理论可以更简单[1]而有效地来解释这些数据（Novak，1977b）。更广泛地考虑认知发展，我认为对教育工作者而言，维果斯基（Vygotsky，1962；1986）的观念比皮亚杰的理念更有力。皮亚杰和维果斯基同生于1896年，但是维果斯基英年早逝（1934年），皮亚杰却一直持续研究并发表论文，直到1980年去世。维果斯基的论文大多只有在俄罗斯才能见到，大部分的西方学者并不知晓。最近，维果斯基的研究成果有了新的应用（Moll，1990）。他强调学校学习扮演着一个特殊的角色，这恰恰和皮亚杰的理论相反[2]，但确实得到了我们研究的证明。

> 我们假设，尽管学习与儿童发展阶段直接相关，但是二者并不以平等的方式或并行实现。儿童的发展过程并不能像影随物动那样随着学校学习的变化而变化。实际上，学校学习与儿童发展过程二者之间有着高度复杂的动态关系，并不能用一个简单不变的假设公式将其演绎出来。（Vygotsky，in Kozulin，1990）

❶ 关于简单性（Parsimonf）的讨论可以参见本书6.14小节。

❷ 指的是学生的认知能力，更大程度上由学校教育决定而不是年龄阶段。

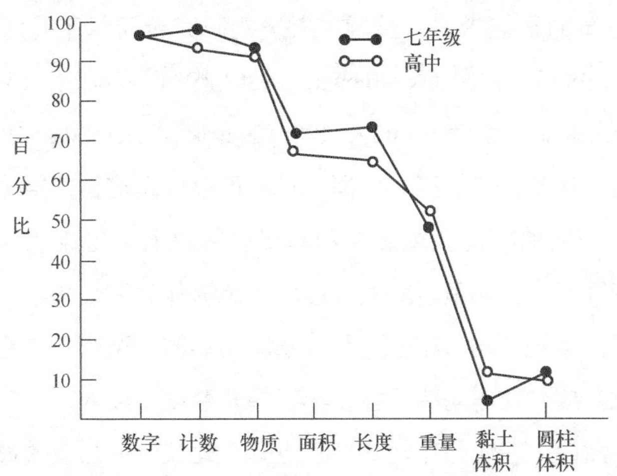


■ 图 4.6 初中一年级学生和高中三年级学生在 8 个不同的皮亚杰任务中的正确率。可以看出两者没有明显的差异[1]

这个认知结构的发展和学校学习之间有着复杂的相互作用正是我们过去 50 年来研究的焦点。自从奥苏贝尔的《意义言语学习心理学》(*The Psychology of Meaningful Verbal Learning*)发表以来(Ausubel，1963)，其强调了学校中的概念与命题学习(propositional learning)，我们发现，奥苏贝尔的思想要比皮亚杰及其追随者的思想更简洁更有力。尽管其他的学习理论家的观点，近来都比较受欢迎，如 J.R・安德森(Anderson，1983; 1990; 2000)和斯滕伯格(Sternberg，1986; 2008)，但我依旧发现奥苏贝尔(Ausubel，1963; 1968)关于了解教育问题及其应用的思想更有力、相关性更强。维特洛克(Wittrock，1974)——奥苏贝尔以前的一个学生，提出了生成性学习理论(generative learning theory)，但"生成性学习理论"依旧在高度依赖奥苏贝尔理论的基础上建立的，只是改变了部分术语。关于奥苏贝尔理论的实用性和力量的讨论会贯穿本书。

老师们及学校的教辅人员推崇皮亚杰的发展阶段理论，将其作为用来解释学生学习或消化不了学校所教的知识的不二法门。学生认知发展成熟度的不足，无论在个体的还是群体的层次，已经成为教师们教学准备不足或者

❶ 数据来自 Nordland，et al.，1974，经 Wiley 的科学教育期刊(*Science Education*)同意后使用。

教学方法不适当的最佳借口。最近，大量的研究者展示了儿童在语言发展（Macnamara，1982）、哲学（Matthews，1980；1984）、科学（Chi，1983）及其他领域（Donaldson，1978；Carey，1985；Novak & Musonda，1991；Gelman，1999）的能力。基于大量的研究证据，我们可以得出这样的结论，儿童成长到三岁，发育正常的都能通过假设和演绎进行思考（皮亚杰术语“形式运算”)。在这些领域上，儿童已经发展形成了足够作为基础的概念和命题的框架。毫无疑问，年长的儿童和成人都普遍比年幼的儿童有更丰富和多样的知识架构，因此，这种在年幼的儿童和年长的儿童以及成人之间的认知发展差异确实存在。然而，即使是年幼的孩子也有着比我们在当前教育实践中观察到的更为巨大的教育潜力。布鲁姆（Bloom，1968；1976；1981）就是该理念的拥护者，他认为所有年龄阶段的孩子有能力学到比在传统学校学习到的更多的知识。布鲁姆努力帮助各个年级的学生更深入地理解学习的主题，重视教学策略，以此来提高学生在学校学习的效率。在后续章节我会谈到目前教学设计中存在的问题。

弗拉维尔（Flavell，1985）致力于将皮亚杰的著作中的思想传播给英语读者，并对其给予强有力的声明：

> 可以说，正如皮亚杰指出的，婴孩的认知系统与成人的认知系统是有着基本的和定性的区别。皮亚杰还认为童年的早、中（青少年)、后（成人）期认知系统也同样有差异。但是关于这些差异的认识正在受到越来越多的怀疑和挑战。很有可能，成熟的大脑与年轻的大脑之间看起来的定性差别远远比它们实际上的差别大得多。形成这个表面上的差别的一个原因是成熟的大脑相比较于年轻的大脑，可能积累了更多领域的组织性的知识，也就是专业特长。我们已经知道提高一个人在一个领域的专业知识的质量能大大地提高这个人在该领域的认知能力。我们不敢肯定成熟的大脑与年轻大脑真的有定性区别，如果这个差别基本上能通过专业知识的差异来解释的话。例如，在面对新的领域时，成熟的大脑与相对发育不成熟的大脑

一样地束手无策，看起来一样不成熟。更普遍的是，孩子和成人的认知能力在很大程度上依赖于所在领域和职业。因此，据目前已有的研究，很难清晰界定童年到青少年时期儿童认知变化的阶段。相反，记录和确认在不同年龄阶段中重要的“发展趋势”要容易得多（Flavell，1985）。

我们应该认识到，即便皮亚杰的认知发展理论走偏了，但是他六十多年的重大研究确实极大地促进了我们关于儿童认知发展的理解，以及提高了对每个儿童都需要从自身经验来建构自身概念意义的必要性的认识。我们需要赞扬皮亚杰对“学生如何进行意义建构”所做的持续研究，尽管这个研究当时在北美被唾弃和嘲笑。皮亚杰的思想在教育中的应用，为 20 世纪 70 年代教育改革及建构主义（constructivism）理论的崛起奠定了基础。关于这一点我们后面再展开讨论。

在本书中，我会谈到一些认知发展的规律及趋势，并展示他们是如何与教育及知识创造相关联的。人的发展包括物理、情感以及认知的变化，而这些变化又很大程度上受我们建构新意义的方式的影响。因此，第 5 章我会重点探讨奥苏贝尔的学习理论，因为我认为他的理论中蕴含着迄今为止最有力的、最完善的用来理解和寻找更好的教育方式的方法。

05

Chapter

# 奥苏贝尔[1] 的同化学习理论

20世纪 60 年代，当奥苏贝尔（David Ausubel）的研究工作引起我的关注的时候，他的研究工作中对概念在意义学习中角色的强调对我来说特别有吸引力。然而，就这样，也花了我之后 3 年多的时间和 6 次学术讨论会——在这些学术讨论会中奥苏贝尔（Ausubel）的工作是重点——我才开始能够将他的理论给他人介绍和阐述。1965 年，举行了一场关于概念学习的为期 5 天的会议[2]。会议期间我有了很多与奥苏贝尔单独交流的机会。之后，我才开始真正地理解他的工作。1965 ～ 1966 年在学术休假期间，我去哈佛大学进行访问，这次访问为我提供了一次学习和研究杰罗姆·布鲁纳（Jerome Bruner）以及其他心理学家理论的机会。这些经验，尤其是我和学生们从研究数据中所得到的新的解释，不断地增强我们的信念：奥苏贝尔的学习理论，尤其是他在 1968 年出版的书中所阐述的理论，是一个可以有效地用于指导教育的关于学习的模型。

1962 年，戴维·奥苏贝尔（David Ausubel）以“意义言语学习和记忆力的综合理论”为题，第一次介绍了他的意义学习理论。1963 年，出版的《意义言语学习心理学》（*The Psychology of Meaningful Verbal Learning*，Ausubel）

❶ 本章的某些观点反映了我对奥苏贝尔的理论的一些认识。在本章以及第 6 章中关于奥苏贝尔理论的描述基本上采用奥苏贝尔的《教育心理学：认知观》（第二版，Ausubel，et al.，1978）中关于认知学习的同化理论。
❷ 关于这个会议的报告可以在《概念学习的分析》（*Analysis of Concept Learning*，*New York: Academic Press*，Herbert J. Klausmeier and Chester W. Harris，1966）中查阅。

一书详细地论述了他的早期观点。之后，在 1968 年出版的《教育心理学：认知观》（*Educational Psychology: A Cognitive View*，Ausubel，1968）一书中，更为详尽地阐述了他的观点。我们在 20 世纪 60 年代到 70 年代关于学习的研究工作的主要指导思想就来自于这两本书。

我们应该记住的是在 20 世纪 30 年代末至 20 世纪 60 年代初，当奥苏贝尔开始构建他的理论时，也正是行为心理学（behavioral psychology）最为繁荣的时期。行为主义不仅是普通心理学领域具有统治地位的研究范式，在教育心理学领域也是如此。与此同时，实证主义（empiricism）认识论也占据着重要地位。实证论及其他的关于知识的本质以及创造知识的本质的认识论将在第 6 章详细论述。实证主义的核心观点就是“所有的问题都有一个正确的答案，而且只要我们细心地观察和记录，这个答案就会自己显现出来。”最新观点认为，我们所提的问题的特质，我们所做记录的种类，尤其是我们解释这些记录的方式都依赖于一系列的情境要素和概念要素。奥苏贝尔（Ausubel）在 20 世纪 60 年代早期提出的观点与当时盛行的行为主义学派的观点有很大不同。奥苏贝尔在那些比较高端的心理学或教育心理学杂志上寻求出版的过程中遇到了许多的困难。回顾库恩（Kuhn）的著作《科学革命的结构》（*The Structure of Scientific Revolutions*，Kuhn）也是在 1962 年出版的，在奥苏贝尔的理论初步形成的时候，针对新兴认识论的运动才刚刚处于雏形阶段。

行为主义占据绝对统治地位这个事实不仅仅使得奥苏贝尔的很多理念得不到很好的传播，还妨碍了皮亚杰的主要思想被广泛接受。皮亚杰的主要思想在 20 世纪 20 年代就已经在日内瓦的维也纳被提出来了。实际上，我们可以说，直到 20 世纪 60 年代皮亚杰思想才在美国被发现（Ripple & Rockcastle，1964）。

当然，尽管在某些圈子里以及北美之外的其他地区，奥苏贝尔关于学习的理论得到了比较快的认同。但是，在美国，也是在 20 世纪 60 年代开始，奥苏贝尔的理论才开始慢慢地推广开来。同时，我们要注意到，行为主义心理学在大部分的欧洲国家和东方国家，还没有完全占据统治地位。

在 1964 年，当我们开始仔细地研究奥苏贝尔的《意义言语学习心理学》

（*The Psychology of Meaningful Verbal Learning*，Ausubel）的时候，我们的研究小组真正开始熟悉他的研究工作。他的理论解释了很多我们在研究中遇到的问题——希望能对我们收集的关于学生问题解决能力的研究数据提供一个解释。开始时，我们采用学习的信息处理模型（Novak，1958）来作为我们研究的起点。我们假设问题解决是关于一两个变量的函数：存储在大脑中的知识以及信息处理的能力。我们发现奥苏贝尔理论认为，这两个过程实际上在学习新事物的过程中是混在一起的——在学习过程中把新的知识和旧的知识的相结合的过程同时依赖于认知结构的组织形式的数量和质量。这个思想能够很好地解释我们的研究结果。关于我们放弃学习的信息处理模型而采用奥苏贝尔的同化理论的进一步的阐述可以从我们的相关工作中看到（Novak，1977）。

1967 年，从普渡大学到康奈尔大学之后，我们的研究团队不仅仅研究科学学习中的相关问题，而且也开始涉及基于同化理论的新的教学方式和方法。这些工作中包括开发一套小学阶段的科学教育服务的音频教学材料。这个材料后来发展成我们针对小学生开展的很多研究活动的基础。概念图和制作概念图的技术，就是从我们长达 12 年的关于科学概念学习的跟踪研究中，于 1972 年提出来的（Novak & Musonda，1991）。1974 年以后，我们大部分的研究工作和很多关于新的教学方式、方法的尝试都开始围绕着我们提出和发展的概念图技术进行。其实，还有若干种图形表示方法，它们也管自己叫作概念图，但是它们不是基于奥苏贝尔的心理学理论的，也没有显式地展示“概念—连词—概念”的命题关系从而形成显式的命题结构（参见 Jonassen，et al.，1993；Cañas & Novak，2008；Novak and Cañas，2006a）。

奥苏贝尔的理论的优势是它可以把关于学习的很多不同的观察整合成为一个自洽的有机的理论。有机性是掌握这些理论的主要困难。只有当每一个部分与其他的已经理解的部分结合起来的时候才能被正确地理解。可是，我们又如何在一开始的时候就能理解这些关联呢？正是这些困难的出现，使我们发现一些图示的方法，包含概念图，在这个方面的特殊价值。图 5.1 所示为奥苏贝尔理论的核心概念和核心原理（命题）的概念图。在这里，我把他的理论和其他的认识论的某些主要观点联系起来看。从这张概念图，我们可以很明显地看出来，他的理论起初看起来不是一个简单的理论。然而，当我们开始了解这张图的时候，我们就会发现图的每一部分都是可以理解的、有意义的，而且，整个图的中心就在于理解图中右侧居中部分的“6 个基本原理”。这些基本原理会在下面作详细的讨论。读者也可以把这个地图当作阅读本章的“路线图”。

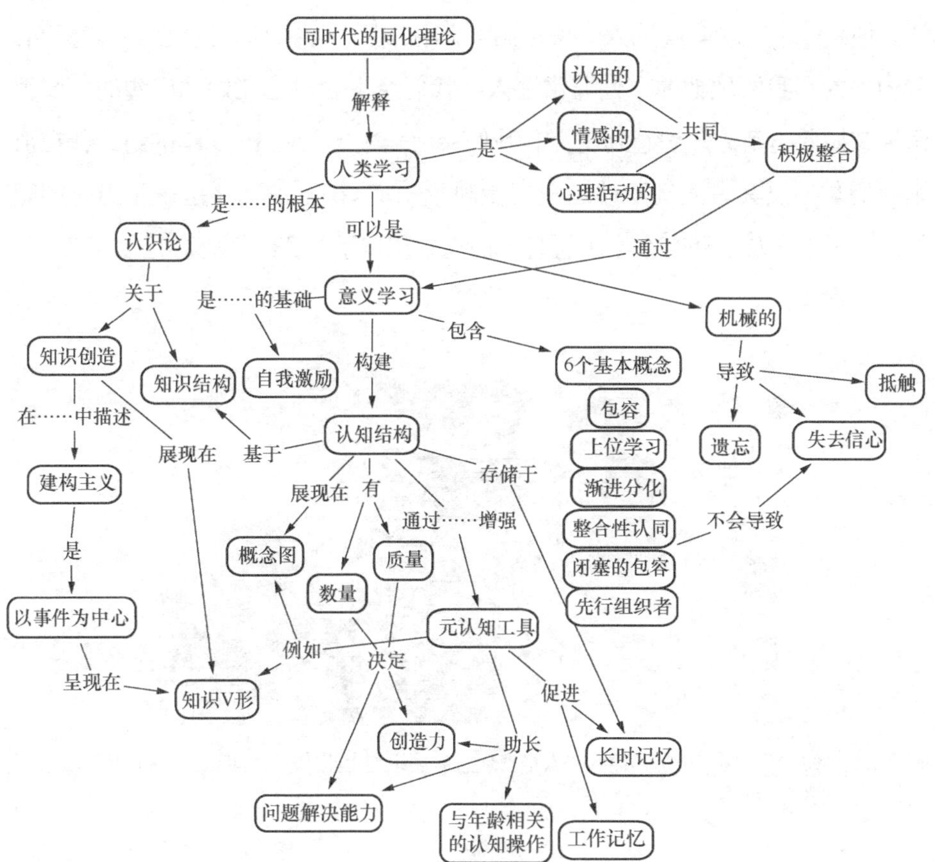


■图 5.1　奥苏贝尔的同化理论的关键思想和认识论的关键思想相结合，这些思想在后面将进一步阐述

奥苏贝尔的理论主要关注的问题是认知学习或者说知识的获取和使用。情感学习，或者说存储在我们下半部分大脑之中的信息，通常是由内部的信号导

致的，也会与认知学习相互作用，影响认知学习。奥苏贝尔的理论与情感学习也是有关系的。在本书中，我们采纳了他的主要思想并做了拓展。在全书中，我会强调思考（认知）、感受（情感）和行动（生理活动和心理活动）之间的相互关系。尽管奥苏贝尔的第一个博士学位是药学，他之后一直在学习、研究并开展精神病学方面的治疗工作，直到 1994 年退休。他的学习理论主要关注认知学习，但是同时也有关于情感学习和动作学习的一些重要的论述。

奥苏贝尔在 2008 年去世，这本书可以看作是对他伟大的工作的纪念和献礼。他是一个比较安静的人，说话温柔，经常是一个群体中的沉默者。然而，我的夫人和我发现他的个性非常迷人。我们经常会对他在如此广阔的领域里面拥有如此丰富的知识感到吃惊。我们最后一次见面是 1989 年的纽约，在那里我们与他及其夫人格罗瑞娅一起参观了一个酒庄。图 5.2 是一张当时的照片。对于这份友谊还有在学术思想上的指导和传承，我深怀感激且倍感荣幸。

■ 图 5.2　1989 年，奥苏贝尔和他的夫人格罗瑞娅参观纽约上州的一个酒庄。照片由诺瓦克征得奥苏贝尔同意之后拍摄

## 5.1 意义学习与机械学习

奥苏贝尔的理论最核心的思想是他称为“意义学习”的东西。对于奥苏

贝尔来说，意义学习是一个新的信息被联系到个体的已有的知识结构中的过程。但是，学习者必须有意识地选择这样去做。学习者必须主动寻求把新的信息与他已有的认知结构整合起来。教师可以通过运用合适的工具，例如，概念图，来鼓励和帮助学生整合信息。尽管就目前来说，我们对于记忆（或者说知识的存储）背后的生物学机制还不清楚，但是我们知道信息存储（information storage）在大脑的不同的区域，并且就算存储一个知识的单元或者说命题也需要大量的脑细胞（没准是成千上万个）。关于记忆的一些最新的研究结果可以参考第 3 章的文献。新的学习使脑细胞发生了一些变化。意义学习有的时候也会作用在同样的脑细胞上——在这些细胞上已经存储了一些信息并且这些信息与将要学习到的信息类似。换句话说，在意义学习过程中活跃的脑细胞或者细胞簇，实际上在发生着一些变化，可能在形成新的突触或者与新的神经元一起形成功能性的结构。随着新信息不断地与已有信息建立起来关联，新形成的神经元联系的数量和程度都在增加。奥苏贝尔把意义学习和机械学习对立起来，认为在机械学习过程中，学习者没有主动地把新知识与已有知识联系和整合起来。图 5.3 展示了这样一个对比。

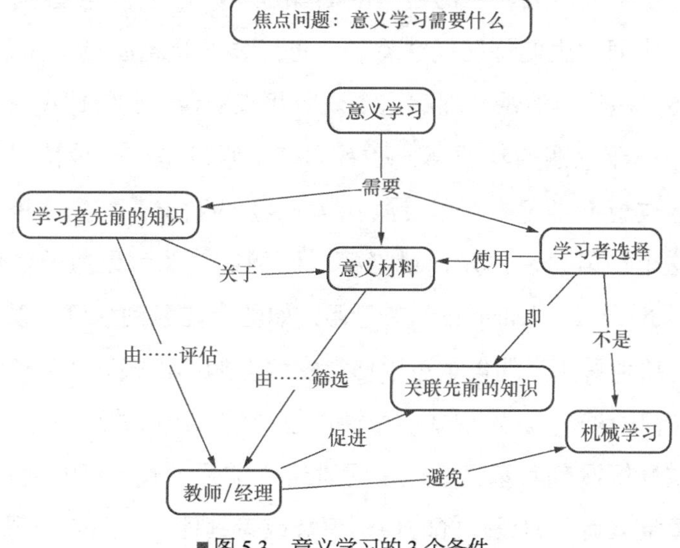


■图 5.3　意义学习的 3 个条件

Marton 和 Säljö 关于深层学习（deep learning）的工作，尽管没有引用奥苏贝尔的早期工作成果，但在一定程度上，与奥苏贝尔的意义学习很像，他们研究的浅层学习（surface learning）和奥苏贝尔研究的机械学习类似（Marton Säljö，1976a；1976b）。

在全书中，我使用概念图来呈现知识结构。这样的知识结构形成了我要讨论的知识之间的概念上相互联系的框架。新的知识必须要同化到我们每个个体自身的知识结构框架里面才能发挥作用。实际上，很多时候，奥苏贝尔的学习理论也被称作他的同化学习理论。我们可以通过图 5.4 中丹尼所画出来的知识结构来展示如何运用概念图来表现同化过程。丹尼当时 6 岁。他被要求制作一张概念图来展示他对于图的左边所列出来的单词的理解。这张图是丹尼制作的第一张概念图。在此之前，他受过大约 30 分钟的关于概念图的指导。列表中的这些单词事先已经写在纸上。顺便说一句，很多时候，给孩子们一个他们所熟悉的单词列表是一个帮助孩子们学习制作概念图的好办法。

我们注意到丹尼的图中几乎所有的概念的含义都是有一定的道理的，除了“汽”这个词。列表中的所有的词都是老师已经在课堂中讨论过的，老师以为这些词学生们都已经熟悉了。丹尼要么是粗心没有仔细看“汽”这个词，要么是没有清楚地理解这个词所代表的含义，因此没有把这个词很好地与他的概念图的其他部分联系起来。假设是后一种情况，丹尼实际上可以通过意义学习来习得“汽”（GAS）的含义。首先，丹尼需要知道“汽”这个符号代表的规律或者模式。例如，他可以通过发现式学习（inquiry or discovery learning）来习得，如他会注意到水可以以多种形态出现，包含那种看不见的但是可以使得空气湿润的形式。水的这种形式有的时候就被称为“汽”。发现式学习通常包含概念形成的过程（见图 4.5），对丹尼来说理解深刻有意义，但是同时这个学习方式有可能会非常耗时，就算学校课堂上有专门设计好的课程模块或者其他学校经验来帮助丹尼在不同的情境下来观察“汽”也是如此。大多数学校提供了另一种通常叫作灌输性学习（reception learning）的方式，即新的概念或者单词的含义由老师用口头的方式解释给学生，有的时候这样的方式也能激发概念同化过程（见图 4.5）。例如，一个老师或者一本书可能这样来定义："汽是水的不可见的气体形式"。如果丹尼选择意义学习，那么他就需要把"汽"的含义与他已经知道的概念和命题结合起来，并且是实质性的、非完全语言性地结合而不是任意地结合起来，如图 5.5 所示。

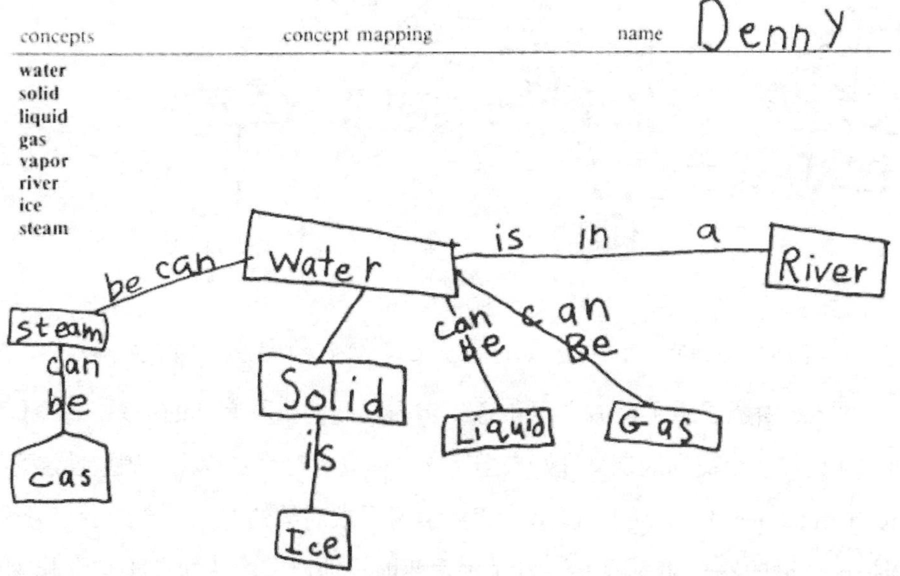


■ 图 5.4　6 岁的丹尼在提供图左侧的词表的基础上制作的一张概念图。丹尼之前接受过 30 分钟的关于制作概念图的指导[1]

通常学校里的孩子们选择机械学习。例如，孩子们逐字逐句地记住了上面提到的老师或者教材中关于"汽"的定义的那句话，而不是实质性地、非任意地把"汽"的含义与其已有的知识结构结合起来。这个过程如图 5.6 所示。

❶ 此图由剑桥大学出版社允许，从参考文献（Novak & Gowin，1984）的 106 页复制而来。

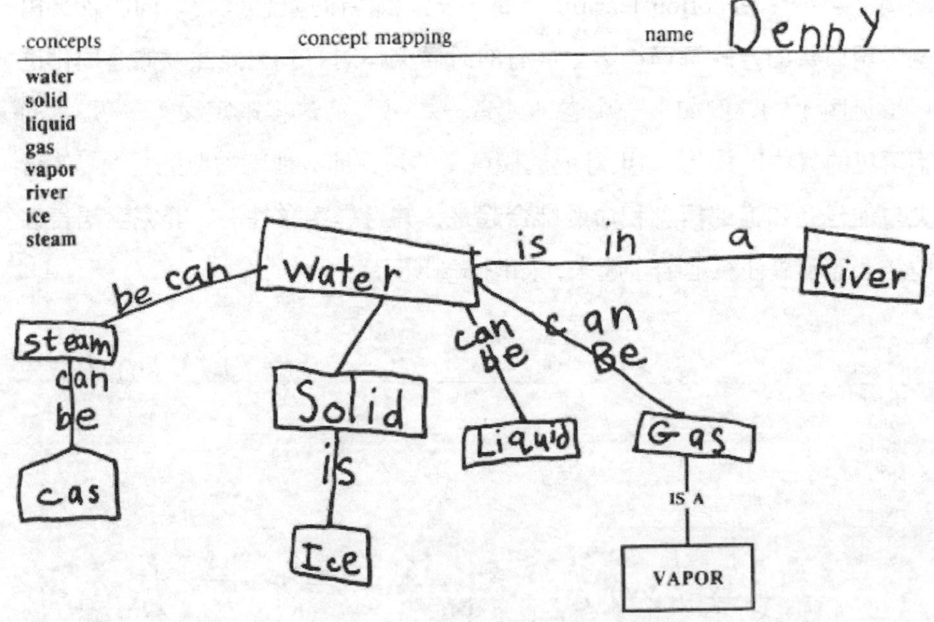


■图 5.5　在丹尼原图的基础上，可以把“Gas”这个词加进去，实现意义学习

图 5.6 中还展示了机械学习和意义学习之间的一种有趣的关系。学习者可以从记住一个概念的定义开始来学习这个概念，这个被称作“表象性学习”（representational learning）。但是，意义学习要求后续的努力：学习者必须选择把这个词的概念和命题上的内涵实质性地与他已有的认知结构结合起来。众所周知，这样做没准需要花费更大的努力，至少一开始的时候是这样的。随着我们在某一个知识领域上的知识框架的建立，通过同化来习得概念的意义变得越来越容易。进一步，通过意义学习习得的概念会在大脑里面留下更深的影响。对这些概念的记忆也会更长，甚至一辈子都不会忘。图 5.3 展示了实现意义学习最基本的 3 个要求，也展示了在任何教育活动中学习者、教师和知识 3 个基本要素之间的相互关系。

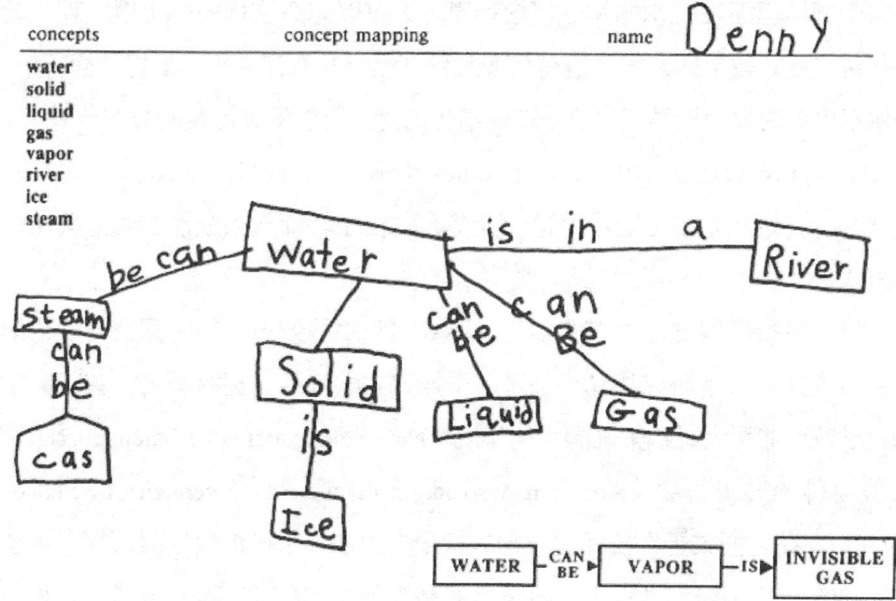


图 5.6 在丹尼的原图的基础上通过机械学习来习得“汽”。在这里的命题没有被联系和整合到学生已有的概念框架之中，因此很容易被遗忘

## 5.2 接受式学习和发现式学习

奥苏贝尔工作的一个重要贡献是他一直强调两件事情的区别：机械学习—意义学习连续体，接受式以及接受式—发现式教学连续体。

在 1957 年苏联发射人造卫星（Sputnik，Russian launch ，1957）之后，美国的教育界一片唉声叹气：美国的教育出了问题，我们比不上苏联。有一种批评意见说道：我们的学校太强调授课，太多考试，基本上就是以机械学习为主。于是，另一种方式甚嚣尘上，尤其在科学和数学上，要把授课变成发现式教学和发现式学习，即目前叫作“探究式”学习的东西。结果就是发展了很多这样的教学项目：学生参与一些活动，不给学生这些活动的涉及的问题的答案，寄希望于学生通过操作材料和仪器，通过探索，来发现答案和概念。由于学生基本不可能在学校里发现那些优秀科学家们在过去几百年中在各个领域里面发现和构建的概念和原理，可以想象这样的一个以发现式教学代替接受式教学的方式并没有从多大程度上提升教育水平。最好的情况下，在水平可观的教师指导下以及一群好学生的身上可以得到比较明显的成效（参见 Shulman & Keislar，1966;Mayer，2004;Kirschner，et al.，2006）。于是，发现式学习开始从学校活动中消退，大多数学校和教师从来就没有真的采用这种方式。

尽管没有证据支持探究式学习在课堂实践中的效果，美国国家自然科学基金所支持的教学研究却几乎都是关于探究式学习的。更有甚者，关于数学和科学教育的两大组织美国国家科学院（National Academy of Science，NAS）和美国科学进步协会（Amercan Association for the Advan cement of Science，AAAS），在它们关于学校课堂教学的指导当中都几乎排他性地强调探究式学习。1993 年，AAAS 出版了《科学素养基准》。1996 年，美国国家研究委员会（National Research Council，NRC，隶属于 NAS），出版了《国家科学教育标准》（*National Science Education Standards*，NSES）。这两本书都提出了这样的理念：为了提高科学和数学教育，学校必须更加强调发现式或者探究式学习。

我认为，在 20 世纪 60 年代和 90 年代，乃至今天，我们所需要的不是一味地强调探究式学习，而应该是意义学习。图 5.7 展示了机械学习—意义学习连续体和接受式—发现式教学连续体基本上是两个相互独立的变量，相互正交的坐标轴。任何一种教学方法都可以实现意义学习或者机械学习。奥苏贝尔在他 1963 年的《理解型语言学习的心理学》一书中这样认为：无论是接受式还是探究式的教学，在学校中都是有必要的、有效的，只要学校做到从以机械学习为主到以意义学习为主的转变。这并不奇怪，他的这个观点没有得到 AAAS 和 NRC 的赞赏，因为这些机构的领导者们大多数认为这个思想无关紧要或者太过反叛，或者根本不理解这个思想。现在的主流趋势——给老师和学生设置课业标准很有可能是把学校推向更多的机械学习。其后果就是妨碍了学生对于有结构、有组织的知识的获取，而有组织的知识才能促进进一步学习，提升创造性地解决问题的能力。所有教育的一个最基本的问题就是学习者大多数时候“淹没在无意义的知识的汪洋中”，从而大多数时候只能采用机械学习。以后我们还会回到这个主题。本书试图提供一个不一样的思路，一个我们在前面讨论过的在学校中得到使用和发挥作用的模式。

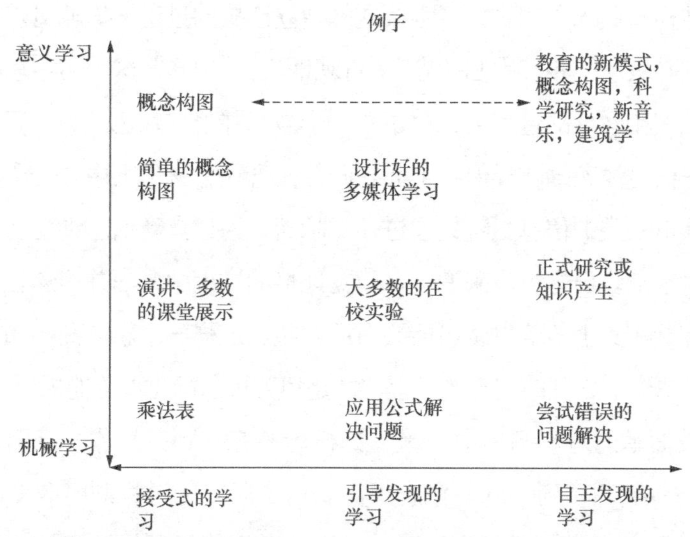


■ 图 5.7　机械学习—意义学习连续体和接受式—发现式教学连续体是不一样的，接受式和发现式教学可能会产生意义学习或机械学习。学校中的学习应帮助学生实现更高层次的意义学习，特别是在接受式学习如此普遍的现在

在企业中，很多时候与学校类似，学习也是以机械学习为主。特别是当仅仅把规则、做法、流程向雇员解释而不是把这些东西背后的原因也向雇员解释的时候。很多时候，企业培训课程的设计思想与培训老鼠走迷宫的思想是一样的。大多数情况下得到鼓励的学习方式是机械学习。学习评价也鼓励机械学习而不是意义学习。在“全球化”之前比较简单的工作环境中，基于机械学习的培训通常就够用了，并且成本低。随着各种工作环境中快速发生的新变化以及工作复杂程度的增加，这样的培训型项目会导致一些代价高昂的错误。真正需要的是鼓励和培育意义学习的教育型项目。例如，军队就发现它们需要能够思考并且能够意义学习的新型人才。大量的高中毕业生由于没有达到这个招募标准而被淘汰。

## 5.3 归并和湮灭性归并

在意义学习的过程中，新的信息会被联系到已有认知结构的概念上去。通常，这个所构建的连接发生在更具体的、包容性更小的概念到更一般的、已经存在认知结构的概念之间。为了强调这样建立连接的过程，奥苏贝尔将它们分别称为“归并概念”和“被归并者”。直观地说，“归并”这个名字意味着在这样的信息获取和联系的过程中，总是有一个被归并者的角色。归并概念并不是捕蝇纸——信息像苍蝇一样停在上面。归并概念在意义学习中是一个互动的角色，它使得最相关的信息更容易通过知觉障碍，为建立新信息到已有信息之间的连接提供基础。更进一步来说，在建立连接的过程中，归并概念也会发生一些改变，存储在其上的信息也可能会有所调整。这样一个新学到的知识和已有概念（归并概念）之间的交互的过程，才是奥苏贝尔同化理论的核心。

在我前面举的丹尼例子中，“汽”的概念被归并到“气体”下面，而“气体”又进一步被归并到“水”概念下面。这个归并的过程同时改变了丹尼关于“气体”以及“水”的概念。进一步讲，有可能丹尼的认知结构中其他的概念也要因此作相应的改变，例如，认识到汽（vapor）和蒸汽（steam）都是气态。如果之后的某一天，丹尼决定给“汽”做一个湮灭性归并（就是他已经不能很好地给出这个符号所代表的含义），他对于“水”和“蒸汽”的概念的进一步认识还是保留着，并且很可能对这些概念的理解要比理解“汽”之前的更加深刻[1]。当我们注意到在归并一个新概念的过程中，有成千上万个神经元参与，而在意义学习或者之后的知识提取过程中，我们需要做不同程度的归并和湮灭性归并，这个时候几乎就有无穷的神经可能性。

### 遗忘和湮灭性归并

我们所学的大多数知识会在将来的某个时候不能再次被我们提取。而关

[1] 就算“汽”这个概念本身从丹尼认知结构中消失了，这个归并造成的效果还是存在的。

于遗忘的生物学机制到底是所存储信息的物理结构被破坏了，还是纯粹是一个心理过程的辩论还在继续。从教育的角度来说，学过的东西会在某个时候不能再被提取的事实就非常值得关注了。大多数关于记忆保持的研究考察都处于在实验室里呈现给被试者无意义的音节或者单词对，并让他们记忆，之后检测能否提取。有些研究采用诗歌、故事段落，或者学校课程材料等作为记忆保持研究的素材。这些研究表明，对于无意义的音节，几小时之内就会被遗忘；对于诗歌和故事段落，大多数是几天；然而对于科学、历史或者其他课程信息的记忆，几个星期之内才会有一定程度的衰减。然而，有些信息可以被保留几个月甚至几年，尤其是已经被大量反复使用的知识。遗忘在日常语言中的含义就是指不能提取曾经知道的信息。在这里，我把它用于描述与机械学习相联系的含义，也就是不能提取那些通过机械学习所获得的信息。图 5.8 阐述了这个遗忘和湮灭式归并的差别。

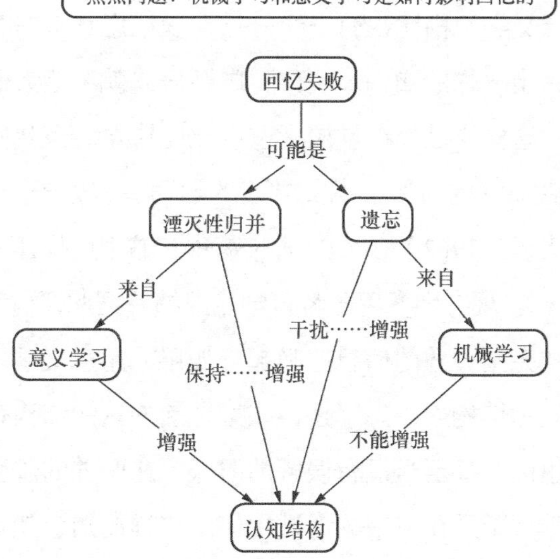


■ 图 5.8　不能提取机械学习得到的信息和意义学习得到的信息是两个不同的过程。后者会留下对知识结构提升的效果，并且不会影响将来的学习

在奥苏贝尔的理论里面，能够唤起的信息首先依赖在学习的过程中意义学习的程度。通过机械学习获得的信息（无意义的音节或者单词对）不能成

为认知结构中重要元素的定位基础，因此缺乏与其他信息的联系。除非同样的材料被机械式重复学习到一定程度达到了过度学习（学习达到唤起不会出错以后还继续学习），机械学习习得的信息通常在几小时或者几天以后就不能被再次提取。通过理解性学习习得的信息（与认知结构中的归并者相联系）通常可以保留几个星期或一个月。另一方面，归并的过程使得已经存储的知识也发生了改变。因此，再次提取得到的知识有可能和初学的时候不一样。随着时间的推移，再次被提取的信息有可能会带上这个概念被同化到的更一般的概念的一些特征中。并且，如果已经发生了湮灭性归并，那么那些更加具体的信息就会丢失，不会被再次唤起。然而，就算如此，那些留在认知结构中被意义学习强化过的概念和思想还会继续促进进一步的学习。例如，我们发现在九年级上过代数课程的学生比没有上过的学生在后来物理课中关于矢量学习的效果上好很多，尽管很多关于代数的具体知识已经被这些学生遗忘（Gubrud and Novak，1973）。

机械学习与意义学习相比也有一个好处：我注意到有的时候我们需要唤起与学习的时候完全一样的知识。例如，电话号码就不能大概地想起来。然后，我不得不说，这样的过程在学校考试中比比皆是。当我们不得不完全一致地唤起概念或者原理的时候，意义学习的学习者就处于一个不利的地位。这个现象就是霍夫曼（1962）在《考试的暴政》书中所描述的（*The Tyranny of Testing*，Hoffma）。现在大多用于考查学生成绩并据此评估教师的考试，其要求是大量机械式完全一致的信息的唤起。如果采用意义学习，新的知识会被整合到已有的认知结构之中。于是，如果之前的认知结构有问题，那么习得的东西也会被扭曲。甚至当没有误解的时候，在归并的过程中，某些意义上的改变也会发生，于是在将来的考试中使用这样的知识就有可能带上个体的特质，从而不能和标准答案完全一致，即使意义完全正确。关于评价的问题，我们将在第 9 章展开讨论。

意义学习相比于机械学习有四大优势。第一，通过理解性学习获得的知识可以保留更长时间——通常会更长。第二，归并得到的信息导致对被归并者更准确的认识，于是使得后续的学习更加容易。第三，那些归并以后湮灭掉的信息仍然有效果，使得知识形成相互联系的框架。尽管我们不知道太多关于这个过程的细节，但是我们可以知道其中一定有复杂的神经元网络在起作用。因此，就算具体的细节知识的重新提取失败了，它们仍然在为提升后续新的学习而服务。第四，也许是最重要的一点，通过意义学习获得的信息能够用于大量的新的问题和新的情境——知识的可转移性更高。知识的可转移性是创造性思维的必要条件。

关于机械学习和意义学习之后两者唤起信息的不同是非常重要的。实验室研究表明，机械学习获得的信息对于后续的类似学习具有排他性（Suppes & Ginsberg，1963），甚至当信息被遗忘之后还是会产生妨碍的效果[1]。意义学习的效果则完全相反。尽管重复学习同样的信息在机械学习和意义学习中同样管用，机械学习中的“节省”（即效率提升，心理学家称这个效率提升为“节省”）仅仅在学习相同的内容上起作用，而在意义学习中，这样的节省的效果可以在新的类似的内容上发挥作用。

许多学生经历过被不断的新的课业内容“埋葬”的体验。通常，这个体验在一门课程的 6 ～ 8 周[2] 的时候最强烈。有些研究（见 Hagerman，1966）[3] 提到大多数通过机械学习习得的学校课业知识会在 6 ～ 8 周被遗忘。因此，学生们认识到，他们已经很大程度上忘了之前所学的知识，并且被遗忘的知识现在还在干扰新的知识的学习。他们不得不停下来复习，然后把以前的材料拿来进行意义学习，挤出时间来过度学习（overlearning）之前的材料，或者直接放弃。同样的现象可能发生在课程的开始的阶段，如果课程内容与之前的其他课程密切相关并且之前的学习主要依赖于机械学习。机械学习者必须为了期末考试而“临时抱佛脚”挤时间，而意义学习者经常只需要复习一下关键思想和关键概念。

---

❶ 例如，死记硬背记住某个单词的话，就尽量不要在短期内尝试死记硬背另一个类似的单词，甚至在前一个的记忆已经比较模糊的情况下，也会有妨碍。

❷ 一学期 12 周左右。

❸ 你可能猜测关于学校课业的内容在大脑中保留的研究会非常多。不幸的是，实际情况不是这样，除了一系列更一般的研究表明学校课业内容与认知结构的建立、错误概念的消除基本没有什么联系之外。

图 5.9 所示为机械学习和意义学习的效果的对比。由于机械学习在开始的阶段不需要花费太大的力气，于是它是相对高效率的：这是说，一个学习者可以完全一致地重复在教学中被呈现给他的关键定义和关键命题。然而，由于这些信息是任意地非实质性地存储在认知结构中的，很快它们就会被遗忘，并且有可能会影响相关知识的学习和唤起。在我们所尝试的关于很多主题的访谈中，我们发现，那些机械学习者可以唤起信息，却经常把这些信息错误地与其他信息联系起来。例如，在一个哈佛大学制作的视频中，23 个人中的 21 个研究生和教员们都知道地球的轨道不是一个精确的圆形（事实上，他们以为比实际情况更加椭圆），但是他们都错误地把地球上（至少波士顿地区）的四季是由地球到太阳之间的远近形成的（Private Universe Project，1989；见图 7.4）。就算在我们这里最好的大学上学的学生们的认知结构中也有各种误解，而且，由于他们中的许多人都是机械学习者，这些误解并不会得到纠正。人们不应该低估学习者坚持已有的错误想法的韧性，无论是在学校还是在企业中。

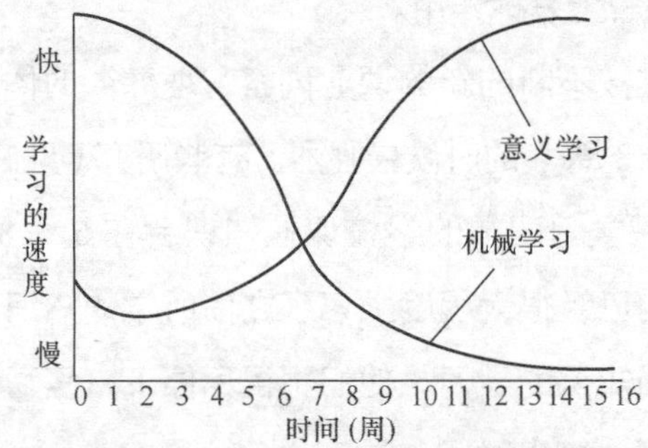


■ 图 5.9　在学习的初期，通过机械学习能记忆比意义学习更多的信息。然而，随着遗忘的发生、新的相关信息的干扰、学习速度降低，而意义学习的回忆效果明显，且不会干扰已有知识的记忆

## 5.4 渐进分化

随着意义学习的进行，大多数时候我们会发展和进一步阐述归并概念。在认知结构中精炼概念含义使得概念更加准确和具体的过程我们称为认知

结构的渐进分化（Progressire Differentiation）。通过理解性学习加入新的概念，以及对已有的认知结构的某些部分重新做结构化调整，都会在学习者的认知结构中产生渐进分化。马丁及其合作者在他们的研究（Martin, et al.，1995）中展示了这一点。

在奥苏贝尔看来，概念发展最好先向学习者介绍一般性的非特指的概念，然后将这些概念按照细节和特质渐进分化。例如，在介绍"文化"这个概念的时候，我们可以从解释这样一件事情开始——所有从父母传给孩子们的知识、技能、价值观和习惯构成了人类的文化。然后，我们可以进一步讨论萨摩亚人（Samoan）、美洲印第安人以及美国都市文化，进而描述一般的文化传播的方式和介质。互联网（Internet）时代的一个巨大的好处就是我们随时可以上万维网并且从上面搜索到任何文化，甚至丰富我们大脑中的任何一个概念的含义。

决定在所有的知识中，哪些知识是最一般的、非特质的，哪些是下位概念（subordinate concepts）的知识并不是一件容易的事情。在后面的章节中，我会指出一个好的课程设计必须先做一个领域知识中的概念分析，分析概念以及概念之间的关系，通过分析这些关系来展示哪些概念是一般的、上位的，哪一些是具体的、下位的。学校和企业中的培训项目经常效果不好，原因之一就是课程设计者们很少清楚地把他们希望传授的概念列出来并且思考它们之间的层次关系。就如前面所说的，我的讨论的前提是，概念是我们思考的单元，面向概念和命题的学习是教育最核心的功能。因此，我们必须从知识的海洋中把最上位和最下位的我们企图传授的知识找出来排列好。态度和技能是概念学习的必要支撑因素，但是大部分时候，它们应该是附带的或者伴随的学习，而不能成为学校课程的主要组成部分。甚至在学习汽车修理、学习贸易的时候，概念学习至少和技能学习是一样重要的。更进一步来讲，任何技能都需要一个认知框架来控制行动，当认知框架明确地构建出来的时候，技能学习也可以做得更好。大多数技能要求高的职业训练同样也要求面向概念和命题的学习。例如，在护理学中，史密斯（Smith，1992）表明提升所习得的知识引起了护理技能的提升。有一些心理学家把与习得技能有关的知识称为程序性知识（procedural knowledge）。在下一章，将会对程序性知识展开更完整的讨论，但是我们需要知道程序性知识也包含概念和命题。

为了说明什么是渐进分化，让我再一次使用丹尼的概念图。如果丹尼能够同化“汽”的定义的话（例如，汽是水的一种不可见的气体形态），他就可以在他已经制作的图 5.4 所示的概念图里面归并多个概念。他可能会注意到水可以成为小水滴，而小水滴可以飘浮在空气中，形成雾或者云。他可能会注意到这些个小水滴实际上是小滴的液态水。这样的一些认知过程自然会在意义学习中产生，而这些过程会使得他开始思考：汽和雾有什么不一样呢？为什么小水滴能够飘浮在空气中呢？在雾或者云当中有没有汽呢？什么是气体？为了回答这些问题，丹尼需要进一步地分化他的知识（这也是叫作渐进分化的原因）。对这些问题的回答会促进他形成已有知识间新的连接，也许还有新的差异，如什么是气体，什么不是气体？这些新的意义学习的经验将导致整合性认同（integrative reconciliation）。

## 5.5 整合性认同和概念层次、质的提升

归并和渐进分化的结果远远超越仅仅在概念框架中增加一些知识的量。它们也导致了在每一个相关的认知结构中的概念在一定程度的定性变化。很明显，当我们把概念归并到具有层次结构的地图之中的时候，由于纵横交错的连接的存在，所有的概念的意义都得到了深化。从神经层面上讲，至少一些新的突触在存储新概念的神经元和存储已有相关概念的神经元之间建立起来了。因此，我们看到了意义学习导致的我们的知识结构发生的定量和定性的变化。如果采用机械学习，就不会有这样的效果，如图 5.6 所示。

另一种认知分化（或者认知深化）会发生，当我们看到认知结构中的新的关系——这个关系能够被画成概念图中的交叉连接（crosslink）——的时候。这样的交叉连接代表了被奥苏贝尔及其合作者（1978）叫作“整合性认同”的

现象。5.4 节中我们假想问丹尼的问题就有可能启发这样的现象发生。整合性认同的概念典型地包含类似这样的理解：一个概念与另一个概念类似却又有所不同。例如，认识到汽和雾相似（都能飘），但和空气不一样（汽由水分子构成，而不是由氧气、氮气以及其他分子构成）。当整合性认同发生的时候，认知结构也会发生渐进分化和提升。图 5.10 展示了在丹尼的概念图的基础上可能的整合性认同。在寻求做整合性认同的过程（通过回答一些为什么以及怎么样的问题）中，学习者通常需要习得一个或者多个新的概念，并且把这个概念与已有的概念整合到一起，形成一致的含义。这是一个整合，因为新的概念和概念之间的联系一起被整合到认知结构之中。这是一个认同，因为相似的和有差异的含义一起被整合到认知结构之中。当任何一个领域中的一个学习者长时间地采用意义学习的时候，归并、渐进分化、整合性认同或多或少都是同时发生的。

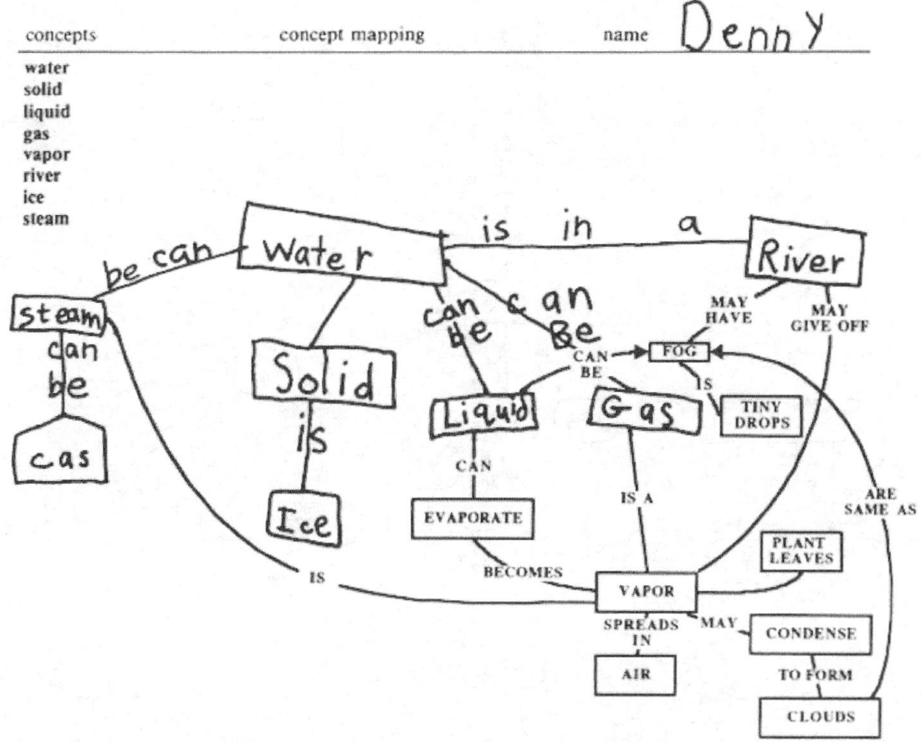


■图 5.10　丹尼的“假想”图，在这里我们添加了跟水有关的渐进分化和整合性认同

我喜欢采用另外两张概念图来展示新概念的学习、归并、渐进分化和整合性认同：它们是在保罗 2 年级和 10 年以后的 12 年级的访谈的基础上制作的。在 2 年级的时候，保罗已经知道有些东西是由很小的部分构成的，而且这些东西能够被分解成更小的小部分，例如，放入水中的糖。他还注意到这些很小的部分很难被肉眼看到（见图 5.11）。10 年以后，保罗在学校中已经学过分子的概念，知道了所有的物质都是由分子构成的。分子之间可能有空隙空间（一个新的概念）（见图 5.12）。他一开始的关于很小的部分的概念变成了一个新的更加明确的含义，并且他区分了都是作为物质组成部分的原子和分子。他习得了能量概念，并且把能量和原子、分子的概念相结合理解了物质的溶解、升华、气化和融化。如果我们制作一个 7 年级或者 9 年级学生的

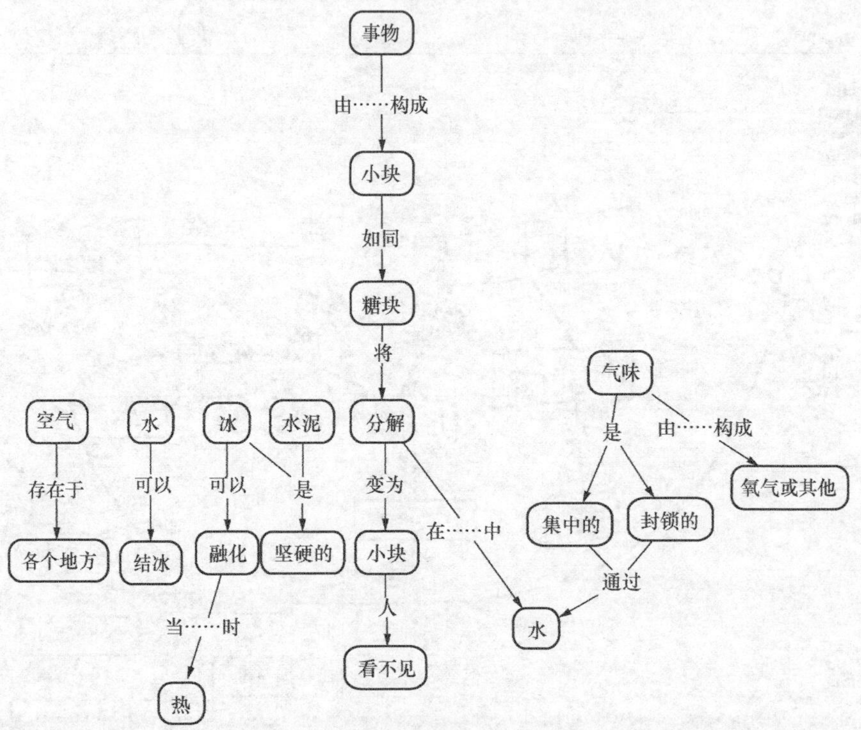


■ 图 5.11　根据二年级学生保罗的访谈制作而成的概念图。本图得到美国教育研究协会授权以后，从参考文献（*Novak and Musonda*，1991）的第 38 页复制而来

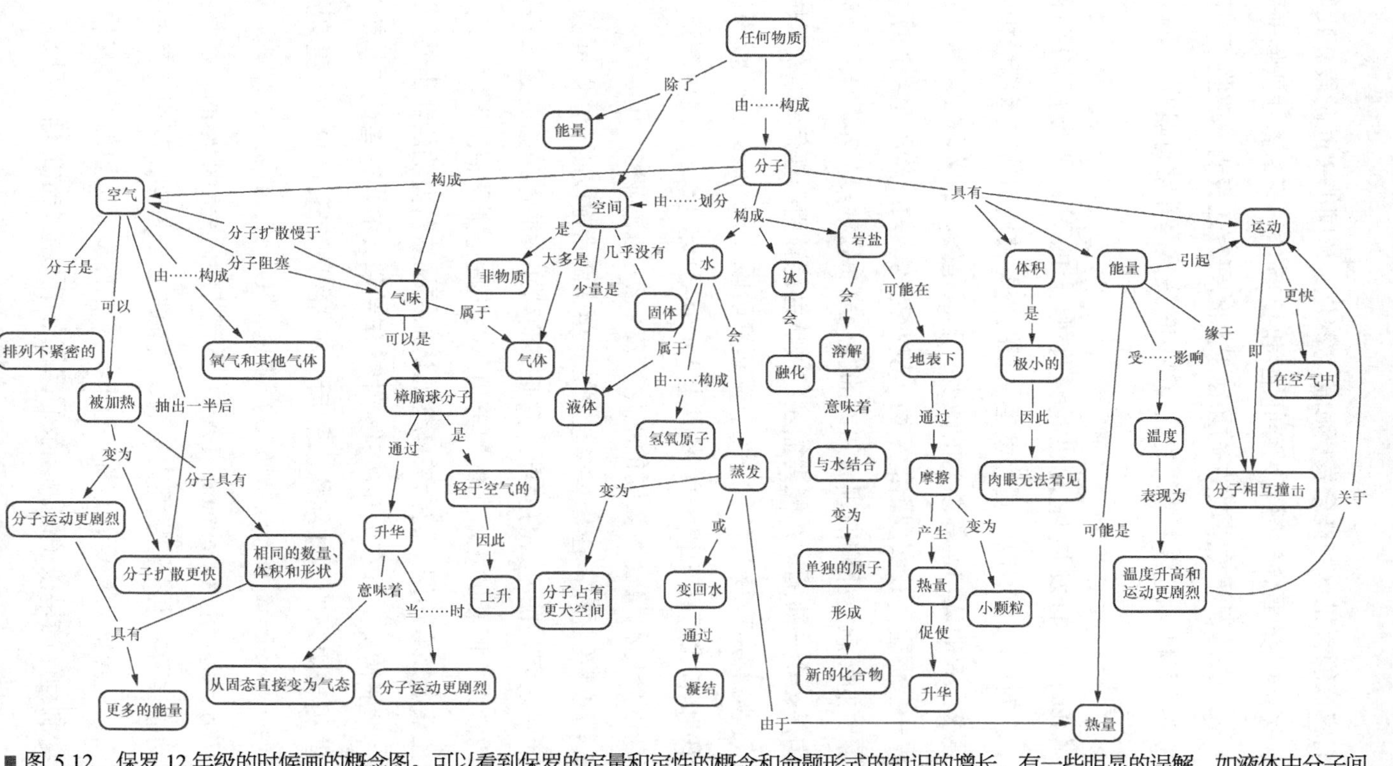


■图 5.12　保罗 12 年级的时候画的概念图。可以看到保罗的定量和定性的概念和命题形式的知识的增长。有一些明显的误解，如液体中分子间的空隙比固体更大。反之，水和其他物质也是如此[1]

[1] 图片来自 Novak and Musonda，1991，p. 39. 版权为美国教育研究协会，经其允许后使用。

概念图，我们应该能看见这些概念发展和概念深化、认同的中间阶段。我们长达12年的在科学中的概念学习毫无疑问地表明，新的学习显著地依赖于过去的知识，包括过去的误解（错误的命题）。我们的研究还表明，那些不采用意义学习方式来学习科学的学生得到的认知结构的发展是非常有限的（Novak & Musonda，1991）。

皮亚杰（Piaget）的发展理论也论述了概念的同化、顺应和平衡（equilibration）。对皮亚杰来说，同化发生在新的概念被放到认知运算结构中的时候，不要求已有的认知运算结构的改变。顺应是指新的学习发现认知运算结构需要做一些调整，并实现新的平衡。皮亚杰的认知结构不是我们所展示的丹尼和保罗的概念图那样的领域知识的概念或命题框架。实际上，皮亚杰的认知结构是一个一般的认知能力描述，被认为能够用于任何领域知识的学习，被分成运动感知阶段（0～2岁）、前运算阶段（preoperational stage）、具体运算阶段和形式运算阶段（11岁以上）4个层次。因此，在奥苏贝尔关于归并、渐进分化和整合性认同的理论和皮亚杰关于同化、包容和平衡（equilibration）的理论之间存在一些共通之处，至少两者都按照一个时间顺序发生，但是两者之间存在巨大的差异。皮亚杰的认知发展理论指的是一般的逻辑和运算的能力，而我的版本[1]的奥苏贝尔同化理论则是指出逻辑和运算能力是个体在某个领域知识上的相关概念的认知结构的首要功能。当然，这并没有否认，一般情况下，在大多数领域中，年龄稍大的学习者比年幼的学习者具有一些更多更好的认知结构。然后，正如智（Chi，1983）、努斯鲍姆、诺瓦克（Nussbaum & Novak，1976）、凯里（Carey，1985）、帕帕利亚（Papalia，1972）、格尔曼（Gelman，1999）还有其他研究者指出的，在某些领域内，年幼的学习者也能够掌握大量的、复杂的知识框架，甚至在某些领域他们的逻辑和运算能力甚至超过许多成年人。在许多家庭里面，为父母给数字化机器编制程序的是孩子们。让我们回忆一下弗拉维尔的话（见5.4节

❶ 奥苏贝尔和我在关于认知逻辑和运算能力上的观点有所不同。对于年幼学习者，我持更乐观的态度，也许这个跟我的研究工作大部分是关于年幼的孩子们的有关。

和 5.5 节）。

当然，一般的学习策略还是存在的，年龄稍大的学习者也会比年幼的学习者拥有更多有效的学习策略。实际上，我们关于帮助学生“学会学习”的工作的首要目的不仅仅是帮助学生发展认知结构，还包括帮助学生提高自信心、提高获得和使用策略，从数量和质量上提升自己的认知结构的能力。这将在以后的章节中展开讨论。在后面的章节（第 8 章）中，我们还将讨论基因和遗传对学习的影响。

## 5.6 上位学习

有的时候，在一个学科的发展历史中，或者个体的终生认知中，新的概念建立起来之后，把其他的很多概念都联系起来构成一个以前没有认识到的整体。例如，牛顿对于引力的认知就是这样一个情况：引力不仅解释了地球上的物体，如为什么物体会像炮弹一样落向地面，还解释了天体为什么绕着太阳运动。牛顿的万有引力定律把其他人看起来完全不相关的现象联系在了一起。类似地，爱因斯坦的相对论的概念统一了物质和能量，通过他著名的质能关系定理：能量等于质量乘以光速的平方（$E=mc^2$）。在爱因斯坦之前，谁想过物质和能量是可以相互转化的呢？

类似地，在生命中的某些时候，学习者也可能获得一个更宽泛的一般性的概念，而这个概念把之前的概念用新的方式联系起来，并且给这些概念新的、更丰富的含义。当我对于意义学习的含义产生了更全面的理解的时候，这种情况发生在了我的身上。我的大部分研究生也提到了类似的经验。有的甚至总结“意义学习是底线，不是吗？它把所有我们知道的关于学习和学校所学的东西都联系起来了！”随着你深入学习和掌握这本书中的思想，你有可能会经历类似的上位学习。逐字逐句记住第 2 章中的教育理论不是难事：“意义学习整合了思考、情感和行动，而它们使得人类能够完成承诺和承担责任”。但是，实际上，有可能需要你花费几个月甚至几年的时间来真正明白意义学习的含义。我相信我对于意义学习的理解会随着每一个新的研究项目的开展、每一堂新课的教授而得到提升。

我在化学领域的一个项目展示了上位概念的习得如何促进化学中其他概念的学习。卡伦（Cullen，1983）给新入学学生设计了一个学习指导，用来帮助学生们学习“熵”的概念，希望借助这个核心上位概念的学习来帮助学生们理解其他化学内容。简短地说，熵是一个系统中无序的程度，一般来说，降低一个系统的熵，也就是无序程度，需要能量输入。化学反应通常是向着熵增加的方向发生的，除非有额外的能量推着这个系统向着熵更低的方向发生。大多数同学可以轻松地记住上面两句话，但是这两句话真正的含义是什么呢？尤其是如何将其与那些学生通常就记下来的化学反应联系起来？获得“熵”的概念的真正的含义，并且让这个概念真的成为学生关于化学反应的概念框架中的上位概念需要花费时间，有的时候还需要细心设计的指导。这就是卡伦决定去做的，尽管作为一个研究生助教，他能够干预的事情不多。在尽最大的允许干预的前提下，他提供给了“实验组”学生的精心设计的实验指导语以及音频课程，并给在自己负责的实验部分的“实验组”强调“熵”。课程的其他的部分对所有的学生都是一样的，也相当程度地强调了“熵”这个概念。

卡伦发现，大多数这些“实验组”的学生并没有比“对照组”的学生在平常的课业测验上表现得更好。有一个实验组在常规问题解决测试上的表现相当突出。同时，实验组的学生也没有比对照组的学生更多地使用熵这个概念来回答问题。这个结果和我们的研究发现的许多结果一致：大多数大学（中学）学生拒绝使用意义学习，并且就算形式上用了在标准化测试中也没有太多成绩上的提高。然后，当卡伦仔细地研究每一个在复杂问题上做得最好的学生的答案的时候，他发现，共 12 名学生（81 人中）采用了“熵”的概念作为他们的答案的中心概念。12 人中的 11 人是他的实验组学生成员。对这些学生来说，“熵”的概念很大程度上实现上位学习了。对于其他大多数学生来说，“熵”概念的上位学习还没有实现，他们也没有展现出对化学非常深刻的理解。在我们的研究工作中，我们发现，大多数中学生和大学生都倾向于记住知识得过且过，而不是花费精力去形成对知识的理解。学校成年累月的以考察机械记忆的唤起为主的课业评价系统，在这一点上，是有责任的。珀金斯（Perkins，1992）指出了其他的阻碍被他称为复杂的认知（complex cognition）的因素。

> 复杂的认知能够带来更多的内在兴趣，并且在离开学校以后的人生阶段将给你带来更多的收益。但是，考虑一下学习者的成本：复杂的认知需要更多的努力。它也提高了失败的风险，使得学习者更加迷茫且这短暂的迷茫会造成不适，因为它要求学习者投入其中去理解一些比较困难的内容。其他同学对复杂的认知的看法也是毁誉参半，有谁愿意被同学们认为是靠脑袋吃饭的人呢？[1] 同时，非常普遍的，按照成绩以及老师的认可程度来说，复杂的认知并不会比简单地记住事实、学会计算带来更多。于是，难怪学生们不会自动地喜欢和采用复杂的认知。

在经过学校12年或者16年的培养之后，当他们进入社会的时候，人就自然很难转变过来。惠特利（Waitley，1995）提出来了11个“行为提醒”来帮助人们实现这个转变。例如，“在发展你的知识和技能方面做投资。人的一生之中唯一的保障就在我们自己的身体里。”

开展关于学校中学习的研究总是非常困难，尤其是当研究者们想做的研究与主流的教条不一致的时候。我的一位委内瑞拉的同事找到了检验奥苏贝尔的某些思想的方法研究方法，并且在一部分学生被试身上尝试了概念图。作为马拉凯的科学总督察，Bascones 成功地招募到了一群中学物理老师来使用奥苏贝尔的意义学习的思想进行授课。并且，这些老师教他们的学生们使用概念图（Bascones & Novak，1985）。对照组的老师们也同意参加这个实验研究，并采用传统的学习资料和学习方法。两组老师都同意做8个单元，并且在每个单元结束的时候做单元考试。考试的内容强调问题解决，需要把

❶ 在美国学校中，一心学习，不擅长社交、体育和艺术等的学生被称为书呆子，会被同学看不起。

学到的知识转移并应用在新的情境中去。每个学生都用雷文（Raven，1935）智力量表做了测试。表 5.1 总结了这个研究的结果。可以看出，两组教学方式的结果之间存在很大的不同（$F$=480.49）。我们看到在不同的问题上学生们的表现都有很大的不同，这并不是特别奇怪。有趣的是，在一道学生能力测试题上，两组学生并没有什么不同。这表明，意义学习方法在各个不同能力水平的学生身上都能发挥作用。我们还看到，在问题解决方面，采用意义学习并制作概念图的学生的表现远远超过对照组。图 5.13 用柱状图呈现了这些结果。两个小组的学生在学期初期都展现出了成绩上的提高（随着他们越来越了解如何学习物理），对于对照组的学生来说，这个提高在后期逐渐降低。然而，对于在用意义学习和概念图的实验组来说，这个提高在后期仍然得到了保持。如果更广泛、更深入的意义学习得到了实现，这应该就是可以期待的结果。因此，在我们一开始看到开展意义学习的小组在第 4 单元的成绩下降的时候，我们比较吃惊。但是，我们注意到在这一单元，讲课的内容从力学和动力学变成了电磁学，学生们必须学习掌握很多新的概念。于是，我们再一次看到奥苏贝尔的基本原理得到了验证，同时开展意义学习需要时间。

**表 5.1　统计结果 [1]**

| Source | df | Mean square | F | Probability |
|---|---|---|---|---|
| Method | 1 | 6836.19 | 480.49 | 0.00 |
| Ability Group | 2 | 36.97 | 2.60 | 0.08 |
| Method×Ability | 3 | 15.11 | 1.06 | 0.35 |
| Error | 70 | 14.23 | | |
| Problems | 7 | 147.08 | 112.65 | 0.00 |
| Problems×Method | 7 | 16.26 | 12.40 | 0.00 |
| Problems×Ability | 14 | 2.74 | 2.10 | 0.01 |
| Problems×Method×Ability | 14 | 1.56 | 1.19 | 0.27 |

Based on Raven test scores.

❶ 表 5.1 的统计结果，展现了使用概念图和奥苏贝尔方式来教学的学生在问题解决方面的表现远高于对照组。这个列表得到 Talor 和 Francis 允许之后，从（Bascones&Novak，1985）的第 258 页复制得来。

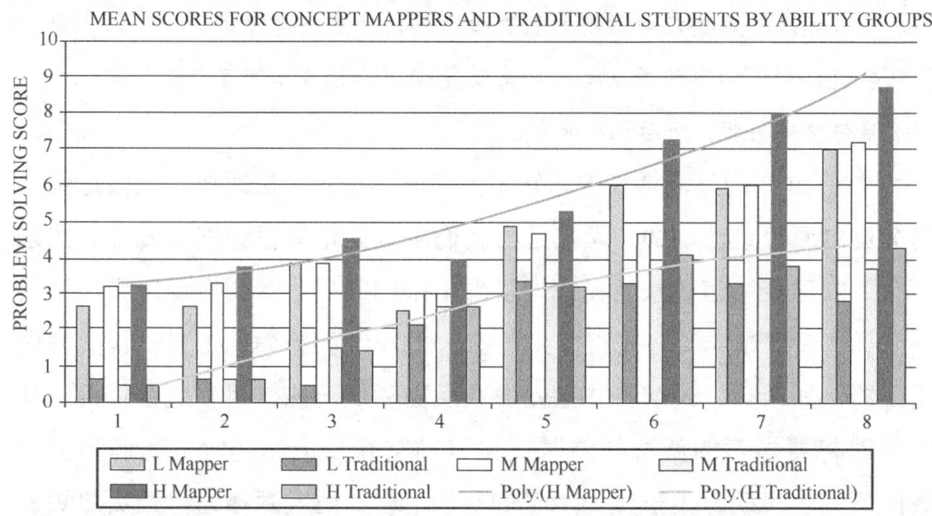


■ 图 5.13　8 个单元中学物理课程的成绩（Excel 图），学生按照教学方法和能力情况分类。这个列表得到 Talor 和 Francis 允许之后，从（Bascones&Novak）的第 258 页复制得来

## 5.7　先行组织者

在奥苏贝尔的所有贡献之中，也许关于他先行组织者（Advance organizers）的思想最著名。为了帮助学习者建立先前知识和将要学习知识之间的桥梁，奥苏贝尔建议应将一小部分知识——那些比其他知识更一般、更抽象的知识——先教给学生，然后再学习其他更多的知识。这部分先教的知识就作为先行组织者，帮助学生把新的知识和已有的知识联系起来。先行组织者很可能是奥苏贝尔的思想中被研究得最多的，但是，其实这个思想在他的同化学习理论中仅仅占一小部分，同时，先行组织者主要是一种教学方法。在他的《教育心理学：一个认知的视角》（*Educational Psychology*：*A Cognitive View*，Ausubel，1968）这本书的题词里面，他写道：

> 如果一定要我把所有的教育心理学总结成一句话的话，那么我会说：影响学习的最重要的因素就是学习者已经知道了什么。认识清楚这个问题，然后相应地来教。

过去40年间不断增长的认知研究表明，绝大多数时候，上段提到的奥苏贝尔原理是正确的，尤其是当我们用认知结构框架把与要学习的东西有关的已经知道的东西显式地呈现出来的时候。我们发现，概念图是一个“认识清楚学习者已经学到什么”的非常强有力的工具，包括发现错误的认知结构、误解，并且就像我后面要展示的，了解这些情况，在组织即将要学习的新材料的时候也是非常有用的。同时，我们和其学者的研究也表明，关于认知本身的知识 [ 被其他人翻译为“元认知知识（metacognitive knowledge）” ] 也是非常重要的，例如，关于如何实现意义学习的知识。

为了保证效率，先行组织者必须满足以下两条：①学习者的知识与所要学习的知识相关的已经存在的概念性和命题性知识一定要识别出来；②新知识正确的组织和顺序一定要安排好，以使学习者的能力得到最大的发挥，可以把新知识与已有的概念与命题联系起来。这不是一件简单的事情，一部分是因为不同的学习者具有不同的已知概念和命题，其广度和深度都会有所不同。但是，我们和其学者发现，面对任意一群学习者，我们总是能够找出一些共同的概念和命题，它们可以成为学习新概念和命题的“锚定点”。一个经过精心设计的先行组织者可以很好地促进“锚定”。有经验的老师们经常能够设计出各种例子、类比、故事和演示，来作为有效的先行组织者，虽然他们可能从来没有听过先行组织者的概念。

概念图和V形图（见第6章）能够作为强有力的先行组织者。它们能够辅助基于学习者已有知识的教学设计。当学生被要求制作关于某个主题或者活动的最好概念图和V形图的时候，这些图形通常会同时揭示学生们关于这个主题或者活动正确的和不正确的认知。制作概念图和V形图的过程使得学习者们注意到他们自身实际上具有关于这个新主题的已有知识，因此也提高了进行意义学习的动机。概念图和 V 形图能够帮助教学设计把知识建立在正确的已有概念之上，并且减少加强错误概念的机会。一般来说，鼓励通过学习小组来学习也有助于学习。

## 5.8 脚手架学习

维果斯基（Vygotsky，1962）提出了语言可以成为一个强有力的促进认知发展的工具的想法。近些年，其他学者们在这个想法的基础上，进一步提出了一个叫作“脚手架学习（Scaffolding Learning）”的概念，来帮助学生学习新知识，给学生提供认知上的辅助（Wood，et al.，1976；Hogan & Pressley，1997）。奥苏贝尔的先行组织者的想法也被拿来在认知脚手架上发挥作用。无论如何，现在人们普遍认为帮助学习者们获取新的想法是一件好事。概念图和 V 形图可以成为有效的脚手架。图 5.14 用概念图展示了什么是脚手架学习。

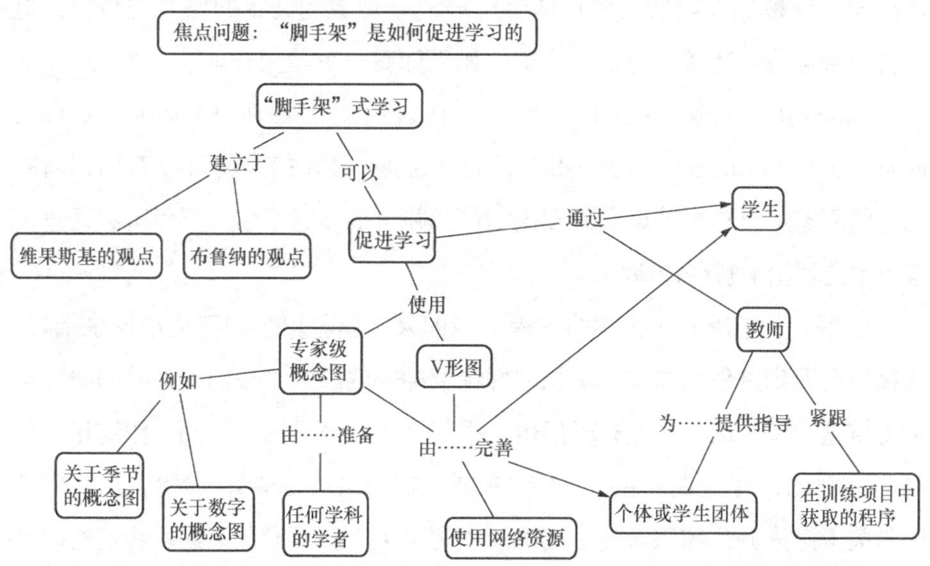


■ 图 5.14　脚手架可以促进意义学习，而概念图和 V 形图可充当脚手架以促进学习

## 5.9 同化、学习和建构主义

现在教育界中有很多关于建构主义的讨论。对建构主义的描述集合与企图去描述建构主义的人一样多。最具有共通性的描述是这样的：每一个学习者需要构建他自己的概念和知识。许多这样的讨论没有说清楚个体是如何构建知识的（学习的心理学层面），相对于一个领域的学者们是如何创造新知识的（知识的认识论层面）。我会在第6章详细地论述建构主义，并且展示同化理论是如何同时解释个体建构知识结构以及学者们创造的新知识。

从1968年以来，学术界发表了大量的"学习理论"。例如，安德森（Anderson，1990）的《思想的自适应特征》，斯滕伯格（Sternberg，1986）的《三元心灵》以及加德纳（Gardner，1983）的《思想的框架》都在学界得到了大量的引用。在我看来，无论是这些还是其他的理论工作都没有像奥苏贝尔的同化学习理论那么简单而且有效地解释了无论是个人、学校、大学还是企业中的学习为什么有的时候成功，有的时候失败。由于早期受科学教育出身，我是那些虽然简单但能够解释复杂现象的理论的坚决支持者，这在科学中被称作优美。更进一步讲，如果你看一下美国心理学会（American Psychological Association）的"以学习为中心的心理学原理"（Learner-Centered Psychological Principles）（Marshall & McCombs，1995），就可以看到，所有的这些原理不仅与奥苏贝尔的理论相符，并且很多时候学习原理可以通过奥苏贝尔的理论来解释和理解。

在四十多年研究和教学的过程中我们采用奥苏贝尔的同化理论来指导，从来没有遇到过任何与奥苏贝尔的理论相冲突的结果。我们大部分的研究都是支持这个理论的，当然有时候也从中得到一些改进——我们希望这是一种提高。例如，在他的早期工作（Ausubel，1963；Ausubel，1968）中，奥苏贝尔关于渐进分化和整合性认同概念主要是关于教学设计上的。我们的研究小组发现，这些重要的概念实际上不仅可以用于教学设计，还解释了认知学习的过程。这个研究被写入了奥苏贝尔 1978 年出版的第二版书中（Ausubel，Novak，and Hanesian，1978）。在第 6 章中，我还会讨论同化理论中的概念也是理解人类构创造知识过程的强有力的思想。我把意义学习看作知识认知结构构建和知识创造的基石，其中部分原因正缘于此，同时这也是我的教育理论的关键概念。

## 5.10 创造性

关于创造性存在着大量的定义和描述。我自己关于创造性的看法是，它是连续的整合性认同，以及可能同时有连续的上位学习，同时主观上追求这样做。因此，它可能是一个相对平实的“有创见的看法”，仅仅是某个人自己形成了一个相对比较普通的整合性认同，也可能是非同一般的整合性认同或者上位概念的构建，以至于产生了诺贝尔奖或者普利策奖。我们每一个人都具有或多或少的创造性（例如，我们每一个人都有自己独特的整合性认同），但是看起来仅有少数人具有非凡的创造能力和情感动机能够做出巨大的发现，推动科学、音乐、文学以及其他领域的进步。科什兰（Koshland，2007），《科学》期刊的前编辑，把创造性发现分成 3 种：突发、挑战和机会。突发性发现（charge discoveries）解决的是这样的问题，引用诺贝尔得奖者圣捷尔吉・奥尔贝特的话就是，当有人看到其他人都看到的事情，却思考了任何人都没有思考过的问题如爱因斯坦相对论。挑战性发现（challenge discoveries）从大量事实和概念的积累中得出，这样新的概念和理论的发现把当前的理论组成一个相互协调的整体如达尔文（Darwin，1873）的进化论。机会性的发现（Chance discoveries）发生在具有像路易・巴斯德（Louis Pasteur）所说的“有准备的大脑”（prepared mind）的人身上，如青霉素和 X 光的发现。从某种意义上来讲，我把这 3 种创造性都看作是高层次的意义学习的证据。图 5.15 展示了我认为创造性中的主要因素。

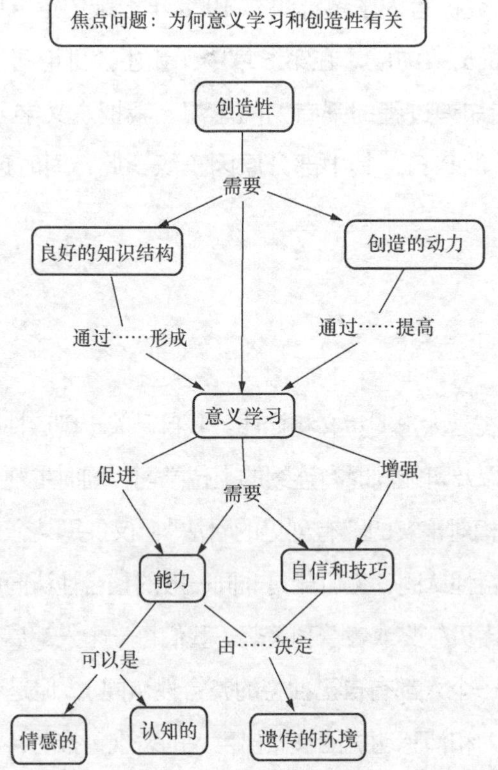


■ 图 5.15　在我的理论框架的视角下创造性思考的必要条件。奥苏贝尔的关于意义学习的原理影响创造性

在我看来，任何人的创造性都可以通过提高意义学习的愿望和能力来提高，只是，被过度地对机械学习的强调和奖励影响和限制了。正是由于后者在大多数的学校学习中如此普遍，所以我们看到很多天才的传记里面经常贬低他们在学校学习的经历。学校是可以被改变的，变成带有鼓励和奖赏、促进意义学习和创造性。我会在后面的章节中回到这个主题。

斯滕伯格（Sternberg，1988）提出了一个创造性的“三面”模型，指出具有创造性的人具有一个以下这 3 种东西的一个“混合特性”，而且某些组合可能比另外一些组合更加“协同”：①智力；②规范性，如合法性（规则导向）、自我管理（不同程度的动力和包容性）；③个性层面的，如对于野心的包容、成长的意愿、合理的风险接纳，为了声誉而努力等。这些都是所有人都会时不时地呈现的特质。因此，就必须假设创造力强的人可能有更多的或者更好的这些特质的“混合特性”。

在一本比较全面的书里面，斯滕伯格（Sternberg，1996b）把“成功的智力”和“惰性的智力”（inert intelligence）做了一个区分（见下面的引用）。成功的智力是创造性需要的。斯滕伯格提到：

> 我把创造性不仅仅定义为提出新的想法的能力。我相信这是一个需要以下 3 个方面的智力因素相互平衡和应用的过程：创造性的、分析性的和实践性的。这个组合和平衡方面同时也是在成功的智力中需要的组合和平衡。

另外一本关于创造性的书是加德纳《大师的创造力》（*Creating Minds*，Gardner）。研究了被大众认可的天才们的传记，把有关天才的研究分成了 4 个组成部分：①计划研究的主题，如儿童和已经成熟的创造者之间的对比；②研究计划框架，如生命历程视角；③实证研究，如个体的因素，具体领域的因素；④新出现的议题，如创造者在产生突破的时候在认知和情感上的支持[1]。

我们从斯滕伯格和加德纳关于创造性的描述中已经看到了诸多的复杂的因素与创造性紧密相连。然而，我不认为这些或者类似的描述解释了创造性。对我而言，把创造性看作深层次的意义学习要简单、有效得多。斯滕伯格和加德纳所描述的“面”或者“组成部分”都可以看作深度意义学习的后果——一个个体长时间地寻求把概念和命题整合到结构合理的认知框架之中。这样的认知发展和深化的内秉的情感奖励使得这个个体继续寻求这样的环境和志同道合的人一起，它们使得他的个人世界够得到更好地整合，可以面对更加复杂的问题。正是这种来自于思考、情感和行动的成功整合的力量驱动了创造的过程，成为创造的基础。为了理解创造性，我们需要很好地理解意义学习的含义。

---

❶ 以上每一部分之下都有多个子项目，因此，研究创造性是什么本身就是一个非常复杂的问题，更别说如何提升创造性了。

加德纳（Gardner，1993）在他的关于创造性的描述里面强调有创造力的个体创造的产品（事物或者想法），随着时间的推移，会被社会认为是有创造性的产品。他也强调，很多时候创造性的个体会遇到对他的想法或者产品的阻力，甚至嘲讽。但是，随着时间的推移，这些想法和产品会得到认可。类似地，斯滕伯格（Sternberg，1996a）提出了创造力是综合了创造性、分析性和实践性的智力，而这样的智力因素导致了后来长期被认可当作创造活动的行为。有的时候，有可能很难区分愚蠢的产品和创造性的产品，但是，加德纳和斯滕伯格强调，随着时间的流逝，创造性产品最终会被认可。与此相类似，希金斯（Higgins，1995）在他的《创新或者蒸发》*Znnovatc or Evaporate* 一书中把创造性定义成为这样的一个过程——“这个过程产生了新的东西，而这个新的东西有价值”。同时，他把“创新”看作一个具有重大价值的创造过程。在当代大多数的关于创造性的论述中，我们发现这个被认可的价值总是被当作判定创造性行为的标准。不幸的是，对于某些人来说，这样的一个价值认可有可能在有生之年都不会得到。弗雷和查兰（Lafley & Charan，2008）强调了创造性在推动创新上的重要性，我会在第8章讨论这个问题。

## 5.11 智力

当我还是一个本科生的时候，我的一位心理学老师这样定义智力：“由智力测量量表所测量出来的结果。”记得当时我对这个定义感到非常的不舒服。我完全没法理解智力检测，或者任何类似我在大学入学的时候做的检测，和“真正的智力”有什么联系。我的这些经历某种程度上和斯滕伯格很像。

斯滕伯格（Sternberg，1996a）这样描述被他叫作“成功智力”的东西：“成功智力，有的时候，被叫作商业意识。智商（IQ）完全不能测量商业意识。实际上，有很多人具有很高的智商但是没有意识到他们有顾客或者顾客的重要性。”相反地：

惰性智力是你在智商测验时候显示的东西，或者说在美国学业评价测试（SAT）、美国大学入学考试，以及类似的大量大学和研究生入学考试中所体现的东西。许多人在这样的测验上表现高超，因而展现了强大的学术实力，至少对于那些相信这些考试的人来说是这样的。但是，这样的测试所测量的智力是惰性的——它不会直接引起目标驱动的行动或者行为。于是，这样的人他们最大的成就很可能就是他们非常高的测试成绩或者是学校学业成绩。一个能够记住事实甚至能够用这些事实来作思辨的例证，并不表示他能够真的运用这些事实，并且让这个世界——不管自己还是他人，有所不同。

我发现自己非常赞同斯滕伯格的说法，并且，我认为他的书对于企图找到更好的方式来理解智力和创造性的人来说，非常有价值。然而在学校和商业中，这种关于惰性智力的测量得到了几乎盲目的接受。正如斯滕伯格注意到的：

然而，许多的商业，由于盲目相信惰性智力在工作表现中有很大的影响，采用我们在大学里面用的考试方式。预期的目标是找到在某项工作中将来会有优异表现的人。军队同样使用考试。甚至考试都成了一个大产业，被用来作为给予更好的职位或者更容易晋升到更好职位的道路的标准。然而，这样的考试都是智商类型的检测，而不是真正的成功的智力——只有成功的智力才真正决定谁能够成功。

在这些年的研究中，我们的工作支持斯滕伯格的这些思想，但是在教育学和心理学中很少有学者赞同他提出来的这些担心，基本上没有人提到当他做出这样的判断的时候的愤怒。在我早期的职业生涯中，我以为事情会有所不同，大家会认识到智商以及类似的测验的有限价值。但是，我低估了与“头脑测量”支持者们的壕沟的深度，以及他们能够使得这些测试流行这么久的无与伦比的能力。当然，诸如斯滕伯格那样的人越来越多。他们把智商测试（intelligence testing）、“学业态度”测试以及类似的测试，当作测量“惰性智力”最好的一种工具。但是，毫无疑问，被我称为测量狂热分子的人，仍然是心理学界和教育界的主流，不管是在学校还是企业中。部分地，这个狂热导致了大家对精确数字的敬意，例如，智商 121，SAT（美国学业评价测试）760 或者 540。这些测试的设计者们并不是江湖医生或骗子，他们真的相信他们的测试的有效性和可靠性。这些测试的可靠性相对比较高：对于同样的被试，在重复测验的时候得到的分值类似。有效性才是问题所在。当人们把智商、美国学业评价测试或者类似的测试成绩和实际工作的表现做相关分析的时候，两者的关联性通常接近于零！智商所测量的东西没准和创造性思维是有点关系，但是这个关系绝对不是创造性和创造的关系（Getzelz & Jackson，1962；Guilford & Christensen，1973）。我们会在第 9 章中进一步讨论这个问题。

最近，使用类似的测试来挑选研究生的问题引起来大量的关注。乔治（Georgi，1996）发现，在哈佛大学，GRE（美国研究生入学考试）的物理成绩和学生平时的课业成绩没有关联。甚至，乔治注意到他的一些非常出色的女学生 GRE 的物理成绩非常差。一般来说，女性比男性低 100 分左右（总分 990），这使女性在选择物理研究生的时候非常不利。在康奈尔大学，我们的研究生院院长做了一个非正式的研究——学生的 GRE 成绩和教授们对博士生的排名之间的关联。他发现这个关联系数是 0.02，几乎接近于 0。我没有找到商学院的类似研究，但是我相信未来这样的研究会有的，如果不是已经有了的话。Kuncel 和 Hezlett（Kuncel & Hezlett，2007）努力地辩护标准化考试的预测能力。尽管它们发现标准化考试和后期表现确实很多时候存在着正的统计上显著的关联性，但是大多数他们发现的关联系数都在 0.4 或者以下。当我们把这个关联系数平方一下得到这个预测值的方差，我们发现，这个预测值能够解释 16% 的方差，那么，人们自然就开始问其他 84% 的方差是什么原因导致的。

是否在高中开设 AP 预科课程（Advance Placement courses）一直是一个有争议的问题。这些课程，包含课程和相应的学业考试，是由所谓的大学委员会——一群不在第一线、第二线甚至第三线的人设计的。最初的设想是为出色的高中学生提供大学一年级水平的课程和学分，因此，也就能够缩短这些学生在大学学习的时间。AP 课程和大学一年级课程是否真的等价是一个备受争议的问题。然后，随着学费的上涨，加上大家希望缩短待在大学里面的时间，AP 课程的注册人数正在上升。2007 年，大约 15% 的公立高中学生选修至少一门 AP 课程，平均成绩为 3( 通常大学课程的成绩按照 1 ～ 5 分来给 )。在过去的 4 年中，这个注册人数，大约上涨了 25%。同时伴随着平均 AP 成绩的下降，学生注册人数像预期中的那样有了增加。

女性在数学课业成绩上的表现，多多少少和文化中的性别歧视是有关系的。在女性和男性基本平等的国家，不同性别的人在数学和阅读表现上并没有不同（Guiso，et al.，2008）。在另一个研究中，海德等人（Hyde，et al.，2008）发现，在美国，从 2 年级到 11 年级，女孩的成绩基本上和男孩没有区别。当然，他们也指出来，在“一个都不能少”（No Child Left Behind[1]）项目中所使用的测试基本上不检测学生对复杂问题的解决能力，而这样的能力对于将来在科学和数学职业上取得成功是非常重要的。在总结了关于科学和数学职业成功和性别的关系的研究之后，塞丙和威廉姆斯（Ceci & Williams，2007）注意到，尽管能力指标的结果在性别上没有区别，但是，由于女性通常要生育和并且在养育孩子方面投入更多，因此在研究成果和产出率方面确实低于男性。

## 5.12 情商

很多年前就有人提出，智力并不是一个单一的一维的东西。吉尔福德（Guilford，1959）提出智力能够被分成 120 个独立的组成部分。最近，加德纳（Gradner，1983）提出智力有 7 种。一个比较有新意的想法是戈尔曼（Goleman，1995）在他的《情商》( *emotional intelligence* ) 一书中提出来的。关于情商没有一个简单的定义。戈尔曼把以下特征当作情商高的人的典型特征：社会交往 ( Social poise )、快乐、同情、对对方的感受敏感、共情、外向的态度、自信、低焦虑。他用大量的例子展示了具有高情商的人的成功，以及具有低情商的人的失败案例。在他所展示的数据里面看不到，或者基本看不到，情商与智商或者类似的认知能力测试成绩之间的关联。尽管有一些测

❶ 美国国会通过的一个旨在提高学生入学率和减少辍学率的项目。

试方法宣称能够检测情商（例如，Queendom.com），我留给读者来决定这些检测是否有效。

情感性的生物学和心理学基础在过去的20年间得到了大量的研究。现在，我们已经比以前更多地了解情绪反应是什么，为什么会产生以及如何表达。在过去的10年间，我们了解到，在我们的大脑中存在着一些“镜像神经元”，它们会向我们大脑的其他区域发送信号，这些信号在一定程度上模仿我们观察到的行动和情感。于是，我们会对其他人的想法、感受和行动敏感，产生同情共感（Gazzola, Aziz-Zadeh & Keysers，2006）。同时，学术界也有了一些如何提高孩子们的情商的研究结果，以及关于什么样的行为对情商发展有害的研究。不幸的是，糟糕的育儿方式会导致比较差的情绪能力，而且当孩子长大后成为父母的时候，他们的育儿方式也同样很差。这个循环很难被解开，尽管也有一些能够发挥正面作用的教育方法。戈尔曼的工作以及其他人关于情商的工作需要得到学校和企业更大的关注。我预期在将来的几个年代，这些想法会得到更多的重视和了解。

那么，什么是真正的智力？这要依赖于你用智力来做什么。如果希望预测一下SAT的成绩、学分积点平均值、智商测试成绩应该是相对有效和可靠的。不幸的是，对于你是否能够进入更好的大学或者研究生院，也有不错的预测能力，因为大学和研究生院的入学政策经常看中这些测试的结果。如果你希望预测一下某人获得专利的数量，那么学分积点平均或者类似的学业测试成绩就基本没有预测能力了。在某些时候，这个对于最具有创造力和产出力的人来说，经常是惩罚性的。

那么，我们如何定义智力，又如何测量智力呢？就像其他复杂的又亟须得到回答的问题一样，这个问题没有一个简单的答案。我们需要衡量一个人在与他工作的领域紧密相关的所有领域里面的知识的质量和数量。当然，什么是紧密相关也不好定义。许多创造性的成就正是通过有创造性的人注意到并将领域外面的知识和领域内部的知识建立联系而实现的。这些联系就是我所说的在“整合性认同”中有创造力的个体建立起来的，在两个不同领域中，之前看起来不相关甚至相冲突的联系。甚至，这些有创造力的人们，仍然需要向怀疑者们展示这些新的联系的力量和正确性。但是，一般情况下，随着时间的推移，他们或者他们的追随者锲而不舍的执著总会被认可回报。显然，这样的智力对社会以及希望获得竞争优势企业都是极其重要和珍贵的。同时，情商也是一个需要更多关注的概念。很少有企业注意到，当前它们使用的雇佣职员的标准在选择了好的“惰性智力”方面做得不错，而在选择好的“成功智力”方面表现很差甚至完全相反。后者，依我看来是这样的一群人：他们长期以来坚持深入的意义学习，并且锲而不舍直到他们的直觉或者预感被承认和接受。有关测量和评价的问题将在第 9 章中讨论。

从本章的文字和图标之中，很容易就能看出，本章旨在帮助读者实现在学习的时候做概念的归并、渐进分化和整合性认同。这个过程会更有效和简单，如果你自己学会使用概念图来呈现你对“学习”的理解，无论是比较小的概念集，还是比较大的概念集合。请尝试构建你的概念图，并且用你亲身体会的例子来丰富这个概念图。然后，与图 5.1 做一个比较。图 5.1 是我制作的一个关于奥苏贝尔的同化理论关键思想的概念图。随着你对同化理论理解的深入，你应该能够做越来越深入的意义学习。我相信，这会让你在你所选择的领域里面更加具有创造性。

# 06 Chapter 知识的本质以及人类如何创造知识

## 6.1 知识的本质及来源

不言而喻，人类具有学习、组织和交流知识的能力，但却不是很清楚知识是从何而来的。那么，知识从何而来呢？那些杰出人物已被这个问题困扰几个世纪了！历史上有很多伟大的哲学家针对这个问题发表了自己的观点，还有人为此著书立说。

知识本源与认知背后的哲学思想有着悠久的历史，我并非要执意去回顾这段历史，但我们有必要讨论一下过去 300 年来的一些主流思想，因为它们至今仍在持续地影响着我们的教学、学习、学校、企业和社会。首先，我要阐明当今指导我们工作的哲学思想，并就“知识从何而来”这一问题给出我个人的回答。人们把讨论知识结构和知识起源问题的哲学分支称为“认识论（epistemology）”，所以我将着力澄清我的认识论思想。

知识由概念和命题组成，这些概念和命题不仅涉及学习的策略和探究的方法，也涉及与这些概念和命题相关体验的情感因素。人类学习和新知识建构过程中伴随着一系列思维、情感和行为，意义学习是建设性整合这些思维、情感和行为的基础。这种相互作用对人类而言是独一无二的，因此我称之为“人类建构主义”（Novak，1993）。我认为“人类建构主义”这个称呼不仅适合于人类学习已有的有用知识，也适合于人类建构新知识。意义学习的本质和过程构成了人类学习知识和创造知识的共同基础。

与知识本质和知识来源相关的一些思想非常陈旧，下面我将针对这些陈旧思想展开讨论，并说明我为什么认为这些观点是错误的无力的，以及为什么这些观点与教育和知识创新关系不大。在此，我尝试提出一种新的认识论观点，我认为它在改善学习和知识创新这两方面都有影响力。至于这种观点能否促进与认识论相关的哲学领域的发展，那就不是我能决定的了（取决于其他人的工作）。但将要看到的是，人类建构主义的观点与那些关注知识生产过程的当代哲学家和历史学家所提出的新的认识论观点是一致的，或者是相互补充的。

### 6.1.1 高文的 V 形认识论

我的同事鲍勃·高文（Bob Gowin）博士（现已从康奈尔大学退休）从硕士就读期间就开始关注哲学和认识论在教学中的应用，迄今为止已有60余年。他对哲学的兴趣及其在哲学领域的研究专长让我们在科学教育领域开展研究时受益良多，尤其是那些聚焦科学实验室学习的研究。一般来说，大多数学生在科学实验室中工作时都曾经历过强烈的焦虑和困惑，开展实验或准实验研究时更是如此。大学生们常为阅读研究报告感到非常沮丧和困惑，因为有时候他们完全读不懂这些报告。

为了帮助学生们理解研究报告，高文（Gowin，1970）设计了 5 个问题，回答这些问题有助于学生更好地理解这些研究。这 5 个问题分别如下。

（1）探究问题是什么，即该项探究试图发现什么。

（2）核心概念有哪些，即有助于我们理解该项探究的十几个学科概念。

（3）探究的方法（程序）是什么，即采用的数据收集方法和数据解释方法。

（4）主要的知识主张是什么，即研究者给出的探究问题的有效答案。

（5）价值主张是什么，即该项探究中发现的价值和意义，这些价值和意义可以是显性的，也可以是隐性的。

我和高文发现，这些问题不仅有助于学生分析研究报告，也有助于学生设计实验研究，同时还可作为讨论研究价值与研究意义的工具。然而，许多学生发现，很难建立起探究问题与研究对象或事件的联系。为了解决这些难题，高文在 1977 年初提出了知识 V 形图启发。图 6.1 显示了知识 V 形图的一般形式。

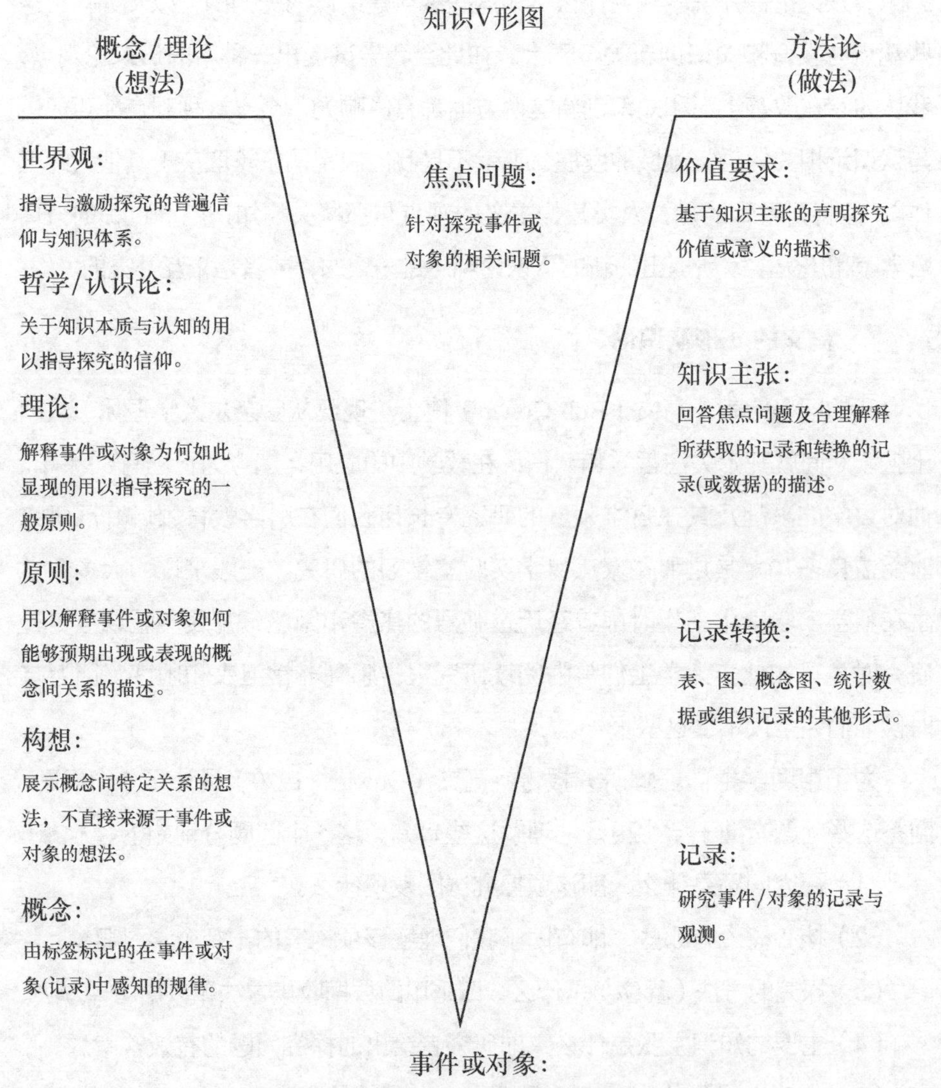
知识V形图
概念/理论
(想法)
方法论
(做法)
世界观：
指导与激励探究的普遍信仰与知识体系。
哲学/认识论：
关于知识本质与认知的用以指导探究的信仰。
理论：
解释事件或对象为何如此显现的用以指导探究的一般原则。
原则：
用以解释事件或对象如何能够预期出现或表现的概念间关系的描述。
构想：
展示概念间特定关系的想法，不直接来源于事件或对象的想法。
概念：
由标签标记的在事件或对象(记录)中感知的规律。
焦点问题：
针对探究事件或对象的相关问题。
价值要求：
基于知识主张的声明探究价值或意义的描述。
知识主张：
回答焦点问题及合理解释所获取的记录和转换的记录(或数据)的描述。
记录转换：
表、图、概念图、统计数据或组织记录的其他形式。
记录：
研究事件/对象的记录与观测。
事件或对象：
回答焦点问题所需研究的事件或对象的描述。

■图 6.1　知识 V 形图展示了知识结构与价值判断中的 12 个元素

我们发现，一旦人们熟悉了概念图及其底层的思想，再让他们去构建 V 形图就相对容易多了，附录 2 展示了一套我们发现有效的程序。本章呈现的思想将有助于对概念图工具和知识 V 形图工具的理解。

知识 V 形图的美在于它的全面性（comprehensiveness）和简洁性。它很好地描述了十几个“认知元素”是如何参与到构建或检验某部分知识中去的，同时还将这些元素以简单的结构进行组合，从而说明这些元素各自的功能。尽管一个认识论下可以有很多的启发（heuristic）形式，但高文选择了 V 形图来进行启发，因为它“指向”事件或对象，而这些正是我们试图了解的世界的一部分。思维（概念的或理论的）元素和行动（方法论的）元素都参与了知识建构过程，V 形图凸显了这样一个事实。正如建构新知识，或者更确切地说是生成“知识主张”，需要我们的思想、心灵和身体的协同工作，V 形图中的每一个元素需要与其他元素相互作用。然而，V 形图左侧的要素是处于“我们的大脑中和心里”的，它们指导着右边的行动从而产生知识和价值判断。V 形图探索法是基于建构主义知识观的探索方法，在这种探索中我们发现，选择研究对象的方式依赖于 V 形图中的其他元素。如果我们选择不同的问题，使用不同的概念、原则或理论，做不同的记录或者对记录进行不同的转换，那么我们就可以合理地获得关于同一事件或对象的不同知识主张。简而言之，我们如何“看待”世界中的事件或对象，取决于我们个人如何建构我们对这些事件或对象的看法。

例如，早期的化学家将燃烧视为燃素的流失，然而我们现在遵循的新的化学理论和原则把“燃烧”看作碳、氢或其他元素的氧化。“现代”观点能够解释为什么木材燃烧时会消失（除了留下一些少量的灰烬），以及为什么铁和汞燃烧后会变得更重。化学燃素理论不能解释后两个事件，并且与“燃烧”前后铁和汞的重量记录相矛盾。任何一个化学家和物理学家都不能准确地知道原子和分子在物质燃烧时的行为，但是我们当前的理论和原则确实比早期的理论更具说服力和预测力。“激进的建构主义者”（参见 Von Glasersfeld, 1984）认为，我们永远不会知道“绝对正确”的理论和原则，但是我们可以朝着建构更具说服力的理论和原则前进。我们仅仅能够对于我们相信这个宇宙的某些部分是什么样子并如何运行做出论断，而不是找出真理，对于这个事实，建构主义者不觉得有什么问题。绝对真理或许并不是建构主义思想家的目标。数百年来，它一直是实证主义（empiricism）或经验主义（empiricism）哲学家的目标，而且实证主义的观点普遍地存在于课本、讲座和学校教育中。我将在本章的后面探讨这个问题。

在商业世界中，领导者们也认识到知识不断改变、不断进化的本质。野中郁次郎（Ichijo&Nonaka，2007）谈道：

> 建构主义的核心观点是知识是学习者为了维持自身平衡（equilibration）而主动建构的，而不是从已有的知识体系中被动吸收。企业的情况又是一个很好的例子。例如，对于那些还没有体验过将相关知识应用到各种各样的情境中去并获得反馈的管理者来说，之前就有关于国际扩张的知识体系是毫无意义的。并且，有经验的管理者意识到，当进入新企业时，知识也是不确定的。

2008年，美国和世界发生了金融危机，在一定程度上这是由于人们没有意识到家庭和企业的融资方式以及金融资产的捆绑和杠杆作用已经发生了巨大变化。在写作本书时，很难看到商业和金融界的这种巨大变化会如何改变我们看待商界的方式。

在与一些宗教人士或宗教追随者的讨论中，建构主义者遇到的难题之一是，这些宗教人士或宗教追随者们认为信仰是没有争论或不用证明的“绝对真理”。他们抓住“建构主义者的观点不确定且经常修改”的事实，并以此来证明这些观点是错误的。例如，在宇宙年龄、气候变化或者生命的起源与进化这些问题上，科学被当作“片面理论”而被抛弃，它们最多是模棱两可的，在遇到强烈反对时就是错误的。当然，这些人同样开着车、乘着飞机、听着天气预报，即使这些都建立在被他们视为“片面理论”的科学之上。对绝对的宗教狂热者来说，除了他们自身的信仰，就没有其他的“共识”了。图6.2展示了建构主义和实证主义或经验主义认识论的一些区别。需要注意的是，对宗教狂热者或信徒来说，图6.1所示的V形图左侧的思想并不是不确定的和不断演化的，而是一成不变的和绝对的，并且理论是不存在的。

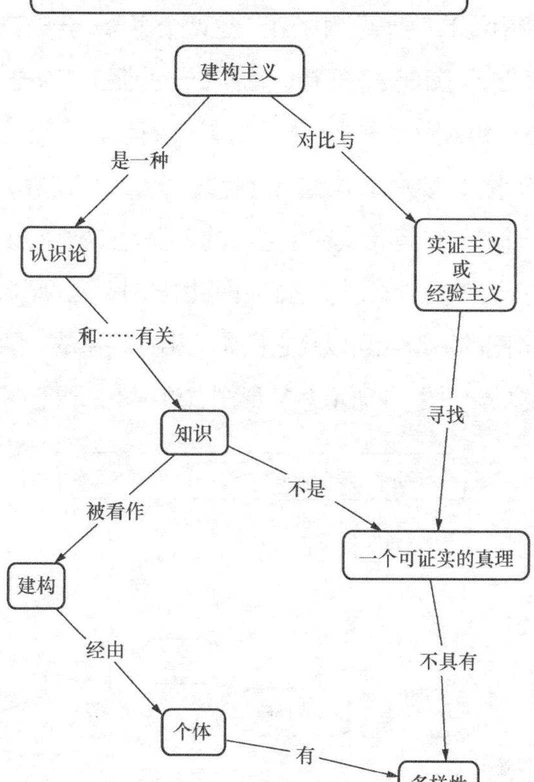


■图 6.2　建构主义与实证或经验主义比较的关键概念

## 6.1.2　知识 V 形图的元素

图 6.1 的 V 形图展示了 12 个“认知元素”。尽管我们经常意识不到他们的作用，也不知道每个元素在给定的学习情境中是如何发挥作用的，但是，每个元素在意义建构和知识建构中都发挥着作用。用 V 形图中任何一个元素都可以开始本次讨论，但是为了方便，我会先抛出焦点问题。

通常，问题是一段新的学习的开始。它可能是一个简单问题，如“那个东西叫什么？”，也可能是一个比较复杂的问题，如“那件事情是如何发生的？”。例如，我 3 岁 9 个月大的孙女雷切尔，在和我的妻子给花除草的时候，她指着一棵小草问，“这是杂草吗？”很快，她便可以从幼小的杂草中区分出小花。至少在这个情境中，她懂得区分“杂草”和“花”这两个概念。当杂草长得茂密时，雷切尔问：“花吃泥吗？”我的妻子解释，花需要一些泥土来生长，但是它们大多数能量是从水、空气和太阳那里汲取的。雷切尔又问，“当花长大时，泥土会变少吗？”我的妻子回答，“是的，但泥土只会少一点点。”在雷切尔的问题中，很显然，她不是在一个概念或理论真空中思考的；因为在她经历的两三年生活中，已经知道了一些关于植物是什么以及它们如何生长的概念、原则和理论。我用这个例子去阐释 V 形图的知识元素以及它们如何相互联系的。图 6.3 所示为 V 形图左侧的概念及其关系，图 6.4 所示为 V 形图右侧观点的概念图。

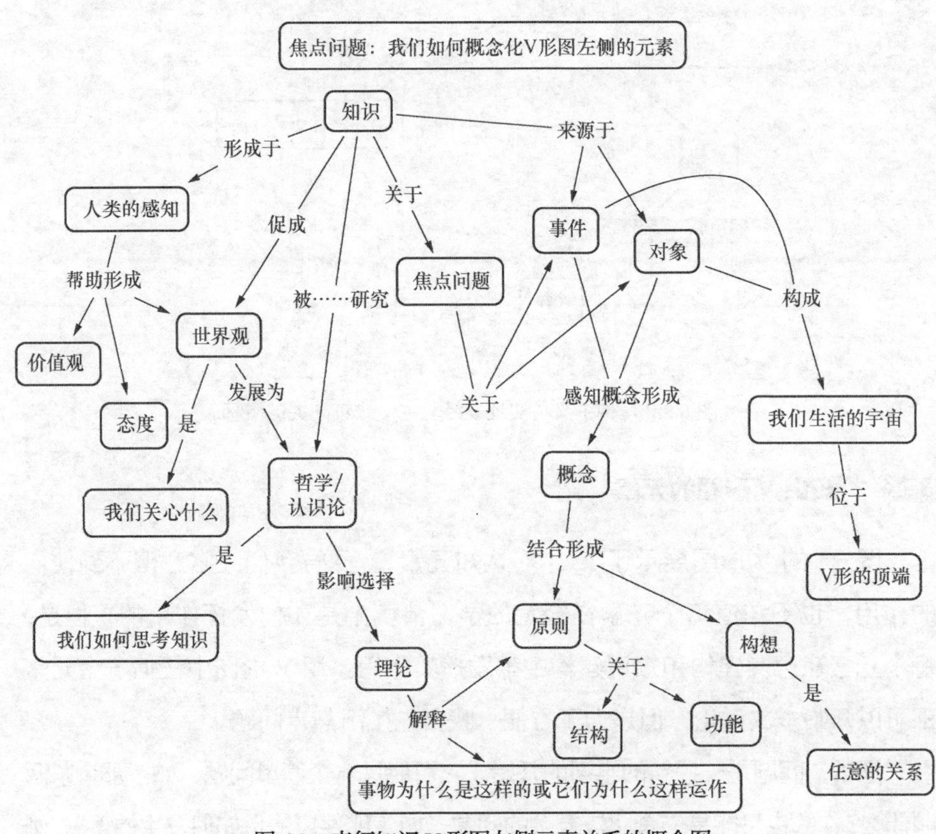


■图 6.3　表征知识 V 形图左侧元素关系的概念图

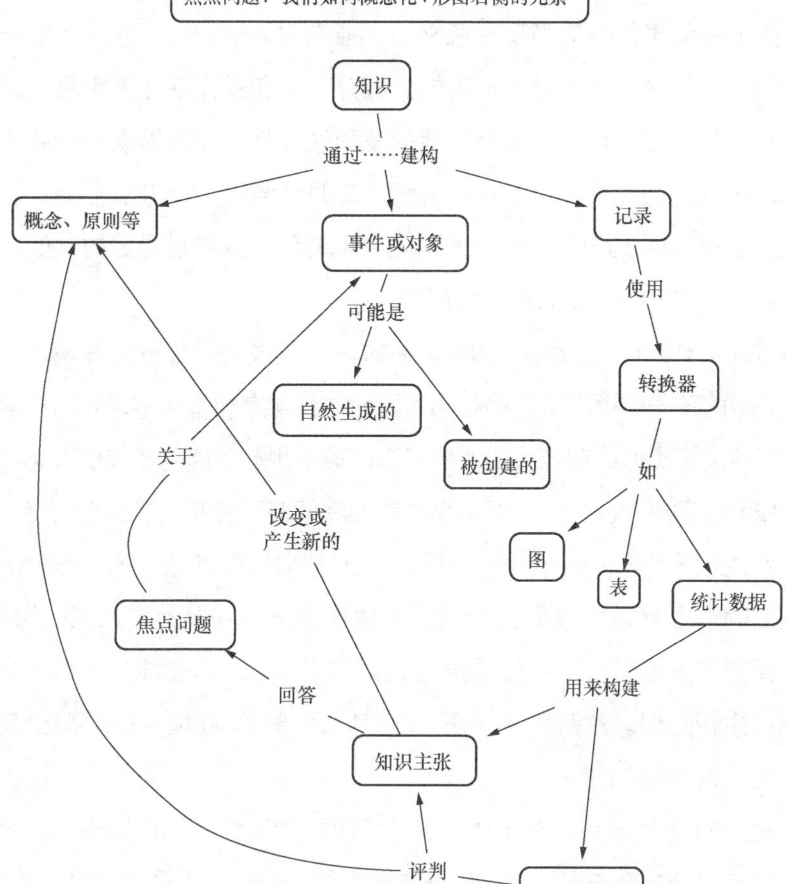


■图 6.4　表征知识 V 形图右侧元素之间关系的概念图

**世界观（world view）**。首先，我们可以看到雷切尔对花以及它们如何生长非常好奇。显然，她的世界观显示她很关心花，并且持有“万物必有因”这一信念。我们的世界观由一系列的信念和价值观组成，这些信念和价值观不仅决定了我们如何看待世界上的事件和对象，而且也决定了我们所关注和学习的对象。我们对于周围事情的价值判断和情感认同塑造着我们的世界观。我们的世界观随着我们的经历而改变，并受到来自文化、宗教、家庭和人际关系的影响。

雷切尔的（所作所为）表明了一种理性主义或建构主义的哲学观，即宇宙中发生的一切事情都应当是有意义的，植物如何生长以及为什么生长都是有原因的，并且这些原因是可理解的。区分哲学和世界观并不容易，部分原因在于它们是相互依存的。然而，我们发现区分哲学和世界观是有益的，因为世界观更加宏观，是一个人对宇宙所持有的价值观。依照V形图，从认识论信念（epistemological beliefs）的角度来思考哲学或许是最好的，如我们认为知识从何而来？我们如何使用知识？

马修斯（Matthews，1980；1984）在对一个访谈进行分析时发现，在访谈中6～8岁的孩子们提出了一些和伟大的西方哲学家的著作中记载的相似的问题，并且给出了类似的观点。即使是很小的孩子也已经建立了关于人类行为和世界运作的哲学思想。在这方面，马修斯彻底颠覆了皮亚杰关于人类直到青少年时期才会进行哲学推理的论断。近年来，马修斯的观点已经逐渐流行起来。

我们的世界观激励我们去行动，去建构问题并找寻答案。正因为如此，我们选择把“焦点问题”放在V形图的顶部中心，从而能够多方面地推动该项探究产生新知识。对雷切尔来说，“当花长大时，（花园中的）泥土会减少吗？”就是她的焦点问题。

**理论**。顺着V形图的左侧往下看，可以看到雷切尔正在体验并试图提炼关于植物和养分的理论。她意识到植物像动物一样，需要通过“吃”来生长。这也反映出她关于物质守恒的理论正在形成：提供给大型植物的原料一定来自某个地方，如果一些泥土被用来供养植物，那么当植物生长时，泥土应该会变少。我们将理论定义为“事物为什么以及如何成为现在这个样子的解释”。雷切尔正在发展她的关于“生命（特别是植物）如何成长”以及“生长所需的原料从何而来”的理论。这种好奇心可能是被雷切尔的妈妈激发的，她的妈妈是一位营养学家，但是观点明显是雷切尔自己的。她有关于泥土的理论，并且正确地假设如果植物从泥土中汲取养分，那么当植物生长时，地下的泥土应该变少。在这点上，雷切尔并不是特例。如果有类似于雷切尔这样的学习经历，任何一个三四岁的孩子都能形成这样的理论并且使用该理论进行逻辑推理。

**原则**。它们是描述事物如何运作或者如何表现出结构性的。雷切尔揭示了几个操作性原则：①杂草和花看起来不同（如杂草在我们种有万寿菊和百日草的花园中长得像草一样）；②植物生长需要泥土；③当泥土进入植物时，土壤中的养分会变少。和祖母的学习经历帮助雷切尔巩固并完善了这些原则（命题）的意义。这个经历也帮助她区分出植物、泥土、花、杂草和生长这几个概念的意义，或许还有水、空气和能量的概念。总之，这过程中雷切尔确实参与了意义学习。

**构想（constructs）**。构想是指事件或对象中不易观测到的表示规律性的想法。常常表示为两个或更多个以随意方式连接的概念。例如，如果雷切尔认为"她祖母的花生长在良好（healthy）的空气或泥土中"，那么她就是在使用构想。雷切尔已经具备"良好（Healthy）"这个概念，并且还有一些空气和泥土的概念，她可以结合这些概念来推断花生长的环境。哈尔彭（Halpern，1989）以学习和记忆为例，将假设性构想定义为没有外部实体的概念。再如原子、爱和光合作用，虽说它们可以被间接观测到的，但将它们标记为概念，用来表征事件或对象中的规律性会显得更加贴切。构想通常是概念间的武断联系，如 IQ——用心理年龄除以实际年龄表示 IQ 并没有必然的原因。任意的构想在社会科学中更为常见。构想不同于原则，因为它们不能解释事物是如何运作的，以及事物是如何表现出结构性的。

**概念**。我们将概念定义为事件或对象中感知到的规律或模式，可以用标签来指定。显然雷切尔已经建立了上面提到的概念标签的意义，并且在完善这些意义。也就是说，她越来越能辨别出每一个概念标签所代表的规律。海耳·蒙特（Van Helmont，17 世纪比利时化学家）通过柳树实验建立自己的概念，雷切尔虽然没有像海耳·蒙特那样通过记录来建立概念，但是她无疑会在将来做和该概念相关的其他实验。

**事件或对象**。事件是发生的事情，如生长、吃、跑、战争等。对象是一些"原料"或物质，如植物、泥土或杂草。宇宙中的一切，要么是事物，要么是对象，并且所有的事件都包含对象；甚至，在某种程度上，能量在形式上的变化也包含着对象。因此，在 V 形图的底端，我们把经验与现实中的片段连接起来。人类所有的意义建构都要固定在他们经历的事件或对象上，或者从其他事件或对象中总结的隐喻上。概念帮助我们去感知事物和对象的规律，并且有时候，我们会给这些规律赋予新的标签，形成新的概念。但是，如果没有相关的概念和原则的功能性框架的话，我们很难去建构新知识。这也从一定程度解释，为什么我们说孩子能在 3 岁前学习语言，这多么不可思议的技能。

帮助学生清晰、明确他们试图理解的事件或对象是十分重要的。我们多次发现，在科学实验室中，许多学生对他们试图去理解的事件或对象以及他们想要去寻求的规律，只有一些不明确的想法。对于运动、舞蹈、音乐或者文学来说也同样如此。由于大多数好的文学作品都依赖隐喻去构造故事，因而给学生带来了特别大的困扰。同样地，数学对大多数人来说也是困难的，因为数学中的概念和原则通常不具体，同时与我们现实世界或已有知识中的事件或对象的关系不大。中国或日本学生的数学成绩要好于美国学生，其中一个原因就是中国或日本的老师往往使用更多的类比，从而将数学概念关联到现实世界的事件中去（Richland，et al.，2007）。威金斯和麦克泰（Wiggins & McTighe，2008）在最近发表的论文中强调，在数学教学中应优先注重理解相关的数学概念。他们主张，学生认为数学枯燥的原因之一是他们没有看到他们所学的知识与他们所生活的现实世界之间的关联性。

雷切尔的问题清晰地表达了她试图去理解的事件和对象。她完成了一个相对水平较高的意义学习。我们可以用这个例子把 V 形图右侧的元素是如何在知识建构和价值判断中发挥作用的彻底说清楚，但不足的是雷切尔的学习情境缺少了记录或转化记录的环节。在她未来的生活中还会有这样的例子出现。

**实验**。实验开始于 17 世纪，伽利略和我们现在称为科学家的其他人（这些人把自己视为自然哲学家）进行了实验。实验是由研究者创建的事件，而传统的实验则需要我们观察“实验”事件和控制事件。它要求除了一个实验变量以外，所有被观察到的因素都应该是相同的。我们在事件中所观察到的记录的不同之处，允许我们根据实验变量对被研究事件的影响来验证“假设”。在某种程度上，我们如何记录并且转化记录取决于我们进行验证的假设部分。假设也被称作“预期的知识主张”。在 20 世纪，新的统计工具被开发出来，它允许有多个实验变量或者多种实验情况，因此也允许有这样的假设，即两个或多个变量是如何交互的，从而产生我们获取的记录。

生产有用的知识是自然科学或者“硬”科学中实验研究的目的，这方面取得的成功导致实验法也普遍地被应用在包括教育和商业在内的社会科学或者“软”科学中。社会科学研究中主要存在两个困难，一是涉及人的事件几乎不能真正地得到“控制”，二是记录的方法在信度和效度方面存在严重问题（见第 9 章）。美国教育部在 2007 年的一篇报道批评道，大多数新项目的评价研究很少是随机实验研究。然而，在梅尔维斯（Mervis）的报告（Mervis, 2007a）中，大量研究者指出教室与实验室不同，好的研究可以也应该使用不同的研究模型。不过，如果研究者十分谨慎并且在合理、有效的理论和原则的指导下，一些实验也被证明在商业和社会科学中有益于创造有用的知识。

**记录**[1]（records）。记录指我们观察事件或对象时收集到的文字记录。它可以是观察到的事物的简单描述，如每一类事物的数量，也可能是仪表的读数、计算机输出的东西或其他复杂仪器记录的内容。对于仪器的记录来说，信度和效度就是经常遇到的问题。设备出错或者设备选择不当都会产生错误的记录。我用“事实（facts）”来表示准确、有效的记录，但在研究中收集到的很多记录并不是“事实”，这一点在教育研究中尤为明显，因为这里的数据收集所用工具的（如测试）信度和效度不是很高。不幸的是，我们往往不易分辨出什么时候我们的记录是真实的，什么时候是存在错误但可接受的，什么时候又是带有偏见甚至是扭曲的。我们需要帮助学生，教会他们一些对数据进行信度和效度检查的方法。在工作环境中，工人们通常比他们的管理者更清楚收集到的记录的不足。只有尊重并使用这些知识，公司的生产

❶ 记录也可译为数据。

效率才能得到提高。

科学上的很多进步都来源于新事件的记录方式。望远镜和示波器就是其中的两个例子。望远镜大大地推动了天文学的发展，示波器则提高了我们对电和电磁波的理解。很多我们称为“技术进步”的东西都是将为“基础研究”而开发的设备修改后投入实践应用的结果。示波器奠定了电视产业的基础，概念图则是我们项目的中心，用来帮助学生学习并创造知识。一些研究群体在创造新事物或者改善记录收集工具方面是如此的成功，以至于他们能够在创造新的专业知识时遥遥领先。举一个真实的例子，德国达姆施塔特（Darmstaat）的一个研究小组善于发现新元素，他们相继发现了 107、108 和 109 号元素，相信他们还将发现更多的新元素（Clery，1994；http://en.wikipedia.org/wiki/iscoveries_of_the_chemical_elements）。

我们可以根据希望回答的问题以及知识 V 形图左侧的所有元素来选择记录什么。通常，我们会聚焦在那些能够指导探究的原则上，因为这些原则描述了我们正在研究的对象或事件中可能发现的规律或者关系。我们需要确保收集到的记录和原则是相关的，并且能够依据这些记录来验证指导我们探究的原则的有效性。

**人工制品**。它们是关于人类活动的记录。考古学家研究的家具、陶器和珠宝都是用于重建史前人类生活的产品。人工制品不会在宇宙中自然出现，而是需要依靠人类的思想和活动创造出来。由于人类具有无穷的“改变自身想法”的能力，因而对不同的年代或不同的人来说，作为“记录”的人工制品能够传达不同的信息。人们可以通过人工制品发现规律并预测未来。在教育学以及所有社会科学中，我们处理的数据基本上都是人工记录，如测试分数、访谈数据以及对事物的观点或感觉等。尽管对事情或对象记录进行解释没有什么规律，但对人工记录进行解释相对而言就更困难。这也是为什么社会科学不如自然科学那么发达的一个原因。同时它也是为什么在社会科学中作为引导行动的工具时，实操性强的理论更有力的原因之一。理论可以帮助我们判断我们所用的人工记录和所建构的主张是否合理有效。

**记录转换**[1]（Record Transformations）。通常，我们不是直接从“原始数据”或者观察时收集的记录中建构知识。而是要对新数据进行一些转换。简单归类、表格化、图表化或制作曲线图等是我们通常使用的记录转换方法。我们是用“数据”这个术语来表示任意的记录以及经过转换的记录。尽管在观察花朵时雷切尔没有做记录，但实际上她对观察到的东西进行了“心理记录”，同时也使用了她以前观察到的“记录”。

记录转换应当在构想、原则和理论的指引下进行，同时也取决于我们所希望回答的焦点问题。原则帮助我们组织数据，从而显示出在应用这些原则后期望获得的模型或关系。例如，有一条这样的经济原则：利润率取决于经济中的资金供给。在应用这条原则的时候，我们需要收集某段时间内（每周或每月）的财务供给记录（根据财务来源报告）及其利润率，再将收集到的记录制作成一张表格，分为 3 列一列表示日期，另一列表示资金供给，第三列表示利润率。然而，用一张图的横纵坐标轴来表示资金供给和利润率之间的关系可视图效果会更好。一幅能表示利率稳步上升和货币供应量下降关系的好的折线图，能够“证实”或支持我们的经济原则。如果我们的记录转换没有出现这一点，准则的有效性就要得到质疑。更普遍的是，我们开始意识到这其中必定存在着某些其他因素，还可能会去我们拥有的经济原则中去寻找，看看是否有可以解释我们图表的其他原则。我们可能会发现消费者的消费水平与利率有关，那么我们就要回头收集更多的消费记录，如消费者在我们研究期间的消费记录，然后对记录进行新的转换。当然，我们的原则总有可能是错误的，经济学便是一个很好的例子，因为专家们对于哪些原则是有效的或者是最重要的还存在着相当大的争议。一方面原因就是我们要处理的是人们做出的选择（例如，消费者的购买意愿或贷款）。因此，利率记录表是人工制作的而非事实。

转换统计记录在很多领域是非常常见的，特别是在教育领域的研究中。

❶ 记录转换也可译为数据加工。

不幸的是，对统计数据进行转换不会改善带偏差的记录以及无效的记录，而这在社会科学中太常见了！对人工记录进行统计是不会创造出事实的。统计检验及其解释受制于概念集和原则集，而这往往是研究者根本不知道或忽略的问题。对教育统计的批判，特别是对因素分析法和类似工具的使用的批判，参见古尔德的文章（Gould，1981）。

**知识主张**（Knowledge claims）。这是我们宣称记录和记录转换能够得出的对焦点问题的回答。知识主张也可以简单地从我们对事件的观察中得出，这样的知识主张没有那些从良好的记录或记录转换中得出的精确，雷切尔猜想到“当植物生长时土壤会减少”就是一个例子。我们常用术语“假设”来表示一种预期的知识主张。然而，假设并非是我们要努力去证明或伪造的必然陈述。从建构主义的角度看，假设的价值很有限。对于同一事件的同一问题，收集不同的记录或是对记录进行不同的转换可能会得出不同的答案。此外，我们永远不能确信记录的信度和效度，至少在一定程度上，记录本身的缺陷可能会得出错误的知识主张，这一点在医学上就有很好的证明。在过去20年中，某种药物（如雌激素）的价值和作用就在频繁发生变化。正如我们前面提到的那样，应用不同的概念、原理、理论，或者变更研究样本，都有可能彻底改变任何探究中的知识主张。构建知识主张确实是一个稳定性低的工作，因为有太多走错路的机会，还有太多犯错误的方式，这种情况在那些原则和理论效度缺乏或较低的领域中尤为明显。很多教育类的研究（其他社科类研究也一样）都存在这个问题，这就很好地揭示了为什么教师和普通大众会对所谓的“教育研究发现”持怀疑态度。此外，理论匮乏、原则可以及记录工具的局限性等问题在教育研究中普遍存在，教育研究成果往往是自相矛盾的也就不足为怪了。在对不同的教学策略和学习策略进行比较时，最普遍的发现就是:“组别（或方法）之间在统计学上不存在显著差异。”凯索（Kaestle，1993）曾对“教育研究的糟糕声誉”做出评论，他指出教育研究存在着对实践影响不足、教育社群混乱不堪以及政治化干扰等问题，但他没有注意到教育理论的贫瘠。

**价值主张**（Value claims）。价值主张是指为了达成目标所做的探究的价值或意义，而这些目标构成了研究的动机。例如，我们的一些研究旨在弄清概念图与V形图是否对学生有用，不仅包括知识上的成就，还包括自信心和学习兴趣的提升。我们的研究数据显示概念图和V形图确实起到了这些作用（例如，Novak，Gowin & Johansen，1983）。因此，我们提出"这些工具是有用的，并且教师和学习者应该学会使用它们"的价值主张。虽然价值主张常常和知识主张联系在一起，但是二者不能混为一谈。我们发现让学生和老师有意识地去识别和记录每项探究的价值主张是很有益处的，这能使学生和老师同时认识到在知识建构上的努力是有承载价值的！如果雷切尔惊呼"从空气、水和土壤中能够长出美丽的花朵，这是一件多么神奇的事啊"，那么，她就针对花作出了一个"价值主张"。我相信大多数人都会认同这样的价值主张。

在商业领域，概念图已被证明非常有效。20世纪90年代，我们在与宝洁公司的合作中发现，在面对问题时，研究团队能识别出与问题最为相关的概念性知识，这也加速了问题的解决过程。我们还发现，概念图可能会引发新的营销策略，从而能更好地与管理机构和其他部门合作。不幸的是，由于专利问题，这项工作的成果未被允许公布。目前，人们可以从网站上获得概念图工具和相关的培训支持（参见www.perigeantechnologies.com），我们看到，概念图制作以及本书的核心思想正被加速应用到商业问题解决中去。

我们持有的世界观和哲学观会从很多方面影响我们对专业领域的选择以及有兴趣去解决的问题种类，我们寻求建构的价值主张与我们的哲学观和世界观密切相关。我的世界观的核心之一是我相信人类有能力减少他们在世界上所遭受的苦难，而通过理论来改善教育就是一个很重要的途径。这也是为什么我会选择教育作为我的一个研究领域，并全力去建构一套能够指导我们研究和实践的理论及相关的原则。或许在我有生之年不会看到基于理论的教育改进大大减轻人类的痛苦的情形，但我们最近的一些工作以及其他人的工作，例如，我们在巴拿马的工作进展，让我对未来非常乐观，这一点我会在后面详细讨论。

商业领域与学校教育领域截然不同。如今，各大企业面临的竞争压力不仅来自于国内，还来自于国外。正如许多学者指出的那样，商业的“全球化”意味着企业生存需要更加的快速、有效和高效的学习新知识和创造新知识。正如弗里德曼（Friedman，2005，第 45 页）指出的那样，全球化已经持续了几个世纪，但目前全球化正在导致“世界的扁平化”，而且这种进程的速度极快。现在，几乎任何地方可以生产任何产品或提供任何服务。后面我们将探索“扁平化”进程带来的一些影响。野中郁次郎和竹内（Nonaka & Takeuchi，1995）认为，所有的企业必须成为“知识创造型组织”，这种说法表明商界应该比学术界更快速地接受和应用本章提出的一些想法和工具。他们不奢求能得到纳税人的持久支持来维持无效的方法。

还有其他一些认知因素可以讨论，但这不是一本关于认识论的著作。不过，我认为，对认识论的理解是理解我们要教授或学习知识本质的基础，这对教师、学生和管理者获得元知识（metaknowledge）（关于知识的知识）更为重要。当然，人们可以说，数世纪以来，教师所教、学生所学以及管理者所管的东西并没有做到对知识的本质的理解，而且这个过程也没涉及知识的建构。问题是，如果我们想让教育实现质的飞跃，那么教师、学生和管理者就需要了解得更多，这不仅包括人类如何学习，还包括他们是如何创造知识的。这正是《学会学习》这本书的核心目标，该书被翻译成 9 种语言，至今仍然广为流传。

我们发现，V 形图不仅能帮助研究小组里的学生设计他们自己的研究项目，同时还是个体之间对话的桥梁。通过一张简单的纸，就可以呈现出用来引导探究的要素、研究的事件或对象、要回答的焦点问题以及用于构建知识和价值主张的元素。图 6.5 是我以前的一位博士研究生为她的营养教育研究所画的 V 形图。如今她已成为该领域全球顶尖的学者，部分原因就是因为她的研究是在理论的驱动下开展的。

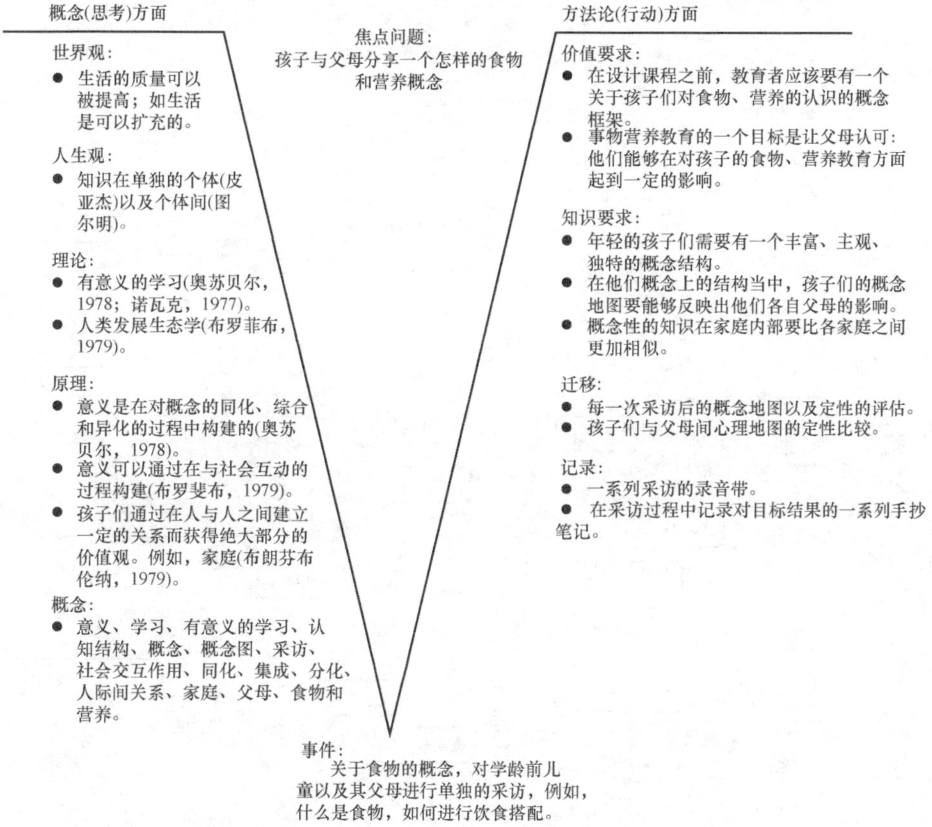

概念(思考)方面

世界观:
- 生活的质量可以被提高；如生活是可以扩充的。

人生观:
- 知识在单独的个体(皮亚杰)以及个体间(图尔明)。

理论:
- 有意义的学习(奥苏贝尔，1978；诺瓦克，1977)。
- 人类发展生态学(布罗菲布，1979)。

原理:
- 意义是在对概念的同化、综合和异化的过程中构建的(奥苏贝尔，1978)。
- 意义可以通过在与社会互动的过程构建(布罗斐布，1979)。
- 孩子们通过在人与人之间建立一定的关系而获得绝大部分的价值观。例如，家庭(布朗芬布伦纳，1979)。

概念:
- 意义、学习、有意义的学习、认知结构、概念、概念图、采访、社会交互作用、同化、集成、分化、人际间关系、家庭、父母、食物和营养。

焦点问题:
孩子与父母分享一个怎样的食物和营养概念

方法论(行动)方面

价值要求:
- 在设计课程之前，教育者应该要有一个关于孩子们对食物、营养的认识的概念框架。
- 事物营养教育的一个目标是让父母认可：他们能够在对孩子的食物、营养教育方面起到一定的影响。

知识要求:
- 年轻的孩子们需要有一个丰富、主观、独特的概念结构。
- 在他们概念上的结构当中，孩子们的概念地图要能够反映出他们各自父母的影响。
- 概念性的知识在家庭内部要比各家庭之间更加相似。

迁移:
- 每一次采访后的概念地图以及定性的评估。
- 孩子们与父母间心理地图的定性比较。

记录:
- 一系列采访的录音带。
- 在采访过程中记录对目标结果的一系列手抄笔记。

事件:
关于食物的概念，对学龄前儿童以及其父母进行单独的采访，例如，什么是食物，如何进行饮食搭配。

■图 6.5　V 形图：①定义参与知识建构过程的元素；②说明了理论驱动下营养教育探究的计划[1]

## 6.1.3　学习和知识创造的关系

意义学习和知识建构是高度相关的，这个问题我将在本章以及最后一章中谈谈我的看法。事实上，在我看来，所有的知识建构都只是人们建构新意义（认知结构中的新概念及其联系）能力的延伸。因此，意义学习心理学不仅是知识建构的认识论进程的基础，也导致了这一进程的发生。人类建构主义（haman constructivism）不仅是心理学现象，也是认识论现象。图 6.6 所示的概念图说明了这一观点。

---

❶ 资料来自 Achterberg，C.L.，1985。转载自 JNE 许可。

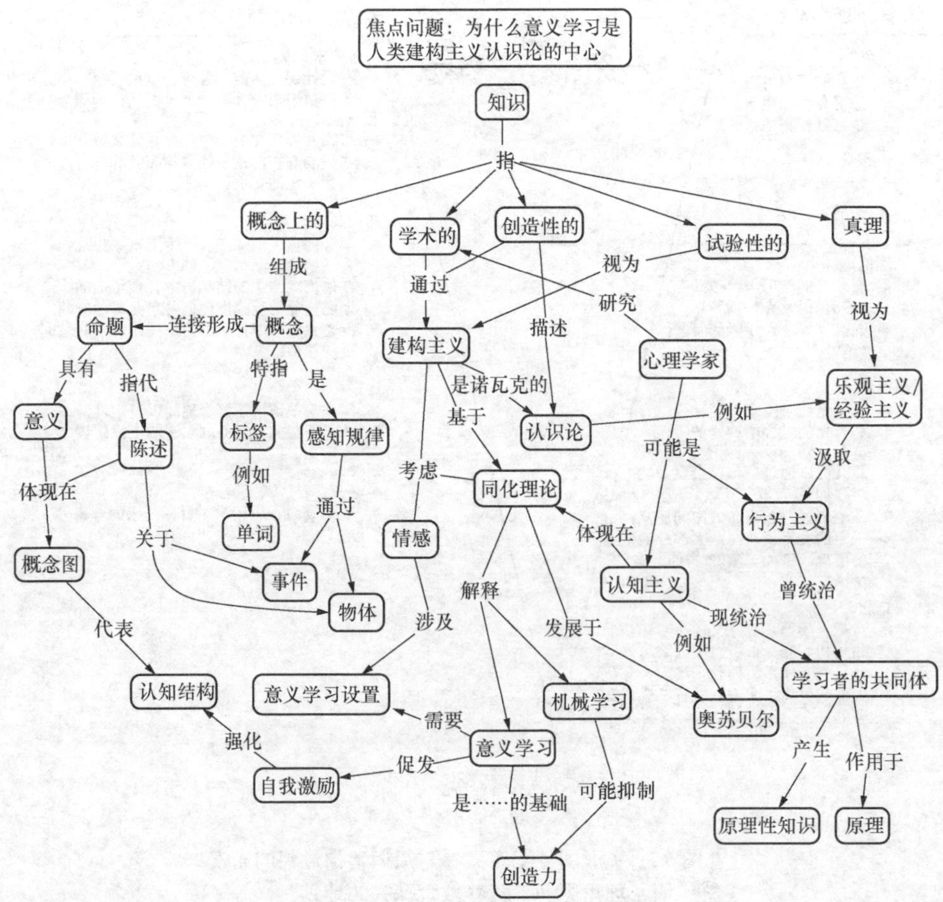


■ 图 6.6　这是一幅有关“人类建构主义”的综合概念图。这幅复杂概念图需要频繁地用到本章的知识来理解我的关于人类创造知识的观点。它涉及了学习心理学（第 5 章）和认识论，以及关于知识及其创造的本质的研究

图 6.6 极其复杂，不要指望简单一读就能理解每一个概念及其之间的关系。相反，可以将它作为“路线图（reference map）”，看看本章提出的想法和第 5 章是如何相互联系的。大部分我的很多研究生发现，他们需要用 1 ～ 3 年的时间才能很好地接受“人类建构主义”这种观点，其中包括摆脱具有实证主义特征的旧观念和旧看法所需要的时间。实证思维弥漫着我们整个社会，因而去除它不是那么容易。行为主义学习理论在心理学领域已经走向灭亡，但在学校和企业中还安然无恙地存活着。在可预见的将来，不管是实证主义认识论，还是

那些植根于实证主义认识论的行为主义心理学，都不会从学校和企业中消失。

如图 6.6 所示，对知识的学习贯穿着人的一生，而新知识是由某一领域的“学者”或学习共同体创造的，我越来越希望商业领域也能创造新的知识。皮亚杰（Piaget，1972，第 2 章）暗示，个体建构知识的方式与几代学者创造知识的方式相似。然而，皮亚杰并不认为学习主要是复杂的概念框架和命题的获取过程。因此，他的建构主义观、学习观和知识创造观，与图 6.6 中的观点都有很大不同。此外，皮亚杰倾向于淡化人类情感或感觉在学习和知识创造中的作用，部分原因可能是他早期那段科学家的经历在当时乃至现在看来都具有明显的实证主义特征（Kitchener，1986）。

其中，在图尔明（Toulmin，1972）的工作基础上发展出来的一个观点是：知识是不断演化的。我们利用现有的知识来设计新的探究，在这个过程中探究的成果会产生新的或改进的概念和原理，甚至会产生新的理论或哲学思想，但这种情况比较罕见。我们可以通过图 6.7 来举例说明知识不断变化的本质。无论是那些通过研究进行意义学习的个体，还是通过集体研究而逐步完善的学科，V 形图“左侧”的相关元素都是随着时间的推移不断得到修正。新的知识主张和价值主张修正旧的观念，知识建构的进程持续进行。新知识会不断带来新的问题，永远不会达到“所有问题都获得解答”的终点，所以，万纳沃尔·布什（Vannaver Bush，1945）用“无尽的前沿”来概括科学的这一特征。各个领域中的科学家和学者都不会停止学习，他们以个体形式或集体形式不断修改他们的理论或概念框架。

在一些研究中，我们借助问卷调查和访谈对那些在科学的本质这个问题上分别持有建构主义和实证主义观点的学生进行了比较。我们发现持建构主义观点的学生倾向于意义学习，而持实证主义观点的学生则喜欢机械学习（Edmondson and Novak，1993）。松格和林恩（Songer & Linn，1991）的报告中也有类似的发现。我认为实证主义思维的威慑是难以给学生传授意义学习策略的原因之一。这也是我认为可以借助像概念图这样的学习工具帮助学生转向更高级别的意义学习的原因。

新知识的建构不过是那些知识创造者的意义学习过程的延伸，这一观点既极其简单又极其复杂。它对新知识的建构做出了简单的解释，但它也要求必须理解意义学习背后的心理复杂性。人类建构主义的思想认为应该简化并且综合化，这样才能符合了！“简约性原则”（parsimony principle）。这一原则已经指导知识创造者们数个世纪。

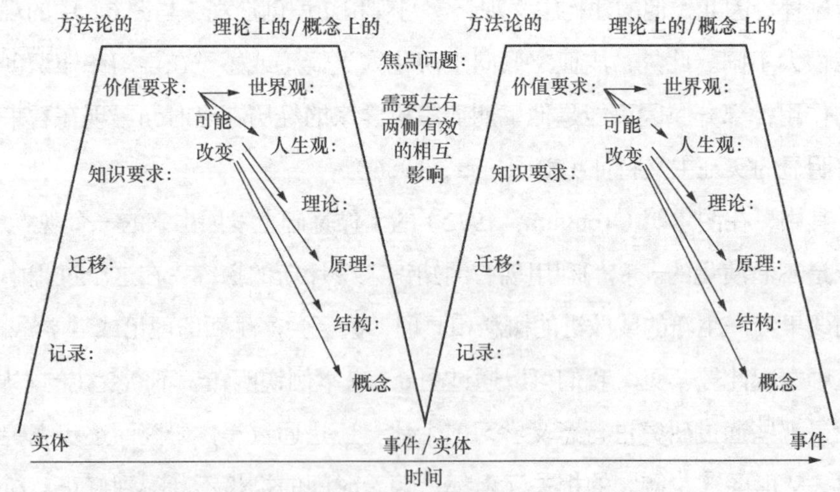


■ 图 6.7　V 形图说明了建构主义观点，即我们基于已知知识来建构新的事件或对象，随着这个过程的推进，我们会不断修正 V 形图左侧所示的内容。正如布什（Bush，1945）曾讲过的，这个过程永远不会结束

## 6.1.4　简约性原则

另一个对西方科学思想产生重大影响的是奥卡姆的威廉（William of Occam）。奥卡姆（Occam）在 1340 年的著述中强调，解释应该足够精简，没必要用过多的话来解释事件或现象，所有非必需的理由和解释都应严谨地剔除。剔除不必要的理由这一原则被称为“奥卡姆剃刀”（Occam's razor）。威廉·汉密尔顿先生（William Hamilton，1853）再次强调奥卡姆标准的重要性，并将之命名为“简约原则”（law of parsimony）。汉密尔顿是这样描述这个定律的：“除了解释现象的必要原因外，不必有其他繁杂的原因。”

物理学和生物学的历史说明了简约性思考的力量。在生物学上，用大约 6 个主要的原则就可以定义大多数各种各样的发现。进化论、基因理论以及结构和功能的互补性都是一些符合奥卡姆标准的观点，这些观点还有助于我们提升对生命系统的理解。与物理学和生物学相反，心理学和教育学的突出特点是具有无数的“原则”和理论，其中，每一个原则和理论在非常狭窄的范围内都是模棱两可的。教育领域一直严重缺乏简约的解释。在我看来其中一个原因是教育者过于依赖心理学家的原则和理论。直到现在，大多数心理学家所做的研究还是在实验室里基于动物进行的，我的同事奈瑟（Ulric Neisser）将这种研究称为“穿白大褂的心理学”实验，这种实验几乎跟学校环境中的人类学习无关。教育工作者必须建立适用于人类教育环境的教育原则和理论，也必须努力构建与教育活动相关并广泛适用的理论和原则。理论建构的简约性应该永远是一个焦点问题。

过去 40 余年中，我对于奥苏贝尔的认知同化学习理论的热情有所增长。部分原因是，在每一个领域以及不同的年龄段的无数的教育事件中，我们研究小组看到这个认知同化学习理论越来越强的适用性和关联性。简而言之，我们观察到，无论是在相对朴素的理论中，还是在它们可运用的范围广泛的教育中，简约性原则都大量存在。在奥苏贝尔的认知学习理论中最重要的原则就是意义学习，即当学习者选择将新知识和已有知识建立非随意的、实质的联系时，意义学习才会发生。包容、渐进分化、综合协调和上位学习这些原则进一步解释了意义学习中的同化新知识是如何在任意教育环境中的发生的。我们在研究和教学创新的工作中发现，意义学习的原则是理解广泛的教育活动的基础，这也是该书力求说明的内容。我们研究小组也在《一种教育理论》（*A Theory of Education*，Novak，1977a）一书中看到不断增长的影响和简约，因而这项理论已经被应用并修改了三十多年才发展到本书所介绍的这种形式。我希望企业在寻求应用和适应这种观点的过程中，能够迅速加快这个理论的演化和应用。

### 6.1.5 提高科研生产力

在教授如何使用概念图和 V 形图，改进教学的高校教师发展研讨会上，学员们也被建议将这些工具应用到研究中去，我们发现这些工具在促进新知识的建构方面成效显著。最近，我和我的同事们将这些工具应用到公司环境中并取得显著的成绩。例如，在和宝洁公司研究室主任的研讨会中，我们使用概念图和 V 形图帮助他们设计新产品，并迅速发现已有可用知识与新目标的研究之间所需知识的缺口。负责该项目的经理说："你带领团队在 4 小时内了解，通常需要 4 个多月的时间才能很好地理解新知识与研究的本质。"不幸的是，版权问题不允许我展示这些为公司创建的概念图和 V 形图例子。越来越多的企业认识到了理解知识建构这个过程的重要性。

我们的研究项目中有一个由康奈尔大学的佐贝尔（Zobel）教授领导的研究小组。概念图和 V 形图被用来帮助该集团明晰研究工作的全局结构以及团队各个成员的工作内容。图 6.8 和图 6.9 所示为这个项目中的一些案例。

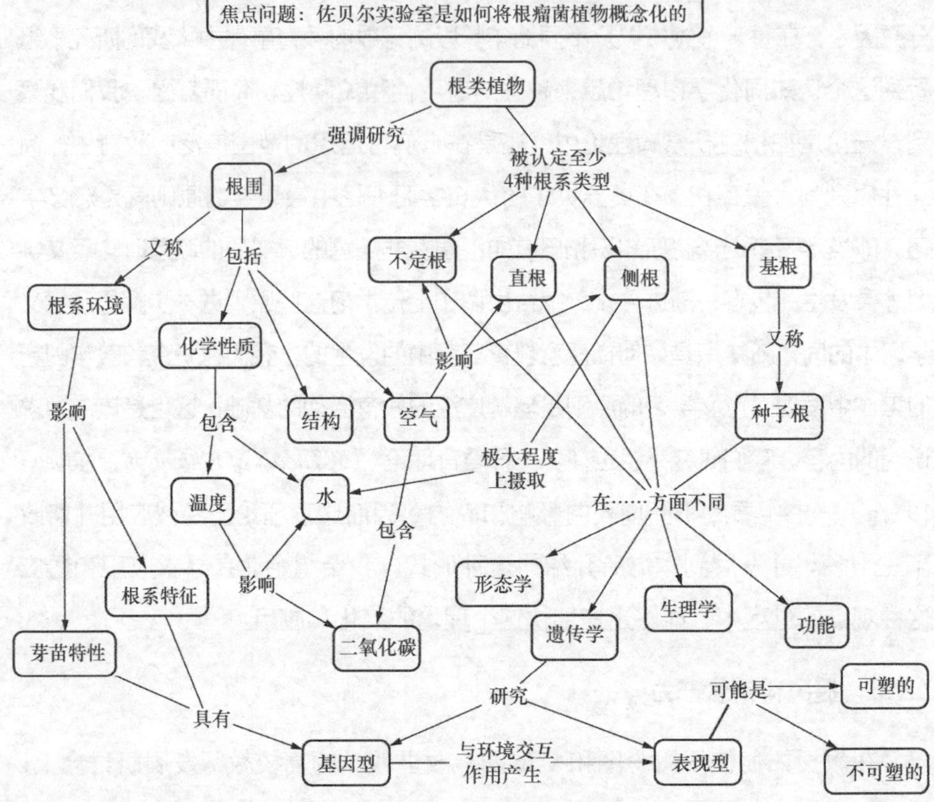


■图 6.8　涉及佐贝尔根瘤菌实验小组主要观点的概念图，转自参考文献（Matthew，1995）

焦点问题：
怎样去理解植物向地性生长，明确气温变化与二氧化碳间的关系

世界观&哲学观
- 重力作用对地球上生物的影响是地球基本、固有的科学属性，且为我们认识生命的研究提供了自然工具方法
- 植物是世界上一个完整的部分，因而认识植物具有重要意义
- 我们可以建构植物向重力性生长的知识

理论
- 地球上的生物恒定受到的重力作用
- 重力有助于地球上的生命有机体，包括植物形态确定，进一步可影响到其结构、功能以及持续的进化过程
- 植物利用重力来作用于自身力正常的生长

原理
- 在微重力条件下植物向地生长不能观察到
- 在地球上，植物利用向重性使得根向下生长，芽向上生长
- 植物内在构成的必须要素；①重力传感器；②运动模式；③在重力传感器和运动模式之间的传递途径
- 植物利用重力产生正常的生长，但有时我们会观察到植物在重力条件下的非常态生长，对此我们必须能够做出解释
- 重力传感需要一个由淀粉颗粒和高尔基体共同产生的压力梯度差
- 传递信号随着细胞产生乙烯产生，而乙烯又会调节植物激素的传输；而传递信号也有可能会受到钙的影响
- 作用机制基于植物生长素的运动
- 基于已有的认知框架，整合新的知识体系

概念
· 概念图 · 三角图 · 压力梯度 · 向重性反应 · 植物生长素 · 乙烯 · 二氧化碳 · 植物激素 · 重力 · 重力传感器 · 高尔基体 · 淀粉颗粒 · 内质网 · 生长素敏感 · 杂种

价值要求
- 气温和二氧化碳是影响植物向重性生长的两大促进因子
- 不同的组合响应模式对于气温和二氧化碳产生不同的作用方式，因而有可能基因会在某种程度上调节或指导这些响应

知识要求
- 一些有关于向重性反映的领域还仍在探索之中
- 乙烯、植物生长素和钙(或许还有其他因素)均对向重性生长起着重要作用，但这些作用未被深刻认知
- 二氧化碳是乙烯的竞争性抑制剂，因而二氧化碳浓度的增加对于向地性生长可能会产生抑制作用
- 气温对于一些组合向地性生长模式的影响作用大于其他
- 二氧化碳对于一些杂种向重性生长模式的影响作用大于其他
- 实验过程中在种子角度与处理方法之间没有显著差异，因此气温或二氧化碳是唯一的差异
- 一些气温和二氧化碳水平之间的显著差异，存在于初始的发芽、最终的发芽、初始的扎根，最终的扎根阶段

转换
- 对每个杂种的所有抽样数据进行平均标准偏差
- 对基于环境交互作用的基因类型进行AMNI分析

记录
- 按一对一方式的5个杂种模式培育成的5粒种子并将之复制成12份(Cargill 4327,Dekalb 524,Eastland 541,HyTest 474,Pioneer 3754)
- 方法：种子选育，初始发芽选取，最终发芽选取，初始扎根选取，最终扎根选取

项目
不同温度条件下(17.5°C、20°C、25°C和30°C)和不同二氧化碳水平(0.35%、0.15%和1.5%)下的玉米苗向重性反应的评估

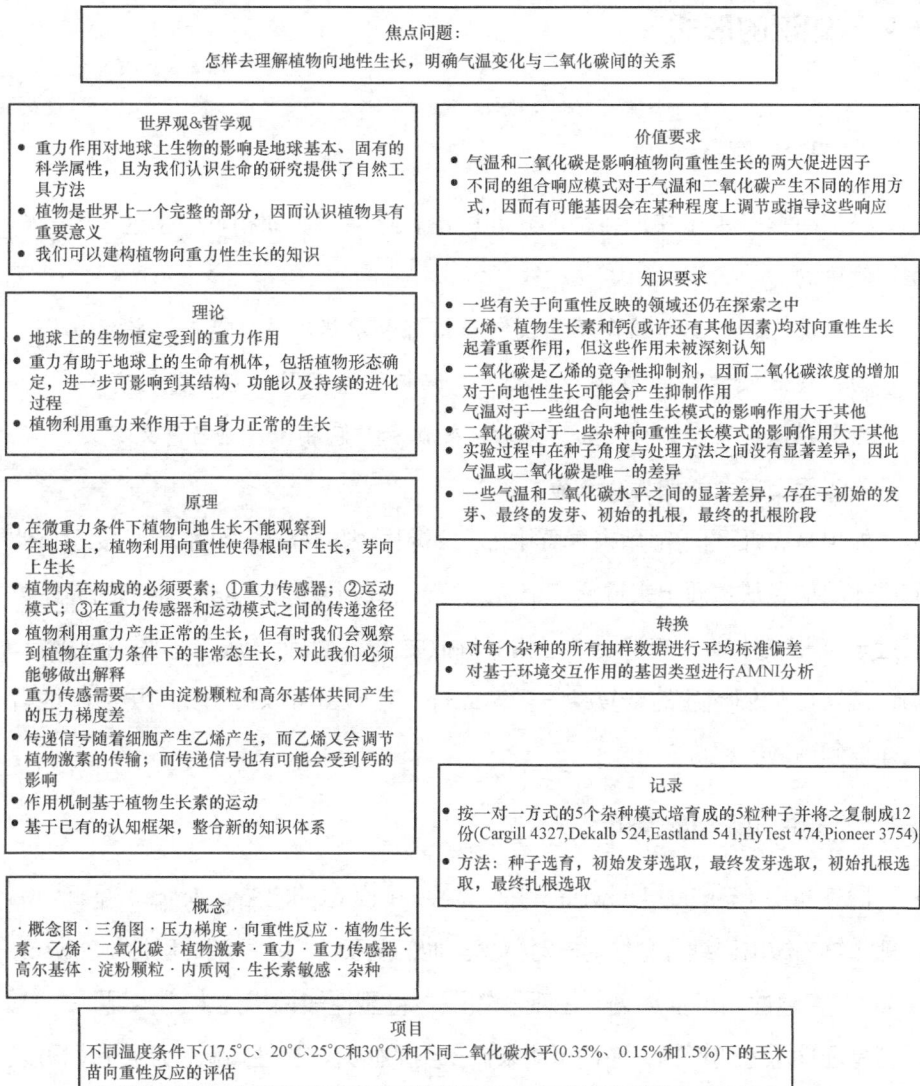

■ 图 6.9　以表格形式建立的 V 形图，以此来展示在博士关于植物向地性的研究中涉及的认识论元素，转自参考文献（Matthews，1995）

虽然概念图和 V 形图在研究工作中的应用尚处于起步阶段，但我们已经看到这些工具在帮助创造新知识方面发挥的作用，帮助的对象包括学术界和以营利为目的的公司。正如我们将在第 10 章看到的，促进知识的创造可能是任何一个国家经济命脉的关键。

## 6.2 知识的形式

### 6.2.1 知识与信息

当前有很多关于知识各种形式的讨论。野中郁次郎和竹内是这样区分知识和信息的：

> 首先，知识与信息不同，它与信仰和承诺有关，是一个特定立场、观点或意图的功能。其次，知识与信息不同，它与行动有关，它是指向“某个目标”的。最后，知识和信息相似，它与意义有关，是基于上下文并相互联系的。

如果从 V 形图的视角来看野中郁次郎和竹内的描述，我们就会发现，他们描述的信息从本质上来说是“记录”，而知识则要复杂得多。他们的描述更接近于 V 形图中的“知识要求”和“价值要求”。然而，从 V 形图的视角看，知识确实比他们描述的要复杂得多。此外，V 形图可以帮助我们更清晰地看出知识创造的流程。

### 6.2.2 隐性知识和显性知识

隐性知识（implicit knowledge）和显性知识（explicit knowledge）是野中郁次郎和竹内做出详细区分的另一对概念。他们基于波兰尼早期的理论（Polyani，1966），将隐性知识描述为“主观”知识，将显性知识描述为“客观”知识。后者是理性思考的产物，它们可能来自于实证研究。显性知识是那种我们可以轻易向别人展示或解释的知识，而隐性知识是我们终身都在建构的、在向别人解释时又使我们不知所措的自身相信的东西。例如，一个老练的司机或高尔夫球选手很难向别人解释应该如何像他们一样熟练地驾车或打球一样。每个领域的专家们都有一套他们不知道该如何传授给他人的隐性知识。

野中郁次郎和竹内看到，企业面临的最主要问题是如何获取、保存和交换隐性知识，以及如何将隐性知识转化为显性知识。我们发现概念图是实现这一过程的有效工具。在医学领域，概念图对理清复杂的想法非常有帮助。例如，安德鲁斯教授（Dr. Andrews）是一位心脏疾病专家，他开发了一套非植入性治疗冠状动脉病的方法，但他不知道如何教会其他人。通过阅读他的书籍，并对他进行访谈，我们对他的隐性知识和显性知识构建了一套全面的概念图。

一旦获取了安德鲁斯医生对于诊断冠状动脉问题的“第一遍功能影像”的隐性知识和显性知识，我们就会相对容易地设计出训练这种技能的人工智能程序。通过使用这种程序，实验室技术人员的诊断准确率甚至可以高达93%。这项工作的概念图如图 6.10 所示。

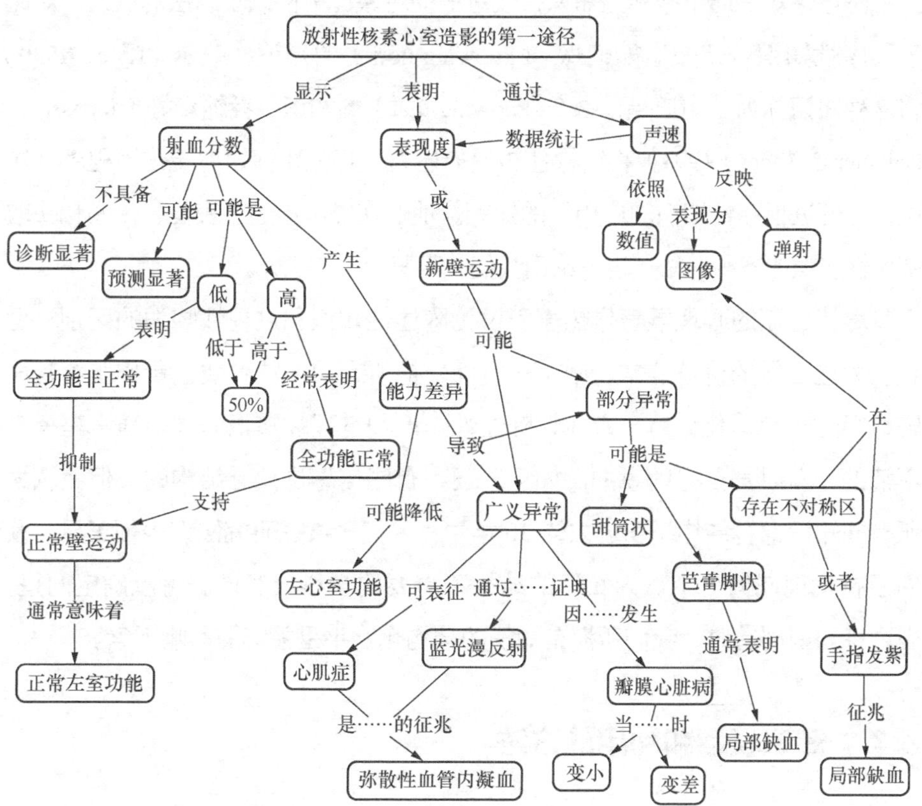


■ 图 6.10　通过访谈心脏病学专家建立的概念图。该图曾被用于设计成一项人工智能项目，即应用造影第一途径的功能图像技术来训练 MD。转自 A. Cañas

最近，旺·克罗夫（Von Krogh，2000）和他的同事们就如何分享隐性知识展开了一场有益的讨论。他们建议直接观察同事完成任务的过程，包括与同事讨论、尝试模仿同事的方法，并且和同事一起参与执行任务等。他们的建议不仅适用于商业贸易，还适用于所有领域。

和安德鲁斯医生一起工作的过程中，我们在多个项目中多次发现，挑战不仅仅在于找出与问题相关的隐性知识，还要找到保存和分享这类知识的方法。概念图是目前发现的能够实现上述目标的最有效方法。

### 6.2.3 陈述性知识、程序性知识和结构性知识

陈述性知识通常被称为知识，或对一些对象、事件以及想法的认识。对比于程序性知识或“知道如何做”（knowing how）的知识，赖尔（Ryle，1949）将这种知识称为“知道是什么”（knowing that）的知识。乔纳森等（Jonassen，Beissner & Yacci，1993）将结构性知识描述为“将陈述性知识转化为程序性知识，并促进程序性知识的应用”的知识。他们在书中描述了表征、传递和获取结构性知识的各种方法，也讨论到我们关于概念图的工作。

尽管近期的心理学著作热衷于讨论陈述性知识和过程性知识的区别，但我认为这么做的价值非常有限。一方面，把所有知识从本质上看作概念和命题显得过于简单化；另一方面，陈述性知识和过程性知识的界限通常是模糊不清的，有时甚至是随意的。如上所述，有些信息是缺乏结构的，但我认为所有的知识都有结构。在过去的 30 年中，我们一直在研究知识表征工具，我们没有发现任何一个认为知识的结构不重要的学科或领域。可以确定的是，当进行知识创造时，我们所拥有知识的结构化水平是关键的影响因素。

## 6.3 知识获取和利用的方法

### 6.3.1 个人访谈

这些年来，我们发现个人访谈是获取个人或团体知识最有效的工具。个

人访谈包括访谈者和受访者之间一对一的谈话。为了成功捕获受访者对于某个主意、事情或经验的想法、感觉和行动，访谈者应该让所问的问题能够使受访者完全地透露出自己内心的真实想法、感觉和行动，这需要访谈者有一定的经验和技巧。有许多关于访谈的书籍和文章，其中包括皮亚杰为了大力推广访谈而写的大量作品，以及我们早期关于访谈的作品。然而，这些作品都不是基于某种知识理论或者学习理论，也没有和基于理论的知识表征工具结合。从20世纪70年代早期开始，我们利用概念图设计并解释个人访谈。到了70年代末，我们又加入了V形图。图6.5所示就是一个使用V形图设计并解决关于学前教育和父母营养观念研究项目的例子。

我们必须注意不要忽视年轻的受访者们，他们可能会有更加复杂的想法。马修斯（Matthews，1980）发现，在与3～9岁的孩子访谈时，他们会有一些非常深刻的哲学思想。这些想法和一些伟大的哲学家们提出的观点类似，例如，关于“物体在不同参考系中恒定”这个有着悠久哲学历史的问题。马修斯观察到：

> 4岁的约翰·埃德迦经常见到飞机起飞、爬升并逐渐在远端消失的场景。一天，他第一次乘坐飞机，当飞机停止上升，要求系上安全带的信号灯熄灭后，埃德迦转向爸爸，松了一口气很困惑地说道：“原来飞机并没有因为上升到天空而变小后甚至消失啊。”

这个例子和其他诸多例子让马修斯得出如下结论：尽管小孩子没有那么复杂的语言和相关的经历，但他们依然有能力进行深入的哲学思考。我们在对学龄前儿童和他们的父母进行访谈时发现，儿童说出的营养品概念的数量和种类与他们的父母不相上下。在某些方面他们甚至比爸爸们懂得更多（Achterberg，1985）。

除了玩具和谷物早餐，市场研究人员很少考虑孩子们的想法，尽管他们知道小孩子的想法会影响到父母对产品和服务的选择。尽管伍德拉夫和加尔迪亚（Woodruff & Gardial，1996）认为个人访谈优先于其他调查方法，但他们的《了解你的顾客》一书并没有提及对孩子们的访谈。尽管弗雷和查兰

（Lafley & Charan，2008）将顾客放在他们有效商业模型的中心位置，但他们也未讨论到访谈孩子和明确孩子的想法和感受的重要性。

设计一个好的个人访谈包括以下几个步骤：首先，要对我们希望被访谈者回答的问题或问题集有个清晰的定义。从 V 形图的视角看，这些就是“焦点问题”。我们必须考虑到所有和焦点问题以及目标人群相关的 V 形图左半边的因素。例如，与 3 ～ 7 岁的受访者访谈时涉及的概念和原则也许会和与 18 ～ 30 岁的受访者访谈完全不同。

应当准备一幅概念图，用它来组织访谈者能预见的与焦点问题相关的知识结构，并很好地综合出受访者表达的概念和原则。对于那些相关知识被清晰定义的知识领域来说，这种图也许代表着专家的知识结构，其成熟程度取决于我们的目标人群。举个例子来说，为访谈设计的概念图中有如图 6.11 所示的“物体为何漂浮？”的问题，虽然这个问题对于物理学家来说很简单，但它用来访谈学校在读学生以及各年龄层次成人时却是不错的模板。

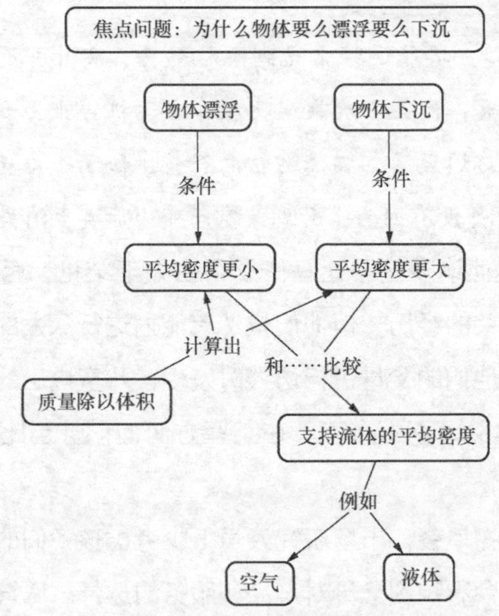


■图 6.11　这幅概念图显示了理解漂浮和下沉所需的关键概念

对于那些概念或原则没有“对错”的知识领域来说，绘制概念图的任务在起始阶段比较困难。如果想知道为什么人们经常选择买或不买某种饮料，我们可以根据自己的经验初步建立一个概念图，但事实上我们最终可能会大量地修改它。在任何情况下，我们需要在一张近似概念图的基础上设计访谈问题，然后反复修改它。在一两次访谈后修订它，并重新设计访谈，再进行两三次或更多的访谈，并继续重复这一过程。根据我教导几千学生、教师和教授们“如何访谈”的经验，高度有效的访谈需要进行 3 ～ 5 次循环。我们发现，只要针对特定人群中 6 ～ 10 个被试进行访谈，就可以从实质上获取所有要表达的概念和原则，从而可以作为基础帮助理解那个人群在受访问题上的信仰结构。萨尔特曼和黑吉（Zaltman & Higie，1993）报道称，90% 的消费者所持有的观点可以通过 3 ～ 10 个顾客访谈反映出来，被试的数量因产品或服务的不同而不同。他们得出结论，通常来说，在与 8 ～ 10 个顾客访谈之后就很难再发现新的理解。我们的访谈策略仅仅最近在企业里得到了应用。

访谈应当在友好、诚恳的情况下进行，而不应该像连珠炮般地问问题。访谈者需要时间去思考、回忆和组织语言。我们发现，在课堂上教师平均只等待 0.7 秒就会提出下一个问题或者让另一个学生来回答问题。罗（Rowe，1974）发现，当“等待时间”只有 0.7 秒或更短时，学生要么回答不出问题，要么只能给出浅显的答案。一般的问题至少要给出 3 ～ 4 秒的等待时间，而回答那些需要深入思考的问题则最好留出 10 ～ 15 秒甚至更久。这段时间对于访谈者来说似乎像一万年那么久，所以新手访谈者需要在访谈时看表。如果你想揭开被一些人所说的“客户的心思你莫猜”的背后谜底，你就要留出足够的等待时间，并有效地跟进问题去获取这类问题的“深度反馈”。

还有一些问题，如“访谈仅仅需要揭露那些我想要知道的问题的答案就行吗？万一遗漏了受访者的重要想法呢？”我们的经验是，如果访谈者使用好的访谈技巧，访谈设计经过了数轮修改，受访者反馈的概念图经过重新设计之后，这种情况就不大可能会发生。后面将会看到访谈需要被修改的次数越来越少，以及访谈者会更有信心去相对完整地记录受访者的想法。可以在诺瓦克和高文的著作（Novak & Gowin，1984，Chapter 7）中找到关于访谈的设计、执行和解释的教程。

### 6.3.2 问卷

使用问卷（questionnaires）或调查表的主要优点一是可以提供比访谈更多的样本或案例；二是可以从这些调查表中提取出更多的数据，而这些数据又可进行不同的统计和转换，还可以做成表格和曲线图等。通常，人们认为，如果你有大量数据，这些数据还精确到小数点后两到三位，那么结论就一定是正确的。有时管理者们就是这么强烈认为的，问题是如果我们不了解为什么受访者这样或那样回答问题，那么受访者的回答以及不同回答的数量就没有什么太大的意义了。另一个影响准确性的重要问题是，受访者的选择不一定代表他们自己的真实想法、感觉和行为。而且，没有调查者或者受访者会问出“你的问题或回答代表什么？”这样的问题。所以问卷同样可能会遗漏重要的问题、想法或者感觉，并进一步影响到问题的效度。

从 V 形图的视角来看，很多问题的来源有可能不是很可靠。我们在问卷中给出的问题是不是充足到可以查明回答者的世界观、人生观、理论、观念和原则呢？问卷中设计的焦点问题是正确的吗？从问卷中获取的记录（数据）也许有很高的可靠性，但它们是有效的吗？大量的数据统计处理并不能验证记录的准确性。甚至，更糟糕的是，概念和现象有时会被混淆，也就是说我们可以从统计转换中去提取因素或相关系数，但很难去判断这些数据是否真实或有效，有时甚至很难判断这些数据代表什么。由于这些原因，当我想去了解某个群体关于某些事的看法和观点时，我个人更倾向于借助概念图来设计个人访谈，因为它的作用最大，投入产出比也很高。

综上所述，可以将问卷和个人访谈有效地结合起来。事实上，设计问卷或调查表的最好方式是在调查前先进行一系列的访谈。使用访谈中得来的“知识主张”作为初始观点，接着就可以设计问卷项目。这样做的话就可以获得更多有效的结果。进一步来说，在访谈过程中产生的 V 形图和概念图可以帮助解释从问卷结果中提取的数据的含义。这种方法的另一个好处是可以提高用电子邮件或其他形式分发问卷时的回收率。在我们的一项研究中发现这的确是真的。因为测量工具是依据样本人群的实际想法、感情和行为而设计的，调查项目对于绝大部分回答者来说是有意义的，还有可能会引起他们的兴趣。然而电子邮件问卷的典型回收率有 20% ～ 30%。我们通过邮件将一份关于保护水资源的复杂问卷随机发送给城市中的水消费者们，问卷回收率有 36.1%（Hughes，1986）。问卷显示出令人惊讶的对地下水污染影响因素的良好理解。也正因如此，需要设计问卷访谈。也许每个读者都收到过那些题目选项没什么意义的问卷。你可能会和我一样将这些问卷丢入垃圾桶。

### 6.3.3 焦点团体

在商业中经常会这样做，就是组织一个 15 ～ 20 个顾客组成的群体并让他们以团队的名义说出他们对于产品或服务的想法、感觉和行为。但由于问题存在严重的效度问题，最后的结果往往很难解释。例如，他们大多在工作日做这样的工作，所以大部分参与者都是平日没有工作的人（通常是女人、退休人员）。这样的工作也需要知识渊博、技能娴熟的领导者，不仅要在焦点团体讨论的主题上知识渊博，在领导这些团体方面也要知识渊博。通常，许多公司雇佣的焦点团体领导者在相关知识和领导技巧方面都有欠缺，也会遇到一些与会议录像或录音方面相关的技术性问题。

对于焦点团体来说，像问卷研究一样，在准备阶段使用个体访谈策略可以改善研究结果。然而，焦点团体研究所发现的概念和信仰对那些应用访谈的人来说似乎是多余的。尽管如此，它们也可以对访谈起到一种交叉校验的作用。

### 6.3.4 团队概念图

概念图最重要的作用就是帮助团队去获取他们感兴趣的一些问题，并逐渐达成共识，这可以用几种不同的方式进行。

在早期的一个项目中，州立女子学校的每个员工都被要求绘制关于他们如何理解自己在学校中的角色的概念图。这所学校面临预算减少的情况，要被迫进行了一些人员调动和裁员。这种情况下需要提高效率并鼓舞员工士气。在所有员工都完成了概念图后，这些没有写名字或做其他标记的概念图被贴在了一个大会议室的墙上。之后员工们用一小时的时间去观察这些图并做笔记，随后的讨论针对如何提高公司运行和员工工作的效率提出了一些富有成效的建议。这种做法及时地鼓舞了员工的士气、学生的士气，对于学校来说也有着同样的效果。

康奈尔大学的一个研究植物根生长的团队 Rhizobotany 则使用了另外一种不同的方法。团队中的个体成员分别绘制了关于自己负责的项目的概念图后，整个团队开始集体绘制有关植物科学研究的概念图。负责该团队的教授，在我的一个研究生的帮助下，用概念图的形式在黑板上记录下讨论的要点。他们还利用这个图来帮助每位成员找到自己在团队中合适的位置。随着研究项目的推进，团队需要经常修改“世界地图”，每个成员也需要继续完善自己的图。

图 6.12 所示的是用于学习生物圈的概念图，当时我们已经中断了和该团队的合作。主管教授和大部分的个体团队成员发现概念图对于开展调查研究非常的有用。有趣的是，有一个技术人员和来访的外国研究员并没有努力去建立他们自己的概念图，并且他们认为概念图一点用都没有。另一方面，一个刚加入该团队的研究生则认为概念图能帮助她了解 Rhizobotany 的研究进展，并且也知道了怎样设计自己的研究问题来适应和拓展团队的知识结构（Novak and Iuli，1995）。她说，经过一个月的社团活动，她对团队所做的研究工作有了更好的了解，比一个她工作两年的昆虫学的团队了解得更深入。图 6.8 的概念图和图 6.9 的三角图指导了他的博士研究。通常情况下，我们发现技术人员对于如何执行研究的相关任务很在行，但很少从概念上去理解项目旨在知识层面的发现。不幸的是，大多数研究生和技术人员一样，而不是像个初露锋芒的学者。可以通过让学生和其他学徒构建他们自己工作领域的概念图来减少这类问题。

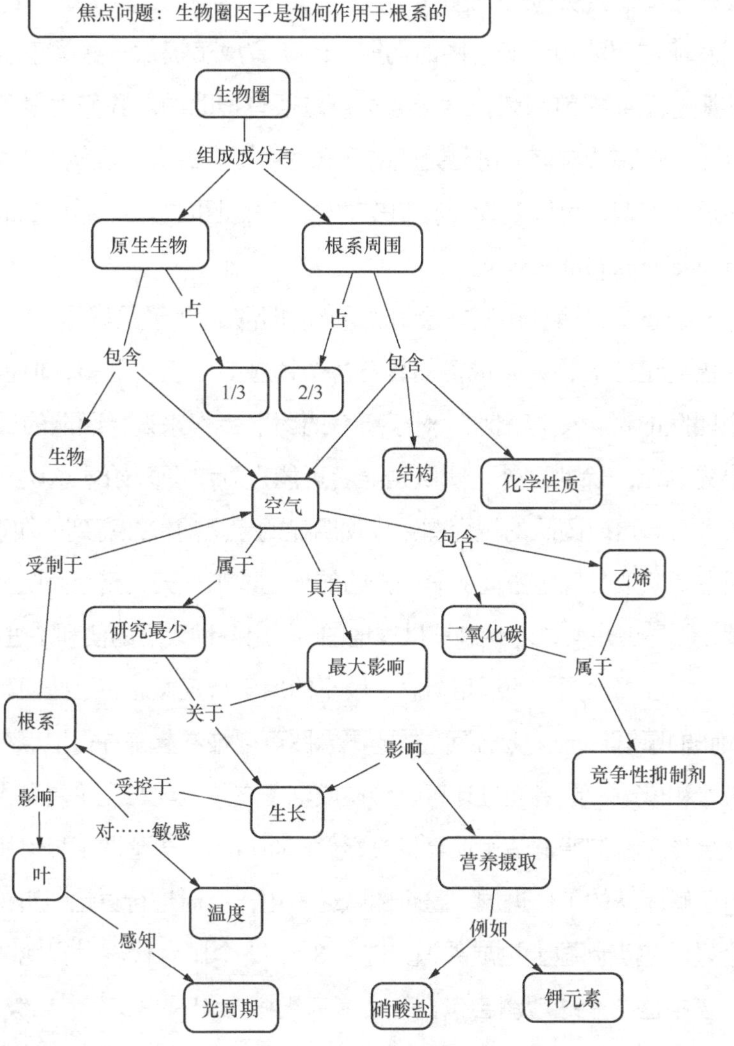


■图 6.12 生物圈的组成

我们在企业中广泛采用的第 3 种方法有一些不同。我们首先和一位负责某领域技术或市场开发的领导一起去想那些最迫切的关键问题，例如，我们如何使得某产品在日本市场的销量在 5 年之内翻倍？团队的领导也会与一个或多个我们的引导者来规划初步的全球概念图，他认为一般用 8 ～ 12 个概念就可以构建关键命题。团队的准备工作能帮助领导者确定构建概念图的方向，并有信心领导整个团队构建概念图。

我们发现在团队构建概念图的初期，给所有成员提供一些关于学习和知识理论的概念图或提前阅读技术指导材料是很有帮助的。我们为很多用户产品公司设计了一套从与该公司已完成的概念图中提取的具体实例的 DVD 指导程序。通过如下网站可以观看由我制作的介绍概念图的演示视频：http://www.ihmc.us/movies/cmapIntro.mov。

我们的经验是，捕获知识并绘制概念图的团队的规模最好是 12 ～ 20 人。这个团队需要足够大，大到成员们具备各个领域的知识和经验，但也不能大到使整个团队的讨论变得困难。对于所有的团队合作来说，团队的最佳规模不容易事先确定。除此之外，团队领导者可能直到绘图开始才意识到需要有某种专长人员。这时团队的概念图会出现明显的但之前没注意到的知识断层。

随后在团队成员确定方向的第一天的前半天或第一天，整个团队开始讨论焦点问题，领导者也尝试着绘制"世界地图"。用各种大小的便利贴进行绘制，较大的用于"世界地图"的通用概念，较小的用于特定概念。这些便利贴经常被贴在大张的厚纸片上，使已经完成的概念图可以被卷起来并得以保存，方便以后的查看和修改，或者通过计算机转换成电子文件。现在无论是和大团队还是小团队合作，我们普遍使用计算机投影仪，而且利用概念图工具绘制概念图可以及时了解团队的工作进展。整个团队通常用一小时进行讨论、辩论，在一个或两个好的焦点问题上达成共识，并用 8 ～ 12 个概念代表世界地图的最高级概念。通常这个全球地图会包含一个最高级概念和 3 ～ 5 个"二级"概念。一个团队分成若干子团队，并为每个子团队挑选出领导。这些子团队现在正着手为他们"世界地图"的子区域绘制概念图。这项程序通常需要 2 ～ 4 小时。理想情况下，在绘制概念图时每个子团队都有一个善于领导的引导者。

在子团体为他们的子区域绘制好概念图的雏形后，要进行整个团队对于每个子区域地图的检查，子区域领导通过他的子区域地图"漫步"整个团队。每个子区域都会被讨论，提出问题，并制定修改意见。在检查完所有子区域地图后，整个团队会开始校正焦点问题和最高概念。每个子区域小组会进行扩充、修改、纠正或者用别的方法改进他们的图。这项程序可能需要一两小时，时间长短取决于遇到的困难。

下一步就是整个团队的重组，也就是重新审查每个子区域的概念图或者继续绘制团队的“世界地图”。对每个子区域图怎样合并成一个“世界地图”提出建议，或者怎样修改能使原始的“世界地图”变得能够纳入捕捉到的全部重点知识。这项工作可能会延续到第一个工作日结束或者延续到第二天。或者，团队会工作几周，交换关于怎样改进每个子团队地图和世界地图的想法。通过电子通信工具发送地图、修改过的地图和建议，可以极大地提高效率。

接下来就是团队中的个体以及小组通过更好、更新颖的方法去整合“世界地图”里的每个子区域的知识。简而言之，团队在进行一项创造性的工作，即寻找更好的方式组织他们领域的知识并整合概念图的各个部分。在寻找有效连接概念图各个部分的过程中，会迸发出具有创新性的观点。这是一个摆脱束缚、通向创新见解的过程，这在商业中很常见（cf. Vance and Deacon，1995）。现在，我们回到每个团队成员认识到概念图中蕴含的重要理论基础在促进学习和提升创造力的重要性上。

概念图可以用来捕获和显示构成公司“核心竞争力”的要素。这些不仅能够使公司所有员工理解有关公司核心竞争力的要素，而且还有助于帮助员工认识到公司所需要的新的竞争力以及市场上的新机会。哈默尔和普拉哈拉德（Hamel & Prahalad，1994）提出一个新的四节网格，它是现有的核心竞争力与新的现有的市场的相结合。在构思核心竞争力的概念图时，常常可以很清楚地看出有用知识方面的差距，这些知识很可能会提供一些新的思路。通过在核心竞争力的概念图上建立新的交叉连接，就可以轻松找出新的市场契机。

概念图工具和计算机投影仪的使用。最近，我们已经有了可以绘制的复杂概念图的软件工具，是由佛罗里达人类与机器认知学院开发的[1]。

这款工具较目前最新的投影机成本要低得多，而且他们可以在合适的照明环境中使用。我们发现可以通过概念图工具和投影机捕捉到个别专家或某

❶ 可以从 http://cmap.ihmc.us 免费获取这款软件。

些专家的知识。我们是这样做的：让主持人问专家或专家组试探性的问题，从而引出相关概念和命题，同时另一个人在计算机上绘制概念图，这个人我们常称其为“驾驶员”，最后将概念图投影到屏幕上。该组的成员可以自由地发表意见、提出建议，或要求解释清楚。在一两小时内，就可以很好地建立一个显示专家或专家组知识的概念图。图 6.13 所示为在佛罗里达人类与机器认知学院进行的一次知识启发式会话的例子。

■ 图 6.13　当主持人（在屏幕上）适时地激励专家或专家组讲关于某领域的知识时，另一个人在计算机上及时记录下该领域概念。这个“驾驶员”是训练组的参与者之一

这种方法对于启发知识的另一个优点是，它比较容易使人们成为激发和促进知识的主持人，“驾驶员”或概念图的绘制者，或是会话之前的团队领导者。使用一些附录中的想法，在向所有参与者介绍了概念图之后，我们开始了培训工作。我们发现两天的时间足够讲明白这个方法，还有一些参与者进行了练习。

到目前为止，我们已经发现上述的方法确实有很大的帮助。由于需要为私人企业的概念图保密，我不能展示近些年绘制的概念图。不过，我们已经使用了上面的方法来捕捉许多领域的专家知识，随后会对这些工作进行进一步的描述。

### 6.3.5　获取和存档专家知识

IHMC 收到的用来改进概念图工具软件的大部分资金来自于美国国家航

空航天局、海军部和国家安全局（NSA）。当然，由后者生产的概念图严格保密的，所以这些都不可以发布。这项工作的主要目标是从专家那里获取知识，这些人当中很多是即将退休的，而且他们的隐性知识将会丢失。因而我们使用概念图工具以便于明确简洁地获取这些知识，并保存下来方便现在和以后使用。任何人都可以看到美国航空航天局制造的概念图。我们在美国航空航天局的一位同事杰夫·布里格斯已经制作了一系列概念图来告知公众有关火星探索的本质（参见 Briggs，et al.，2004）。图 6.14 是“最高级”的概念图，记录了有关火星探测的详细信息。通过单击概念图中的概念图标，人们可以得到更多的信息、照片和视频，还有其他提供了更多信息的资源。完整的概念图可以从网站 http://cmex.ihmc.us 上获取。

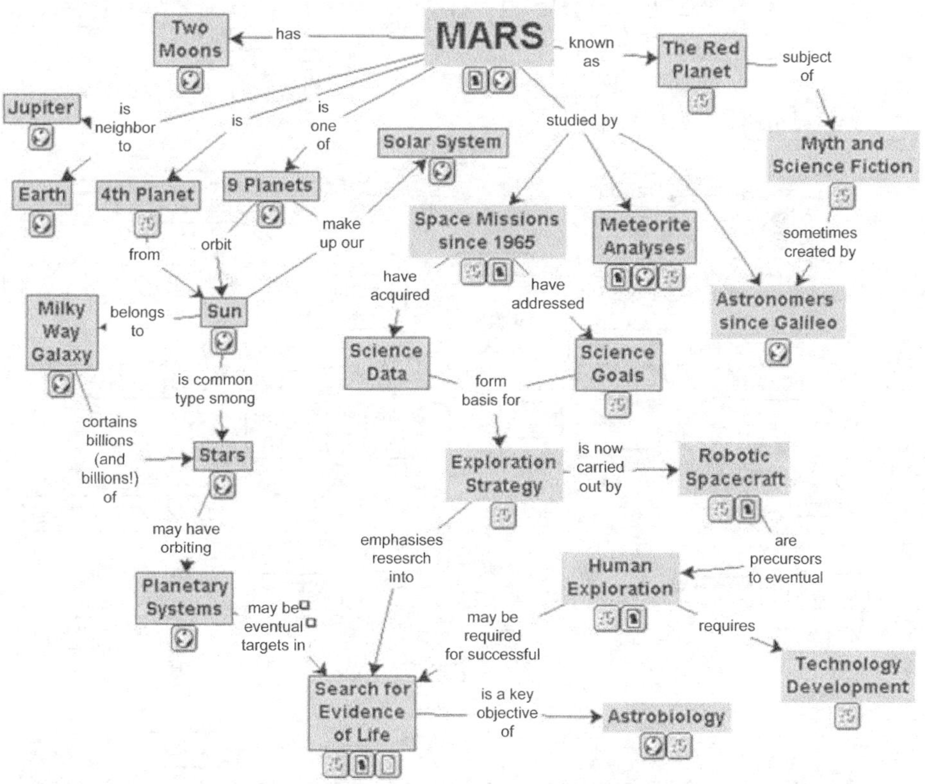


■图 6.14　在探索火星中要了解的 100 种概念，通过单击图标可以获得其他概念图和资源

我们正在与 NASA 合作开发一组概念图，主题是 NASA 计划重返月球。美国前宇航员、参议员和地球科学家哈里森·施密特和我们一起创建这些概念图。他在《重返月球》(*Return to the Moon*，2006）这本书中提出了一些重返月球并建立殖民地的理由。这组概念图完成后就可以提供给公众。施密特这本书的关键论点是月球表面含有大量的氦-3。如果有办法能找到隐藏的氦-3，大量的核能可供月球上的移民、地球上的人们以及未来的太空旅行使用。这个项目的概念图完成后，将被张贴在 IHMC 概念图工具服务器“重返月球”。

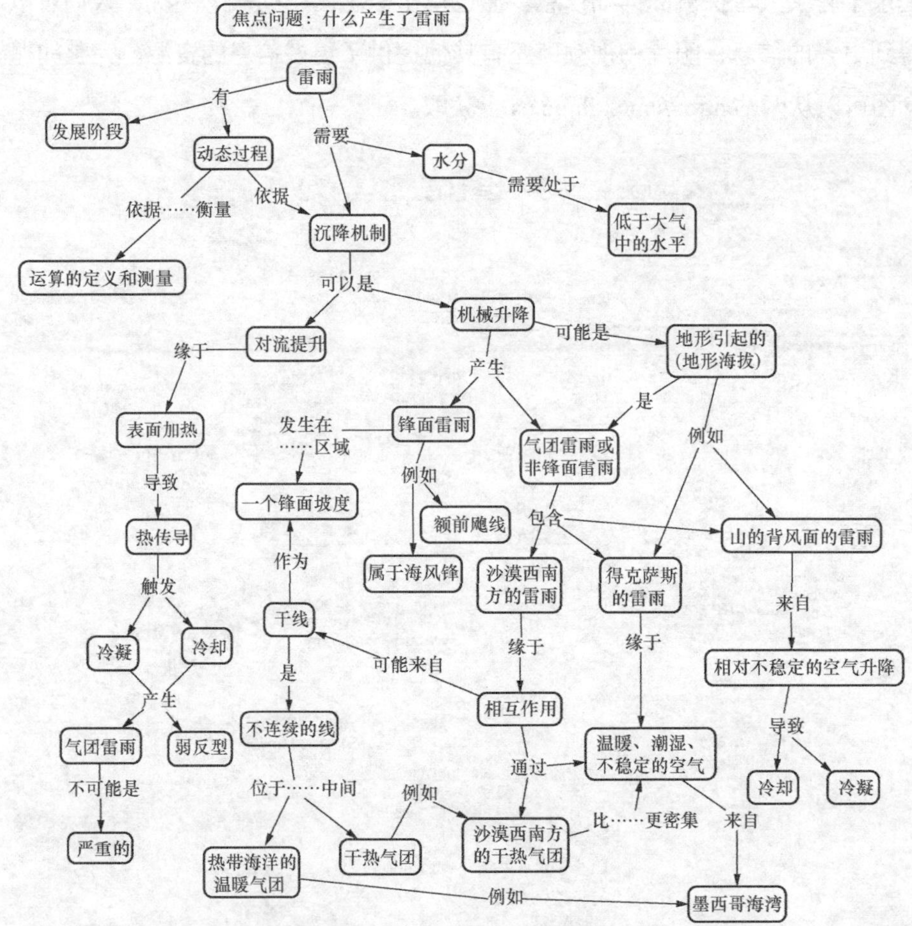


■图 6.15 相关专家有关自然界雷暴天气预测的概念图，形象表达了雷暴与下一层次的概念与其他资源之间的关系。本图由 R. 霍夫曼制作，经同意后重新绘制使用

我们和专家合作的另一个项目是美国国家气象局天气预报。图 6.15 是一张和天气预报员合作完成的概念图，其他项目已经由核电站的工人完成了。

由于在美国近 30 年来没有新的核电厂建成，大多数快要退休的工人拥有书中没有的知识。这项工作一直由霍夫曼（Hoffman，et al.，2001; 2006）负责，可以在他的出版物中找到更多的相关细节。

我的孙子克里斯托弗·迪罗谢学过摄影和设计，他发现概念图工具能完整地呈现复杂的思想。2008 年 9 月，在爱沙尼亚塔林举行的第三届国际概念图会议上，他用海报提出了他的想法，吸引了很多与会者的注意，包括一个有很多戏剧作品的团队。图 6.16 所示了迪罗谢以“速度的艺术”为主题的海报。可以通过单击概念图的图标打开文件、照片和视频剪辑以及其他和该主题相关的内容，还有一些内容显示在概念图的周围。在和戏剧制片人交谈后，他表示有兴趣使用概念图工具来归档表演中产生的数以百万计的信息，从服装设计、音乐、场景布置到个人行为等。这个概念图可以帮助数百名参与制作的人找到他们在“大局”中合适的位置，进而启发他们找到让自己更好地融入表演的方法。此外，通过访问保存下来的知识为未来的作品设计提供一些参考。尽管我知道在广告界里没有像概念图软件这样的程序，但是显然可以利用概念图工具设计一个围绕创造性主题的广告宣传。

### 6.3.6 知识捕捉的其他途径

**知识 V 形图**。知识 V 形图作为个人或团队可更有效地采集、整理并应用知识的工具，应用得非常成功。前面已经提到了一些例子。与概念图相比，V 形图明显需要更多的训练和“培养时间”，来调整大多数人对于知识和知识创造的理解。我猜测拥有用 V 形图知识来获取知识和简化思维的效能需要花二三十年的时间，甚至在管理积极性很高的商界，也可能并没有理解知识和知识创造的本质。

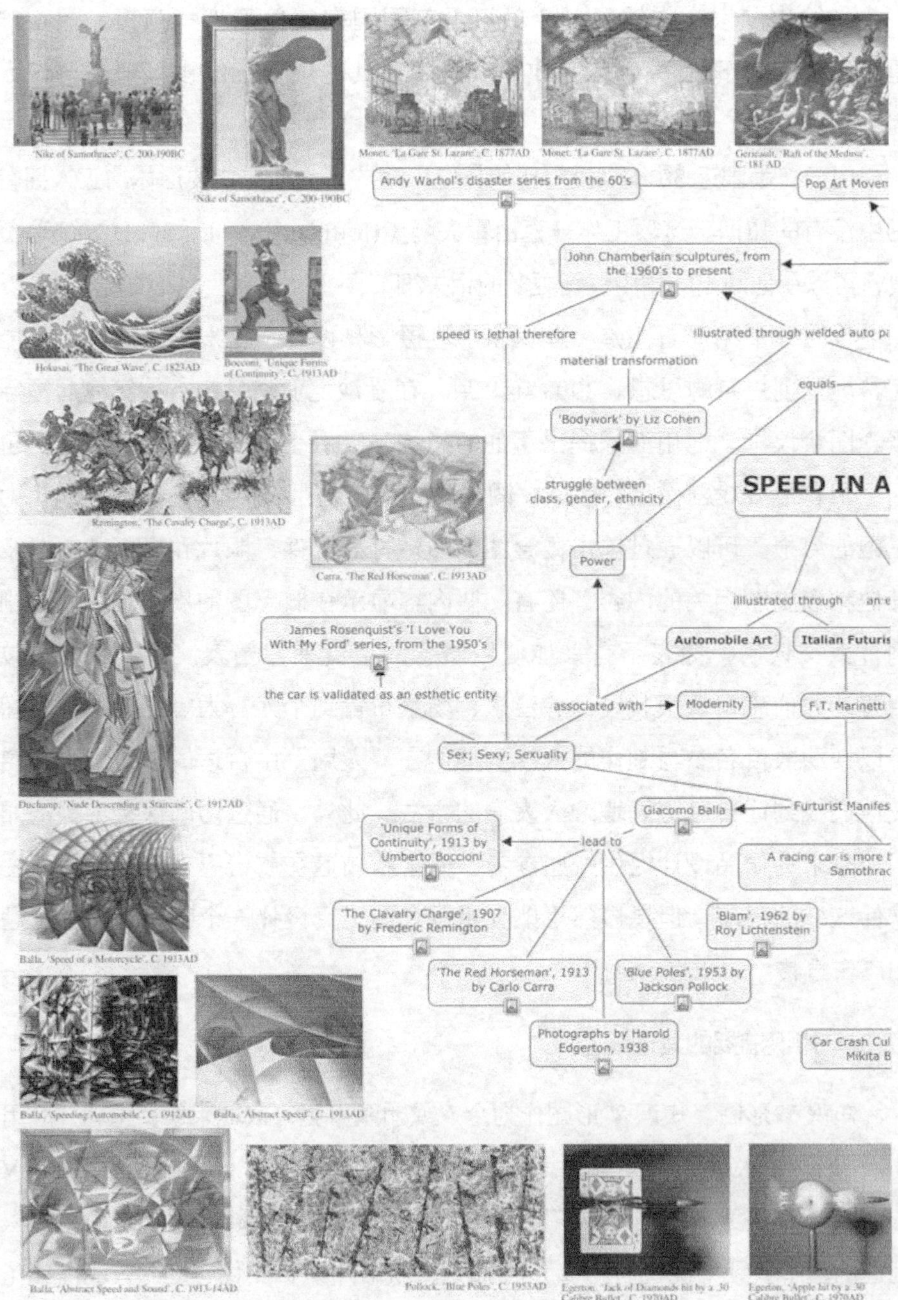
'Nike of Samothrace', C. 200-190BC
'Nike of Samothrace', C. 200-190BC
Monet, 'La Gare St. Lazare', C. 1877AD
Monet, 'La Gare St. Lazare', C. 1877AD
Andy Warhol's disaster series from the 60's
Pop Art Moven
Hokusai, 'The Great Wave', C. 1823AD
John Chamberlain sculptures, from the 1960's to present
speed is lethal therefore
illustrated through welded auto pa
material transformation
equals
'Bodywork' by Liz Cohen
Remington, 'The Cavalry Charge', C. 1913AD
SPEED IN A
struggle between class, gender, ethnicity
Power
Carra, 'The Red Horseman', C. 1913AD
illustrated through
James Rosenquist's 'I Love You With My Ford' series, from the 1950's
Automobile Art
Italian Futuris
the car is validated as an esthetic entity
associated with
Modernity
F.T. Marinetti
Sex; Sexy; Sexuality
Duchamp, 'Nude Descending a Staircase', C. 1912AD
Giacomo Balla
Furturist Manifes
'Unique Forms of Continuity', 1913 by Umberto Boccioni
lead to
A racing car is more t
Samothrac
'The Clavalry Charge', 1907 by Frederic Remington
'Blam', 1962 by Roy Lichtenstein
Balla, 'Speed of a Motorcycle', C. 1913AD
'The Red Horseman', 1913 by Carlo Carra
'Blue Poles', 1953 by Jackson Pollock
Photographs by Harold Edgerton, 1938
'Car Crash Cul
Mikita B
Balla, 'Speeding Automobile', C. 1912AD
Balla, 'Abstract Speed', C. 1913AD
Balla, 'Abstract Speed and Sound', C. 1913-14AD
Pollock, 'Blue Poles', C. 1953AD

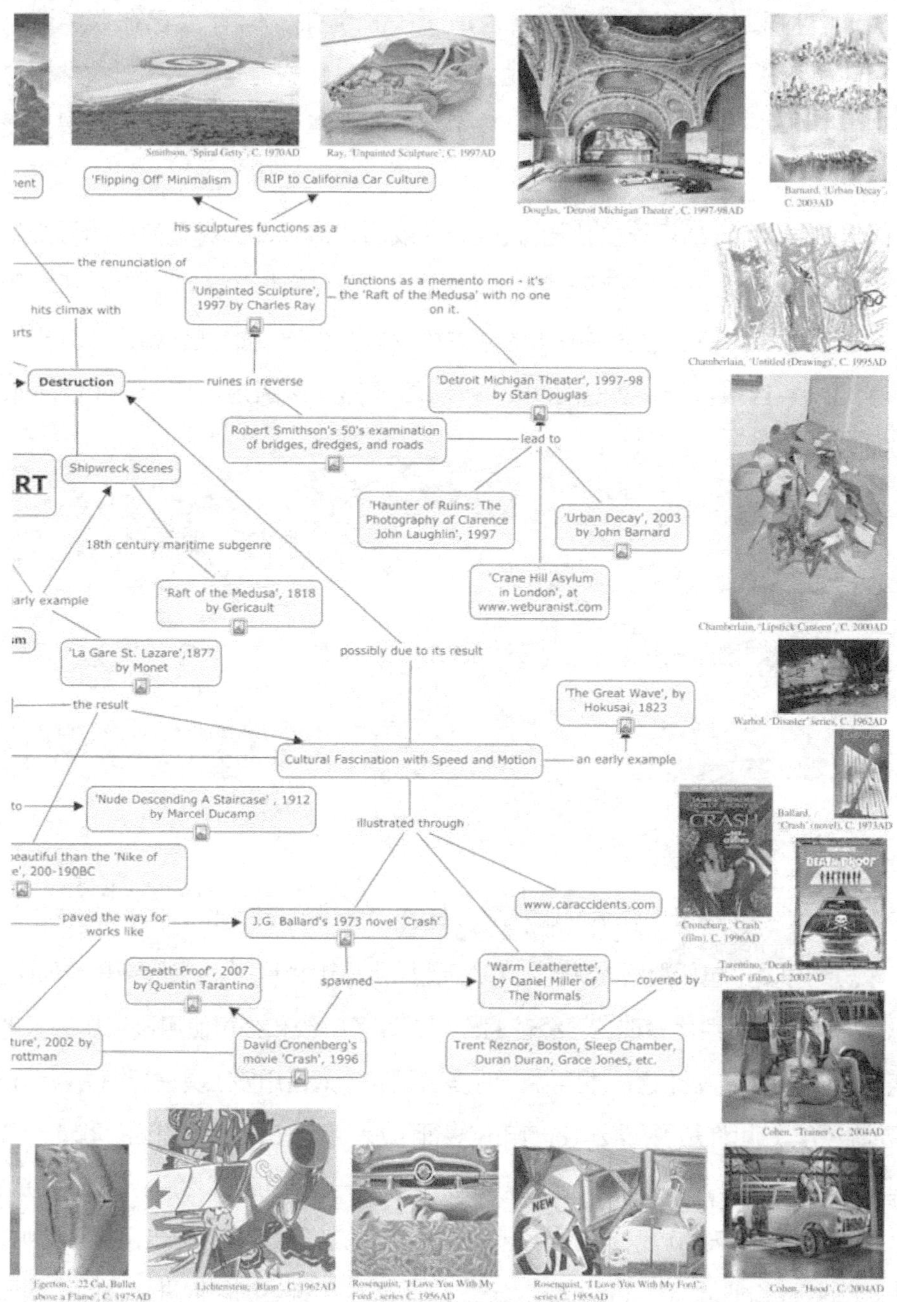


■ 图 6.16 “速度的艺术”的概念图展示了如何在艺术领域中组合创造一个“组织概念”的概念图。本图转自迪罗谢（Durocher）

卡洛利来（Karoline Afamasaga-Fuata'i，K.）在2004年就已在数学课上成功地使用了概念图和V形图，她发现这些工具显著提升了学生对数学概念的理解。此外，就像预料的那样，当学生们的理解力增强时，他们变得更爱学习数学。

**思维导图**。较早开发的用于获取个人或团体知识的工具是博赞的思维导图（Buzan，1974）。在这种方法中，先在纸上写下中心思想，然后开始用线条连接由这个核心理念辐射出的相关概念。其他次要的概念和这些分支以及其他线条连接。结果就像图6.17所示的那样，该图是由奥卡达（Okada，2008）绘制的。

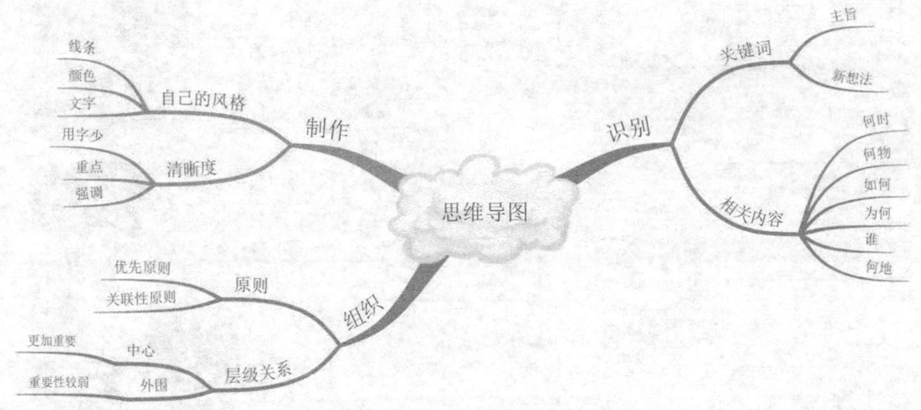


■图6.17　简易思维导图，在2018年奥卡达授权制作

思维导图中包括数据或其他信息，而且可以借助相关软件来绘制思维导图。思维导图的易学性使其现在已经普遍应用，许多学校和公司使用该工具进行考核。思维导图的广泛传播，也得益于许多公司和个人使用该工具进行销售咨询和培训服务。这也许是现在最知名的知识表征工具。部分出于这个原因，我的一些同事发现这是很有用的，即先通过思维导图构建一个新的组，然后将它与通过概念图创建的更明确的知识结构结合起来。你可以在工作中通过概念图使用这种方法。Kinchin和他的同事（Kinchin，2005）指出："思维导图能促进快速的头脑风暴和进行简单的概念联结，而概念图是一个更能反映过程，并强调'如何'和'为什么'的联结。因此，概念图和思维导图两个工具也可以看作是互补的。"

**其他方法。**当然，还很多其他的方法来获取、表述和利用知识。在我看来，其中的一些是为了多一点噱头来刺激成员之间的讨论和用图形的方式记录信息。他们显然有一定的价值，因为一些学校和公司在工作人员的时间、材料、咨询费用和其他成本上花费数千美元而采用这些策略。当与概念图的价值相比较时，其他大多数的“知识工具”的价值显得苍白无力，这个结论是我一直以来的经验，也是许多和我一起在学校和企业合作的人的经验。

如果 20 世纪 90 年代属于那种成功地运用全面质量管理（Total Quality Management，TQM）和“再造”运作业务的企业，我相信未来的 10 年将被那些最有效地使用像概念图这样的工具来帮助他们组织、创作、存储和更有效地获得知识的企业所主导。TQM 带来了如“标杆”最佳实践和“及时”库存系统的想法，但大多数这些活动都是围绕企业的运作，而不是知识的创造。同样，再造还特别注重利用工艺过程，虽然还有人担心工艺改进的领导机制（Hammer，1993）。

正如我们将在后面讨论的那样，相比于企业实践发生的改变，在学校发生的改变很小。我希望学校和大学最终能利用互联网把我们知道的最好的促进学习的工具联系起来。这正是我这本书倡导需要发生的改变。

# 07 Chapter 有效的教师和管理者

## 7.1 建设性地整合思维、情感和行动

正如我在第 2 章提出的那样，思维、情感和行动伴随着人的一生，无论他是学生、工人，还是教师或管理者。无论是处于“工作”环境下的工人还是在学校环境下的学生，我都称为“学习者”，（相应地，我也将“工作”环境下的管理者与学校环境下的教师统称为“教师”。）教师（教师与管理者）面临的挑战是如何帮助学习者（学生与工人）以建设性的方式整合这些伴随终身的思维、情感和行动。当学习者取得成功时，教师或管理者就会收获积极的、建设性的、有成就感的体验。反之，若学习者不能将他们的思维、情感和行动建设性地整合起来，那么教师和学习者都会有所损失，只是学习者的损失会更大一些。最糟糕的情况是，在课堂或工作场所引发的这些混乱会让教师或管理者深深受挫，甚至让他们失去工作。

教学是一项复杂的活动，这一点可在成千上万的研究中找到印证，例如《教师教育研究手册》（*The Handbook of Research on Teacher Education Houston*，1990；*Saha & Dwarkin*，2009）一书中总结的那些观点。罗恩（Rowan，1994）对比教师的工作和其他行业的工作后发现：“与其他职业

相比，教育儿童和青少年是个复杂的工作，而且这项工作的成功需要较高级别的普通教育发展水平，教师自身也要做好特定的职业准备。”因为教学的复杂性，我认为用综合的教育理论来指导教学势在必行。然而，鲍尔和伯奥曼（Bauer&Borman，1988）在一项关于教师教育的基础课程的研究中发现，在100所大学的课程目录列出的508门课程中，都没有找到这类课程的影子。教师需要教育理论来指导工作，显然属于这一观念的时代还未到来，至少目前美国大部分教师还未意识到这样做的重要性。威尔逊和彼得森（Wilson&Peterson，2006）最近指出，人们已经普遍认识到学习需要学习者对知识的主动建构，教师则需要对个体学习和协同学习进行设计。然而，大部分实际课堂教学实践表明，大多数课堂并未这么做，或偶尔才这么做。

令人遗憾的是，管理领域也面临着同样的问题。管理同样是一项复杂的活动，虽然介绍如何管理的书籍比比皆是，但是有理论支持的管理思想却不多见。涉及理论问题的那些书并没谈到学习理论或知识理论，如阿吉里斯和舍恩（Argyris &Schon，1978）及舍恩（Schon，1983）的经典著作。以舍恩（Schon）为例，他认为有效的实践必须建立在理论之上，但他既没有阐述相关的理论，也没给出特定理论与特定实践（如教学及管理）之间关系的例子。

我的理论的基本思想是：如果学习者想要成功，想要获得一种自我提升感和责任心，必须将意义学习作为建设性地整合思维、情感和行动的基础。责任就是把自身视作学习者，同时对同伴和学习环境负责。在6章的最后，我已经详细地阐述了影响意义学习的要素，本章将聚焦教师（或管理者）在实现成功的意义协商（我喜欢这么称呼）时面临的挑战。尽管学习是一项需要独立完成的活动，但也同样是学习者的责任所在，教师同样也有责任寻求最佳的意义协商方式，营造有利于意义学习的情绪氛围。教师必须意识到他们在与学生进行意义协商以及创设促进这种协商的良好情绪氛围时的角色。

首先，有效的教学要求我们时刻谨记这样一个事实：只有意义学习才能促使渐进分化和认知结构的整合，而这其中伴随着学习者的自身发展（见图7.1）。其次，非常重要的一点是，我们必须认识到，任何教学活动都试图达到两个目的：①促进学习者认知结构的进一步分化；②提升学习者“我很好”的感觉。在实践这些技能时，这两点也是发展技能的基础。我认为在教学或管理的过程中故意打击学习者的信心是极不合理的，然而这样的事情在学校和工作中却屡见不鲜。

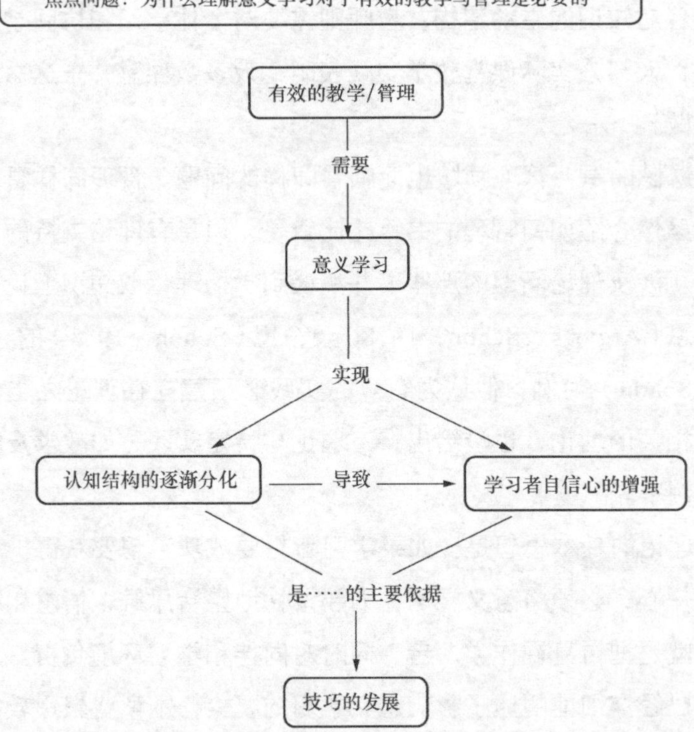


■图 7.1　促进意义学习是至关重要的，它实现认知结构的渐进分化，并在某种程度上带来自信心的增强

人们总是低估有效教学或管理时所需的知识量和情感敏感度（emotional sensitivity）。进一步来说，为了获得有效的教学和管理技能，还必须将知识和情感敏感度结合在一起，而掌握这些需要时间和不懈的努力。与其他天赋一

样，人们在建设性地整合思维、情感和行动方面的天赋也各异。我的观点是，在理论的指导下，任何人都可以成为更有效的教师或管理者。图 7.2 所示为我提到的一些核心思想。

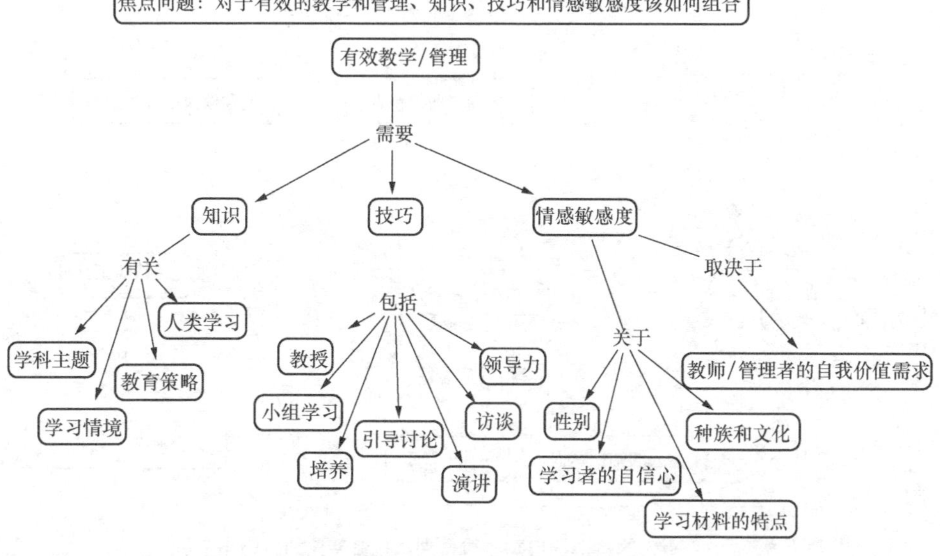


■图 7.2　有效教学、管理的必要条件

## 教师和管理者需要知识和情感体察

正如之前所讨论的，知识是一个组织良好的概念和命题框架。为了实现有效的教学或管理，这些概念和命题框架必须包含所学的学科知识、各种各样的学习情境（即使是条件简陋的商店、教室、办公室或学校）、关于人类如何学习的知识、各种评价知识，以及在认识到学习者本身受限或学习环境受限时能促进意义学习的其他教育策略等。简而言之，大学的教育和管理项目需要教育理论的指导（见图 7.3）。

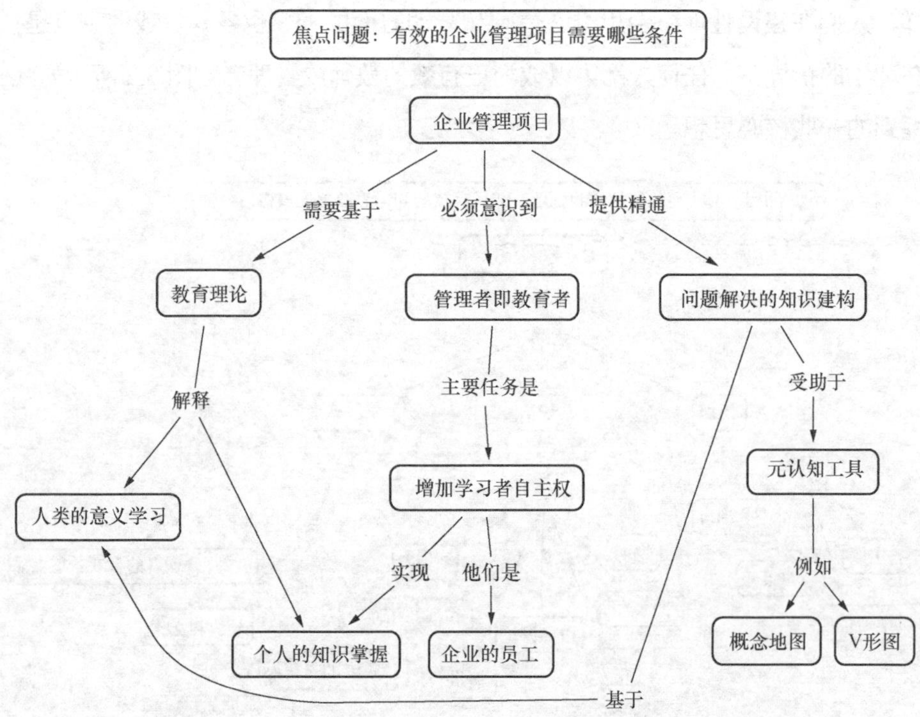


■图 7.3　有效的管理项目需要包含来自教育理论的思想和工具

也许更为重要的是，有效的教学和管理需要能够体察情感的老师，一是对学习者的情感状态和需求要敏感，二是对自身的情感状态和需求有自我意识。哈里斯（Harris，1969）在《我好！你好！》（*I'm OK—You're OK*）一书中提出，实际在某种程度上，我们所有的人都会在生活中有那么“不好”的感觉，研究结果显示这种感觉部分来自于我们成长过程中的早期童年经历。早期童年环境越不好，“我不好”的情感就越根深蒂固，就越有可能带来一生的反社会行为或自我破坏行为，如滥用药物、饮食失调等。而我们的社会在帮助我们产生“我很好”的情感方面做得并不理想，民族、文化、种族或性别歧视等因素都可能加剧早期“我不好”情感的衍生。教师或管理者面临的挑战就是如何以一种建设性的方式处理学习者多样化的个体需求，而且这种方式是对学习者和教师或管理者都有建设性的。就目前所知，很多动物身上的基因强烈地影响其社会行为（Robinson，et al.，2008），人类的基因也同样影响着人类的社会行为（Lieberman & Eisenberger，2009）。我们发现，当我们做出价值或道德判断时，大脑的特定区域会被激活。这在某种程度上表明，价值和道德判断对人类进化非常重要（Miller，2008）。个体的道德判断受到与其相关群体的影响。海德特（Haidt，2007）发现，人们是否同意一项道德声明取决于他所在群体所做的声明，正如在政客发表声明时我们所看到的那样。最近的研究表明，人类的社会合作具有进化和适应性作用，这在其他灵长类动物中也会看到，尤其是倭黑猩猩（Miller，2007）。人类是唯一能够思考自身社会行为并学习如何改变自己行为的动物（Gazzaniga，2008），我们面临的挑战是找到激发建设性合作的方式，在这方面我们还需要继续努力。

学校里发生的事件会极大地损害儿童自信心的发展，教师对儿童的积极自我意识发展起着至关重要的作用，这一点无论我如何强调都不为过。身为教育学院院长的斯滕伯格（Sternberg，1996）谈及他在一所过度重视智商的学校中度过的童年时期的经历时说：

> 我实在太幸运了，几乎没有几个学生能如我这般幸运。9岁那年，我四年级，我在亚莉克莎夫人的班上学习。亚莉克莎夫人与低年级时教我的那些年长的老师不同，她刚从大学毕业，所以并不是特别了解或者说不是特别在乎考试成绩。她坚信我能做得比现在更好，她对我有更多的期待。最终她做到了，为什么会这样？她使我感觉到自信，于是我前所未有地努力学习，让她开心（事实上，要不是她比我大而且当时已经结婚了，我真想跟她求婚呢）。

我和妻子对此也有切身体会。我们的大儿子上小学时成绩很糟糕，再加上是左撇子，他遇到过无数的困难。在他上四年级时，他的老师甚至建议我们接受他“有点迟钝”的事实。我们请了心理学专家来评估他的智商，结果出人意料，他的智商一点儿也不低。他觉得学校里布置的作业特别无趣，总是在让他做一些简单重复的任务。相比较而言，他认为在家的活动更复杂、更有趣。最后，他在康奈尔大学完成建筑学士学位，并攻读工商管理硕士学位，在40岁时获得了计算机科学硕士学位。我的孙子也表现出同样的倾向。

幸运的是，我们意识到他的特殊潜力，将他送入特别好的私立学校。这所学校最突出的特征就是教师们会关注学生的个体差异，引导学生积极地自我发展。现在，我的孙子在学校进步很快，我们又一次见证了教师对于孩子的自我发展的确会产生极大影响。

在设计巧妙的教学活动中，那些与教学和管理相关的知识会与情感敏感度相融合。例如，讨论是大多数学校和企业中最常见的教学活动，讨论时必须把大量的思维和情感整合在一起。为了说明这一点，我们来思考一个相对简单的问题：为什么会有四季？

首先要考虑的是："与此问题的答案相关的概念和原则有哪些？"我发现，为每一个主题准备一个概念图是非常有效的方法，即便最开始准备的阶段看起来可能是在浪费时间。然而，功不唐捐，前期投入的时间不仅能让你获得构建概念图的技巧，还能增强你搜集主题所需信息的能力，最后在未来几年得到丰厚的回报。即使是非常有经验的老师也常常会感到惊讶，虽然某个主题内容已经教过很多年了，但当他们花时间绘制概念图时，还是会感到自己对概念间联系的理解有些模糊不清（Novak，1991）。在此我用"四季"的概念图来举例（见图 7.4）。

地球部分地区一年中的每个月都没有剧烈的气候变化，基本上没有"四季"之分，某些地区又只有"湿季"和"干季"之分。然而，我们中的大多数人，提起四季就想到用温度来衡量，也或许是由于我们生活在北半球，分析时可能会忘记南北半球的季节差异。总之，生活在某个特定的地理区域，很容易使人一叶障目，产生偏见。有一个很好的方法，我们可以邀请来自其他区域的学生（或者有亲戚生活在其他区域，在那里温度不是季节变化的主要因素），让他们参与课堂讨论，鼓励他们分享关于四季的知识和经验。还可以在家里或亲戚的家里分享一下"新年是什么样的"话题，这可以增强学生对文化的敏感性，从知识目标角度看这同样具有教育意义。

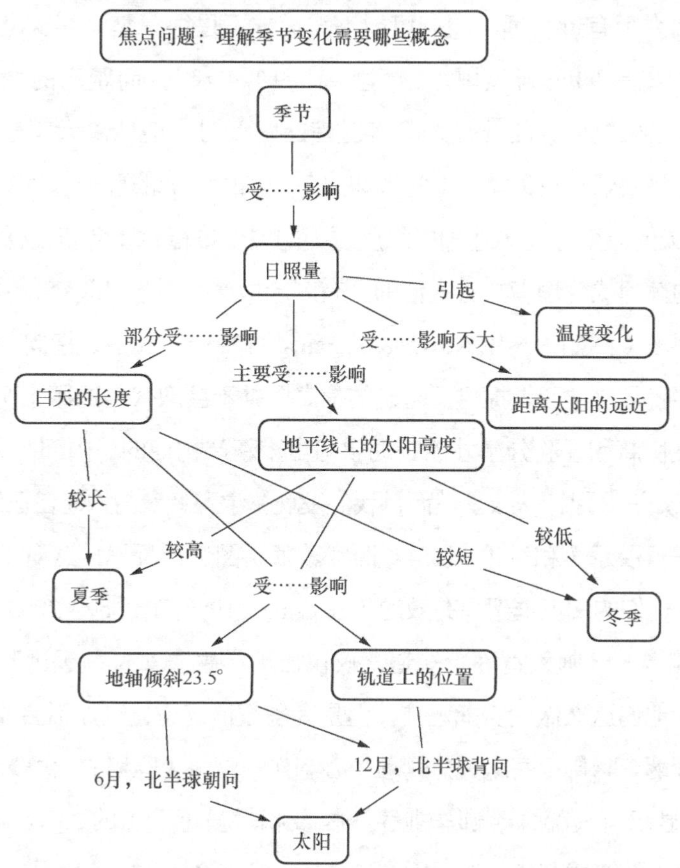


■ 图 7.4　一张概念图，显示了理解季节变化所需的关键概念。很多人都不理解地球的地轴倾角是南北半球产生夏季和冬季的主要原因

## 7.2 概念误解的问题

我们大多数人会对生活中的事情产生误解或建构有局限的概念，一些关于学习的知识应该应用到这个领域。例如，大多数人认为四季的产生与地球距离太阳的远近有关。这种错误观念可能来自于大家的日常经验，那就是当我们接近火源或电灯泡时感到温暖，远离时就没那么热。如果我们还学过地球的轨道并不是正圆的知识，那就将强化我们的概念误解，因为我们知道一

年中地球离太阳有近有远。我们可能不知道或不是很清楚，事实上地球到太阳的平均距离是 9300 万英里（1 英里 =1609.344 米），而距离的变化值只有 300 万英里（约 3%）。此外，太阳直射南回归线时，地球离太阳最近。然而南北半球却是截然相反的季节（北半球的冬天和南半球的夏天）。你可能要问："南半球夏天的温度与北半球相同纬度夏天的温度进行对比会怎么样呢？"

有效的教师或管理者知道人们的固有观念根深蒂固难以改变。关于概念误解的文章很多（例如，参见 Novak & Abrams，1993），大多数指向一个赤裸裸的现实，那就是给学习者提供"正确的信息"并不会取代他的概念误解。需要大量的意义协商和经验分享才能帮助学习者重新建构他的"内部概念图"，从而与"专家知识"保持一致。然而，我们发现，学习者参与构建自己的概念图，在小组中进行展示（和讨论），再对照"教师"图进行反思，这对于帮助学习者重新建构他们的知识框架是有效的（Feldsine，1987；Trifone，2005）。

学识渊博的老师和管理者知道"仅仅告诉学生事实"是远远不够的。是的，如果让他们这么做确实能记住，但是大多数情况是，这并不会改变他们对于季节的理解。哈佛史密森天体物理中心制作的录像《隐秘的世界》（*A Private Universe*）显示，大部分哈佛毕业生、校友和教员（受访的 23 人中有 21 人）都不能准确地解释季节变化的原因，其中还包括一个刚学完"行星运动物理学"的毕业生。通过记忆呈现的"事实"（和测试）你就可以获得哈佛大学的本科学位，但你可能没有接受很多实践教育。学生需要将想法付诸实践的机会。可以设计一个活动，假设他们自己就是行星地球，地轴沿北极倾斜 23° 绕太阳（或可能一个亮光）轨道而行，假设他们一开始在北半球，然后来到南半球。如此这般，用大量"付诸行动"（acting out）的想法来对误解的概念进行重建。虽然任务繁多，但效果立竿见影，难道不值得这么做么？而且，当学习者参与这些活动时，他们也享受着其中的乐趣、幽默和刺激。

在本例中我们看到，潜在地将知识、情感敏感度和技能组合在一起，对于帮助学习者进行意义学习是很有必要的。作为"范例"（paradigm cases）之一，我会时不时重提它。

最近，我的车因为发动不了被拖回尼桑修理厂。正好赶在星期六的早晨，全体修车师傅都在忙着。给我修车的师傅“几乎肯定问题出在点火装置上，因为车出现这种问题 95% 的可能都是点火器坏了”。我接受了他的建议并花 165 美元更换了点火器。不幸的是，隔天周一早上我的车又发动不了了，于是再次被拖回修理厂。这次一个更有经验的师傅检查了车子，他只简单更换了一个控制燃油喷射发动机的继电器（19 美元），汽车发动问题就再也没出现了。我应该为车的“误诊”负责么？从技术上讲可能是，但我也收获了教训。没受过足够培训的修车师傅会给客户和管理者带来麻烦，并造成金钱损失。就这件事而言，经销商归还了我第一次的修车费并承担了一些损失，后来我也成了他们的忠实客户，买车时会优先选择这家店。

与教师和管理者共事的 50 年来，我对这些有限的概念理解十分熟悉，许多教师和管理者（在学校和公司）开始思考他们教授的学科内容，这些课程都是有人付费的。就某人而言，这不是因为他的知识不足，而是缺乏受教育的机会和专业发展的指导。例如，Fedock，Zambo 和 Cobern 发现，参与针对中小学教师的专门项目的高校科学教师（science teachers）不仅收获了新的教学策略和技巧，对他们的学科主题也有了新的见解（Fedock，Zambo，et al.，1996）。一个参与的教授评价道，“作为一个细胞生物学家，我对科学的理解十分狭隘，也从来没把科学看作是生活的方方面面。但现在我的视野得到了极大的拓宽，这令我惊叹不已。”

在对康奈尔大学女性科学家的深度访谈的基础上，我们的一项研究（Kerr，1988）表明，即使是成绩优异的学生在获取学科主题知识时也存在问题。

> 在她的早期学习生涯中，她努力参与科学学科的学习，似乎这就是学习的意义……而这种意义是由社会机构和学校所赋予的……但真正驱动她努力的并不是学习对她自身的意义，而是成绩。直到上了大三，她突然领悟了这个道理，用她对学习的意义的理解取代了成绩。究竟是什么引起了这个转变呢？
>
> 第一次的亲身体验是概念转变的基础；“……像是一种是热

情……（它发生了）一切便水到渠成。”

与物理学习相比，另一位生物学学家在克尔（Kerr）的研究报道中评论道：“我更倾向于反复学习；反复学习是因为我永远不知道我是否确切的知道。”

克尔认为，生物对她而言很简单，而物理很难，她把所有的物理知识塞进大脑，希望能通过考试，但对涉及的知识并没有直观的感受。过了很多年她才对物理中的一些内容有了直观的认识。她承认：“一开始总是死记硬背，后来好像顿悟了。知识贯通了，你就不必通过回到命题一来了解命题十。”

克尔描述的是在任何一个科学领域建构一个强大知识框架的艰难过程，当老师（们）不能帮学生理顺概念和命题结构时，学生便无法对这个学科产生“感觉”。不可否认的是，每一位学习者都必须构建自己的概念框架，而教师可以做很多工作来推动这个建构进程。

根据我的经验，大部分教师，尤其是新教师，他们更多地关注自己的教学，往往忽视了学生的学习。他们主要关注如何教一个给定的主题，而不是学习者学这个主题需要什么先验知识。在某种程度上，这是由于教师掌握的与学习过程相关的知识有限，对教学过程的含义也不甚明了。长此以往，学习者在建构和重新建构知识框架遇到困难时，许多教师（尤其是高校教授们）会对学习者不断冷嘲热讽，明显缺乏同情心和情感支持。同样的问题在企业里也很常见。人们只关注培训者所要学习的主题，培训师们经常使用 PowerPoint（微软办公软件，以下简称 PPT）展示，员工则尽职尽责地试着捕捉然后记住每一个重点。但他们不能对要掌握的任务建立一个概念理解。柯其（Kinchin，2006）在最近的一项研究中指出，使用概念图进行演示比使用传统的 PPT 展示更具优势。当教学有利于该主题概念理解的获取，实质性的学习就发生了。

乍一看，概念图的制作看上去和 PPT 制作似乎没有什么共同点。但绘制概念图明确地说明了概念之间的联系，强调了在专业知识框架中构建概念的多种方式（Kinchin，2006）。概念图属于建构主义教学方法，其目的是促进意义学习。

相比之下，PPT 很大程度上被看作一种传递内容的工具（Szabo

&Hastings，2000），因此，可以看作一种支持教学的客观立场的工具。典型的 PPT 展示往往过分强调知识的线性结构，正如一个权威所说，PPT 是受限的报告方式。PPT 提供的线性结构模板使得教师严格按顺序进行教学，学生则采取机械学习的方法学习（Hay & Kinchin，2006）。学生被动学习的倾向被塔夫特（Tufte，2003）称为“PPT 演示教学”，他对该软件十分不满，认为它对高等教育中的教与学质量产生了负面影响。

柯其和卡伯特（Kinchin&Cabot，2007）最新的研究结果显示，92% 的牙科学生喜欢用 PPT 演示文稿记忆信息，95% 喜欢用概念图寻找主要观点之间的联系。回忆具体信息时，PPT 演示文稿演示教学是有效的；理解学科内容时，PPT 演示文稿远远比不上使用概念图，而随之而来的将知识运用到新情境中的能力才是学习的目标。

### 7.2.1 克服概念误解

自 20 世纪 60 年代初以来，我们的研究团队就开始研究学生的概念误解问题。在早期工作中，我们发现其他研究者也曾报告过不同的科学领域会出现相同类型的概念误解，大多数教学策略并不能“纠正”学生的概念误解，即使他们可能学过解决这些概念误解问题的“正确”答案。要永久地纠正这些概念误解，学习者不能仅仅只学习“正确”的描述或定义。概念的含义需要内嵌到学习者认知结构中的大量概念和命题中，较之以前必须发生 1 ～ 2 个显著变化。已有的相关概念的含义（即命题）必须“被纠正”，并且新的概念和命题必须融入已经建立的知识结构中。然而，机械学习不会涉及认知结构相关部分的积极重组，也就无法做到纠正概念的误解从而融入新概念的目的。学习者必须选择参与意义学习，重新学习相关概念和命题。我们发现，使用学习者自己绘制的概念图来处理相关领域的知识是克服概念误解的最有效方式（Novak，1983）。

概念误解的另一个表现是，某种程度上，在部分认知结构中，重要的相关概念和命题不是有限的或缺失的，就是某些相关命题是不正确或不恰当的。由此我在 1983 年建议把概念误解称为 LIPHS（Limited and/or Inappropriate

Propositional Hierarchies），或者说是受限的或不恰当的命题层级（Novak，1983）。我认为这种提法能更好地解释概念误解、另类概念、臆想概念及文献中其他所谓的“概念误解”背后的真正认知问题。在之后的论文中（Novak，2002），我再次回顾了一些相关文献，并强调学习者如果要克服任何概念误解，意义学习是必经之路。虽然目前的文献倾向于支持这种观点，认为概念图在帮助克服概念误解方面确实起到了重要的作用（参见柯其和其他人的引用），但在许多中高等教育中，将概念图作为一种标准的教学内容仍然存在很大的阻力。因此，我们会看到一些论文，如布鲁姆和韦斯伯格（Bloom & Weisberg，2007），很好地描述了这个问题，但却不能提供一个可行的解决方案。遗憾地是，美国 2001 年的“不让一个孩子掉队”（No Child Left Behind Program）项目强调通过多选题测试他们记住的事实，这导致更多的教学实践将重点放在记住“正确”答案上，而非鼓励通过意义学习来纠正概念误解，也没有致力于帮助学习者构建强大的知识结构。事实上，“不让一个孩子掉队”项目是一个促使大多数孩子都掉队的项目。我更愿意将“不让一个孩子掉队”项目更名为“大多数孩子都掉队”（MCLBH program）项目。但是，我们必须信任那些教师和管理者，他们也在尽力消除这个项目带来的负面影响。

### 7.2.2 组织机构设置的问题

让我始料未及的是，在开始和企业合作时，大多数管理者和经理对其组织机构的概念理解得非常糟糕。他们很可能知道在组织结构图中谁向谁报告，但对每一位成员究竟如何对整个组织的运营做出贡献却知之甚少。例如，当我们对康奈尔大学理论中心（Cornell University Theory Center）的员工进行访谈，并将他们如何看待自己的工作的情况用概念图绘制出来时，发现不同个体和高级管理层对组织机构的看法有着显著的不同。图 7.5 展示了其中一张概念图，描述了该组织的宗旨和功能的复杂性。在我们准备这张图之前，受访的工作人员显然没有清晰地意识到这些模糊的因素正影响着她作为网络部门管理者的工作效率。

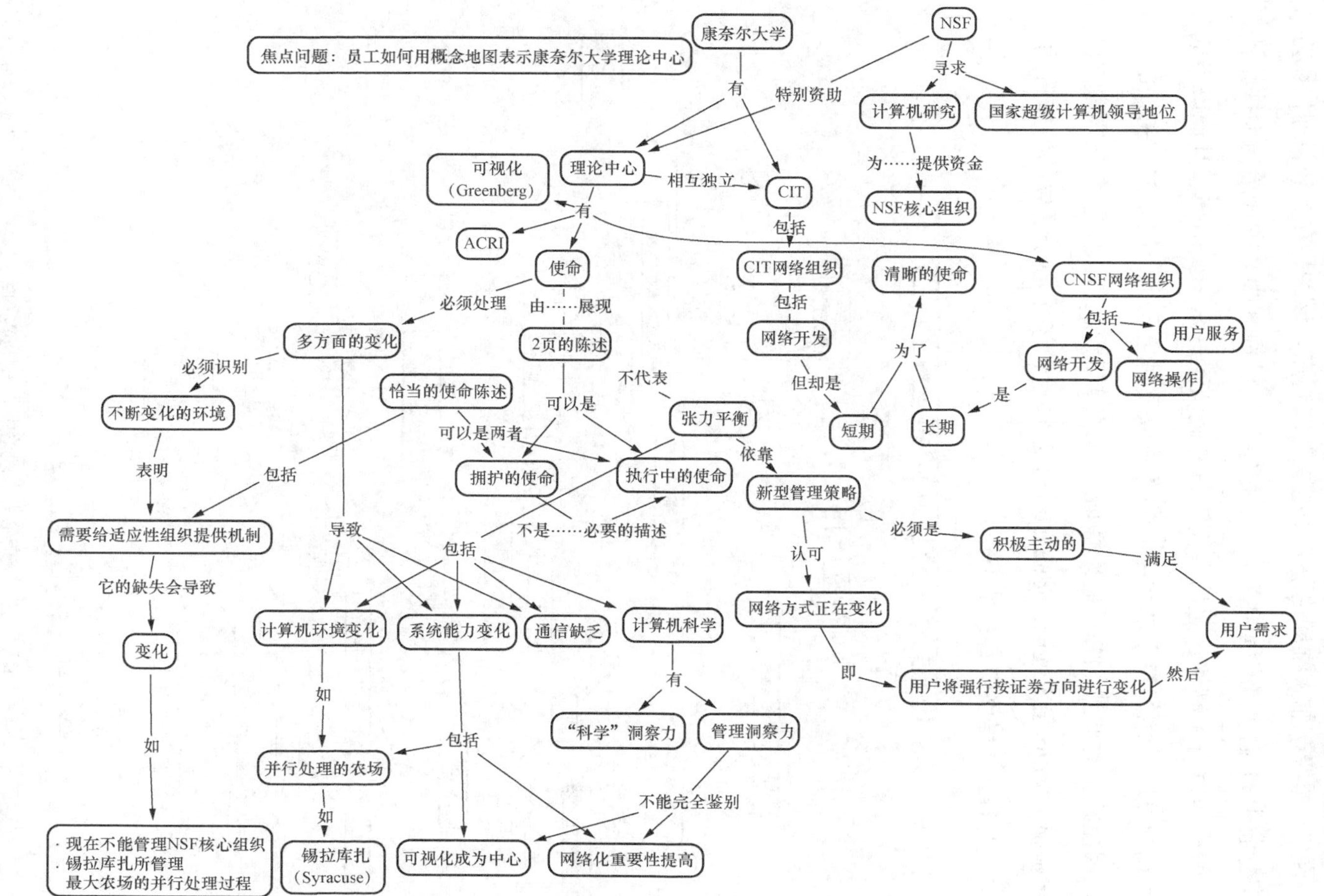


■图 7.5　为访问康奈尔大学理论中心一位工作人员准备的概念图，后经过这位员工修改

图 7.6 是康奈尔大学理论研究中心主任的观点。该图是在《教育理论和方法在企业中的应用》课程中，班上一位学员成员根据中心主任给当地扶轮社会议所作的报告绘制的。之后主任审查并确认了这张图。访谈了其他班级成员后我们发现，他们对于理论中心的看法以及对自己工作的看法与主任的观点大相径庭。对此我们并不感到惊讶，后来得知康奈尔大学没有从国家自然科学基金（National Science Foundation）获得运营该中心所需要的持续资助，其中一个指责就是该中心管理不善。

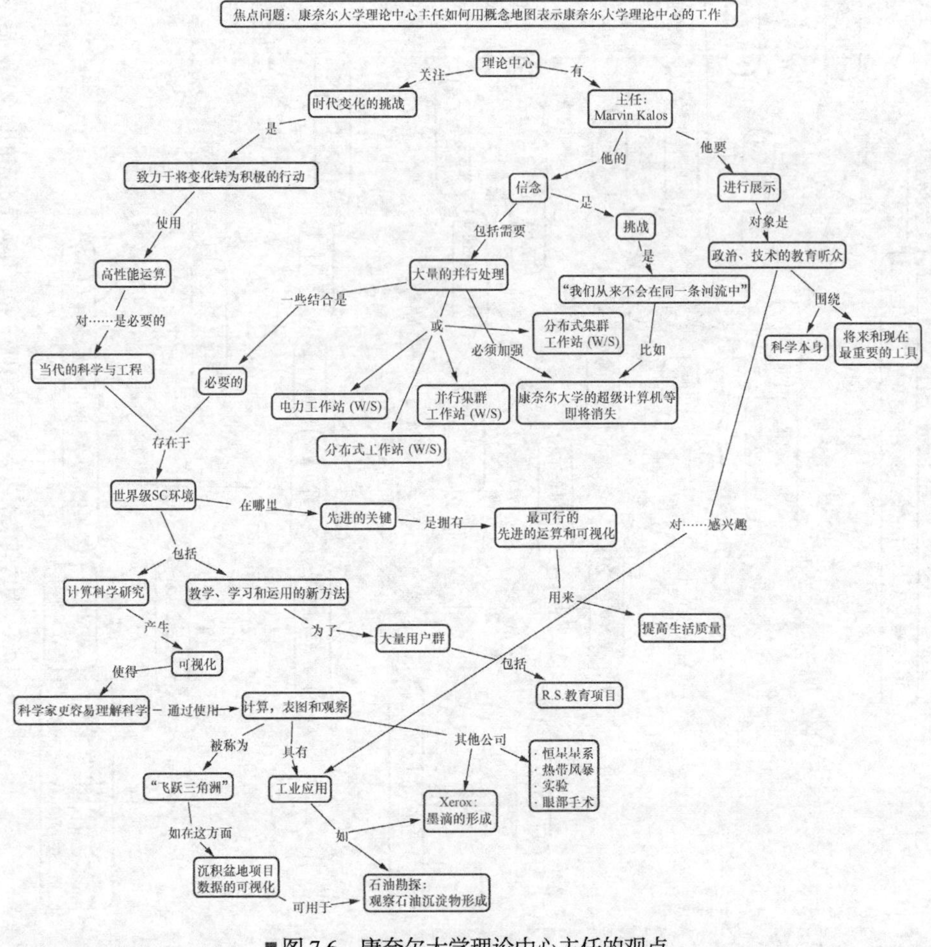


■图 7.6　康奈尔大学理论中心主任的观点

我们发现"管理者并不了解他们的管理"，这项研究发现并不新鲜。多年以前，克罗斯比（Crosby，1992）就试图搞清楚他曾受雇的导弹工厂的操作流程。他制作了一个流程图来帮助自己，他注意到：

> 我花了大约两周的时间用流程图寻找问题。我将所有可能涉及的内容都写在一张很长的纸上，并用不同的形状表示不同的导弹和供应系统。这件事充满乐趣。当这张图快要完成时，有一个方面我不是很明白，所以我拿给老板看，并请求他指导我。他问我："你从哪里弄来的这图？"他很惊讶居然有这么一张图。每个人都想要复印一份，我瞬间成了英雄。（后来，我的这张图被列为"最高机密"，保密水平高于我的权限所及——所以我再也没有见过它了。）此时我开始意识到，几乎没有人能知道在他或她自己的工作领域之外发生的任何事。

我和我的学生近年来的工作显示，我们工作过的每一个组织中都有类似克罗斯比的案例。我们也了解到存在的一些其他问题。对于那些聘请了昂贵的咨询公司的人来说，这些低成本（或零成本）的学生访谈者（们）难免会让他们感到尴尬和为难。学生访谈者可以通过访谈或绘制概念图来了解组织结构及组织存在的问题。从一线工人到首席执行官都是他们访谈的对象，所以他们获得的信息会比从昂贵的咨询顾问那里获得的更多、更全面。因此，为了不让自己难堪，这些大公司的老板们设法让学生访谈者们离开，或是只容许他们绘制概念图以便商讨。正如圣吉（Senge，1990）指出：

> 大多数组织学习的效果不佳并非偶然因素所致。组织设计和管理的方式，员工对工作定义的方式，特别是员工被潜移默化形成的思考和交流的方式（不仅在组织，而是更广泛地）造成了最基本的学习障碍。学习障碍是孩子的悲剧……同样也是组织中员工的悲剧。

## 7.3 教育理论的知识

诺贝尔奖得主肯尼斯·威尔逊（Wilson & Davis，1994）在他的《教育的重塑》(*Redesigning Education*)一书中断言，教师培训“要求他们更了解教学理论而不是他们所教的学科，培训传授的这些理论并没有给他们机会去学习如何更有效地在学科中应用”。我同意后一种主张，我的经验是教师几乎学不到什么教育理论——至少达不到我的理论标准。教育理论应该具有解释和预测教育活动的能力，教师在常规教师教育项目中学到的是一组规则或程序，它们大多被称为理论，但在指导教师每天教学时要做的数百个决策时，这些理论中没有一个具有全面性、解释力和预测力的指导。这些理论甚至是无效的、无法实施的，还误导有经验的教师给新教师提出“忘掉大学所学的所有理论”的建议。在一项研究中，我们对那些屡获殊荣的小学教师进行了深度访谈，以明确他们为什么能如此成功，结果发现没有一位是得益于岗前培训的（Gerber，1992）。这在一定程度上反映出，20 年前很多教学方法类课程就是无用的，到如今依然如此。然而，这些教师会参加专业会议，有选择性地学习大学在职教育课程，并寻求有经验的同事就理论问题进行讨论。我们发现他们的理念和这本书中提到的观点高度吻合。

我们反复提到，教学和管理是一项复杂的活动。为了再次说明这一点，请参照表 7.1，看看“传统模式”下的教学实践与当代建构主义视角下的教学实践有什么不同。

**表 7.1　从教育五要素角度比较传统模式和建构主义情境下教育**

| 传统的教育观 | | | | |
|---|---|---|---|---|
| 学习者 | 教师 | 课程 | 情境 | 评价 |
| 任务是获取信息（常常通过机械学习获得） | 强调管理和班级控制 | 固定的，以课本为中心 | 学校教育好。可能需要小的改进 | 评价方式主要是“客观”测验，成绩“按曲线”分配 |
| 强调聚焦学科内容的课程规划，而非学习者的先验知识 | 认为教师引起学习 | 强调覆盖技术（coverage techniques） | 叫他们做什么，孩子们就该做什么 | 通过频繁的考试达到课程目标 |
| 失败被视为缺乏才能或动机 | 激励策略强调奖惩严明 | 认为知识是所学的事实（即记忆） | 学校课程一般不错，但更需要强调“基础知识” | 标准化国家出版社的测验成绩是成功的好标准 |

续表

| 传统的教育观 | | | | |
|---|---|---|---|---|
| 学习者 | 教师 | 课程 | 情境 | 评价 |
| 使用“客观”测验来验证，将学习者视为填满信息的“空容器” | 教师的人格魅力是理想的目标 | 没有计划或考虑学生的感受 | 教师应该根据学生收到的标准化考试成绩受到奖励 | 花大量时间进行评价的方法不值得费那么大劲（例如，论文考试、小组项目汇报） |
| 通过小组教学验证，认为失败是由于缺乏才能 | 视听教具和计算机被视为意义决策的信息提供者而不是工具 | 所教学科内容和测试应该显示接近一一对应 | 多年的工作和大学学分 / 学位是工资水平的主要依据 | “试题库”——“覆盖”各种题材的试题集——还有书商准备的测验，是教师出考题的主要资源 |
| 奖励和惩罚是学习的主要激励因素 | 强调演讲和考试写作技巧 | 学校、国家和大学的考试设置内容标准 | 教育理论和研究对教师或项目规划者来说没有太多的相关性和价值 | 理解发生之前必须先学会事实；因此，测验应该强化是事实性知识 |
| | 教师很少关注课程开发（curriculum development） | 出版商负责课程开发 | 管理者运营学校 | |
| 学习者根据他 / 原有知识对内容赋予新意义 | 重点找到学习者已知内容 | 重视主要的概念和技能 | 强调死记硬背的教育是“归化”（domesticating） | 学生的成长可以通过档案进行监控，档案中包含广泛的表现性指标 |
| 建构主义教育观 | | | | |
| 意义学习是获得积极动机和满足感的主要基础 | 研究和理论指导实践 | 各种学习者和学习资源多样性需求的识别 | 教育强调意义学习，并且创造性不断提高 | 需要一系列评价方法 |
| 需要评价学生原有知识的教师技能（如前测、概念图、偶尔的面谈） | 学科内容的局部或“逻辑”组织与心理学组织之间有明显不同。概念图的使用能帮助后者 | 学生参与规划和执行教学项目的努力 | 很多学校课程都是过时的，需要对课程进行重要修改 | 客观测验只能评价一小部分（约 10%）与生活应用相关的才能和成就 |
| 学生需要学会学习 | 帮助学生学会学习的技巧 | 重点发展知识的本质 | 教师备课应被视为终身学习的评价和“更新” | 评价方法应该能帮助学生和老师确认概念的问题和工作的解决办法（如概念图） |

续表

| 建构主义教育观 | | | | |
|---|---|---|---|---|
| 学习者 | 教师 | 课程 | 情境 | 评价 |
| 人的潜力通常比表现出来的更大 | 人类潜力的积极观点 | 多种形式的学习方法和灵活的评价 | 需要通过“升职”为课堂保留最有才华的老师，并帮助他们去帮助其同事 | 评价需要帮助学生为自己的学习负责（如使用日志、自我评价、概念图等。 |
| 情感很重要 | 缺乏动机很大一部分来源于缺少意义、理解 | 意义学习的信心作为标准化考试的准备 | 教学实践应该给予理论和研究，并应被评价 | 教师应不时对学生进行深度访谈 |
| 学习是学生自己的责任 | 教师对与学习者共享的意义负责。获取技能是终身的过程 | 重点是授权学生，而不是“覆盖”材料 | 重大决策涉及教师、家长和管理员 | |

注：这 5 个要素是我对施瓦布（Schwab，1973）的 4 个所谓的“老生常谈”所作的修改：①学生；②教师；③学科内容；④社会环境。我增加了⑤评价，因为它在教育中发挥了主导甚至是控制的作用。

在与职前教师及在职教师共同工作的过程中，我发现我的工作重心发生了转移，开始时我主要关注有效或无效的教学程序，以及对理解学科主要内容的强调（如 Novak，1963），后来我开始转向关注教学，关注在《一种教育理论》（*A Theory of Education*，Novak）一书中提出的基本思想的基础上，将思想和工具与学科内容相结合的教学。学生对此响应积极。有了应用这些理论和工具的经历，他们成为这些思想和工具的忠实拥护者。很多人相继发表论文、教材和专著，并用多种语言“帮助传播这种工具”。一些工具，如概念图，在理科教科书中越来越常见，V 形图及其应用在其他学科中的进展就缓慢很多。教育的改变的确是一个漫长的过程。

### 7.3.1 一个典型案例

尽管我将在第 8 章中更为详尽的论述教育中的情境要素，但更重要的是要认识到教师或管理者在情境创设中所起的作用。教师的一个主要职责就是设计教学流程，教学流程可以只是简单地执行教学大纲规定的顺序，对于那些教学条件糟糕的学校，这几乎是他们唯一的选择；也可以是在深思熟虑后设计出来的教学顺序，其内容可以源自学习者需要的体验，或是物理环境和文化环境中的机遇，还可以是以学科知识为载体进行的研究活动。

我们看到，在雷切尔对花进行探究的案例中，泥土就是一个非常理想的学习情境，雷切尔所提的问题来自于她在现实生活中的体验，而且这样的问题让她感到舒服。虽然起初是我的妻子让雷切尔和她一起养花并设定了学习流程，但她并没有预设要提的问题或要“覆盖”的学科知识。结果对雷切尔来说是一次很成功的自我探究的学习体验，并且为未来的学习奠定了基础。

6个月后，这种“情境化学习”的作用显现了出来。当雷切尔看见壁炉中燃烧的木头时，她问道：“木头燃烧后去哪儿了呢？”那时她刚过完4岁生日，这却再次显示出她已具备物质守恒的概念，即木头不会消失，它一定去了别的地方。我开始记录她的问题，提醒去年夏天她问奶奶的那个问题，“花吃土吗？”雷切尔回想起这个问题与“花和其他植物只用了一点点泥土，但大多数植物来自空气和水”的这个问题答案。尽管雷切尔有机会再问一遍她的问题，并再次回顾植物生长与泥土和空气之间的关系，但雷切尔的母亲不记得她有这么做过。按照通常学校里的标准，雷切尔展示出的记忆力其实并不显著，并没有“神童般的非凡记忆”，只是在她能理解的情境下有记起问题和答案的可能。她现在很容易构建概念和命题的框架，理解木头燃烧时会变成水和空气（实际上是二氧化碳），从太阳那里获得用来形成木头的能量现在也在火中以热能（和光能）的形式释放。剩余的灰是树生长所需的一点“泥土”。“现在你明白木头燃烧时去哪儿了？”我问道。“是的。”雷切尔自信地回答。“你能给我解释一遍吗？”我问。雷切尔开始用她自己的话准确地描述“木头燃烧时去哪儿了”，尽管她遗漏了关于存储的太阳能转化为热能和光能的那部分内容，当时能量概念还没有整合进她的知识框架，但是，从雷切尔的答案来看，物质的量会产生和消失的观点以及物质守恒的思想都已经在认知框架中牢固建立。可以拿此例与图 4.6 中展示的初一和高三学生的糟糕表现进行对比。

### 7.3.2 关于概念学习的 12 年追踪研究

20 世纪 60 年代，认为孩子们学不会抽象概念（abstract concepts）的观点广为流传。部分依据是皮亚杰的观点，即只有“形式运算”阶段的学生才能学会需要推理的知识。在第 5 章，我对奥苏贝尔的一级抽象概念和二级抽象概念（primary abstractions and secondary abstractions）之间的差别进行了讨论。前者是直接来源于具体对象或特定事件经验的概念，而后者则从理清概念间的关系中衍生。虽然一级抽象概念很可能在二级抽象概念之前形成，但我发现这与具体的年龄没有内在的必然联系，而更依赖于学习体验的质量和顺序。我带小孩（包括我自己的孩子）时发现，即使五六岁的孩子也能明显表现出对一级抽象概念或二级抽象概念的理解。虽然现在这样的发现不再是违背传统智力的叛逆之举，但在 20 世纪 60 年代这与传统智力观非常对立。例如，最近格尔曼（Gelman，1999）在互联网上发表了一篇论文（http：//www.project2061.org/tools/earlychild/context/gelman.htm），文中做了如下讲解。

> 近期研究中涌现了 4 个关键主题。
>
> • 主题 1：概念是工具，而且对儿童推理有强大的影响——可能是积极的影响，也可能是消极的影响。
>
> • 主题 2：儿童的早期概念不一定是具体的或基于感知的。甚至学龄前儿童都有能力对不明显的、精细的和抽象的概念进行推理。
>
> • 主题 3：儿童的概念在不同内容领域、个体或任务方面是不一致的。
>
> • 主题 4：儿童的概念反映了他们对这个世界形成的“理论”。在某种程度上，儿童的理论是不准确的，他们的概念也是偏颇的。

格尔曼最近的研究打破了这 4 个谬论。

- 谬论 1：有效地组织经验是概念的唯一作用。
- 谬论 2：儿童的概念随时间的推移产生质的变化，主要变化发生在 4 ～ 7 岁。
- 谬论 3：直到 7 岁左右，大多数孩子都不能对抽象概念或不明显的特征进行推理。
- 谬论 4：儿童的概念起始于感知，逐步发展为概念。

此外，格尔曼在同一篇论文中还提到理论在 3 方面帮助学习者学习概念：

（1）理论有助于识别与概念相关的特征；

（2）理论限制应如何（如按哪个维度）计算相似性；

（3）理论能影响概念如何存储于记忆中。

遗憾的是，即使在今天，上述谬论依然流行，我将重新审视这个问题。20 世纪 60 年代，美国主要基金会的管理者深信这些谬论，使我们想做的研究无法得到联邦机构的财政支持。

我认为，要理解科学，儿童必须很早就开始构建相关概念，如物质的粒子性、能量的本质和作用，以及物质变化时的能量转换。以我带孩子的经验看，精心设计的教学程序是可以帮助孩子理解这些概念的。问题是如何在更广泛的学校范围内验证这一假设，因为我发现，包括小学老师在内的大多数成人对这些观念的理解都非常有限。因此，我与大学植物学（botany）专业的学生一起开发了一种教育情境，即导听教学（audio-tutorial instruction）（Postlethwait，Novak & Murray，1969; 1972）。

在导听教学中，录音带被用来引导学习者通过对材料进行一系列观察和操作，来探索加工与这些材料相关的现象。举例来说，在为一、二年级孩子开发的课程设计中，孩子们被引导使用电池、电线和灯泡来探索电池可以产生的电能，产生的电能通过电线传输，并在灯泡中转化为光和热。我们开发了一个系列的课程，共 60 节课，学习者在录音带、图片、照片或 8mm 循环影片的指导下，每节课都需要进行 15 ～ 20 分钟的动手实践。

图 7.7 是一个孩子在阅读室参与我们导听课程的照片。阅读室设置在单独

的教室中，教师开展一对一教学，每两周一次课。在实践中，孩子们反复参与课程，体现出对课程极高的兴趣。

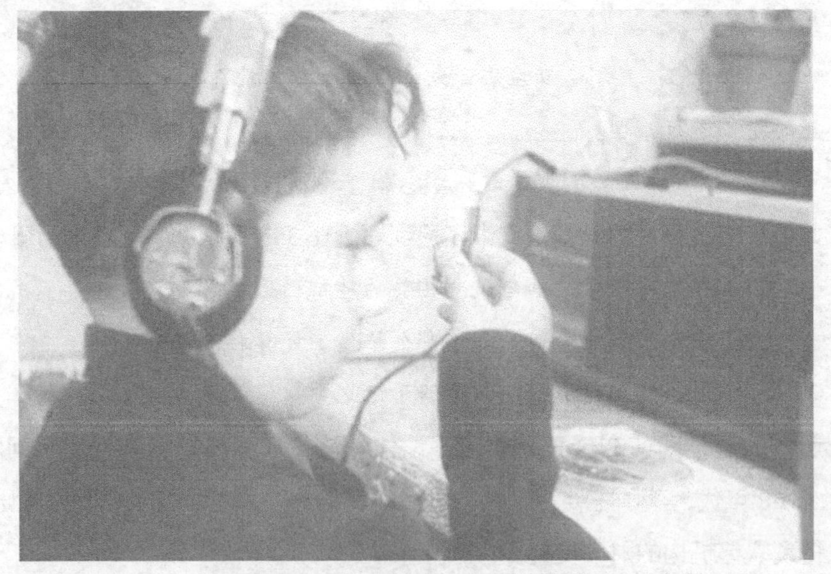

■图 7.7　一个 6 岁的学生正在科学阅读室里学习植物生长的相关知识

虽然这是一个相当不寻常的教学环境，但并不需要太多资金投入，也没有过度破坏其他课堂活动和学校的正常教学。我将在第 8 章讨论一些与学校组织和学习环境相关的问题，需要重点注意的是，即使有这些约束，高质量的教学片断依然能纳入学习者的学习体验中。这些课程很受学生和教师的欢迎，尽管有些学生没能听全部课程。

经过了两年的导听课程设计和开发后，我们准备开展一项研究，以测试这些课程是否能产生充分的意义学习，并促进未来的科学学习。尽管初步研究表明这些课程成功地影响了学生的学习（Hibbard & Novak，1975；Nussbaum & Novak，1976），但对意义学习的真正考验是，不管学习环境发生怎样的变化，都应该能够转化为促进未来学习的长期能力。

我们开发的 26 节课已被引入到伊萨卡公立学校的一些课堂中。每两周加入一节新课，根据学生学习这些课程的进度给一、二年级（6 ～ 8 岁）学生安排轮流学习。一系列课程实施后，项目工作人员采访了这些学生，并根据采访记录绘制了概念图。如前所述，在这项研究中，概念图成为一种表征学生知识结构改变的方法。一、二年级时接受过导听科学课程的学生被称为“受过训练的学生”，因为他们在科学的基本概念方面接受了专业指导。后一组学生有 191 名，我们对他们在校时的情况进行跟踪并偶尔进行访谈。

研究的第二年，在同样的教室，相同的老师，我们采访了同一年级没有接受过导听科学课程的48名学生。我们对这一组学生的在校情况进行了跟踪。接受了科学教学的学生零星地通过小学其他年级科学课程的考核并升入初中（7～10 年级），升到高中（11、12 年级）时，只有一小部分人继续学习化学和物理。

1984 年，我们完成了所有研究数据的收集，开始通过对比一个科学问题领域的概念理解的变化情况（即对物质的粒子性和行为的理解）来分析结果。虽然我们早期的教学还涉及其他概念领域，但我们的人力和资金不允许我们继续就所有这些概念领域进行访谈。此外，（采访更多的概念领域）也需要更广泛的访谈，而这会带来包括组织在内的一系列问题。同时，大量的采访也会影响到学习者的原始学习体验。

表 7.2 和图 7.8 是这项研究的结果的总结。我们在特殊教育环境中创设的高品质的早期科学教学对学习者的早期学校经历（即一、二年级）产生了显著影响，对 10 年后的学习也产生了实质性的促进作用。这项研究成果实在太不同寻常了，以至于我在发表描述研究成果的论文时遇到了极大的困难，被拒了三次才得以成功。这种情况并不罕见，当研究结果要挑战占据主流地位的传统观点时，论文通过编委会的审查是很困难的。尽管如在第 4 章提出的观点以及格尔曼所说的那样，皮亚杰提出的“认知功能严格受限论”已被广泛质疑，但我们的研究成果依然是对传统观点的极大挑战。

表 7.2　从教学方法（一、二年级有无导听教学）和成绩[1] 维度对有效和无效概念进行方差分析

| 来源 | 自由度 | 平方和 | 均方差 | *F* 值 | *P* 值 |
|---|---|---|---|---|---|
| 有效的概念 | | | | | |
| 年级 | 3 | 143.938 | 47.979 | 3.6 | 0.015 |
| 方法 | 1 | 553.521 | 553.52 | 41.0 | 0.000 |
| 相互作用 | 3 | 75.187 | 25.062 | 1.9 | 0.138 |
| 错误 | 184 | 2480.83 | 13.482 | | |
| 总计 | 191 | 3253.48 | | | |
| 无效的概念 | | | | | |
| 年级 | 3 | 90.729 | 30.243 | 16.0 | 0.000 |
| 方法 | 1 | 198.725 | 198.75 | 107.0 | 0.000 |
| 相互作用 | 3 | 23.636 | 7.878 | 4.3 | 0.006 |
| 错误 | 424 | 784.352 | 1.849 | | |
| 总计 | 431 | 1097.44 | | | |

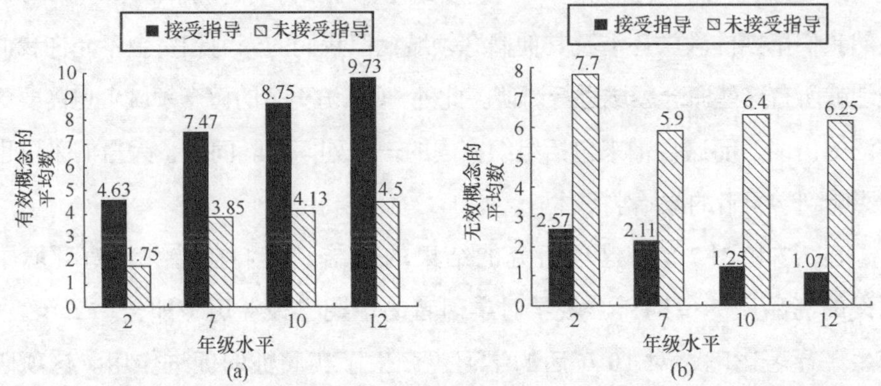


■图 7.8　柱状图 a、b 显示了“接受指导的”学生（黑色）和“未接受指导的”学生（网格）证明物质结构的有效概念和无效概念的频率。注意：只有接受指导的学生表现出了多年来持续的进步。引自诺瓦克和穆松达（Novak 和 Musonda，1991）。经美国教育研究协会许可复制

有人可能会问：“为什么很少有人研究对相同学生的不同早期教学方式对其终身成就的影响呢？”答案显然是因为研究执行起来极其困难，而且要求研究者做出长期的承诺。从研究的最初构想，包括导听课程的设计，到 1991 年研究结果的最终发表，跨度要超过 20 年。虽然，我也会想要重复这样的研

❶　来源于诺瓦克和穆松达（Novak 和 Musonda，148 页）。版权 @1991 美国教育研究协会。经出版商许可翻印。

究，但在我的职业生涯中是不可能实现了。还应该要注意的是，这种研究并不需要花费数百万美元。该研究项目总投资不到 20 万美元，其中包括为支持研究生学习提供的助学金。我们的研究资金由多渠道拼凑而成，其中帮助最大的是“壳牌公司基金会”为我多年的研究提供的持续的小额（5000 ～ 10000 美元）资助，还有一小部分资金来自于“孵化行动基金”提供给康奈尔大学农学院的资助。

让我们来看看目前在正规学校传统课堂中使用导听教学作为学习情境的意义。首先，数据清晰地表明，学习大量高度抽象的概念不仅成为可能，而且会达到一个显著的水平。到二年级末，当导听科学课程完成后，大部分学生已经对物质的粒子性本质有了初步认识，分子儿作为能量物质可以从固态转化为液态再转化为气态的观点似乎牢固地建立在他们的认知结构中，证据是在接下来的十年学校教育中，他们都记着这些关键概念的理解及相互间的关系。表 7.2 和图 7.8 所示的数据表明，“接受过早期指导”的学生与“未接受过早期指导”的学生相比，前者对物质的特殊性质形成的有效概念超过后者两倍，而前者形成的无效概念的比例却不到后者的一半。无论是从实际结果还是统计数据来看，我们的研究都体现出高度显著的效果。这些效果超出了我的预期，放到盛行于20世纪六七十年代的传统智力观面前也必定是个飞跃。前面提到过，有很多其他学者近期的研究指出幼儿的学习能力有待开发，但我们在设计和执行研究时发现事实并非如此。也由于这个原因，我一直努力争取联邦基金的支持都没能成功。威尔希尔（Wilshire，1990）也谈及过这个问题，他说“学者们谁若挑战传统智慧，仅仅遭到怀疑已是万幸，不幸时要被封杀或流放”。数千年来一直如此，将来也很可能会继续。这就是为什么那些具有创造力的学生必须为创造不惧权威，即使困难重重，也要坚持不懈的原因（Gardner，1994）。

近年来，学者们越来越热衷于对学习进行追踪研究（longitudinal study），部分原因是人们已就“新学习高度依赖于相关的先验知识”达成共识，特别是对新学习进行评价时，新学习涉及知识到新情境的迁移，以及新问题的解决。

例如，《加拿大科学、数学和技术教育杂志》（*The Canadian Journal of Science, Mathematics, and Technology Education*）（Shapiro（ed.），2004）、《科学教育研究》（*Research in Science Education*）（Russell and Arzi，eds.，2005）就科学教育中的追踪研究出版了特刊，特刊中的论文被广泛引用。我在这些期刊上发表的文章（Novak，2004; 2005）讨论了一些关于我们 12 年追踪研究的影响，这对许多其他追踪研究来说就是一个催化剂。阿尔济 .H.J 和怀特（Arzi & White，2007）发表了一篇跨度 17 年的追踪研究，研究教师从在职前到任职 17 年间发展的教师知识。他们发现，知识不用于教学，很快就会从老师的记忆中消失。由于对教育进行长期追踪研究很困难（或许任何涉及人的领域都是如此），这方面的文献之少也就不足为奇了。还有另一个事实在我们的研究中常被谈及，那就是技术媒介的教学在常规学区的传统教学环境中也是有效的，即使这些导听教学显得很原始。作为教学情境，新兴的超媒体系统的潜力还有待探索和利用，但我相信，如上述研究结果表明的那样，设计良好的超媒体系统对促进意义学习会产生深刻的影响，无论是在学校环境、企业教育，还是在家庭学校或独立研究中。具体内容我将在后面的章节中进一步讨论。

### 7.3.3 咨询环境情境下的教学

我的一个研究生，琼·马祖尔（Joan Mazur，1989），曾在纽约伊萨卡附近的戒毒康复项目中工作。她对我们提出的“教育个体障碍”十分感兴趣，她面对的问题是如何教育吸毒者认识到吸毒会对自己和社会产生有害影响，并搞清楚他们坚持滥用毒品的动机。那些吸毒者是反复的吸毒犯，在进监狱前被分配到了治疗中心。他们明白自己的处境，但往往仍不配合治疗，难以达到康复的目的。

马祖尔决定尝试教他们概念图，看看这是否是一种能同时在认知和情感识别上帮助他们找出毒品成瘾的原因。虽然在教授概念图时遇到了一些阻力，但她最终成功地让她所有的病人都绘制描述了他们吸毒习惯和动机的概念图。图 7.9 是这些概念图中的一个。

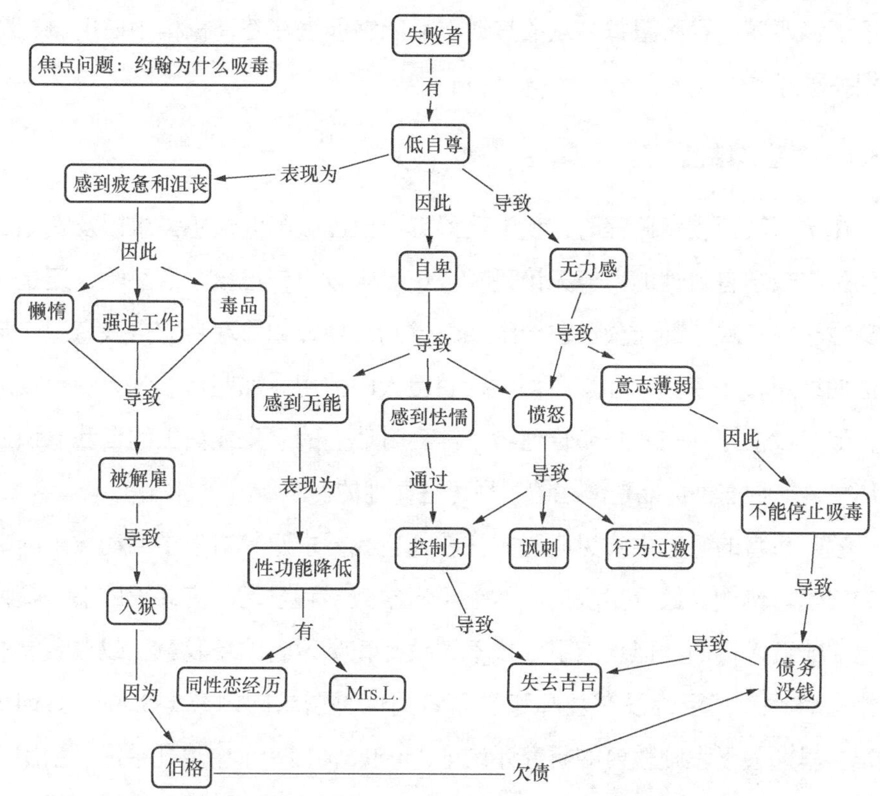


■图 7.9　约翰绘制的概念图，展示了他吸毒的原因。在允许的情况下重新绘制

这些概念图是一对一咨询的基础，也是小组讨论他们习惯的个人观点的基础。马祖尔发现概念图在促进这些病人的治疗和免除药物治疗设备时是一个重要工具。通常情况下，在全美范围内，药物滥用者的重犯率（重新监禁率）约 94%。在马祖尔负责的 9 个案例中，病人出院后 3 年内都没有再次进行药物治疗（有一位因其他原因入狱）。显然，马祖尔选择使用概念图作为她的患者表达有关毒品使用的思想和情感性的工具是非常成功的。她在戒毒中心的同事随后将概念图的使用编入他们的治疗项目中，但是还停留在一个有限的水平上。我知道其他的戒毒项目并没有让患者使用概念图，这让我感到很遗憾。

我的学生们还在一些其他咨询机构使用概念图，但从他们那里得到的数据还不够严谨。我希望本书以及其他作品能够促进在咨询机构中使用概念图的相关研究。

### 7.3.4 情感敏感度

在学习教师教育课程时，我不记得曾讨论过教师的情感需求以及它们是如何影响教学有效性的。但无论是我多年以来教育自己孩子的经验，还是我亲身教学的实践，都让我日益清晰地感觉到，教师和管理者的自我意识在帮助他们组织和操控教学环境方面发挥着巨大的作用。那些缺乏强大的自我意识，如“我很好”的教师和管理者，常会对他们的学生或员工的自我意识造成伤害，这种伤害可能是潜在的，也可是显性的。

教师教育的研究中鲜见明确关注教师自我需求及其对教学活动效果的影响的文献。例如，最近出版的一本关于科学教学和学习研究评论的书，篇幅长达 575 页大页面，但从索引中找不到教师和学习者的自我意识或自我需求的相关条目，甚至也没有教师和学习者的情感需求的内容（Gabel，1994）。同样，早期关于教师教育的研究评论（Houston，1990）中也几乎没有引用任何处理教师的自我需求的识别以及它们如何与有效或无效的与教学实践相联系的文献。

父母、哥哥和姐姐是我们的第一任老师。正如我们在约翰的概念图中看到的那样（见图 7.9），他的自尊心很弱。在采访中他也表示，他父亲的自我需求导致他对约翰的期望很高，约翰也感受到要与父亲竞争。约翰拥有社会工作硕士学位，并成功工作过一段时间。他有一个哥哥和一个妹妹，他们生活上的成功让约翰感到自己不够优秀。毒品可以帮他逃离这种感觉，但毒品也导致他犯罪和被监禁，并被送往治疗中心和马祖尔一起工作。约翰的概念图清楚地显示了他的“我不好”的情感。马祖尔和诊所其他人给他提供的咨询让他清楚地认识到这种情绪是他自己制造的，他能够采取行动来克服这些情绪。事实上，在之后很长一段时间里他作为顾问成功地解决了那些分配给他的案例。约翰朴实无华的概念图帮助他面对现实与感受现实，并得以成功地从低谷中及时走出来。

约翰以及成千上万和他类似的人的案例说明，家长的自我需求对他们的孩子会产生相当大的破坏力。作为父母，我们所有人都没能给孩子他们所需的自我意识上的支持，相反，我们所做的都是为了满足我们自己的需求。本书的每一位读者大概都能回想起自己父母的一些事例。那些看着自己的孩子成功长大的家长会很满意地发现，他们的成功之处就在于让孩子更好地获得了“我很好，你也很好”的感觉，而很少去破坏这种感觉的形成。

同学间的恃强凌弱是许多学校目前面临的问题。尽管这问题在一定程度上长期存在，但它还是引起了斯威尼（Sweeney，2009）和其他学者们越来越多的关注。一般来说，专制型父母（即要求比较苛求、下命令的和不给反馈的父母）所养育的孩子更倾向于表现出欺凌他人的行为。虽然越来越多的研究开始关注欺凌行为，学校也在尽力缓解这个问题，但需要做的还有很多很多。

### 7.3.5 信任

在《关怀》（*On Caring*）一书中，梅洛夫（Mayeroff，1972）界定了一些成功关怀的要素。他指出关怀是一个过程，用于帮助他人成长。它能适用于人、理念或想法。梅洛夫找出的关怀的“主要成分”包括：①理解；②换位思考；③耐心；④诚实；⑤信任；⑥谦逊；⑦希望；⑧勇气。在关怀的过程中，每个因素都发挥作用，每个因素也都支持其他因素发挥作用。多年来，在我试图构建“教育理论可以指导和引领教育实践的改进”的理论时，我感觉到与这 8 个因素相关的所用情感。我的许多学生和访问学者分享了他们感受到的关怀的经历。我们也彼此关心，共同体会着关怀的 8 种要素。

信任也许最重要的，但也往往是最难的。在很多方面，信任是最基本的过程，也是其他所有过程得以进行所必需的过程。最近的一项研究表明，在教授如意外怀孕和艾滋病这样的敏感话题时，班上的老师比外请的专家更有效。研究表明，学生更信任他们了解的班上的老师（Ohio State University，2008）。梅洛夫（Mayeroff）写道：

信任他人就是放手，它包含了风险甚至失控，这都需要勇气。

过分“关心”或“溺爱”孩子的父母其实并不信任他们的孩子，不管他们的初衷如何，他们更多是在满足他们自身的需求，而非孩子成长的需求。

安德烈（Andrew）父母或许就是这种情况，幸运的是他得到了米歇尔·露西亚（Michelle Lucia）的真正的关爱，米歇尔参与并写了下面的介绍安德烈的故事。米歇尔帮助安德烈的父母给予安德烈一种更为积极的关爱。

我们看到，约翰的问题是父亲太注重竞争而母亲又过度保护，与下面将要讲述的安德烈的案例比较类似。安德烈患有视觉缺陷，很多年都没有找到原因，直到我的一个学生帮助他解决了这个问题。

## 7.4 安德烈的故事

故事的主人公是一个小男孩，一个漂亮的小男孩，他被一个追求完美的社会和体制所伤。尽管我认为他的故事是不幸的，但这将部分改变他的学习障碍以及他在学校里接受的治疗，但最重要和有意义的是，这是发生在一个小男孩身上的真实故事。

这不仅是安德烈的故事，也是我的故事。一个相信自身有能力和敏锐的洞察力去找寻他人不能发现的答案的学生的故事。

在安德烈的记忆中，只要上学就会遇到各种困难。但令我们困惑的是，在学校之外的安德烈是正常的，和在学校里的“坏男孩”判若两人。一年级时，他就被贴上“注意力缺失和紊乱”的标签，最终勉强逃脱了接受利他林药物的强化治疗。上课时，老师说他不愿意大声朗读，很少完成作业。在家里，他和他的父母会因他在学校的不端行为和他做作业时的“拒绝和借口”而激烈争吵。他是被“送着过关”才升入二年级的。他的老师说，她决定让他及格是因为他的“先天智力”及他的口头推理能力和问题解决能力还不错。

（在一所新的私立学校）二年级老师给安德烈作出了一个“就不是学生”的灾难性结论，就是说他是仅能勉强完成学业、但未来没有什么前途的学生之一。他在安德烈的一篇阅读报告上评论道，“安德烈实际上是一个好男孩。他不会是一个读者或一流的学生，但毫无疑问他将成为一个好人。”很难说她的这些意见有什么依据，但显然，她从未坐下来倾听或单独与安德烈交流。安德烈再一次被“送着过关”。后来，安德烈到了一所新的公立学校，他痛苦地挣扎着通过三年级到四年级。这意味着，到四年级，安德烈依然不会阅读。这也意味着，到四年级为止，安德烈已经换了 3 所学校，他已错失了一段发展持久友谊的机会。被作为班里的新生和“坏小孩”，安德烈总是常常成为被嘲笑和排斥的对象。这意味着，这个小男孩不仅要处理在校期间表现不好的挫折和痛苦以及父母对他的失望，也遭受着被“社会”排除在外的痛苦。

在四年级时，安德烈终于被人注意到。他的四年级老师注意到了安德烈遭受的痛苦和挫折，也发现他在竭尽所能地试图跟上班级里的学习。她说安德烈不是一个懒惰的小孩，事实上，他是一个学习非常努力的孩子。为什么如此简单的一个问题，却花了 4 年时间和无数的咨询师的询问（才找到答案）！为什么？为什么这个小男孩不学习？为什么当他学习时眼中都是痛苦？为什么这个小男孩在学校感到痛苦？

毫不夸张地说，就这么一个问题，使安德烈从一个懒惰的、不专心的学生转变成可能患有学习障碍的好孩子。一系列针对安德烈的无休止的、长期的、有压力的测试与评估紧锣密鼓地展开了。首先测试了他是否是有阅读障碍或其他比较常见的问题。当测试反馈安德烈并没有患学习障碍，天好像再次塌下来。学校董事会就说：“看吧，不是我们的错。你们的孩子就不是一个好学生……”之类的话。然后，安德烈就会说“我不是故意捣蛋的”和“对不起！”之类的话。安德烈的父母竭力抑制他们的失望，试图决定该如何继续，试图发现还有什么是他们该做而未尝试过的。完全拒绝接受这个结果的是四年级的一位老师，她冒着相当大的风险，对安德烈的父母解释安德烈只是患有学习障碍，学校没有选择进一步确诊，因为按照纽约州法律的规定，如果安德烈被确诊了，学校将有义务按安德烈独特需求进行教学。她介绍安德烈的父母到一位心理教育顾问那里私下测试，并建议对安德烈采用奥顿—吉林厄姆阅读方法（Orton—Gillingham reading method）进行辅导。

安德烈的父母再次花了很多钱找到导师和顾问。测试开始后的第 13 个月，安德烈的父母带着心理教育顾问和她的报告以及律师出现在学校董事会面前，告诉他们安德烈被确诊为暗视觉敏感（scotopic sensitivity），并指出哪些是安德烈的需求和权利（见图 7.10）。

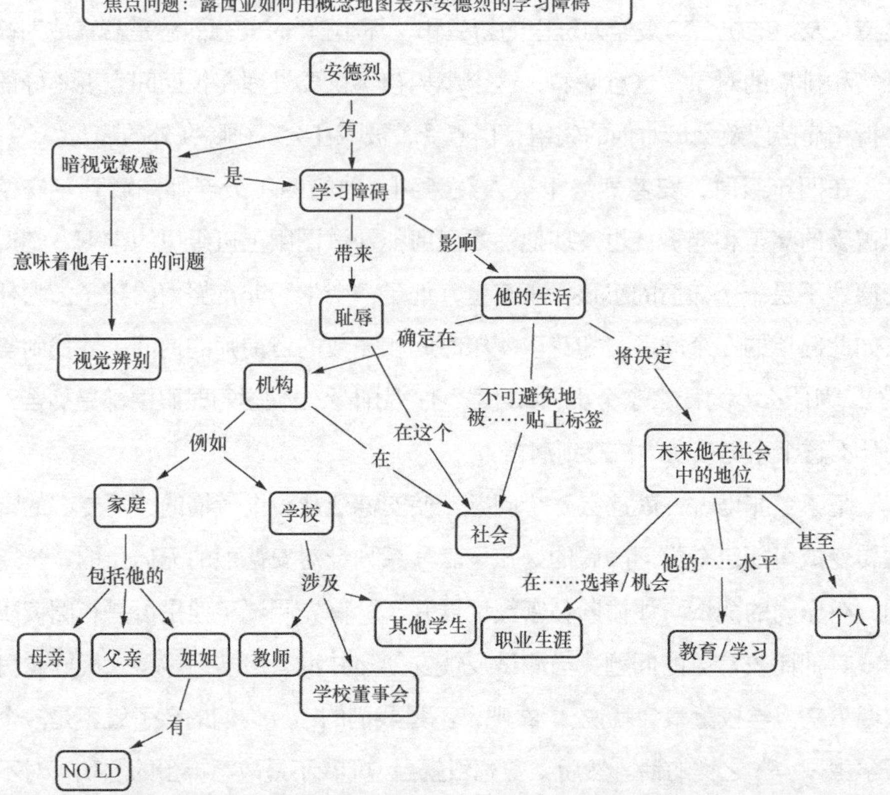


■ 图 7.10 露西亚（Lucia）所绘概念图，展示了她对安德烈问题的理解。引自露西亚（Lucia，1993），经作者允许后重新绘制

他们给学校董事会陈述了安德烈的一系列权利需求：①安德烈应被标记为“学习障碍者”，但基于情感原因，他应该继续被编入正规班级学习；②学

校应该为安德烈提供阅读和草书书写方面的特殊辅导；③应该通过设定任务优先级的方式缩减安德烈的作业量，并免除他“大量书写性作业”；④学校应该给予支持和理解。需要注意的是，那不是一个简单的请求，而是顾问和父母给学校提出的最后通牒，专门用来处理安德烈视觉障碍的问题。对安德烈来说，他要做的只是“更努力地学习”。

在安德烈上五年级之前，学校董事会同意了除去拍摄资助外的每一项费用。在课业时间内，安德烈会被送去一个资源教室接受个别辅导，工作人员能以任何可能的方式对他进行监管和指导。安德烈的作业量会减轻，并尽力减少他现在感觉到的一切都“按时”做好的压力。除了安德烈的身体问题没有解决外，对他个性化关怀使得他学会阅读的希望很大。

这是我（米歇尔·露西亚）作为研究者介入的时间点，在安德烈五年级的一开始，看起来似乎是对学校董事会的一次胜利，当时看上去他们将改善安德烈的情境。我最初的设想是记录社会上一个有学习障碍的孩子的挣扎，花费大量时间用不充分的筛选法去诊断学习障碍的存在，并试图设计改进障碍的方法；然后通过案例说明当今许多老师接受的训练不足，花了 4 年时间还怀疑一个有学习障碍的孩子不认真学习；最后再创建一些方法提高未来教师的能力，并以安德烈现在的成功和幸福作为结束。也许花了 10 天的时间，我才意识到这不是我要讲的故事。事实上，即使在今天，安德烈的挣扎还远未结束，而且依旧非常痛苦，仅仅去理解他们那些偏见和痛苦程度就已花费我的全部精力。

即使安德烈能早点开始新阶段的学习，我也早点开始研究，但很显然安德烈不会有所提高，也得不到太多帮助。学校董事会会议后到底发生了什么？接下来还会继续发生什么呢？安德烈一天几次被送到教学楼地下室一个没有窗户的房间里，他和另外三四个其他孩子（通常是因为行为问题被送出教室的孩子）坐在一起，派去辅导的老师或监督人员只是读一读文章和问题的答案。这根本就不是私人辅导，与帮助丝毫搭不上边。之后安德烈回到教室，困惑地坐在那里，因为在他走出教室的时候老师已经开始讲新课了。他们认为这就是所谓的特殊待遇，安德烈受到同伴们的嘲笑和排挤，遭遇与5年前相似。

在过去的两年里，安德烈的妈妈一直维护着他，有时因为他的儿子几乎与所有人为敌，从校长到学校董事会，再到那些嘲笑过他的孩子的家长们。她看着她的第一个孩子受苦，看着他因为其他孩子偷了他的午餐饿着肚子从学校回家，清洗他在学校被打的伤口，听见他在自己房间独自悲伤。她将大部分空闲时间花在图书馆或电话里，耗尽心力。她寻找所有她能找到的解决方法，这让她处于破产和崩溃的边缘。现在留给安德烈的选择很少，下面提到的方法是否有效也未尽可知，更不用说还有昂贵的开销，对她来说这个方法无疑是冒着摧毁希望的风险。

问题不在于安德烈能不能通过常规方法学会阅读，而在于他根本无法分辨单词中的字母，致使他不能学会阅读。

在安德烈的学校，你很容易发现安德烈失去了很多权利。也许最关键的是，安德烈的父母被剥夺了“充分的知情权”。学校宣布安德烈作为一个“正常的”学生参加了随后第一组测试，但后来他们发现那不是真的，安德烈不稳定的考试成绩让老师将他看作残疾人。虽然这还不是一个能够将学校董事会告上法院的理由，学校董事们也有自己关于考试分数意义的解释，但安德烈及他的父母将要为这一切承受着失望和痛苦。看上去似乎学校董事会希望安德烈的父母能坦然接受安德烈的障碍，努力推卸掉学校的责任。

这样推卸责任、无视职责的例子屡屡发生，但这只是政府官僚主义最突出的一个例子，一个机构已经忘记了自己存在的理由和价值。我们必须反思到底为什么我们要有学校？按照他们的初衷，我们有学校主要是要教育培养我们的孩子。但是，在这个案例中，学校并不是试图去培养安德烈，而是试图节约学校的金钱、时间和精力，而这些本就应该是要花费在培育一个患有学习障碍的孩子身上的。

邦妮（Bonnie）（安德烈的妈妈）最后发送给我的信息是两篇关于暗视觉敏感的文章和一种新的治疗那些患者的试验性方法。事实上，邦尼提及的这些治疗方法太过昂贵而且风险较大。因为我不像她那样正遭受着痛苦，所以我不能对她的做法做出评判，但在阅读她发送给我的信息时，我不禁充满希望并激动起来。文章解释了研究是必要的，需要持续下去，但艾伦机构（一个致力于治疗基于知觉的学习障碍的诊所）的研究者发现，可以通过有选择地减少一定量波长的光输入，设计一个特殊的滤波器，让患有暗视觉敏感的人更有效地处理信息。

坦白来说，这样实验性的治疗不仅有很大的潜在风险，1000 ~ 9000 美元的昂贵开销也是必然的。对发送给我的信息（来自艾伦诊所）进行评估后，我做了任何一个研究者应该做的事——去图书馆收集信息。总而言之，图书馆对这项研究没有进一步的补充，除了让我更清晰地认识到，安德烈的确被诊断患有一种新型的认知障碍。

接下来我去了特殊儿童中心。我之前在那里做过志愿者，很多人知道我并且愿意跟我谈论安德烈。遗憾的是，我从那里获得的信息得出的结论跟在图书馆查到的资料很相似，这意味着特殊儿童中心的教师和专家对于暗视觉敏感的知识或经验也很有限。

我去特殊儿童中心的收获是与一个 5 岁时被诊断患有阅读障碍的孩子凯利（Kelly）的交流。将凯利和安德烈两人在自信心、适应残疾、对未来的前景方面做了对比。凯利在 3 岁时被诊断患有阅读障碍，刚好是在她要学习读书的时候。由于确诊早，凯利的父母能够为她寻求可能最好的教育，聘请最好的培训师，使她免除在学校遭受失败时的痛苦和尴尬，这是检测残疾人最常见的一种方式。因此，凯利已经具备了二年级的阅读水平。她按预期稳步发展，因为她已经被标记为患有阅读障碍，她就按照这种身份被对待和受教育。她意识到并接受了自己“阅读困难”的事实，她被期望有能力去做事和阅读，以及成为她想成为的人。而安德烈很久后才被确诊患有这种特殊的学习障碍，与凯利的生活几乎完全不同。

由于学校做的一些调整，安德烈五年级的老师同时也是四年级时第一个怀疑他有学习障碍的那个老师。她犹豫是否要见我，说她已经“变得太过投入”，但同意跟我在电话里交谈。她不停重复自问：“为什么我们在这里？……为什么我在这里？……如果不是为了每一个孩子，那么为什么还要有学校系统？”她告诉我因为表达了“厌恶官僚主义和教育系统的‘罪恶’”，她被警告了（她不会说是谁），要承担风险。但此时此刻，她说她不在乎。我一直在想她说的那些话，她说她现在要做的就是大胆地披露这个教育系统的丑恶嘴脸，“为大多数人的利益牺牲个人利益是如此无耻”。

从安德烈的母亲，老师，顾问和姐姐那里，我们看到周围的人是如何看待安德烈的，但是安德烈适合在哪里学习呢？他又是如何看待他自己、他的残疾以及他的“未来前景”呢？

这次和安德烈的接触让我明显感到他们为什么会有那种偏见了，但安德烈真是一个美丽又聪明的小男孩，与他说话，不会认为“这孩子不能阅读？这孩子真愚蠢……”。但是，听到安德烈所说的话，你可以明白他能感受到自己在学校的表现。安德烈不懂，他在学校的表现在某种情况下是失控的，不论他试着多努力或费多少精力，他也不能像其他孩子那样学习和表现得那么好或反应那么迅速。他内心知道自己已经连续 5 年不及格和落后，嘲笑如此多以至于如今不可避免地成为他的一部分。在智力方面，很明显，安德烈认为他自己是令人失望的和失败的。当我尝试逼他或敦促他表达他所认为的关于自己和学校普遍存在的问题时，他会说他不能阅读，他是笨蛋，他在学校表现很差，然后他会生气，不肯说了。

我问安德烈的父母，是否有人向安德烈解释他患了什么病，他们一脸茫然地盯着我，不知所措。“当然，他也知道这不是他的错。”“是吗？”我问道。然后我看到了更为茫然困惑的眼神。这时，我找到了第一个可以帮助安德烈的机会。我和安德烈的父母谈了很多，说服他们与他们的儿子好好谈谈到底发生了什么，让他们尽全力真诚地告诉他，他会理解他们所说的，完全无过失。我退回到后面看着，用了两个小时的时间的，安德烈和他的父母，可能是第一次真正进行交流。他的妈妈带着颤抖的声音，问安德烈是否知道什么是学习障碍，是否知道他有学习障碍，以及是否知道这意味着什么。正如我怀疑的那样，安德烈安静地坐着，经过长时间的停顿后摇了摇头。而这个结果的意义对邦妮来说完全可以理解，她的儿子过去一直因为学不会阅读而责怪自己，而且一直为那些已经失控和将要失控的事情感到痛苦和自责。安德烈的父亲尽力解释暗视觉敏感以及安德烈患有的学习障碍意味着什么。交谈的时候，他对安德烈的情况和他瘫痪的叔叔做了比较，安德烈的脸上闪过一丝理解，然后是痛苦的表情。“我不能变聪明吗？”这是他问的第一个问题。交谈继续进行，安德烈被告知为什么他要见咨询师，为什么要做那么多的测试，为什么要去资源教室，以及他们想要做什么。这些早就应该解释的事，直到现在才说出来。我看着这一家人聚在一起，用两小时的时间弥补关系。我看到他们情绪的大起大落，从内疚到痛苦再到快乐。那天，当安德烈拥抱他的父母，并以他的方式感谢他们为他做了那么多的时候，我离开了。从那之后，我再也没有见过安德烈，但邦妮反复告诉我那天之后的突破。她曾为安德烈不必遭受的痛苦而哭泣，但现在已经改善了，她告诉我安德烈现在问的问题，看起来他自信心似乎增强了，例如，承认并接受他需要的帮助。尽管这并不会让一切都“更好”，也不会让安德烈阅读正确，但让安德烈能有信心去问问题，这给了他了解和学习的安宁心境，他在学校里的表现是正常的。

安德烈在家里的情况也在改善，在学校里也是。（我在想是否有什么我可以帮助做的。）在 4 天的时间里，我在艾伦机构不断地尝试找人，打电话。最后，经过和我的频繁通话后，接待员已经能认出我的声音，她知道我不会停止打电话，就将我的电话接到一位研究者那里。我想知道，我和我的导师（诺瓦克）讨论过的，是否有一种光谱或一定颜色的滤波器更能起作用或用它能有高的成功率。我想知道为什么花数千美元使用一个有色的覆盖物，而不是让安德烈和他的父母坐下来，然后问安德烈它们中是否有便于阅读的。我一再坚持做了进一步的测试，研究者承认一个简单的蓝色或紫色的滤光片就有帮助安德烈缓解视觉困难的可能性。他说，找到适合安德烈颜色的唯一方法，就是要测试完整的色彩范围。第二天，也就是感恩节的前一天，我找到了有色滤光片，带着焦急的期盼，见了安德烈，通过其中一个滤光片看过去，安德烈笑了，因为它没有伤害，而且字母也没有移动。事实上，我到达城里直奔安德烈的家里去时，与邦妮谈到我与诊所的电话细节，并将一系列滤光片放在桌上。“不，”她说，“不要。”她很抱歉，但她不允许我尝试。她看着安德烈的希望一次次破灭，这一次，她不相信这能帮助安德烈阅读，因为太简单了。我的希望破碎了，因为我知道不能逼迫她，我不得不尊重邦妮关于她儿子而做的任何决定，我把滤光片留在她家的桌上，然后回到康奈尔大学，打算在我的案例中增加一个故事，一个母亲被传统教育系统打败，留下他的儿子独自战斗的故事。

两天前（1993 年 12 月 8 日），我的电话答录机收到消息：“米歇尔，”邦妮说，“绿色。我们认为绿色的滤波器对安德烈来说更适合。他读给我们听了，米歇尔。对不起。我今天给诊所打了电话。星期二，安德烈将开始正式接受治疗流程。很抱歉。你应该是那个看到安德烈脸上笑容的人。我们很想你。谢谢。”

安德烈的故事有了一个令人满意的“后记”。他得到了他所需的视觉帮助，他的父母帮助他认识到他的身体残疾并给予他鼓励，有了父母的继续支持，安德烈的生活开始顺利进展。到七年级，他获得了学校奖励！他的能量、热情和快乐都回来了。

我们在安德烈的故事中看到了一个不负责、不称职的“教育系统”。除了安德烈的四年级老师，这种“责怪受害者”的模式在学校随处可见。我不知道如果安德烈没有得到父母的爱、支持和智慧，他的命运会怎样。米歇尔把这个项目作为我的《学会学习》课程中所学理论的一种应用方式，但她超越了“学分需要”——她带着活力、能力和同情处理安德烈的案例。我预测，米歇尔将在未来许多人的生命中起到强有力的积极影响。

安德烈的故事并不是唯一的。在《被否定的学习》（*Learning Denied*）（Taylor，1991）一书中，作者提到了一个类似的故事，一个孩子在学校为生存而挣扎，那里有更加不负责、更为糟糕的教育系统，可能在那里任何一个毕业生，尤其是男生，没有谁没经历过来自学校的自尊心打击。虽然也有很多老师努力工作帮助学生学习，并帮助他们建立自信，但大部分学校的很多老师两者都做不到。我们需要做出更大的努力去帮助那些老师，与他们面临的挑战做斗争，通过改革教育系统去实现这些心愿。辞去不称职的教师是不容易的，我们需要为我们的孩子和提高其他老师的所处的环境做更多的努力（Bridges，1986；1992）。我们还需要为学习设定更高的标准，如果我们能有效地帮助学生构建他们的认知结构和技能，并且有助于他们的自我提高，这种标准就是可以实现的。通常，学校在“兜售学生的缺点，如 Sedlak，Wheeler，Pullin，and Cusick document（1986）”。教师不称职的问题依旧没有好的解决方案。2009 年 2 月 18 日，纽约时报发表了关于这个问题的一篇文章，但引用的却是一篇写于 1984 年的论文。这说明我们在这个问题上的进展有多小。马特斯（Matus，2009）最近的一篇文章主要介绍了辞掉一名不称职的教师所需的程序。马特斯指出，一份有 20000 位管理者参与的调查显示，有 3% ～ 5% 的教师不称职，13% ～ 20% 接近不称职，在佛罗里达州的希尔斯堡和皮内拉斯，一共有超过 20000 名教师，但在过去的 4 年里只有 16 名教师被开除了，这个比例只占 0.08%。可悲的现实是，大多数老师的努力工作和成绩被那些处于边缘或不称职的教师削减了，成千上万的学生跟着受罪。人们对特许或契约学校（Charter or Contract schools）兴趣大增的一个主要原因是，这些学校可以自己挑选老师。

## 7.5 公司环境中的信任和诚实

常言道：“在商言商，不能将个人感情或友谊掺杂其中。”这有一定的道理，特别是在一些糟糕的境遇中时，但即便那样，也可能存在一些情有可原的情况需要特殊考虑。除了共同的兴趣和热情，亲密友谊最基本的特征是朋友之间无条件的信任和诚实。如果企业希望员工对公司产生归属感，客户对品牌产生依赖性，企业就必须与员工和客户之间建立起无条件的信任并坦诚相待。

在与一个大型国家会计事务所资深员工的谈话中，我问“信任”在他的公司中扮演着什么角色。他答道（Novak，1996A）：

我认为我们公司里有的人是客户真正信任并转而寻求建议的；客户相信他们是值得信赖的业务顾问。然后有客户会看到公司里另一种专业人员，说他就是一袋“热空气”——公司里有很多袋“热空气”。他们“滔滔不绝”，但他们不能“实际推行”。大部分时候，只要他们能找到帮他们执行的下属，他们就能成功待下去。

我问高级经理与其下属之间究竟是什么样的利益关系，能让他们可以不亲自“实际推行”。他答道：

这能制造出一些紧张，但你不得不承认这个事实，如A擅长“滔滔不绝”，他向客户确保同事B会负责日常工作，且向客户极力推荐B的能力，让客户相信B会非常胜任，从而让客户和B建立起合作关系。实际上B可能不够全面，也没有足够大的自信走进房间向客户推销，但经过A的宣传推荐，最终B负责完成工作。

上面描述的情况在许多组织中都很常见，不仅是会计事务所或其他商业机构，在学术和政府机构中也同样存在。是的，组织中会存在类似上述情境中的信任和尊重，但也有剥削和利益倾斜。有时候组织内“互利互惠的合作”和那些“某些人单面获利”之间有一个很好的界限。当组织内部利益关系失衡、倾向一方时，下属就失去了对上级的信任和尊重，不再为他们的上级“打掩护”，一系列不幸的后果将相继发生。哈默和普拉哈拉德（Hamel& Prahalad，1994）描述了摩托罗拉公司管理者失信于员工时的场景。他们的结论如下。

这次的教训让我们明白：制定企业的战略方案需要高层管理者们极大的诚信；描绘任务重要性时务必实事求是；对结果负责必须谦逊、诚恳。摩托罗拉公司是我们所知最严于律己的公司之一，追求结果的尽善尽美。不幸的是，在一些公司，诚实的批评，特别是来自下属的批评，可能会引发超出平常的猜疑。

在采访一位建筑业高管时发现，诚信在他眼中又是另一番景象（Novak，1996B）。

诺瓦克：你和你的客户之间有多信任？信任是个大难题吗？

经　理：嗯，得视情况而定；对某些顾客而言，信任是一个重要的因素；对其他客户而言——在建筑业，这是一个遍地开花一时性繁荣的行业，今天在这里，明天就离开了——所以，我不确定信任是不是一个广泛的要素。所以，我不确定是否很多公司一定期望保持长期关系。

诺瓦克：你和员工之间，以及与你共事过的其他人之间的关系如何？

经　理：有很多不同的处理原则和方式，原则之一是信任，这是非常重要的因素，人无信不立，商无信不兴。但同样有很多人不赞同这个观点。

诺瓦克：各类商业书中都会提到信赖的金科玉律，即要让员工信赖公司管理，产生很强的归属感，而不是尽可能少干活，逃避责任，这是企业成功的趋势。是这样吗？

经　理：那是文献中的趋势，现实不是这样。

诺瓦克：现实不是这样？

经　理：现实实践中你会看到各种类型的处理方式。

诺瓦克：那么假设现在你有一个员工，他只做非做不可的事情，逃脱一切能逃脱的工作，对这样的员工该怎么处理？

经　理：我会解雇他们。如果那是他们的核心价值观或一贯的处事风格的话，那就毫不犹豫地解雇他们。

诺瓦克：你实际遇到过这样的情况吗？

经　理：是的，但是，很少遇到，因为大多数人都想把工作做好，他们想要成功。

建筑业存在的一个问题是频繁的“一时性繁荣”。生意红火的时候需要雇佣更多的高效人才，但是生意萧条时员工就成了负担。与这位高管的采访继续：

诺瓦克：你觉得你的员工们愿意获得你们高层管理者的信赖和肯定吗？

经　理：有的，你知道他们都想好好干，他们希望做好工作，得到认可。

诺瓦克：嗯，如果有这样的情况似乎就能呼吁管理者和骨干员工之间建立信任，但是你并没有在你们公司看到信任建立？

经　理：公司各种类型的处理风格都有，这也就是为什么要写那些书——因为存在各种类型的风格，他们尝试去描述归纳。令人惊讶，不是吗？一些风格在书中极不提倡，但在现实实践中却很成功。

诺瓦克："挑选不用负责的事情来做"这样的类型有什么好例子？

经　理：嗯，没有那么多"挑选不用负责的事情来做"，在建筑行业非常流行专制的方法。

诺瓦克：我读过关于比尔·盖茨的书，他并不赞成专制？

经　理：盖茨采用的是另一种不同的管理风格，但我相信书里面将引导你倾向于相信最有效的管理风格是参与共建。

诺瓦克：团队建设？

经　理：是团队建设，但是在现实世界，你能看到所有的管理风格；你也会看到很多人用专制的方法。

诺瓦克：你会如何描述贵司总裁？

经　理：他采用非常保守的管理风格。他相信，在正常流程例会之外，定期四处走动督促大家就够了。

诺瓦克：这就是他激励员工的方法？

经　理：是的，老板直接到员工桌边，去鞭策他们。

诺瓦克：我认为很多人不认同那种方法吧？

经　理：嗯，这就是为什么公司有大约70%的流动率的原因之一。

诺瓦克：你的意思是每年都有这么高的流动率？

经　理：是的，每年。

诺瓦克：天啊！那公司损失岂不是很大？

经　理：你可以这么认为。（笑）

诺瓦克：不仅需要花费时间精力不断招人、培训新人，而且这样频繁很容易让新员工们失去动力。

经　理：是的，这种花销和投资确实很大，但是这些费用都是软性成本。

诺瓦克：你们老板不打算改变吗？

经　理：不，那就是他学习做生意的方式；是他的管理风格。正如我之前提到的，人们通常不会改变。

诺瓦克：有超过70%的流动率，表明他说的任何话都没有得到员工们的太多信任。

经　理：是的。但也有特例，有一些长期雇员，已经来了10～20年，其中一个员工在这里比其他任何人待的时间都长，可能是因为他没能力去其他地方，也可能是因为他非常适合这里。

诺瓦克：在这么多年这样的管理方式下，他是怎么忍受的？

经　理：我认为这是惯性。待在一个地方不动比换工作要容易得多。

诺瓦克：你如何看待你与下属之间的诚实和信任？

经　理：我想我的管理风格与他们不同，我认为，诚实显然是必然的。信任在任何关系中都不得不发展建立。在过去，我可能不会太强调，但我有亲身经历，这让我相信信任的重要性。

诺瓦克：与员工互利共赢，似乎无法实现。

经　理：是的，如果你没得到信任，我认为你不会有工作效率，当你没有效率的时候，你就没有成果。所以，不幸的是，如果用快速、短期的眼光看，你就会缺乏诚信。尽管许多组织都采用小步快跑、快速迭代修复的方式运作，却很难通过长期眼光来投资员工。所以长期来看，我觉得他们也不会有效果 。

诺瓦克：市场竞争日益激烈，你看到那种管理风格存在的问题了吗？或者你将找到一个合适的？

经　理：嗯，书籍文献一定会引导你相信那是一个有问题的管理风格，但是你要知道在市场中它如此普遍，如果无效怎么会如此普遍？

诺瓦克：是的，仍以企业的角度来看。有没有对比最有可能破产的公司与那些生存下来的公司的数据？它们之间的风格有哪些差异？在试图建立信任和诚信关系时，需要做什么样的努力？

经　理：我的价值观是要值得信赖，但要值得信赖，就得建立信任关系。正如我之前说过的，你必须在实践中保持言行一致。你不能“大体上、差不多”。你要给大家一个预期，那样人们才能明白什么是你想要完成的，这个预期要和你的方法要保持一致，你不能每分钟都在改变方向。

从经理的视角中，我们看到了“真实的商业世界”。很明显，与“教科书上的理想世界”大相径庭的教育和管理环境也能实现成功，至少这种成功能持续一段时间。应该指出的是，上述经理打算一招到合适的替代人选（招聘很困难）就离开公司，真正的问题是这个公司第二年是否能避免破产？这位经理也肯定了一些文献中常见的内容，引用彼得斯（Peters，1994）曾引用美国陆军部长亨利·史汀生（Henry Stimson）的话，“让一个男人值得信赖的唯一方法就是信任他。”而如今对女人来说是也是同样正确的。我相信，在越来越激烈的全球化竞争环境中，我们的管理者和员工都需要信任和诚实，因为诚信会营造出创建和使用知识的最佳环境。

与上面所采访的经理描述的管理风格相比，我们的商业顾问泰勒和科瓦尔（Thaler & Koval，2006）发表了《友善的力量：如何谈判达到共赢，尤其是你！》

（*The Power of Nice*：*How to negotiate so everyone wins*，*Especially you*！）一书。

> 让我们明确一点：友善并不是幼稚。友善并不意味着当别人欺负你时仍然温和地微笑。友善并不意味着可以任人践踏。事实上，我们认为友善是你所听到的最坚韧的词语。它意味着带着清晰的自信前行，自信来自于知道一切都好，来自于知道把别人的需求放在与你自己需求相同重要的水平会让你获得你想要的一切。

泰勒和科瓦尔继续描述协作和分享的重要性，给出了成功的商业案例，友善、健谈、开放和诚实促进成功、最终赢得业务。越来越多企业也在鼓励员工积极分享、创造知识、实现成功。

## 7.6 促进团队合作

近年来，企业越来越强调团队的重要性。福特金牛（Taurus）和福特土星（Saturn）汽车被誉为团队合作的最佳例证。当时的竞争对手日本汽车行业广泛启用团队规划，发展如日中天，在此驱使下，美国汽车企业（Taurus 和 Saturn）也开始采用类似的团队合作策略，并获得了成功。

团队可以小到两个成员或多至数百人。例如，研制了一个新的 1994 模型的“野马团队”有 400 个成员，与负责汽车部分生产的“组块团队”（chunk teams）一起，展开更大的团队协同工作（White and Suris，1993）。

在学校，小组学习在“合作学习”（cooperative learning）的标签下变得普及。大卫、理查德·约翰逊和他们的同事贺路伯（David & Richard Johnson & Holubec，1995）做了很多帮助教师和行政人员理解和运用合作学习的策略。他们建议更加强调构建小组活动的重要性，这样每位学生都能发挥一个清晰的和明确的作用，确保学习小组的所有成员都积极参与。研究证实学校中的合作学习可以在一定程度上促进学习，也可以增强学习者自信心。在巴拿马项目中，我们寻求并获得了学生、教师和行政人员之间的高度合作。我会在在第 10 章进一步讨论这个项目。

马丁（Martin，1993）使用来自体育界的类比描述了所有公司如何从“团队思考”中受益。作为起点，他建议公司要清楚地定义自己的使命、价值观、年度目标和长期目标，并且定义应该简洁易懂。他举例说，壳牌石油公司（Shell Oil Company）的使命是“满足人类的能源需求”，公司的价值观是“客户至上”以及“把客户的利益当作我们自己的利益”。目标也需要表述得尽量简单，围绕目标的进展应该是可衡量的。只有在员工知道并理解目标时才能为达到目标作出贡献。德鲁克（Drucker，1993）认为，“知识型组织要求每个人都应该为组织的目标贡献力量，甚至对组织行为负责”。德鲁克（Drucker）继续说：

> 今天有很多关于“权利”和“授权”的谈论。这些术语表明指挥和控制型组织正在消亡。但是他们也依旧如之前的术语一样只是权力和地位的条款。相反，我们更应该谈论责任和贡献。因为不负责任的滥用权力根本不是权力，而是不负责。

要每一位员工负责任地执行，仅仅清晰陈述使命、价值观和目标远远不够。领导们必须体现出对每位员工的关注，设定奖励机制认可员工的工作成果。仅有工资是不够的，另外一些特殊的认可项目、股票期权等福利也是必要的。马丁（Martin，1993）甚至建议终止合同应该在关怀、体贴、同情和透明下进行。吉尔兹和他的同事（Kilts，2007）建议：“终止合同不应该武断。应该尝试帮助人们找到他喜欢做和做得好的事情。”即向还未终止合同的员工发送有价值的信息。

在他的《获胜》（*Winning*）一书中，韦尔奇（Welch，2005）论述了世界上曾经最受尊敬的会计事务所——亚瑟·安德森（Arthur Anderson）的案例。20 世纪 80 年代，该公司决定进入咨询行业，一度生意红火。到 1989 年，该公司咨询业务分离，但所有业务的员工共享同一个办公区域，会计所完整、严格的工作标准很快就蜕变成了咨询业更自由随性的标准。韦尔奇认为：

> 亚瑟·安德森成立于近一个世纪前，公司宗旨是成为世界上最受尊敬和信赖的审计公司。这是一家以“勇于说不”为荣的公司，

即使这种拒绝意味着失去一个客户。它最成功之处是通过雇佣最有能力、最诚信的注册会计师，并奖励他们的工作，理所当然地获得了世界各地公司和监管机构的信任。

20 世纪 90 年代繁荣时期，亚瑟·安德森决定要开始咨询业务；这是激动人心的地方，更不用说能赚大钱。公司开始雇佣更多的工商管理硕士（MBA），并给他们支付咨询行业极具竞争力的薪酬。

……这是咨询行业的牛仔精神，安德森会计所感受到了影响……

在 90 年代大部分时间，亚瑟·安德森是一个处于内部动荡的公司……在这种情况下，人们不禁要问："我们的使命究竟是什么？""什么样的价值最重要？"……

最终，在 2002 年，公司倒闭了，在很大程度上是因为公司使命和价值观的脱节。

韦尔奇还描述了一个类似的案例——安然公司（Enron Corporation）。事实上，在 2002 ～ 2009 年期间，企业墓地上散落着许许多多的失败的公司，在撰写本文时倒闭和失败还在继续。许多这样的失败，其核心问题是无法保持高水平的诚信和道德价值观。不幸的是，许多小投资者因企图投机取巧而遭受了巨大的损失。

P. 奥伯汀（Aburdene，2005）也强调"价值驱动"业务的重要性：

我所说的"价值驱动"是什么意思呢？简单地说，如果价值超过收入，人口、地理或其他因素深刻地影响你在收银机的选择，无论你购买公平贸易咖啡、太阳能电池板或新本田混合动力车，此时你是一个意识清醒的消费者。

意识清醒的消费者被归为"乐活族"（LOHAS：健康和可持续的生活方式）。专门从事乐活族客户的市场调查的自然营销研究所指出，截至 2005 年，已有 6300 万美国人（或 30% 的成年人）成为乐活族。

随着越来越多的公众意识到世界环境的脆弱性、全球变暖以及不可再生资源很有限的事实，我们可能会看到，价值导向的消费行为将大幅增加（超过上面提到的 30%）。

### 7.6.1 作为学习小组的团队

无论是在学校还是在企业中，团队的核心目的都是学会如何做得更好。团队学习就需要我们引入前面章节讨论过的学习理论及后续章节中谈到的一些原理。与学习的原理一致，“影响学习最重要的因素是学生的先验知识”，我们不仅要充分发挥不同成员们丰富多样的知识、技能和态度，还要处理与每个人独特的世界观相关的问题。为了发挥小组体现的多样性，我们首先需要回顾任务的宗旨、价值和目标，从而就手头上的任务达成共识。在这一过程的初期，领导应该由一个更有经验的或更高级的团队成员担任。然而，每个小组成员都可以，也都有能力担任领导角色。

在我的课堂上，我经常将 4 ～ 6 个成员分为一组，达成一致目标后，每组再细分为 2 ～ 3 人的子团队，解决整个小组项目的具体问题。当课表上能够容纳两个或两个以上的项目时，我坚持让在第一个项目中承担较少领导职责的人在第二或第三个项目中承担更多的领导职责。学生往往很惊讶于他们自己怎么能在小组中表现出如此好的领导能力。我在项目中的角色类似于一个运动队的主教练。我帮助团队和子团队确定目标和行动规划，然后在他们的项目开展时分别与各团队一起工作。瓦拉达雷斯（Valadares，2008）也发现，在高中物理学习中小组合作产生了更好的效果。

在企业中，我的大多数“教练”工作是帮助团队成员理解知识的本质和学习的本质，协助他们利用概念图和 V 形图组织知识。对所有小组成员而言，V 形图几乎都是新工具，所以通常需要有一个半天的“教练”环节以帮助他们理解并学会使用这些工具。

### 7.6.2 使用概念图和 V 形图

学校学生和企业员工花少量的时间就可以充分掌握概念图和 V 形图的技

巧，并用这些工具来促进他们的学习。尽管看起来先用V形图更有道理，因为V形图可以把概念图整合进来，作为它的“左边部分”和“右边部分”，但我们早期在初中的经验表明，如果在学会概念图的技巧之前就呈现V形图（Novak，Gowin，and Johansen，1983），学生（和老师）会被V形图弄得晕头转向。我们发现对高中、大学和企业的学习者也是如此。出现这种情况的部分原因已经在第6章讨论过。另一方面，我们发现大多数人只需要一到两小时就能获取概念图的绘制技巧，就够独立地就某一给定的知识领域构建一个相当好的“首幅”概念图。因此，即使团队成员中没人有用过这个工具的经验，使用概念图为团队解决问题也很有用。

我们最成功的一些工作都是在企业中，因为有效的团队问题解决方式在竞争激烈的公司环境中无比重要。在大多数情况下，我们在小半天的培训时间里就能成功获取关于任何问题的基本的知识结构。两到三天的培训时间允许初步细化概念图，以及概念图中呈现出来的解决策略的讨论。参与者发现一整天的概念图培训环节真是“脑力耗尽”，但通常培训结束后他们就会备受鼓舞。因为看到一个问题的“全局”摆在你面前，会有一种自然的兴奋和刺激感。例如，我们公司培训会上一位参与者观察到：

> 参与者：那天我很兴奋，尤其是绘制概念图时看到一些概念冒出来，而那正是我曾遇到过的问题。我在公司工作了4年，参与化合物的工作有1年了，在绘制概念图的时候我看到一些概念冒出来，这些概念我曾问过一些专家。一些基础的概念，例如“你知道你为什么称它为‘疏水物’吗？……哪一种催化剂？”，我认为这对管理新入职的员工会有真正的价值。我们获得的真正的价值，是帮助那些之前没有参与过化合物工作的，或甚至对化合物没有概念的员工，融入团队，并在新领域、新产品中应用这些概念。

在与其他项目的其他团队成员谈到概念图的价值时，这位参与者说道：

> 概念图对与我打交道的每个团队都会非常有用，因为我与完全不同的项目团队打交道，同时参与3或4个不同的项目。每个团队

处于不同的发展阶段，但利用概念图我们可以很清楚展现一些问题，例如，现在我将做些什么来将这个产品推向市场？我们在概念图中填写内容以获取知识，并获得自信，向经理展示这是我们的建议，告诉他这是我们的技术建议，是我们想做的。或者，例如，某些产品需要高深的技术水平，但仍在研发阶段，用概念图与别人谈论，现在这就是我们所认为的概念间的关系，或我们不太理解这些概念之间的关系？你有任何反馈或建议吗？你有任何数据能帮助我们把概念连接上吗？

谈到这种体验的价值，这位参与者如是说：

我认为概念图是非常有益的，因为我只在这个领域工作了一年，对很多概念还不甚明了，但我有一群非常好的工作伙伴，他们在该领域已经工作了 10 ～ 15 年，甚至 20 年。他们将原本储存在自己大脑中的概念有意识地用概念图呈现在了纸上，供我学习以快速成长。

我们在前一章引述过，在 Rhizobotany 团队（Rhizobotany Group），概念图能帮助一个新的研究团队成员理解用来指导他们研究的知识。我发现，在企业的工作中，理解及解决问题所需的知识结构往往比学术研究项目复杂一个数量级。企业在尝试创造能带给市场更优秀的产品或服务时经常会浪费大量的时间和资源，这有什么好奇怪的吗？虽然我们发现越来越多的企业有兴趣使用概念图，但这仍比我预期的要慢。在某种程度上，这是企业中存在的要尝试新的思路或方法时的惯性反应；在某种程度上，它是企业实践的结果，需要引进顾问来提出新的想法。人机认知研究所现在为企业免费提供概念图工具，也会有私人顾问为企业员工提供培训。我们可以看到在企业中应用概念图工具和相关想法的进程正在加速。各种各样的公司，如太阳马戏团（Girque dll Soleil）和环境资料局（EDS），表示对该工具感兴趣。也许在 10 ～ 20 年后，将有许多大公司发现应用概念图的价值，得到更多的启发。对于一个员工来说没有比自我感到愚蠢更消极、难受了，特别是对于那些新员工或新加入项目团队的成员，对项目及相关知识的生疏，很容易感到自卑。使用概念图工具促进个人的学习，或推动群体问题解决和知识创新的一个优势是，在过程结束的时候有一个显性的作品成果。帕弗拉及其同事（Paavola，2004）强调："在当代社会，人类的工作越来越多地由创造知识及产品组成。"然而，他们没讨论什么才是创建和保存这些人工产品的最好方式。

团队成员一旦熟悉绘制和使用概念图，就不难理解和使用 V 形图了。运用 V 形图的部分价值在于，它有助于保持那些容易被参与者忽略的整体观念。公司的宗旨很容易被修改，如果有必要，值得为每一个项目提供一个价值观。简洁明了地陈述企业哲学或基本信念也有助用企业世界观、理论和主要原则指导具体的项目工作。在项目计划早期考虑的价值主张，能帮助澄清什么是工作要寻求实现的主要价值。例如，福特"野马团队"（Team Mustang）写道："新野马节能，高性能，充满驾驶乐趣。"考虑到一些知识性的介绍能帮助消费者定义"功能模块"的特性，例如，"燃油喷射系统有这些性能特点……"

和概念图一样，V 形图也可以由一个团队来完成，将创新工作的知识绘制在一张纸上。张贴在团队成员的工作区域，帮助他们以一个清晰的视角掌握所做工作的"大局"。它还能充当促进员工相互交流的图景或语言，解决诸如这样的问题，"你提出的那些测量值真的有理论和原则 $x$、$y$ 和 $z$ 支持吗？它们有效吗？"或者，"我们坚信我们能做到的价值主张，基于我们的数据，符合我们对客户需求的评估？"随着一个项目的进展，需要为每个子团队准备 V 形图，也许，由子团队进行的众多研究中的每个研究都需要。即使有这么多 V 形图，仍然有一个基本的朴素性和连通性，因为所有子项目的 V 形图将包含许多相同的元素，如指导工作的可操作性的世界观等。

团队成员之间的沟通问题是无法抗拒的。企业中大部分项目团队包括 10 ～ 30 个或更多的成员，来自不同背景和"企业文化"。表 7.3 以 8 个公司的项目阐明了这种多样性（Nonaka & Takeuchi，1995）。

表 7.3　产品开发团队成员的职责背景[1]

| 公司（产品） | 销售 | | | 质量 | | | | |
|---|---|---|---|---|---|---|---|---|
| | 研发 | 产品 | 市场 | 计划 | 服务 | 控制 | 其他 | 总计 |
| 富士施乐（FX-3500） | 5 | 4 | 1 | 4 | 1 | 1 | 1 | 17 |
| 本田（City） | 18 | 6 | 4 | — | 1 | 1 | — | 30 |
| 日本电气公（PC8000） | 5 | — | 2 | 2 | 2 | — | — | 11 |
| 爱普生（EP101） | 10 | 10 | 8 | — | — | — | — | 28 |
| 佳能（AE-1） | 12 | 10 | — | — | — | 2 | 4 | 28 |
| 佳能（迷你复印机） | 8 | 3 | 2 | 1 | — | — | 1 | 15 |
| 马自达（新 RX-7） | 13 | 6 | 7 | 1 | 1 | 1 | — | 29 |
| 松下电器（自动家用烤箱） | 8 | 8 | 1 | 1 | 1 | 1 | — | 20 |

从表 7.3 中我们可以看出，那么多不同背景的团队成员之间的积极交互并不容易，事实上，我们发现第 6 章所引用柯达公司的案例就是这种情况。相比之下，我发现在学校和企业中运用概念图和 V 形图有巨大促进作用。

沟通问题在大多数组织中是常见的。这个问题由诸如学习研究所等团体来解决，其中研发了“实践共同体”（community of practice）的想法。彼得斯（Peters，1994）宣称：

> 成为实践共同体的一员实际上是现代工作实现成功的要求。学习研究所的人员强调，非实践共同体成员不能在纯知识时代成功。学习研究所所调研了从航空运营中心到保险公司的许多案例。当他们接纳（并希望加入）当地的实践共同体，新的保险索赔处理开始变得有效。学习研究所的艾蒂安·温格（Etienne Wenger）声称，在知识时代，组织不过是“一种相互联系的实践共同体的集合”。

威特力（Waitley，1995）坚持“没有沟通就没有创新”。“底线”是在任何一个团队项目里，提高成员间的交流需要更好的方法。没有“硬”数据来

[1] 经牛津大学出版社允许后重绘，源自 Nonaka & Takeuchi，1995 年。

支持这种说法，但有大量不同来源的“软”数据支持。随着时间的推移，我相信我们将看到更有力的经验来证明，概念图和 V 形图在创造新知识和新的有用的产品方面能促进团队沟通和团队有效性。将这些工具明智地利用，将显著改变知识创新所需的教学情境和学习情境。

弗雷德曼（Friedman）在他的《世界是平的》（*The World is Flat*，2005）一书中，展现了一个引人注目的情形，那就是我们已经从“信息时代”过渡到了一个新的时代，一个几乎可以在任何地方做任何事并转移到任何其他地方的时代，主要是因为知识和知识的使用没有边界。另一个重要的因素是，互联网和免费开源软件的巨大扩张使得互联网的使用和信息的转移以指数级增长。弗雷德曼观察到：

> 我的底线是：之所以说开放源代码是一辆重要的推土机，是因为有了它，全球数百万人就可以免费获取多种工具，从软件到百科全书，到各种网上联盟，疆界开放，来者不拒，采取的水平创新模式显然已在越来越多的领域中通行，挑战垂直分层的旧结构。Apache 和 Linux 大幅降低计算机和网络的成本，造成影响深远的推土机效应。

泰普斯科特和威廉姆斯（Tapscott & Williams，2006）赞同弗雷德曼的观点并指出：

> 如今，从客户关系管理（CRM）到企业资源管理（ERM），再到内容管理和商业智能管理——基本上任何你能想到的企业管理应用程序——都是开放资源。

这些发生在学校或机构中我们收集和共享信息的能力的变化仍在继续加速。这些变化正在创造新的教育和管理环境，允许教育界和管理界发生根本性的改变。这些变化将在下一章讨论。

知识和创新的副总裁，拉里·休斯顿及他的同事（Larry Huston，2006）对宝洁公司的报道介绍了泰普斯科特和威廉姆斯（Tapscott &Williams）的案例。有人认为在品客薯片 TM（Pringles ™）上印刷流行图片可能增加销量，他们就去检索文献，发现一位意大利的研究者（面包师）已经开发了在面包上印刷图片的方法。与这位面包师一起工作，将该技术用于品客薯片，这使得品客薯片的销售额有了两位数的增长。宝洁公司这种例行公事般地检索相关兴趣文献，为研发部门节省了数百万美元的成本。休斯顿目前正在与印度以及其他国家的研究人员一起准备综合性的概念图，以处理糖尿病、眼部保健和其他领域的健康保健。印度、中国和其他国家的许多学者发现，他们可以将他们的知识出售给全世界任何一个感兴趣的团体，并留在家里继续他们的研究。未来我们将看到更多这样的"平坦化世界"里知识的创造和使用。我们还应看到创新在很高的程度上依赖于高水平的教育和顶级研究人员的投资。花王（Kao，2007）指出，正是对创新人才的投资使新加坡成为首屈一指的创新型国家，并由此实现了经济繁荣。

哈珀（Harper，2001）提出，宝洁公司品客薯片是一个很好的例子，阐释了一个关注前进的公司需要什么。哈珀表示，一个有前瞻性的公司不只是一个学习型组织，而是"不将所有时间花在开发新知识上的学习型组织。他们认识到，如果他们所需的知识已经存在，就没有理由白费力气做重复的工作。学习型组织构建知识网络，这样他们就能够访问关键信息"。在数字时代，信息组织的问题是极其复杂的，并没有简单的答案（Borgman，2007）。然而，我们发现，概念图是一个强大的工具，可以同时帮助知识获取和知识存档。在未来，我们会越来越多地看到概念图工具成为协作和知识分子的利器（Cañas，et al.，2001）。

如前所述，概念图工具提供了一个拥有专利的搜索功能，那就是允许你在给定的概念图中搜索一个概念，软件识别给定概念之间的关系，从而将搜索"情境化"。这意味着在互联网或其他概念图文件中识别出的资源更可能是有价值的，一个人不需要通过几十或数百次的"点击"从概念图 IHMC 服务器或网站筛选出一个相关的资源。越来越多企业有兴趣使用概念图工具，我预期这将加速概念图的发展。

# 08 Chapter 教育与管理的情境

## 8.1 情境的重要性

教育和管理都是在特定情境下发生的事件。情境包括情感特征、组织特征、物质特征以及文化特征，而这些特征之间也是彼此包含的关系。情境的限制常常是导致教育或管理无效，甚至起反作用的原因之一。情境的复杂性可从图 8.1 中看出。

正如我教育理论中的其他概念一样，图 8.1 中的概念也都是相互关联的，只是联系的紧密程度略有不同罢了。之前我们提到的为小学科学课而开发的音频课程就是一个例子。在硬件设施的支持下，即便是在纽约州一节传统的小学课堂中，这样的音频课程依然成功创设出了特殊的教学情境。开发音频课程的初衷是为了严格控制知识呈现。但是，它的第二个重要的目标是要广泛利用一手资料、设备、直观教具，这样不仅可以帮助部分学习者掌控学习节奏，也可以为学生提供情感上中立或积极的、文化上敏感度高的案例。诚然，我们尚未实现理想目标，但确实已经对学生的学业成绩产生了长远的积极影响。这表明我们比传统的小学科学课教学略胜一筹。与我们合作过的一位老师这样评价道:“对于乔治（George）来说，集中注意力是件很困难的事，但每周科学课上的 15 ～ 20 分钟却是个例外。”我们的评价访谈也证实了这一点，乔治在科学课上确实参与了学习，因为他这门课的表现超过了绝大多数同学。卡利（Kahle）和她的同事们（Kahle，et al.，1976）发现使用音频生物学习材料的高中生和使用传统学习材料的学生之间最大的区别在于前者的课堂出勤率明显高于后者。学习者对所学内容意义的认可是最有效的学习动机，而这些发现也印证了这一说法。对于学习者和工作者来说，这种所谓的认知驱动远比常见的奖励引发的短暂动力有益得多。

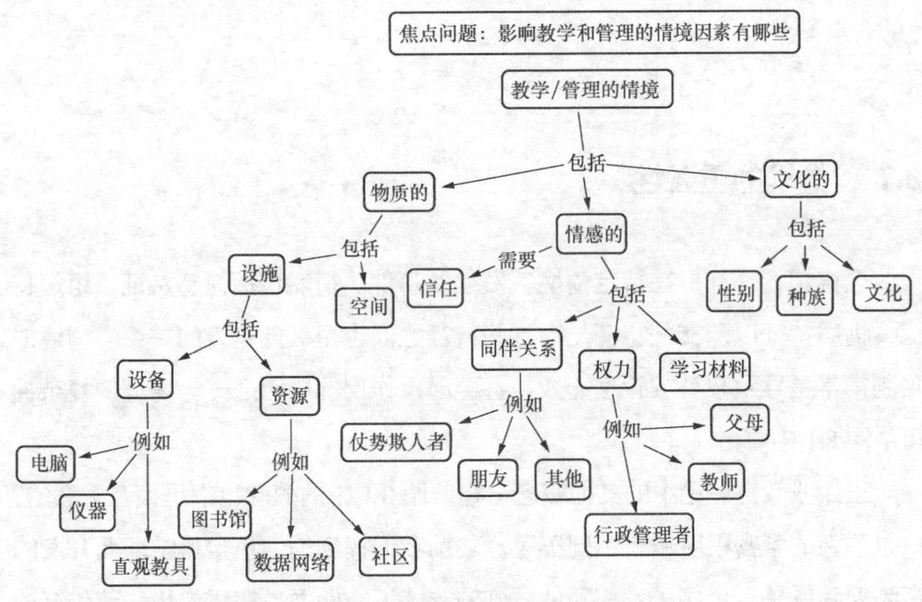


■图 8.1　教育和管理情境创设中涉及的各种因素

新科技的爆炸性发展为学习者提供了越来越多的电子辅助学习的情境。借助这些情境，学习者可以充分利用个人偏好学习。与此同时，教育的实现和选择也发生了翻天覆地的变化。学龄儿童与计算机游戏以及其他电子媒体打交道的时间比大多数成年人还要多（Stansbury，2008）。电子资源在学习中使用受限的主要原因是老师不愿意用。当学生们已经习惯于利用这些资源的时候，老师们却迟迟不愿做出改变。德瓦尼（Devaney，2009）报道：比起传统学校教育，一些学生更喜欢在线学习，例如，加利福尼亚—洛杉矶洞察力学校项目，学生完成在线学习后可获得高中文凭。有的时候我在想，如果 70

年前也有这样的选择，我会怎么做呢？我写这本书的目的之一就是要引导教育走向进步，不论是在传统情境下发生的教育，还是在电子辅助的情境下进行的教育。

## 8.2 情感情境

### 8.2.1 情感的重要性

人们是从什么时候开始关注自己的感受以及周围人的感受的呢？邓恩（Dunn，1987）和刘易斯（Lewis，1995）认为未满 1 岁的婴儿已经开始表现出对自己感觉的认知。到 20 个月大的时候，他们不仅表现出对自己情感的关注，同时也清楚地表现出了对周围人情感的关注。例如，一个稍大孩子看到一个宝宝正在哭的时候，会把自己的奶嘴或心爱的玩具给对方。人类对所有事件进行意义构建时也会融入情感因素。潘菲尔德（Penfield，1952）发现如果在人的大脑中安装电极以刺激大脑的特定区域，被刺激者不仅可以回忆起一些事件的细节，还可以回忆起当时的情感。人类的每一段体验都综合了他们的思维、情感和行动。近期研究（Niedenthal，2007）表明“我们在感知和思考情感时，会再次体验感知上、躯体内脏和肌肉运动上的感受（统称为‘具象化’）。在实验室中，这种伴随着面部表情和身体姿态控制的情感具象化过程会影响信息加工。”我们看到越来越多的研究都证实了以上观点，认为思维、情感、行动三者相互作用，构建体验。我们现在面临的挑战是如何利用这一知识去改善学校和公司环境下的学习。

人们可以通过学习来强化对自身的积极情感的同时学会更加关注他人的情感吗？答案是肯定的。然而，关爱、同情、关心、责任和义务的情感并不会随着我们年龄的增长而自然形成；这些特质需要学习和练习，而学习和练习的过程可能需要穷尽一生。

哈里斯（Harris，1969）在伯恩（Berne，1964）的研究基础上撰写了自己的畅销书《我好！你好！》(*I'm OK—You're OK*)，其中着重描述了交流分析法（Transactional Analysis，TA）。许多精神病学家都会用这个方法帮助人们认识自己和他人的情感。交流分析法的理论依据是我们每个人在从婴儿期向幼儿期过渡时，都曾经历过“你很好，我不好”的情感体验。我们把双方的对话和交互行为作为交流分析的基本单位。伯恩定义了3种情感状态，他分别称之为父母状态、儿童状态和成人状态。父母状态是对标准的“记录”，收集我们成长过程中从父母或其他“权威”人士那里获得的标准意识。这些记录包括，“别碰它，你会把它打碎的”“今天外面冷，出去的时候要穿好衣服，戴上帽子”“别和约翰或者玛丽打交道，他们不是好人”，等等。这些警告可能是对的，也可能是错的，但是我们会把它当作真理，不敢违抗，否则会觉得内心不安。与之相反，儿童状态是对在父母管教下的儿童的感受的记录。儿童型的人常常认为“你很好，我不好。”婴儿在10个月大的时候就具备了足够的掌控力，他们不仅可以作用于周围的环境，还可以在一定程度上控制周围的环境。在这个过程中，孩子开始“记录”他们有意识地控制周围环境的方法，包括如何利用微笑和亲吻来获得大人的许可。孩子开始逐步形成自己的成人状态。成人状态是一个理性的状态，这个状态的人可以理性地控制人和事。与此同时，个人的情感也会进化到“我很好，你也很好”的状态。

老师和管理者们时常会发出不合理的指示。他们表现得像父母，从而激发出了学生以及下属身上的儿童情感。这显然不是激励别人好好表现的明智选择。然而，稍加观察，我们可以发现父母型处理方式引发儿童型情感的情况比比皆是。当然，我们每个人在生活中都会表现出父母型、儿童型、成人型三种做事方式，同时也会被别人这样对待，但绝大部分人在多数时候都可以维持成人型的情感状态。当巨大的压力迫使我们偏离正常轨道时，就该轮到精神科医生出场了。

教师和管理者们长期面临的挑战是如何在与人相处的过程中持续保持并不断强化“我很好”的形象。其标准简单而又深刻：我要怎样将学习体验的意义最大化？正如马斯洛（Maslow，1984）所指出的，我们需要充分考虑个体的情感需求。这也是我们这一章，以及其他章节一直在强调的主题。

### 8.2.2 爱的艺术

乍一看，您可能以为我在谈论性爱之事。我绝对认同性爱的重要性，而且各大书店里都不乏相关书籍。但是在这里我倒是想讨论一下佛罗曼（Fromm，1956）在他的《爱的艺术》（*The Art of Loving*）一书中提到的爱。在“爱的理论”那一章中，佛罗曼说道：

> 嫉妒、猜忌、雄心、贪念都只是情欲；爱是行动，是人类力量的实践，而且这种实践发于自由，止于强迫。
>
> 爱是一种主动的行为，而非被动的感受；爱是你“主动地钻进去”，而不是“被动地为谁而跌入其中”。总的来说，爱的主动性特征可以理解为爱是给予，而非索取。

佛罗曼所说的给予不只局限于物质层面。当一个人帮助他人强化其“我很好”的形象时，也是一种付出。真正有爱（懂得给予）的人是有吸引力的，这种吸引力不在于他给别人提供的物质材料，而在于他带来的理解、同情以及对意义的追求。而我们中很多人都曾经有过至少一次这样的体验，感受过一位优秀的老师或管理者带来的爱。

佛罗曼还论述了爱的另一个重要概念：公平。

> 公平是指在商品和服务以及情感的交换过程中，不使用任何欺骗的手段。在资本主义社会，无论是物质层面，还是爱的情感层面，“你给我多少，我就等量地回馈给你，”这是最普遍适用的道德准则。有人甚至认为资本主义社会作出的特别贡献就是促进了公平的发展。
>
> 这一事实是由资本主义社会的本质所决定的。在前资本主义社会，决定物品交换的可能是权利、传统或是个人的情感纽带。但在资本主义社会，最重要的决定因素就是市场交换。不论是与商品市

场、劳动力市场，还是服务市场打交道，我们每个人都公平地出售自己所拥有的，以换取自己所需的。

然而，佛罗曼也对资本主义社会下的公平和有关爱的其他概念提出了质疑："资本主义的根本原则和爱的基本原则是相互冲突的。"

在当前体制下，有爱的能力的人绝对都是特例；在如今的西方社会，爱更成了稀有现象。这倒不是因为很多职业不允许有爱的态度，而是社会精神使然。全社会都以生产为中心，贪婪地追求商品交换，只有那些敢于突破社会风气的人才具备去爱的能力。一些人坚定地认为爱是解决人类存在问题的唯一途径。然而这些人也认识到，要想使爱从个别、边际现象转变成社会普遍现象，必须对整个社会结构做出彻底变革。然而在本书中，我们对如何实现这样的变革只能是点到为止。

主导我们社会的是政府管理机构，是职业政治家们；人们普遍得到一种暗示，认为自己的目标就是尽可能地生产和消费。所有的活动都服务于经济目标；手段变成了目的；人成了机器，吃得好，穿得好，却遗忘了对人类特质和功能的终极关怀。一个人如果想要具备爱的能力，首先要将自己置于至高无上的地位，明白一切经济机器都是服务于自己的，而非反之。他必须学会分享经验，分享工作，而并非只是分享利益。社会的组织方式应该让一个人爱的社会性与他的社会存在相统一，而非彼此背离。我一直想告诉大家，爱才是解决人类生存问题的唯一合理途径。如果这一观点正确，那么任何一个试图阻止爱的发展的社会，都是对人性需求的漠视。事实上，讨论爱的话题，绝不是一种"说教"，因为它是我们每一个人的终极需求。这种爱的需求虽被淡化，但并不意味着它不存在。分析爱的本质首先要认识到，它目前是缺失的，同时要认清导致这一现象的社会因素。坚信爱会从个别现象发展为社会现象源于我们对人性的信仰。

我钦佩佛罗曼在《爱的艺术》(*Art of Lovthg*)一书中的言论，也承认这是一本近期少有的好书，但对于“资本主义和爱不能并存”这一观点不敢苟同。商业全球化不断发展，竞争压力与日俱增，使得越来越多的经济学家和作家们认识到，长久的商业成功需要一些新的因素，而这些因素正是佛罗曼提出的爱的要素。佛罗曼的观点只适用于20世纪90年代之前的资本主义，但是现在，我们已经进入了德鲁克提出的后资本主义社会(Post-Capitalist Society, Drucker)。当今社会，知识和知识创造已然成为获得利益的主要来源。但是我们应该如何创造知识，同时确保公司上上下下都能充分利用这些知识呢?当然不能只依靠管理层“自上而下”的规定。德鲁克观察到:

> 在知识型的组织中，每一个人都应该为组织的目标、贡献及行为负责。
>
> 这意味着组织中的每一个人都应该清楚地认识到他们的目标和可以做出的贡献，从而承担起相应的责任。同时,“伙伴”将取代“下属”。此外，在知识型的组织中，每一个人都应该能够依据反馈信息掌控自己的工作。所有的人都应该问自己:“此时此刻，我能为组织及其使命做些什么?”换句话说，每一个人都应该成为负责任的决策者和“执行者”。
>
> 一个建立在认同感基础上的社区才是后资本主义社会所需要的，才是知识型工作者们所期望的……

然而，德鲁克如何看待企业员工身上的认同感呢?

> 高额的薪水买不来“忠诚”;只有当员工在雇佣企业中拥有实现自我价值的绝佳机会时，他们才会表现出“忠诚”。不久之前，我们还在讨论“劳动力”。但现在，我们越来越多地谈论“人力资源”。这意味着，每一个知识型员工对于自己能够做出什么贡献，做出多大贡献持有较大的决定权。
>
> 在知识型和服务型工作中，与负责任的工作者建立起合作伙伴关系是提高生产力的唯一途径。其他任何方法都只是徒劳。

我们发现了一个有趣的现象：越来越多的公司，包括沃尔玛、大众超市这样的零售企业在内，都开始称自己的员工为“同事”“伙伴”，即便是普通的货架摆放人员也不例外。这种现象越来越普遍自然是有其道理的。

德鲁克并非一家之言。越来越多的经济学家认为我们已经进入了全新的时代，应该重新认识资本主义。野中郁次郎和竹内（Nonaka & Takeuchi，1995）阐述了为什么一个组织的上下各层都需要认同感和责任感。

> 任何全球范围的组织知识创造要想获得成功，必须满足以下 3 个条件：①参与方的上层主管必须对该项目表现出强烈的认同感。这种明确的支持是刺激项目成员全心投入工作的第一步。②指派有能力的中层管理者担任项目的“全球知识工程师”也至关重要……③项目参与者应该彼此充分信任。信任的建立需要使用双方都懂的、明确的语言，有时还需要长时间的社交往来和双向的、面对面的交流，只有这样才能消除猜疑，尊重彼此，真诚相待。

华特曼（Waterman，1995）在《美国做对了什么？》（*What America Does Right*）一书中，提出了以下相似的言论。

> 优秀企业的独特之处在于它们的组织安排。具体来说：
>
> • 以人为本，注重满足员工的需求。因此，它们能够成功地吸引更加优秀的人才，并促使他们更好地工作。
>
> • 以消费者为重，重视满足消费者的需求。因此，它们或者可以创造性地预测消费者的需求，或者可以更加可靠地满足消费者的期待，或者可以提供价格相对便宜的产品和服务，甚至可以同时做到上述几点。

此外，企业要想成功，还需要重新认识消费者和他们的需求。只有与消费者进行对话，才能逐步理解其需求。

> 消费者的大多数需求都是隐性的，也就是说他们通常不能明确地阐述自己的需求和想法。如果你问他们“你需要什么？”，大多数消费者只能根据有限的、以往的消费经验做出回答。传统市场调查

中使用的单向调查问卷就存在这一重大缺陷（Drucker，1993）。

弗雷和查兰（Lafley & Charan，2008）的研究则更进了一步，他们把顾客当作“老板”。

> 不论消费品行业、服务行业，还是企业对企业的工业品行业，创新改变“游戏”的根本原则是以消费者为中心。尽管很多企业都宣称自己是“以消费者为中心”的，但很少有企业在创新过程中真正做到这一点。

在图 8.2 中，弗雷和查兰向我们展示了如何将消费者作为“变革游戏”创新的推动力。他们还对八大“创新驱动力”进行了如下解释。

> 宝洁是一家以目标为导向、以价值为驱动的公司。全球有数 10 亿人渴望通过获取消费得起的产品和服务，实现改善生活的目的。而我们的目标就是持续为消费者提供高性能、高品质、高价值的产品，从细微但有意义的方面改善其生活。

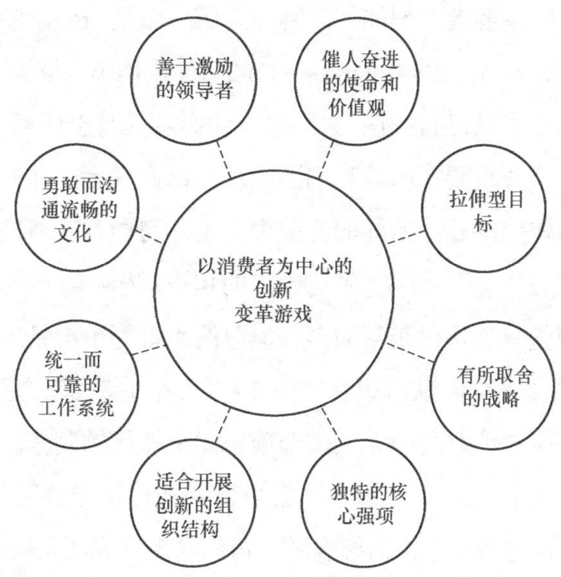


■图 8.2 “变革游戏”的创新需要“以消费者为中心”，同时关注以上八大基本驱动力[1]

❶ 引自弗雷和查兰（Lafley & Charan，2008）。兰登书屋（Random House）再版。

为了更好地了解消费者的需求，宝洁公司于2002年启动了一个消费者渗透计划，鼓励企业各层员工走进消费者的家中，与其共同用餐、购物，以观察他们使用消费品的各个方面。此外，宝洁公司还实行了一个名为“Working It”的消费者沉浸计划，让员工到小型商店工作，与顾客直接接触，以获得及时的购物反馈。这些消费者渗透计划帮助宝洁准确地了解到了消费者的隐性需求，这是一般性调查无法实现的。

在弗雷的领导下，宝洁公司开展了一项对外搜集创意和研发理念的活动。凭借此法，宝洁公司在意大利成功地获得了一项创新烘焙技术，可以往烘焙食品上印各式图案，并应用在了品客薯片上。宝洁公司的这种“知识勘探”的做法被越来越多的其他企业所采用，期望猎取本公司以外的创意工作。拥有大量受教育人口的印度和中国逐渐成为各国公司创意搜寻的重要源头。

从1993～1998年，我与宝洁公司的合作长达5年。其间，我们与公司的多个团队合作过，包括研发团队、营销团队以及其他一些综合性团队。我们合作的第一步都是要教他们如何绘制概念图，以及与概念图相关的一些理念（如Novak & Gowin，1984；Novak，Cañas，2006a）。然后，我们会让他们就所给问题“挖掘自己已有知识”。很快，我们发现对于任何一个项目来说，团队领导的确立至关重要，而且我们还应该在每次开会之前先和团队领导确定好一个合适的焦点问题。这样的会前准备工作可能要花费几小时，但反过来可以在会上节省1～2小时。先前确定的焦点问题和3～5个相关概念后期可能需要再调整，这是很正常的事，但总的来说提前准备还是可以节省时间的。通常来说，一个团队可以在1～2小时之内完成概念图的绘制工作，我们也可以在2～3小时之内完成一个项目团队模板的制作。通常我们会把一个团队再细分成几个小组，每个小组负责完成自己专业所长的那个部分。之后，团队一起讨论各个小组的概念图，再将其整合到团队概念“总图”上，并完成修订工作。通常这个过程会在厚板上，利用报事贴（Post-Its™）完成。随后，宝洁公司的工作人员会将这种纸质版的概念图再用计算机绘制出来，并发送给所有团队成员，以备后期讨论和修改。“知识与创新”时任副总裁（休斯顿，Huston，2004）指出，概念图的使用不仅极大地促进了团队工作，而且激发了许多重要的创新，带来了更大的收益。

企业把顾客当作“老板”只是第一步。我认为未来的成功企业应该成为“教育型企业”。它们应该积极地与消费者沟通，更好地了解其需求，同时帮助消费者了解实现自我需求的最佳方式。一个真正“教育型的企业”应该尽可能地满足消费者需求。弗雷和查兰（Lafley & Charan，2008）认为宝洁公司在这方面的努力值得称赞。之后，我会具体解释什么是教育型企业。

### 8.2.3 同伴关系

对于很多学生来说，能和朋友在一起是他们上学的重要动力。事实上，这也是一些被开除的学生和辍学学生愿意重返校园的重要原因。然而，当学校教育不能满足绝大多数孩子的需求时，那么，他们的朋友可能就不会出现在学校，而是在商场、街头帮派，甚至是监狱里。频繁搬家、校园交友困难都是导致辍学的重要原因（美国教育部，2001）。教育者面临的挑战是如何帮助学生建立相互尊重、彼此关爱的良性同伴关系（peer relations）。现在越来越多的学校提倡“合作学习”（Johnson & Johnson，1988; Slavin，1982），这种学习方法就是鼓励学生相互协作，通过团队努力完成学习任务。团队之间可能会有竞争，这种竞争可以促使学生表现得更加出色。然而，教育者必须确保评优的标准对于每个团队来说都是公平、合理的。至于如何做到这一点，很多作者都曾著书献策。

其中，我发现概念图就是一个很好的方法，它能够有效地建立信任和积极的同伴关系。每个人先绘制自己的概念图，再集体分享。在此期间我们会发现，每一个人都只看到了大的概念图的一个方面，没有谁能够画出一张“完美”的地图。那些关注自我、渴望获得认可的成员通常会在讨论中率先展示自己的图。其他人随着理解的深入，也会各抒己见。这有点像“盲人摸象”的故事——每个人都只看到了整体的一部分，综合考虑所有人的想法之后才能完成一张更加合理的“图”。个人的概念图完成之后，合作学习小组就可以共同创作“团队地图”，再投票选出最好的那张（评选过程中可能会出现良性竞争）。这样的过程也同样适用于V形图。

■图8.3　高中物理课上，两个学生正在用白板绘制概念图（本图经戈尔曼授权使用）

在团队构建过程中如果可以充分考虑敏感问题，可以降低因性别、种族、文化差异、性格差异等引起的偏见。马萨诸塞高中的戈尔曼老师在自己的物理课上利用白板和可擦除马克笔成功地解决了学生小组学习的问题。由于学校的计算机资源有限，学生们通常先在白板上绘制概念图，再用概念图工具软件重新绘制。图8.3和图8.4是两组学生的作品。等到可以用计算机时，学生小组会合作完成电子版的概念图。其他硬件条件有限的学校来也可以尝试使用戈尔曼老师的方法。他会从家居用品商店购买4×8规格的白板，再裁成教学用的白板，价格低廉，经济实惠。戈尔曼在一次采访中曾说使用概念图的学生要比不使用概念图的学生表现得更加出色。

个性因素本身很复杂，它们对学习的影响也同样复杂。教育领域对此进行了不计其数的研究，研究因素包括内部动机和外部动机、内控力和外控力（如“谁掌握我的命运，是我还是其他力量”）、教条主义和开放主义。有一个研究项目对75000名研究对象开始了自其出生之日起的追踪调查，其结果表明，10岁时控制力（认为自己的命运由自己掌控）较好的那部分人，在 30 岁时患肥胖的概率较低，压力较小，身体状况更好（Norton，2008）。问题关键是个体要如何实现“我很好”这样的自我认知状态呢？我们努力的目标是创建一个能够促进同伴关系建立、自我认同感增强的教育和工作情境。

■ 图 8.4　一个 4 人小组绘制的有关物理运动的概念图。在实验室、其他学科学习和概念图绘制中，学生们都很喜欢小组合作（本图经戈尔曼授权使用）

工作场所的同伴关系和校园中的同伴关系一样重要。我们做过的一项研究表明，工作情境下同伴关系之间的不满主要源于双方对自己及对方的工作特性了解不够（Fraser，1993）。当我们将员工各自的工作用概念图绘制出来，并共同分享之后，格温（Gwen）终于明白了为什么凯瑟琳（Catherine）会那样做；同样，凯瑟琳也明白了格温行事的原因。短短几分钟内，两人之间长达两年的矛盾化解了。6 个月后，两人都反映说对同伴关系很满意，如图 8.5 所示。

在企业中，概念图可以帮助我们更好地理解问题，寻找新的解决方法，同时也能帮助我们更有效地组织和呈现知识。当每个人的职权范围都明确后，同伴关系也会随之改善。本书的第 6 章就具体讨论了这个问题。

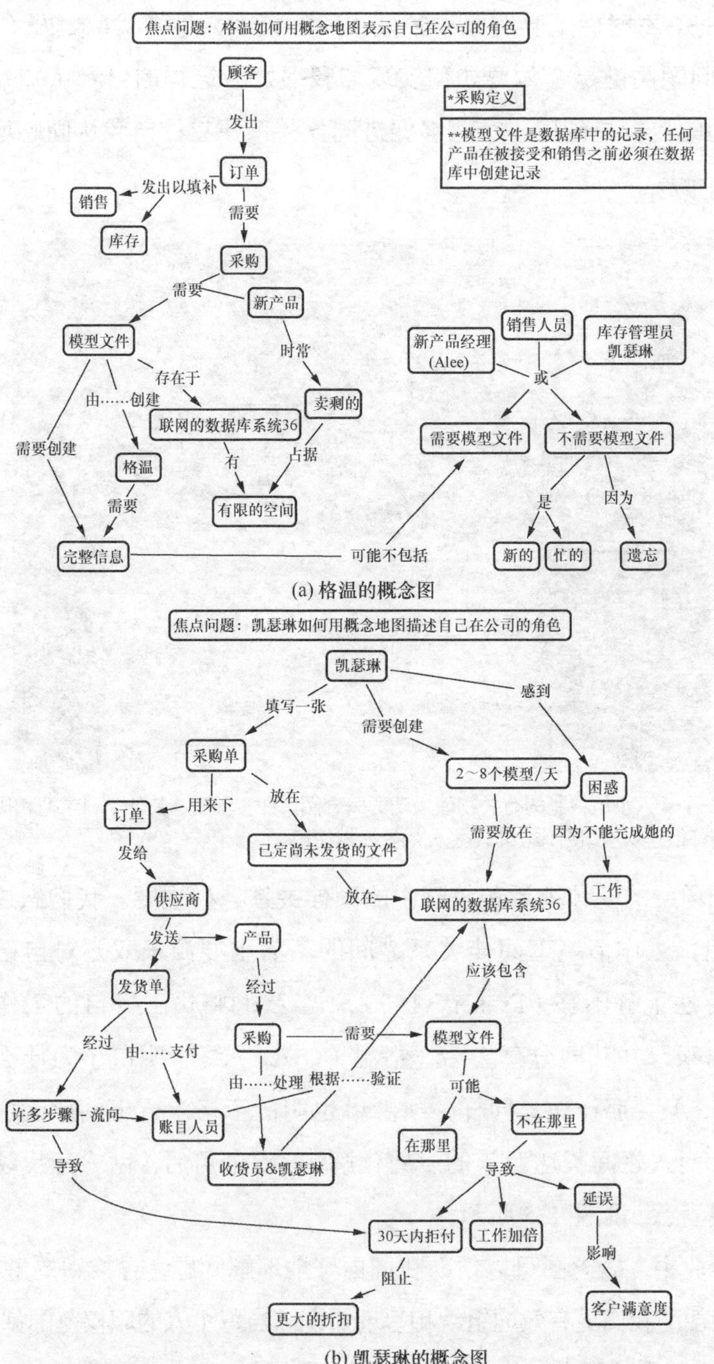


■图 8.5　概念图呈现了计算机销售办公室中两个员工的工作特点和心理感受。当格温和凯瑟琳分享完彼此的图后，两人的矛盾迅速消解了

不论是在工作环境，还是在学校中，评价的结果可能强化同伴关系，也可能破坏同伴关系。希金斯（Higgins，1995，205 ～ 206 页）在《革新或消亡》（*Innovate or Evaporate*）一书中指出，企业要想鼓励创新，就必须采取多样化的认定和奖励手段。单纯地依靠金钱是行不通的。

在本书的第 9 章中我们会提到，评价措施应尽量避免将个体放在对立的竞争面，而应注重对团队的评价，以促进团队的自我提升。此外，我们还应重视对教育体验过程中情感的评估，而这正是我们现阶段所欠缺的。了解学习者对同伴的情感态度，以及他们觉得同伴如何看待自己是很有必要的。

### 8.2.4 学习材料

学习材料可能会促进自我提升，也可能会产生反作用。例如，数学成绩不好的人在遇到任何一个涉及数学问题的任务时，都可能会表现出消极的态度，即便当时的物质情境和文化情境都很有利，而他也具备问题相关的知识。那么，出现这种情况时，教育者应该如何应对呢？虽然解决它并不容易，但我们总是有办法的。

概念模糊。学习数学的难点之一在于许多教材都存在概念模糊的问题，也就是说，它们不能清晰地呈现概念之间的关系，而我们要想理解数学思想含义，就必须明白这些关系。这个问题很普遍，从小学数学到大学数学都可以见到。教材上呈现的往往只是解题步骤。

图 8.6 展示了要理解“数”这个数学概念需要掌握的其他主要概念。同时它也说明了为什么学生在解数学题过程中会出现困惑。所以，我们就从这张图说起，谈谈数学中的概念。例如，数，既可以用于标示单位，如英镑、英寸、小时等，也可以用于运算，如加、乘、除等。但是，数在这两种功能中的意义是不同的。2+2=4，是一种运算，但 2 小时加 2 分钟，就不是简单的 4 小时或 4 分钟了，而是 122 分钟，因为其中涉及了不同单位之间的转换。

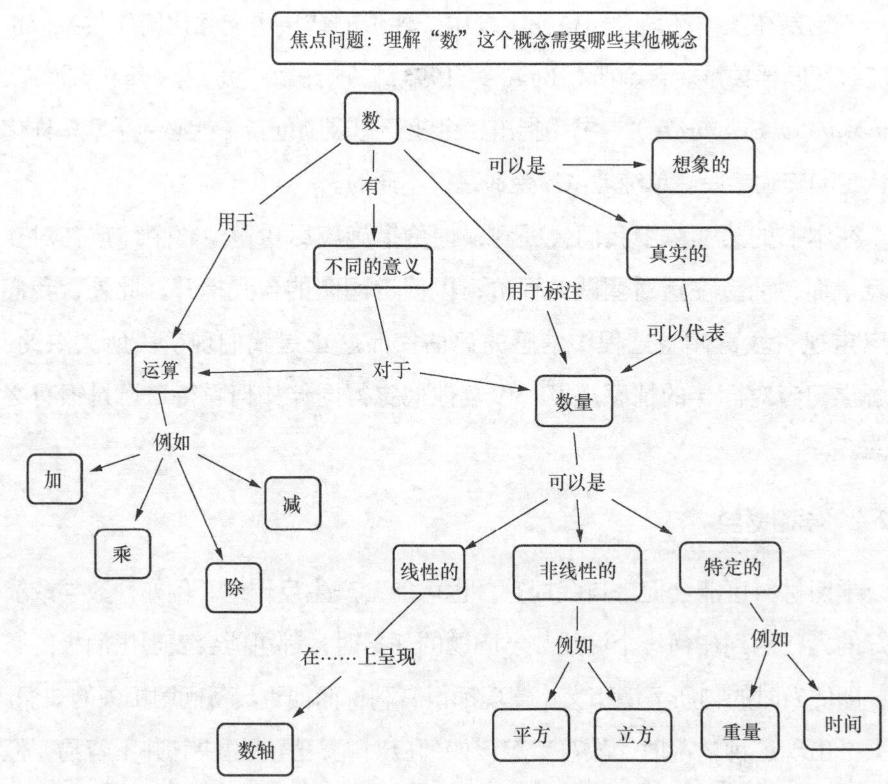


■图 8.6　理解“数”这个数学概念需要的主要概念

亨德森（Henderson）是康奈尔大学的教授，同时也是一位杰出的数学家。他在帮助我画完图 8.6 后，感慨地说自己也是在事业后期才理解数的两种不同含义。巴鲁迪和班森（Baroody & Benson，2001）一直在研究到底应该从什么时候开始教孩子有关数的知识。最终，他们得出结论，数字教育可以开始于 1.5 ～ 3 岁，同时还应该告诉他们数用于计算和计数单位时的不同含义。许多人认为数学晦涩难懂的原因之一在于他们没有透彻地理解图 8.6 中那些基本概念的含义与区别。当我们需要解决更加高级的数学问题和完成数学应用时，困难似乎又成倍地增长了。长此以往就会出现所谓的“数学焦虑”，但是绝大多数对此问题的研究都没有能清晰地认识到“概念模糊”这个根本原因。我相信，只要我们努力将数学“概念清晰”化，它一定可以成为最易掌握也最能产生成就感的学科之一。到目前为止，数学教育圈中只有少数人认同我的观点，但是可喜的是，这个人数正在逐步增大。我们近期出版的著作中（Afamasaga-Fuata'i，K，2009），阐述了概念图在数学中的应用。我希望随着此书的出版，能有越来越多的人在解决数学问题的时候关注到数学概念。

此外，我们还观察发现：重视抽象、象征性思想的数学教育比注重解决具体数学问题的教育更加有效（Kaminski，et al.，2008）。诚然，具体案例可以在初始阶段促进学习，但抽象案例更有助于知识迁移，解决新问题。

我们在改善数学教育的过程中面临的另一个难题出现在代数教学上。我们知道代数是高等数学的基础，函数则是进一步学习的“敲门砖”（Mervis，2007b）。遗憾的是，高中阶段的代数教学一味地强调标准问题的训练和练习，而忽视了代数概念性的理解。北佛罗里达大学的考德威尔（Caldwell）和同事们一起发起了一个特殊的项目，尝试让高中生将概念图工具软件引入代数学习中。欲知更多信息，请联系比尔·考德威尔，邮箱地址为 wcaldwell@unfal。

意义学习只有学生自主发现概念、原则和关系时，才算真正的学习。这种说法正确与否，尚无定论。因此，学习情境就成为各种学习材料和“科学方法”的实验和实践场所。本书的第 5 章曾提到，大多数所谓的发现学习其实和低效的接受学习一样，是机械的、无意义的。事实上，不论是在20世纪，还是在今天，广泛使用的说教式学校教育都很难给学生带来可实际应用的知识。桑代克（Thorndike，1992）曾描述说，有的学生会计算课本上（$x+y$）的平方，却不会计算（B1+B2）的平方。再多的坐标纸和模型都不能解决这个问题，只有当老师和学生都明确地理解相关的概念和知识时，问题才能解决。这种情况同样适用于工作环境。1999 年，有两个设计团队共同参与火星轨道探测器计划。遗憾的是，他们在计算过程中没有使用相同的单位，一个用的是英制单位，另一个用的是米制单位，结果导致火星轨道探测器被撞毁，损失 1.25 亿美元。此次事故不仅造成了重大的金钱损失，还迫使火星探测计划推迟了 10 个月，因为需要更换探测器，并重新到达火星。

由此可见，我所说的概念模糊的问题显著地存在于各个研究领域之中。我刚上学的时候，很讨厌历史，认为历史学习只不过是记忆一些时间、姓名和地点罢了。但后来我逐渐认识到历史是人类经验的集锦，它记录了穷困、受压迫人民的苦难，记录了达官贵人们的强大。我发现只要你能将它们置于历史进程的大图景中，学习历史似乎不那么难，甚至还很有意思，那么那些时间、名字和地点也不再难记了。

有人已经做了一些有意义的努力，尝试重新组织学习内容，使之变得有趣好玩。其中，加仑（Cannon）的《身体的智慧》（*Wisdom of the Body*），邦纳（Bonner）的《生物学的观念》（*The Ideas of Biology*），康芒纳（Commoner）的《封闭的循环》（*The Closing Circle*），丹瑟尔（Dethier）的《认识一只苍蝇》（*To Know a Fly*），穆勒（Muller）的《历史的织机》（*The Loom of History*）都是饶有趣味的教育读本。例如，穆勒在书中给出了 5 个隐喻，如果你读懂了这 5 个隐喻，就能明白我们为什么要改善环境，确保可持续发展。其中一个隐喻是这样写的："天下没有免费的午餐"，这一观点不仅适用于生态学，还适用于其他很多领域的知识。隐喻在传达信息上有生动形象之效。在《我们赖以生存的隐喻》（*Metaphors We Live By*）一书中，兰考夫（Lakoff）和约翰逊（Johnson）提出我们的许多思维和行动都可以用隐喻来解释。隐喻这个强大的工具既可为组织所用，也可为个人所用。野中郁次郎和竹内（Nonaka & Takeuchi，1995）详尽地阐释了"高个子男孩"这个隐喻。本田公司借助这个隐喻背后的深意激励团队革新汽车制造理念，使其产品更加适合城市。

1963 年，美国国家科学教师协会（National Science Teachers Association，NSTA）课程委员会（Committee on Curriculum）召开会议，希望明确一些科学"大理念"，用于指导自幼儿园到大学不同时期的课程设计。该协会最终确立了 7 个"概念架构"（Novak，1964）。这项工作获得了广泛的关注，同时也遭受了一些质疑，但是希望将这些基本的主要概念作为后期发展和研究基础的想法并未得到落实。原因之一是，在 20 世纪 60 年代以及之后的一段时间内，行为心理学以及对"行为目标"的重视主导了学校教育理念。当时，奥苏贝尔（Ausubel，1962；1963）的认知学习理论才刚刚被提出，在美国尚未获得广泛认同（其实，在现在也未必能获得认可）。强大的概念图工具尚未被开发，这样很难向人们展示，在面对无数的科学概念和原则时，上位概念在促进意义学习的过程中起到多大的作用。直到今天，很多学生依然认为科学学习就是记忆“事实”和解决问题的步骤，而这样学到的东西通常会在 6 个月后被遗忘殆尽。

总部位于科罗拉多州博尔德的社会科学教育协会（Social Sciences Education Consortium）耗时数年颁布了社会科学的基本概念，希望成为该领域学校教育的基础。遗憾的是，大多数社会科学课堂依然停留在“孤立”事实的记忆上。很少有教科书或是教育项目能真正关注穆勒提出的历史“大理念”（1958）的想法，或是社会科学和人文科学中的重大智力成果。概念图工具服务器（http://cmap.ihmc.us）上有成千上万张概念图，相较心理学而言，人文科学和社会科学相关的概念图少之又少，这也是不重视概念理解的另一体现。

也许，此书的每一个读者都曾经历过轻视基本概念理解的课堂。如果你参与了这种无意义的游戏，那么你可能还记得当时的心理感受，除了一些外在的奖励之外（如老师的赞许和考试的高分），毫无成就感可言。而那些拒绝甚至嘲笑这种游戏的学生们往往会受到家长、老师和同伴的抵制，同时也会遭受有“学习障碍”的人、辍学的人，甚至是不法分子的骚扰，饱受情感折磨。

## 8.3 物质情境

### 8.3.1 学校设施，千篇一律

1971 年，我和同事们一起完成了对示范学校科学设施和项目的调查研究（Novak，1972）。我们向学校领导、设计师、设备公司征集示范设施的提名。

经过电话访问和当地同事的实地考察，有近600所学校获得提名，最后140所学校当选最佳。这些获胜的学校都接受过我们团队成员的实地考察，有的甚至经历了多人多次考察。

令人震惊的是，大多数时候，即便是那些被提名的学校，也都很传统，设施和项目高度雷同。通常都是一个礼堂、几个健身房、可容纳25～30个人的教室、一个图书馆或学习中心以及行政楼。屋内的设施包括固定的试验台（或是安装在教室四周，或是安装在教室的后方）以及可供两人使用的学生课桌和座椅。绝大多数教室都遵循了“开放空间”的模式，适合多小组学习，地上铺地毯，桌椅可随意摆放成各种样式，有学生项目空间和材料供给中心。

我们向新学校和有重建意愿的学校推荐“开放空间”的模式，但两个重要的附加条件：①教师应接受深度培训，以适应新课程发展，掌握设备使用技能，具备管理学生、教师相互关系的技巧；②需要支持人员、设备中心和一套不同的课程。很多学校尝试建立新型的、更加灵活的开放式设施，但因缺少教师培训和相关支持而最终导致设备的荒废。有些学校甚至退回到了传统的模式，将开放空间“用墙圈起来”，里面设有柜子、书架以及各种可上锁的家具。研究印证了本书的一个重要观点，即教育包含5个方面，单变其一，不足以动摇其根本。有的时候，老师和学生甚至觉得新设备还不如旧设备。

自1971年至今，学校的设备鲜有更新。我曾在1972年的报告中指出该问题，阿尔济（Ariz，1998）在不久之前也曾发出同样的呼吁。就目前而言，学校主要增添的就是计算机房了，通常也只是在传统的教室基础上改造的。诚然，我们越来越少地听到“行为目标”，而是更加关注学生自主构建知识的需求，但总的来说，教学大纲改动甚微。国家科学教师协会不久前发表了一份有关科学设备的报告，该报告为计算机在教学中的使用提供了更大的空间，同时也强调了“探究性学习”重要性（Motz，Biehle & West，2007）。尽管如此，具有代表性的学校设备依然与40年前相差无几。对于大多数学生来说，学校教育依然是单纯的信息记忆，以应对隔三差五的“客观题”测试和“多选题”测试。2001年，经布什总统签署，美国国会启动了“一个也不能落下”

工程，并在下年加大了执行力度（Hanushek & Raymond，2005）。这可能是到 2007 年年末，全美有 20% 的学校未能提高考试成绩的原因（Hoff，2008）。在一所特殊学校的一间特殊教室里，促进意义学习的活动成为了教学常规，这和我们之前提到的哥斯达黎加的 Silesky 高中完全不同。尽管 Partnership for 21st Century Skills 等组织同样赞同我们在 1972 年报告中提到的学校模式，但却未能给出任何按照这种模式设计并运行的学校实例。我们将在其他章节进一步讨论相关问题。

### 8.3.2 教育的“理想”环境

从教育的物质情境角度来说，“理想的情境”取决于我们想要教什么以及如何教。如果你教外语，那么理想的情境可能是该语言文化下的一个市场环境。在这个环境中，人们都用这种语言进行交流。学习者可以通过视觉、嗅觉、触觉以及听觉，从多方面感受所学语言。显然，大多数的学习者都不可能有这样的机会，尤其是在以记忆英语单词和语法规则为主的传统课堂中。但即便是在传统的学校，富有创造性的老师依然可以借助直观教具，如食物样本、戏剧、音视频材料以及其他资源帮助学生近距离体验“真实的语言”。在过去的 30 年中，玛丽・莫雷拉（Marli Moreira）发现概念图可以帮助学生理解外语学习中的语法难题，尤其是在真实环境中。近些年来，有很多教育者都指出概念图可以促进意义学习（相关汇编材料可见于 http://cmc.ihmc.us）。

如果你教科学，那么你可以利用操场的滑梯、跷跷板、秋千、滑轮等演示一些物理现象。在教室里，我们可以利用相关模型，直观教具以及计算机模拟来辅助教学。这样的环境也可以用于部分数学教学之中。

我们关注的核心是如何帮助学习者体验概念以及概念关系中蕴含的规律。在帮助学习者完成心理建构时，我们需要谨记这种心理建构和其背后的认识论之间的关系。要记住，世界是由事件和物体组成的（对于小孩子来说，也许“事”和“物”更容易理解）。教育体验越接近于我们想要理解的世界，我们用于描述这些规律以及事物关系的语言就会更有意义。计算机辅助教学最高端的应用出现在飞行员训练中。所有的飞行员都接受过计算机模拟“飞行”训练。因为，真的去驾驶大型喷气式飞机去练习飞行技巧和特殊情况下的知识应用，不仅费用高昂，而且也不切实际。我们采访过的一个大型航空公司的飞行员就曾高度赞扬他所在公司的类似培训项目（Novak，1997）。

越来越多的国家尝试为每一个孩子提供个人笔记本电脑和高速网络服务。例如，秘鲁正在实施 的“人手一机”项目，将为在校的孩子提供 50 多万台计算机（Talbot，2008）。这个项目在实施过程中遇到了很多困难，其中包括网络连接问题等，但情况正在逐步改善。我们在巴拿马开展的 Conecate-al Conocimiento 项目致力于培训教师学会使用计算机、概念图工具、互联网，以及意义学习的教学策略。我们的目标是完成对巴拿马 1000 所学校中 4 ～ 6 年级教师的培训（详情请见 http://www.conectate.gob.pa）。到目前为止，该项目进展顺利。当然，我们在技术方面以及教育改革方面还面临一些问题；此外，后期的教师支持也是少不了的。第 10 章会更加详细地论述这个项目。

在本书创作之时，我们已经在利用电子资源模拟各种学习环境的道路上取得了革命性的进展。各大购物中心的计算机拱廊就是一个很好的例子，它集图像、声音和感觉为一体，让人们从多角度感受电子设备。或许已经有设备可以制造气味了。正如任天堂公司 Wii 游戏所诠释的那样，计算机模拟的能力正在急速提高。我相信，我们在不久的将来就可以成功地创造出无与伦比的电子学习环境。未待此书像我的《一种教育理论》（*Theory of Education*，1977）一书那样年代久远之时，计算机模拟的卓越能力必将在生活的各个领域大放光彩，不再局限于少数家庭和购物中心，而将遍及所有的商业领域、家庭甚至是学校。

尽管在线课程的质量千差万别，但注册这种课程的人数却急剧上升。2002 年，注册在线大学学位课程的学生人数为 160 万。截至 2006 年秋天，该人数已上升到 350 万（Allen & Seaman，2007）。与之相较，注册常规课程的人数同期上涨仅 100 万，从 2002 年的 1660 万上升到 2006 年的 1760 万。从此可见，在线课程的注册人数增长了 117%，而常规课程的注册人数仅增长了

6%。诚然，增长率如此大的差异不会一直持续下去，但我们仍有理由相信，会有越来越多的学生选择接受在线中学教育。知名院校麻省理工学院 2007 年 12 月宣布，该校的全部 1800 门课程，包括视频谈话、讲座笔记等都将在网络上免费开放。当然，要想获得麻省理工官方认证的课程学分，还是需要花费一些费用的。但显然，这一举动为在线学习提供了更多的机会。其他教育机构，如太阳神教育集团，也在提供不同层次的学习项目（www.apollogrp.edu）。

那么问题来了，“既然我们在家里既可以享受这样优秀的教育资源，那么我们所认识的传统学校还会继续存在吗？”有人可能会辩驳道，人类是社会人，在家里对着计算机学习是反社会的。但是，我们不需要每天 16 小时都处于社会之中。此外，两人、小组或网络组也可以进行建设性的社交。这样，我们就可以减少甚至避免现如今学校中的很多消极社交。倘若出现了设计完备的电子教育程序包，那么三四小时的在线学习可能会比如今的在校学习效果更好。改善在校学习是我的第一个目标，但我对提高在线学习同样感兴趣。

下面的中心问题就是，“我们要如何创造出设计完备的电子学习资源？”简单来说，答案就是：“我们将其建立于严密的教育理论之上。”我相信本书提出的理论完全可以解决这个问题，而且这个理论会在实施、测试和不断修订的过程中得到进一步发展。您可能会问，我凭什么这么说，证据在哪儿？诚然，我确实没有什么证据，但事实上，对这种以理论为基础的教育经验，人们一直以来不曾花精力去设计和评估过。过去应用的一些理论，如以行为主义心理学或皮亚杰的发展心理学为基础的那些也都存在一些重大的缺陷。我们进行了长达 12 年的追踪研究（Novak & Musonda，1991），为的是展现技术引领的教育会是多么强大。马夏·琳（Marcia Linn，2000；2004）和她的同事们共同论证了现代媒体促进教学的新途径。在此，我不得不再次提到 Silesky 中学（见第 1 章），他们在有限的技术条件下取得了惊人的成绩。

我们对科学概念图进行了长达 12 年的追踪研究，让我们再次回顾我们的成果和评估结果。我们向 191 名一、二年级的孩子提供了 15 小时的语言课程。

这些理论支撑的课程设计严谨，集中处理了科学中的一些基本概念，如物质、能量生物，以及人体解剖学和生理学。尽管相较电子辅助学习体验，语音课程具备一定的优势，如可以让学习者在真实的示范中获得切身的体验，但它也存在严重的缺陷。借助电子辅助学习方式，学习者可以获得无限的（动态的或静态的）视觉影像，还可以自主选择文本及影像顺序。计算机可以根据学习者之前选择的材料、信息评估，以及材料的增建变化，提供后续材料，以便学习者进行互动体验。虽然语音课程存在一些缺陷，但已经帮助学生在科学基本概念的理解上取得了巨大的进步，尤其是相较于那些“未获得指导的”学生而言（见图 7.8）。要记住，我们只向一、二年级（即 6 ～ 8 岁）的孩子提供了这样的指导。试想一下，如果孩子从 1 ～ 12 年级都可以获得这样高质量的指导，那么结果又会怎样？到目前为止，我还没有看到任何一所学校或学区做到这一点。

我们提到的种种可能性也有消极的一面。因为可能只有家庭条件富裕的孩子才能在家里获得这样的学习机会。因此，我们需要建立一种新型的学校，以及一种新型的学校、家庭、工厂以及社区之间的关系。当然，这些转变不会一帆风顺地实现绝对平等和公正。但至少我们应该立刻为这种转变做打算。

## 8.4 文化情境

### 8.4.1 遗传和环境因素

在决定我们会成为什么样的人，能做什么样的事的问题上，到底是遗传的作用更大，还是环境的作用更大呢？没有合适的养分和阳光，再好的种子也不可能茁壮成长。同理，一个孩子的天分再高，如果生长的环境不好，其发展也会受到严重的限制。问题是：我们如何为每一个人创造最有利的环境，帮助其最大程度地发挥潜能？和其他重大问题一样，这个问题的答案并不简单。

我们既要考虑物质情境，也要考虑情感环境。有些影响显而易见，如果一个孩子的母亲酗酒、吸毒，那么他的潜力发展一定会受到伤害，因为这些伤害在胚胎发育阶段就已经造成。有些影响不是那么明显，但结果有时依然很严重，如果孩子的父母都沉迷于毒品，那么他从父母那里得到的消极情绪会很强烈，积极情感支持则少之又少。此外，购买毒品的费用以及吸毒带来的伤害会严重影响食物购买和准备的过程，从而导致孩子在营养和医疗保健方面受到限制。虽然有研究表明吸毒成瘾和精神健康都与遗传有一定的关系，但我们仍应努力寻求长远的社会变革，从根本上解决这个问题。教育的根本性改善可以吸引更多的吸毒者以及他们的子女接受教育培训，甚至是从长远的角度解决这个问题。简单的禁毒、监禁贩毒者、阻断毒品供应，收效一般，而且也没有证据表明单纯地依靠以上措施可以解决这个问题。营养补充计划（如联邦拨款支持的“妇女、婴幼儿和儿童项目”）同样会有帮助，但依然治标不治本。最终，我们希望通过改善教育工程来从根本上减少这些问题，具体措施包括根据可行的教育理论创建新型教育项目等。

有人认为，总体来说，有些种族从基因上就优于其他种族。希特勒、詹森（Jensen，1969）、赫恩斯坦和默里（Herrnstein & Murry）[见《钟形曲线》（*The Bell Curve*，1994）] 是其中的代表人物。对于希特勒来说，他的政治需求和种族优越性的信仰是相辅相成的；对于詹森、赫恩斯坦和默里来说，更多的是渴望通过这种具有争议性的话题来获得人们对其学术出版的关注和认可（或是臭名远扬，也未可知）。种族之间确实存在基因差异，如肤色的差异，但宣称“智力测试”可以证明种族之间存在遗传差异却有不妥。在第 9 章我会具体讨论一些相关的问题。很多学者都已经证明种族基因导致智力差异的说法过于幼稚，其中包括凯蒂（Keddie，1973）的《文化匮乏之谜》（*The Myth of Cultural Deprivation*），卡明（Kamin，1972）的《智商的科学与政治》（*The Science and Politics of IQ*），古德尔（Gould，1981）的《人类的错误测量》（*The Mismeasure of Man*）。斯滕伯格（Sternberg，1996）对“智力的神奇和事实”做出了最完美的概括。《教育领导力》（*Educational Leadership*）1995 年 4 月刊登载了莫尔纳（Molnar，1995）等人批判赫恩斯坦和默里的文章。

“遗传—环境”的争论已持续了几十年，短期内也不会有所定论。面对同样的数据，遗传决定论者和环境决定论者会各取所需，从对自己有利的角度对其进行解读，前者强调遗传决定人类能力和表现的变化，后者强调教育以及家庭和学校环境决定一个人的能力和表现。我们不能说密歇根地区黑人男性高中毕业率很低（黑人男性约 33%，白人男性约 74%）是基因因素导致的，因为在底特律，黑人男性的毕业率要高于白人男性（17% ～ 20%）（Mrozowski，2008）。从布朗芬布伦纳和塞西（Bronfenbrenner & Ceci，1994）的“生物生态模型”中看出，尽管遗传扮演着重要的角色，但协同作用也同样影响深远。在优良环境中长大的孩子，后期能力和表现提高的潜力更大。但现在的问题是，这样优质的学龄前环境增速缓慢。布朗芬布伦纳作为美国学龄前儿童启蒙计划（Head Start Program，pre-school children）的主要推动者，一直号召人们要高度重视改善家庭生活，尤其是为了学龄前儿童，但这个社会性的挑战一直存在。最新的一项研究表明，学龄前计划能够有效提高执行功能的意识控制，如关注关键信息，避免分心等（Diamond，et al.，2007）。这样的计划显然能够帮助接受者获得优势。斯滕伯格评价道：

> 人们总是认为自己所拥有的特性是好的，其他人的都是不好的。世界各地的种族战争中都存在这样的现象。当赫恩斯坦和默里（Herrnstein & Murry，1994）兴奋地发现自己的读者都是认知力精英集团的人时，这种自我优越性也在悄然发挥着作用。我们需要记住，随着时空的变迁，相较于智力水平低下者而言，那些位于智力水平顶端的人们往往更容易成为迫害的对象，或是沦为替罪羊。不管我们如何定义智力，它也只是人类的特质之一，它可能会带来成功，但智力测试最多只能衡量部分认知能力（Keating，1984），无法衡量一个人的价值（Sternberg，1996）。

### 8.4.2 性别问题

不同性别也同样存在基因差异的问题，主要体现在荷尔蒙分泌水平以及第二性征上，如胸部和面部毛发的差异等，但在智力水平上却没有明显差别。吉利根（Gilligan，1982）、贝伦吉和他的同事（Belenky，1986）、凯勒（Keller，1985）等学者都曾指出，就个性和社会特征而言，男性和女性之间存在固有的差异。但后天的环境影响依然显著，甚至很大程度上决定了西方文化中的男女性别的差异，因为这些差异未发生在其他文化之中。贝斯特（Best，1983）研究发现，甚至在一年级的时候（6 岁），男生已经开始对女生、其他男生以及老师表现出不同的行为模式，而且该行为模式有异于女生表现出的行为模式。然而，这些模式的差异源于对成人模式的模仿，并且可以经过适当的教育干涉加以修正。

贝斯特（Best，1983）在书中还提到，男女生对待老师和学校任务的行动和态度也存在惊人的差异。在幼儿园时期，男女生都渴望得到老师的喜爱。但到一年级结束的时候，这种情况就发生了改变，男生们转而希望从同伴处获得喜爱和赞扬。到二年级的时候，相较于女生而言，男生更加重视自己在同伴群体中的归属感和地位。贝斯特记录下了这样一个案例：某个班的一位老师生病了。在其生病的 3 ～ 6 个月期间，一直是不同的代课老师帮忙上课，班里的 12 名女同学中，有 9 个学习退步了，只有 3 人保持原状。

> 男孩子的学业成绩并没有因为老师的长时间缺席而受到负面影响，这个结果不仅令我感到惊讶，同时也让所有和我讨论过这个问题的人感到意外。班上的 12 个男生中，有 8 个成绩保持稳定，另外 4 个甚至还进步了。没有一个男生学习退步，只有女生在老师请假期间学业成绩下降了。

贝斯特对此结果做出的解释是男生不需要从老师的认可中获得成就感，支撑他们成就感的更多的是来自同伴的认可。

这背后还隐藏着另一层意思，虽然贝斯特没有论及，但也暗示了存在性别差异。与女孩相比，男孩更容易社会化为自主学习者。最终的结果是，随着时间的推移，男孩能更多地掌控自己的意义构建。有时，男孩会公然拒绝老师指定的任务，尤其是当他认为这项任务没有意义，或者把工作归类为“女孩子的工作”的时候，如家务琐事。长此以往，男生会比女生更加胜任一些所谓的“男性工作”，而这些工作在社会中往往报酬丰厚。

男生这种重视同伴认同胜过重视老师认同的趋势也有不好的一面。贝斯特研究发现男生在受到同伴排挤的时候，学业成绩会出现退步。不管怎么样，男生对“归属感”的需求是巨大的。

为了完成一个涉及性别问题的课程研究，贝斯特（Best，1983）和一群四年级的学生共同讨论了性别角色典型特征的问题。她给孩子们提供了一些词语，让他们来讨论性别以及对待性别的态度。她原以为一个学年的努力不足以改变孩子们的态度和行为。但是，当孩子们放完暑假返校时，她观察到：

> 暑假期间，一个正在孕育的结果悄然实现了。一年前播下的种子如今已然破土发芽。和我一起工作过的那些孩子如今已升入五年级。这些男生、女生们到现在才开始彼此交流。但是，即便如此，依然算是一个重大的改变。他们现在似乎能够摆脱固有模式的束缚，开始以新的方式与人交往。

从贝斯特的研究中我们能看到学校情境对强化社会性别角色的影响。同时，我们也能看到，调整课程，融入对性别和心理定势的直接、持续的讨论，可以收到积极的成效。贝斯特指出（第 12 章）五年级的男生、女生们使用的语言一再表明有关性别的心理定势不仅不正确，甚至是歪曲事实。这也再一次证明了，高质量的意义学习不仅可以促进学生对知识的获取，还有利于改变学生的态度和价值观。

本博和斯坦利（Benbow & Stanley，1982）对男性和女性在数学推理能力上的差异感到困惑，而且他们发现这种差异会随着学校教育不断扩大。我们找到的证据表明，相较于男性而言，女性能更好地适应学校游戏（即机械学习），最终导致重大的性别差异，集中表现在男性更加擅长数学和科学的推理任务（Ridley & Novka，1983）。大多数时，性别差异在认知能力上的体现会被放大（Hyde，1991）。学校可以通过多种途径减少性别偏见和弱化性别定式。美国大学妇女联合会（American Association of University Women，

AAUW）在 1995 年发表了一篇名为 *Growing Smart: What's Working for Girls in Schools* 的报告，为学校认识和处理性别问题提供了重要的参考。影响性别成就差异的因素有很多，因此，没有放之四海而皆准的解决方法。最近一篇关于性别差异研究的总结表明男性和女性在数学成就上的差异正在逐步缩小，部分源于社会的变化（Ellis，et al.，2008）。

在我们的社会中，男性特质常常会比女性特质更受推崇。吉利根（Gilligan）观察到：

> 此类研究不断表明，成人需要的特质，如自主思考的能力、清晰的决策力和负责任的行动力，都和男性相关，而且这些特质被认为是女性所不应该有的。传统的思维模式将爱与工作割裂开来，认为女性主要具备表达能力，而男性主要具备工作能力。但是换个角度看，这些传统的思维模式也反映了一个自身失衡的成人概念，它强调个体自我的分离多于强调其相互间的联系，强调工作的自主性多于强调其与爱和关怀之间的相互依存的关系。

商业世界里，文化对人的思维、情感和态度的影响也是巨大的。塔嫩（Tannen，1994）在 *Talking from 9 to 5* 一书中描写了男性和女性在表达思维和情感时的不同模式。数年前，吉利根（Gilligan，1982）也曾描绘过女性是如何用“另一种声音”说话的。

> “我强烈地觉得自己应该对这个世界负责，而不能仅为个人的享受而活着。既然我存在于这个世界，我就有责任使它变得更好，哪怕我能做的微乎其微。”当科尔伯格（Kohlberg）的（男性）研究对象们担心他人权利会受到侵犯时，这位女性却在忧愁“你会不会在有能力帮助他人的情况下却未能伸出援助之手”。

塔嫩将性别差异的研究又往前推进了一步，发现了商业世界里，男性和女性对所见世界的不同表达。

> 经理艾米（Amy）遇到了一个难题：她刚刚读完唐纳德（Donald）写的终期报告，她觉得这份报告写得糟糕至极。让她感到颇为棘手

的是如何让唐纳德重写一份报告。为了减少伤害，当她见到唐纳德时，她先把这份报告中所有的优点都夸了一遍，然后细心地解释了这份报告欠缺的地方。她对自己处理此事的巧妙方法非常满意。多亏了她开始阶段的肯定，唐纳德才听进去了她的批评，明白了需要修改的地方。然而，当修改过的报告再一次递到她办公桌上时，艾米震惊了。唐纳德仅做了一些细微的、表面的改动，根本性的问题并没有得到改进。他们接下来的会面非常不愉快。当唐纳德听到自己的报告不合格时，他怒气冲天，指责艾米误导了自己。他反驳道："之前是你说的这份报告写得不错。"

艾米原以为自己处理的很得当，唐纳德却认为她不够诚实。艾米认为，直接告诉唐纳德"这份报告不合格"太过残忍，所以选择先表扬他，再指出问题。而唐纳德错误地将这理解为"这份报告写得不错"。结果导致艾米认为应该着重修改的地方没有得到应有的重视。艾米觉得唐纳德没有认真听自己的话。唐纳德觉得艾米是临时改变了主意，却让他来承担罪责。

……艾米用自己认为体贴周到的方式来表达批评，因为她希望自己也能受到同样的待遇：考虑他人的感受，让别人明白，对他的批评不意味着全盘否定他的优点。她将表扬作为批评开始前的柔化剂。但是，唐纳德没能理解这番苦心，误将柔化剂当成了全盘的肯定。（Tannen，1994）

不论男性和女性的"声音"差异源于基因还是社会化，二者在交流和交往过程中确实存在一些差异。长久以来，一直都是男性占据管理岗位。所以，当女性试图接受管理岗位时，就会出现所谓的"瓶颈"。塔嫩这样描述道：

在此，我将简单解释对话风格的差异是如何造就瓶颈的。管理岗位通常需要的特质包括较高的竞争力、决断力和领导力。如果是由男性来做出升职决定（通常情况下也是如此），他们往往会将女性的讲话方式误解为没有决策力、不能胜任权威工作，甚至是缺乏竞争力。在办公场合，我们所讨论的对话风格的差异对女性是很不利的。例如，女性往往觉得决策时保持共识很重要，因为她不想表现得过于强势或是傲慢。因此，她会选择先问问周围人的意见。而在她的老板们看来，这样的举动表明她不知道自己应该做什么，而是希望他人为自己做决定。

我一次又一次地听到女性倾诉，自己以及周围的同事都能看得到她承担起了领导性的工作，唯独她的上级们看不到。可能是这些女性没能使自己的工作得到工作圈之外的人的认可，也可能是她们的上级没能注意到她们的成绩，从而未能向上汇报。女性们做的很多事情都很难通过一次演说让人印象深刻，如静静地为团队想出新的点子，或是帮助周围的人做到最好，等等。

一个小小的语言策略，例如，元音字母的选择，可能会影响一个人贡献度的大小。男性在陈述时喜欢用“我”，而女性往往会使用“我们”。曾经有一位男士告诉我，“我正在招聘一名新的经理。我要让他负责营销部门的工作。”似乎他不是为某个公司打工，而是拥有那个公司并负责给新经理发工资一样。（Tannen，1994）

特龙拖（Tronto，1993）观察到在这个男性主导的竞争社会里，视女性为看护者的观念对其十分不利。似乎女性就不应该强势，只能成为男性的支持者。

瑞士（1996）的一份报告表明，在对325名女性进行采访后发现，65%的被采访者认为高级管理人员的态度会“很大程度上”影响性别不平等问题，68%的被采访者认为她们的薪酬受到了性别的限制。种种研究结果均显示，美国在消除性别不平等的问题上，还有很远的路要走。

职业女性还面临很多其他压力。2008年，美国劳工联合会—产业工会联合会的一项调查表明，职业女性承担经济和家庭双重压力。职业女性也需要喘息的机会。她们和同事相处的时间多过与孩子和朋友相处的时间，她们非常忙碌，几乎没有属于自己的时间。有37%的女性说她们连休息的时候也在工作，甚至根本没有休息的时间。很多女性反应，完成工作和家庭的责任之后，她们每天留给自己的时间只有1小时，甚至更少（11%的女性没有属于自己的时间，34%的女性有不到1小时的时间）。25%的人说她们每天有2小时属于自己，16%的人有3小时，10%的人有4～6小时，只有4%的人有多于6小时的私人时间。30多岁和40多岁的受访者大多每天只有小于等于1小时的私人时间（分别是58%和53%），身为人母的更是如此（72%）。尽管她们缺少私人时间，但她们极有可能会说，如果有时间，她们还会从事另外一项工作。

在科学领域，类似的性别差异也同样存在，男性总是更有优势。Sonnert和Holton（1996）记录了一位女科学家的话：

> “男人们……站在走廊里，看见其他伟大的男性便走上前去，握手或是邀请对方一起喝一杯或其他什么。但那时候，女人们却不能这么做……他们自恃很高，想到什么说什么。我称之为‘专家谈话’，但我发现这只是在浪费我的时间。”

Sonnert和Holton评论道：

> 从交流研究信息和获取科学见识的角度来说，“专家谈话”可能是浪费时间。但它可能蕴含着重要的隐藏意义。这些所谓的“闲谈”或“自我吹捧”可以帮助彼此建立联系。而凭此建立的社会联系可能会对一个科学家的研究和事业有益。

不论男性和女性互动风格的差异有什么样的利和弊，不能否认的是性别确实在教学情境的设定过程中扮演着举足轻重的角色。性别歧视在明里、暗里依然存在。然而，哈佛大学校长劳伦斯·萨默斯（Lawrence Summers）关于男性天生优于女性的不当言论引发了众人的批判，最终不得不于2005年夏天引咎辞职。

### 8.4.3 种族

正如我们之前所说，很多人都曾尝试将智力潜能和种族基因差异挂上钩。

这样做的主要目的是强化占据支配地位的种族的优越性。卡明（1972）和古尔德（1981）等人指出，这种行为的背后含有深刻的政治因素，但其实也是人的自我需要在作祟，尤其是那些渴望“我很好”，最好“你不好”的男性们。这种根植于孩童时期的情感需求会一直延续到一个人的成年时期，甚至更久。有时，这种需求变得一发不可收拾，甚至会导致吸毒以及其他各种反社会行为和病态的举动。这种偏见往往扎根很深，难以改变。通常来说，客观资料和理性交谈都不足以削减种族偏见。甚至连诺贝尔奖获得者詹姆斯·沃森（James Watson）都有过类似偏激的言论。这位发现了DNA结构的伟大科学家曾说过，在某种程度上，非裔美国人在基因上就低人一等。此言一出，立刻受到了各方谴责，这位杰出的基因学家无颜继续担任冷泉港实验室（Cold Spring Harbor Laboratories）的主席，他不得不辞去该职务。

也许比起性别因素，种族问题在人际交往中扮演着更重要的角色，而且结果往往都是对少数群体不利的。关于种族问题的文献不计其数，难以一言蔽之。在此，我不想过多讨论这个问题，这并不是因为它不重要，而是我认为很多种族问题都可以利用本书中的观点和工具解决。2008年，奥巴马成功当选美国第一任黑人总统。这显然会对种族关系和认知产生重要的影响，但具体会带来怎样的影响，现在尚不能断言。

## 8.5 组织情境

各国、各州、各市的学校组织都各不相同。每个学校的自主权利大小也差异颇大，但总的来说，学校在课程设置、人员聘用、工资及退休补助、任期和毕业条件方面都需要遵守所在州的指令或相应的国家规定。大多数学校都有着较为严格的体系；尽管老师们在教学材料、教学方法和评价方式选择上有一定的自主权，但在很大程度上他们依然需要遵守相关硬性规定。所谓的“非传统学校”（alternative schools）总是乐于吹嘘自己的自由度和创新性，但实际往往名大于实。哈佛大学前教育学院院长，同时也是学校改革的有力推动者泰德·森泽（Ted Sizer）就曾说过，大多数的学校改革就像福特T型轿车的革新一样，只是细微的调整。我们真正需要的是实质性的变革，而这样的变革很难实现（O'Neil，1995）。

美国的一些州和学区已经尝试聘用“盈利性的企业”来经营“私有化的”学校。但截至目前，这样的“合同”学校或“利益驱动”学校尚未得到广泛认可（Ferrell，Johnson，Jones & Sapp，1994）。尽管合同学校的支持者们近期发表了一些积极的报告，但其中的水分有多少难以评估。合同学校和特许学校之间的区别有时模糊难辨，但总的来说，合同学校是由一些盈利性的组织所运作的，这些组织通常会和州或当地的学校签订合同；而特许学校属于非盈利组织，从当地学校获得资金支持，但依旧是一个独立的契约运转。在我看来，很多学校改革并未触及真正根本性的问题，如“我们应该如何调整教学和行政管理体系以帮助教师引导学生自主学习，完成意义建构？”要想实现这一目标，我们必须重新认识教育和领导，从而帮助家长、学生、教师和管理者创造和分享这一目标。然而，要做到这一点，传统的“自上而下的”专制管理方式是行不通的，可现在的“学校改革”依然留有这一弊端。

许多学校喜欢将学生划分为不同“类别”，这是一个颇具争议性的问题。被划分到“优秀”类别的学生的家长们往往支持这种做法，而也正是这些人在校董事会上具有发言权。有证据表明，好学生确实可以从“分类”中受益，但较弱的学生却在社交上和学业上双重受害（Gamoran，Nystrand，Berends，& LePore，1995）。长此以往，学生在学业成就和机会上的差距会越来越大，就连社会交往也会深受其害，导致小团体的出现。这样的情况显然不应该出现在美国这样的民主社会，更何况未来的经济发展以及日益复杂的就业市场需要将这些相对“弱的学生”培养成合格的技术人员。

目前，学校改革的新风潮是所谓的“校本管理”（site-based management，SBM）。理论上说，校本管理鼓励家长、老师、管理者以及学生一起设计项目，以满足学生需求。但事实上，来自多方的阻力严重妨碍了改革的进行。这些阻力可能来自劳工合同、州法律要求、资金限制以及不愿变革的力量。

学校改革面临的另一项重大问题在于教师工会。公立学校 85% 的教师都加入了各自的教师工会，而工会制定的规则和程序往往决定了学校的运作方式。摩尔（Moore）1996 年给出了以下的例子。

> 在密歇根，一群年轻的教师想要增加额外的数学培训。然而根据学校制度，校方无法支付其培训酬劳，这群年轻人就决定开展无偿培训。对此，老教师提出了异议，因为劳工合同禁止无偿劳动。因此，这样的培训就此流产。

摩尔还讽刺性地总结了“工会如何确保卓越教育”的 12 个步骤，其中包括：①重视工作年限而非表现，保护平庸无能的教师；②废弃与教学质量挂钩的奖励，反对质量测评，淡化教学质量；③重视噱头，忽视实质。康奈尔大学的巴哈拉赫（Bacharach & Mitchell，1985）研究了影响学校决策制定的因素后，他总结道：“影响学校决策的三大因素是劳工合同、劳工合同，还是劳工合同。”不管怎样，学校教育情境的现状完全由劳工合同所决定。美国共有 15000 个“独立”的学区，而大部分学区的运作模式都由劳工合同谈判所决定。

多种原因造成了整体改革进程缓慢，而且这种缓慢的速度还会持续下去。一位老师这样说道：

> 我觉得，只有学校实现整体改革，校本管理才可能成功。但到目前为止，这还没有实现。威尔逊·马格内特中学的校本管理做得风生水起。但我们很多人还是发现了它的不足：环境煎熬，工作时长，却收效甚微。（Geraci，1995）

美国的学校教育，甚至包括部分高等教育在内，都存在严重的官僚主义问题，盛行“自上而下”的专制管理。迫于教师工会的压力，很多州的立法都不能有效地改变这一现象，反而充当了其保护伞。数百万的家长已经放弃了学校教育，不论是公立的，还是私立的，转而采取“家庭教育”的方式。

尽管这样的方式会带来财务压力，但家长们依然愿意在法律允许的范围内，承担起子女教育的责任。每个家庭都成了一个基本独立的个体，好似美国拓荒年代的情境。当然，也有一些重大的不同，图书馆、博物馆、自然中心、展览、网络等都是重要的知识宝库。越来越多孩子开始接受家庭教育，其人数已超过 200 万之多（可从雅虎和谷歌上查找最新数据）。

和学校一样，众多企业也面临着“自上而下”专制管理的问题。事实上，学校的这种管理问题源于对企业的模仿。但问题在于，这样的管理不利于成员的学习。圣吉（Senge，1990）称这种企业为“学习障碍型企业”，而且，这种障碍普遍存在。圣吉指出，1970 年，登上财富 500 的企业中，到 1983 年时，有 1/3 已经消亡不见了。这些消亡的大公司曾一度是各个领域的领军力量。圣吉认为，它们失败的原因在于这些企业不知如何学习：

> 然而，高死亡率会不会只是困扰所有公司深层问题的一个表象呢？不善于学习的大公司即便存活下来，会不会永远不能发挥出最大潜力呢？对于企业来说，“卓越”是不是意味着“平庸”呢？
>
> 大多数企业学习能力差绝非偶然事件。公司的设计和管理方式、人员工作的定位以及我们习得的思维和交流方式，都严重地阻碍了学习的发生。少数明白人的努力无法阻止这种障碍的蔓延。甚至有时，越努力阻止，结果越糟糕。
>
> 学习障碍对孩子来说是一种悲剧，尤其当这种障碍不被察觉时。（可以参照安德鲁的案例）。企业其实也一样。（Senge，1990）

圣吉并不是唯一一个提出这样论断的人。野中郁次郎和竹内（Nonaka & Takeuchi，1995）同样认为企业是低效的学习者，是不合格的新知识创造者。他们认为企业需要一种新型的管理模式，他们称为“承上启下”。在这种模式下，新的想法可以在组织结构中自由地上下流动。彼得斯（Peters，1992）也提出“如果想要实现真正彻底的变革，就必须废除企业的上层机构”。希金斯（Higgins，1995）在《革新或消亡》（*Innovate or Evaporate*）一书中明确指出，企业应该提高建设性创新，简而言之，应该更善于学习。前面我们也介绍过弗雷和查兰（Lafley & Charan，2008）的一些建议，这些建议可以帮助企业学习。

企业可以学习。尼克里尼和蒙兹那（Nicolini & Meznar，1995）提出了两个前提：①组织认知结构的调整；②知识呈现、正式化、标准化的加工。企业的改变还涉及情感因素。科特（Kotter，2002）指出：“发生改变时，人们的情绪是很敏感的，而且这种情绪还会被不断放大，并贯穿企业进步需要经历的全部 8 个阶段”。本书中介绍的一些观点和方法可以帮助人们对改变建立积极的态度。

学校也同样不善于学习。奥尼尔（O'Neil，1995）在一次和圣吉的对话中提到：

> 《第五项修炼》（*The Fifth Discipline*）总结了“学习型组织”的特点。然而，提供学习的学校本身在学习吗？
>
> 当然没有。在一个学习型组织中，每一个人都应该不断提高自己，创造自己想要创造的价值。但是，我接触到的大多数教育者并没有做到这一点。很多老师都感到压抑，因为他们被迫遵守很多自己并不认可的规则和目标。老师之间没有合作，学校里很少有共同学习的现象。还有，对于你说的学校是学生学习的场所，我不敢苟同。
>
> 为什么呢？
>
> 我们说学校是学习的场所，但总的来说，学校教育只是让学生记忆一些无意义的东西，而且采用的方法也是支离破碎的。真正深层的学习应该发于学习者自身的内在需求，而非其他外部力量。真正深层的学习应该是思考与实践相结合，而非被动地坐在那里听。可是我们已经对此习以为常了。

麦肯锡公司的卡岑巴赫（Katzenbach，1995）和同事们一起结合他们与其他公司打交道的经验，总结出了一个真正有效的变革性领导人应具备的特征。真正变革性领导人（Real Change Leaders，RCLs）应具备的典型的特征如下。

真正变革性领导人能够通过两个简单举动建立个人以及团队的责任量表：

（1）建立合理的量化、评价和目标设定方式以支撑变革，并将之与人人易懂的绩效优先级（performance priorities）挂钩；

（2）避免“活动陷阱”，不会让活动本身替代活动目标。

不论是在学校还是企业，对表现和学习做出真正有效的评价都绝非易事，其面对的困难我们会在下一章具体讨论。

企业，和学校一样，深陷陈旧的组织泥潭，但它的一大重要的不同之处在于，在当今的世界经济体系中，那些重组无效、不善于学习的企业会在竞争中被迅速被淘汰。这也为新型的领导方式提供了发展机会，以帮助企业更高地组织、运行，不断营造理想的学习环境。企业的变革和创新，可能会为美国学校教育带来新希望，甚至会开启全球教育的新纪元。

09

Chapter

# 评价与奖励

## 9.1 评价的重要性

从出生到死亡，我们一直面临着各种评估、测量和评价。实际上，甚至在出生之前，我们的心跳、胎位及其他特征也已经受到过评估。对体重非常关注的人可能一天会称好几次体重，也有人担心有一天会被要求测体重。我们在被评价的时候，可能不会有太多的想法，但是我们面临的大多数评价都会不同程度地涉及思维、情感和行动。很多宗教认为，在我们死亡之时会面临终极审判，这个审判会基于我们走过的一生。

在工作中，我们也会面临各种各样的评价，有的评价可以带来升职，随之而来的是更高的薪资或更高的地位和特权。有的奖励可能是特别表彰或者获得更多自我表现和创造性追求的机会。虽然本章关注的是学校情境下的评价问题，但很多情况也适用于公司环境。当然，在学校环境中所适用的奖励和表彰通常都不是金钱性质的。关于评价及奖励的主要观点请参见图 9.1。

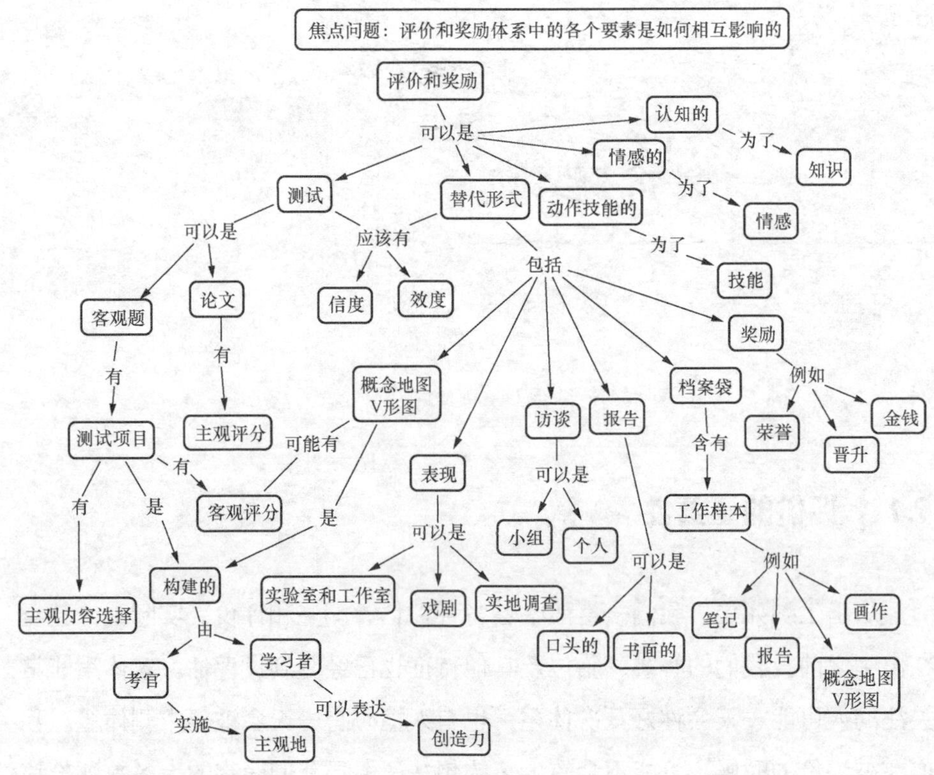


■图 9.1　评价和奖励需考虑的主要观点

人们往往会将评价和“测试”等同起来，就是我们在学校经常会参加的那种用纸笔进行的考试，或是考驾照时参加的那种考试。后者还会对被测试者的侧方停车的表现及其他任务的完成情况进行评价，要求技术水平达到一定的程度，完成率达到 70% 或以上方可过关。学校也会进行表现评价，特别是舞蹈学校、音乐学校、艺术学校和设计学校等。此外，表现评价也逐渐被应用于各种课堂之中，如科学实验、语言课程等。

若采用 V 形启发图作为框架来理解评价的作用，我们可以看到，测量最基本的问题是如何对所观察的事件中的主要变量做有效而可靠的测试。在教育中，我们永远不可能观察和测量所有相关的变量（例如，主体在参与测试时的心情），但是我们必须努力测量我们认为最重要、相关度最高的那些变量。此时，教育论就可以帮助我们决定需要记录些什么。事件的相关概念和理论（见该事件的V形图的左侧）可以帮助我们确定主要变量和测量这些变量的合理方式，请参见图9.2，并注意测量是记录事件的一种方法。这些记录可以通过统计数据或其他工具进行转化，但是，由此而得出的结论不会优于我们记录的质量。这也是评价重要的原因之一。

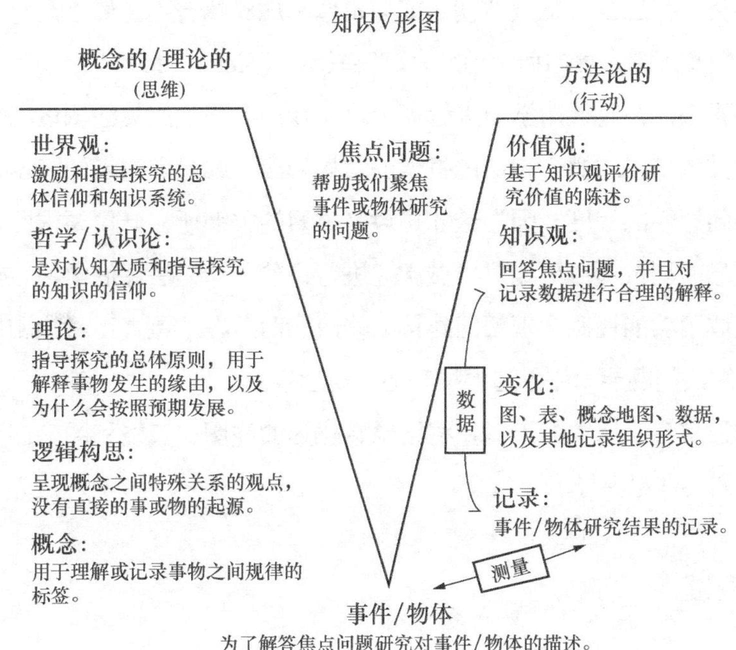
知识V形图
概念的/理论的
(思维)
方法论的
(行动)
世界观：
激励和指导探究的总体信仰和知识系统。
哲学/认识论：
是对认知本质和指导探究的知识的信仰。
理论：
指导探究的总体原则，用于解释事物发生的缘由，以及为什么会按照预期发展。
逻辑构思：
呈现概念之间特殊关系的观点，没有直接的事或物的起源。
概念：
用于理解或记录事物之间规律的标签。
焦点问题：
帮助我们聚焦事件或物体研究的问题。
价值观：
基于知识观评价研究价值的陈述。
知识观：
回答焦点问题，并且对记录数据进行合理的解释。
数据
变化：
图、表、概念地图、数据，以及其他记录组织形式。
记录：
事件/物体研究结果的记录。
测量
事件/物体
为了解答焦点问题研究对事件/物体的描述。

■ 图9.2　V形图可以用来阐述本章中提出的观点。测量可以给我们提供记录，数据可以作为一个工具供我们来构建观点

## 9.2 测量

自然科学比社会科学进步更快的一个原因是，对后者主要变量的测量更难。此外，社会科学的理论基础比较贫乏，因此我们不清楚什么才是影响人类思维、情感和行为的关键变量，更不用说如何恰当地测量这些变量了。教育理论，包括学习理论，可以使人类特性的评估更加清楚和规范，因此可以促进教育和商业领域的测量，也可以在整体上促进社会科学领域的测量。

根据《教育论》，影响人类的最重要的因素是意义学习发生的程度，以及分化良好、分层认知结构的发展程度。这种学习多发生于“特定领域”，也就是说，它与特定学科主题领域的知识相关。同时，也有一些学习超越知识领域，关注的是我们对学习技巧、问题解决技巧及类似的“元认知”的认知程度。这种学习在过去一直被忽视，或只是草率地测量一下。最近几年，人们对于元认知及了解人类如何学习越来越感兴趣。（Kuhn，2000）

在我看来，在对认知学习进行评价时，我们应该重点关注测试工具能否有效评估被测试者对概念和命题框架的掌握程度，或是学习者知识学习的实质性和非随意性的程度，因为这才是意义学习的关键所在。仅要求回忆或识别某种信息的测试项目只能对机械学习进行评价，却无法评估学习者在多大程度上完成了功能性概念框架的建构和修改。而后者才是真正影响和促进未来学习、解决问题能力和创造力提升的主要因素。

我们通常会使用数据工具，将记录转化为曲线图、表格和图。这些转化过程同样需要理论指导。

## 9.3 测试

### 9.3.1 客观测试

每一个受教育的学生都知道测试包括“客观测试”和“主观测试”。客观测试包括多项选择题和判断题，而主观测试包括简答题和论文等。后者之所以被称为主观题，是因为评判人必须对答案的准确性和恰当性做出一个主观的判断。然而我们往往忽略了客观测试中高度主观的出题过程。出题人可以选择考试学科考察的内容、问题的措辞和多项选择中每一项选择的措辞。尽管我们有很多策略可以用来评估一个客观测试对被测试的各个领域的知识覆盖程度，也有题目分析技巧来判定考试项目可能会出现的结构缺点，但是说到底还是出题人主观地决定什么才是正确答案，只有分数才是客观的。也就是说，参加考试的人必须选择出题人认为的正确答案，否则就会被认定为回答错误。

让我们思考一下其中的含义。总的来说，这意味着，测试者必须使用与出题人一模一样的语言表达测试内容才可以。相反，如果测试者使用了与之不同的表达方式，即便这种表述同样正确，也可能会被认定为“错误”。下面是从国家水平测试题中选取的一个例子：

下面各种食物是否富含蛋白质？

（a）莴苣　是　否

（b）水果　是　否

每项的“正确答案”都是“否”，因为这两类食物大部分都是水，和肉类及鸡蛋相比，它们每一份所含的蛋白质都很低（少）。但是，学生可能认为，莴苣和水果是由细胞构成的，那么除了细胞壁、水和糖分之外，这些食物所剩下的大部分物质都是蛋白质。这个推理很有道理，但可能会导致学生选错答案。这就是霍夫曼（Hoffman，1962）在他的著作《测试的暴政》中所讨论的没有奖励的推理。可以受到奖励的思维是机械记忆“四个食物组”，及高蛋白质见于肉类和鸡蛋组，而水果和蔬菜组富含纤维和维生素。很多时候，客观测试，即使是那些设计相对较好的客观测试，也倾向于鼓励逐字逐句、非实质性地、随意地记忆信息。有些学生喜欢自主完成某领域的知识构建，这种建构虽然和标准不同，却也同样正确。但这种学生往往都会在老师定制的考试中吃亏。不幸的是，全美标准化测试和课本的相关测试也没能很好地解决这个问题。霍尔登（Holden，1962）在报告中指出“学校的数学测试中95%的题目都只需要低水平的思维技巧”，如记忆，并且不能够测量“创造性解决问题所需要的一些‘高要求’能力”。最近，全国测试的出题者们提出了一些新的测试项目，我在浏览这些新项目时，就向相关人士表达了以上担忧。

和测试相关的两个概念分别是信度和效度。信度是测试对一个给定的知识领域进行一致性评价的程度。当有着同样知识储备的人获得同样的分数时，或者不改变每次测试的考察点时，一个人重复参加一项考试，每次都能获得同样的成绩时，我们则认为这个测试是可信的。显然，这项情况所要求的条件是不可能实现的，所以更常见的情况是，通过一些方式来评估信度，例如，计算偶数题目的答题正确率和奇数题目的答题正确率之间的联系。但问题是，如果测试者做题时完全是胡蒙乱猜，那么奇数题和偶数题的答题正确率相关性就会很高，但这样的结果对测试的信度评定毫无参考价值。

效度指的是测试题目完成测试目标的程度。没有简便的方法去确定一项测试的效度。常见的方式就是请“专家”对某个测试项或测试整体进行判断。尽管这个方法有其优点，但是，如果不知道考试前提供过什么样的特殊指导，不知道被测试者的已有知识和考试进行或将要进行的环境或背景，那么也很难对给定的测试题目或测试做出可靠判断。另一个评判测试效度的方法是将此次测试分数和其他已经被认定有效的类似测试的分数进行比较，观察两者的相关度。因此，我们可以看到这样的断言：某个成绩测验是有效的，因为这项测验与 IQ 测试的结果相关性很高。这种相关有效性至少存在两个问题。第一，即使相关度较低（通常为 $r$=0.2 到 $r$=0.4），但只要样本群体足够大，依然可以明显看出相关性。但是我们应该认识到，一项测试预计另一项测试所得到的分数中包含的变量数只相当于相关系数的平方，就像我们给的例子那样，4% ～ 16%。那么测试分数中剩下的 84% ～ 96% 的变量又是什么？恐怕没有人知道。另一个问题是，相关系数高（如 $r$=0.8 ～ 0.9）只意味着这两项测试趋向于评价了同一项能力，但也许均未能对我们真正想要评价的能力形成有效的测量。多项选择测试通常会出现严重的效度问题（Glanz，1996；Burton，2005）。

另一个经常被教育者忽视的问题是，所有测试的分数分布都与参加考试的人的能力和试题难度成函数关系。试题难度是指答对某个考试题目的考试者所占的百分数，现在也称之为“试题容易度”。一项测试题，答对的人的比例越高，则其容易系数就高（试题难度系数也高）。让相似的样本群体在一段时间里完成同一套测试题目，可以帮助我们获得测试项目容易系数，且这个数值是相对稳定的。在此基础上选择测试项目，我们可以得到任何一种我们希望获得的成绩分布。图 9.3 所示为一项测试的分数分布，其中多数题目的容易系数很低。图 9.4 所示为如果测试中多数题目容易系数很高时，我们预期的样本群体的分数分布情况。在实际操作中，设计的测试通常都会产生一个“正态曲线”，测试题目的容易系数从高到低，都会涵盖。

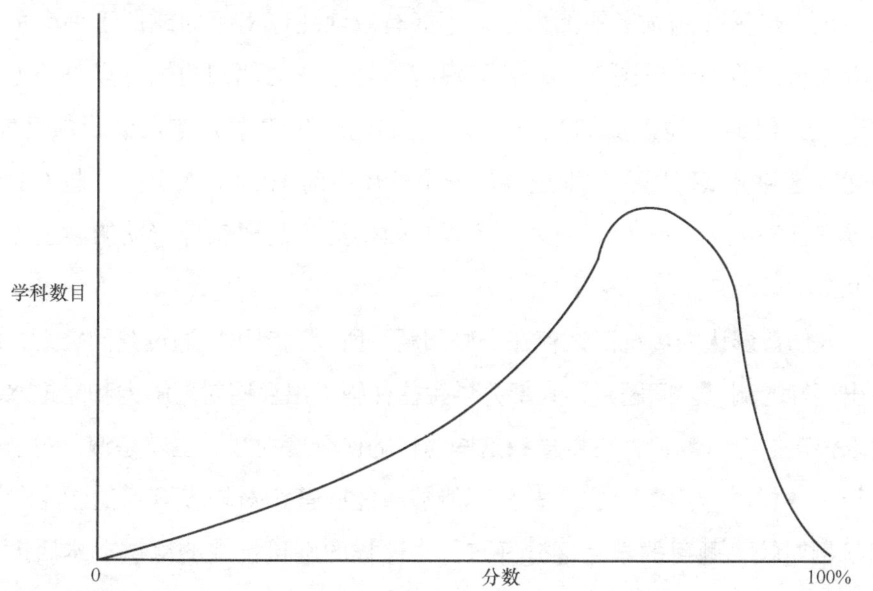


■图 9.3　当很多测试题目都很简单，即有一个高的“容易值”或“试题难度”值时，所获取的分数分布图

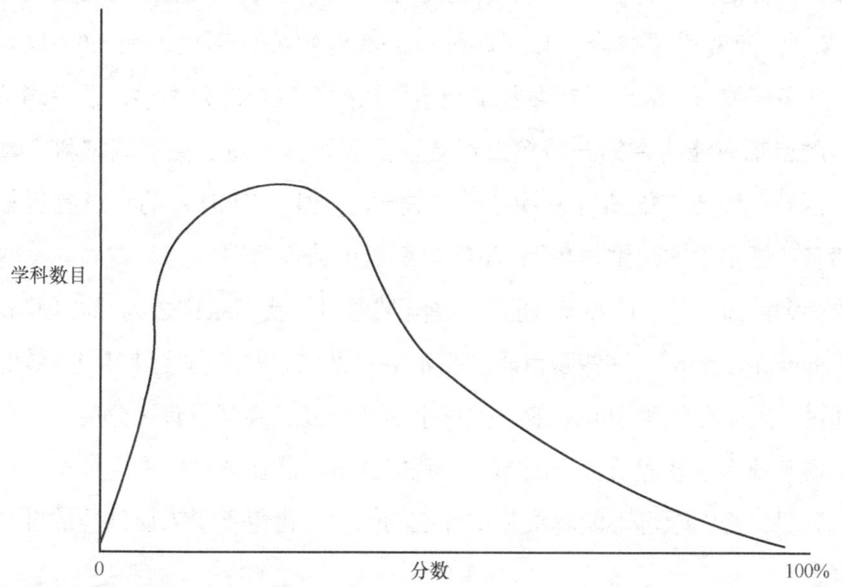


■图 9.4　当很多测试题目很难，即有一个低的“容易值”或“试题难度”值时，所获取的分数分布图

选择具有不同容易系数的题目可以影响一个测试的效度。例如，如果我们编制一套测试，其中题目的容易值相对较低，那么这个测试可以很好地测试出优秀被测试者的能力，却不能有效地测试出平均或低于平均水平的考试者的能力（见图 9.4）。我们没有很好地评估他们的相对竞争力（相对于他们组的其他人员的竞争力），他们的分数集中分布在低分数区域。当然，这种测试可以有效地选择出一个群体中前 10% 的人员，这些人应该接受“优秀人才”教育。反之，可以有效地选出需要额外帮助的学生（见图 9.3）。

人们普遍认为传统测试存在一些问题，所以期望可以通过共同努力，编写出更好的测试。问题是，大部分学生往往答不出那些对理解力和思维水平要求很高的考试题目，结果导致这些题目的区分度为零。也就是说，对于一个给定的样本学生群，这些题目不能够将能回答相对较多题目的学生和能回答相对较少题目的学生区分开来。由这样的题目构成的测试在本质上会形成一个机会分数分布图，缺乏信度和效度。1956 年，布鲁姆（Bloom）提出教育目标的“分类学”，其中只测量对细节问题的机械记忆的题目被评为 1.0 级别，而要求“综合”和“评价”的考题则被分别被评为 5.0 和 6.0 级别。众多相关研究表明，在多数情况下，根据布鲁姆的分类学，很多测试包含的题目都只能排在第一或第二级难度。例如，一项由美国国家科学基金出资百万美元支持的研究发现，学校数学测试中，有 95% 的测试题目都只考察了“低水平的思维技巧”，不能够测量创造性解决问题所需要的一些高要求能力（Holden，1992）。还有一些测试题目，我喜欢称之为“心理陷阱”（psychometric trap）。这些题目要求高水平的思维能力，通常只有极少数的学生通过，因此在学生中间只能产生很小的区分度，甚至没有区分度，所以我们不得不放弃这些题目。正因如此，我们通常不能在测试中采用过多太难的测试题目，否则永远不能解决测试存在的问题，也免不了来自外界的批判和谴责。

正如之前所提到的，美国国会于 2001 通过了“不让一个孩子落后”

（NCLB）的法案，其目标是，截至2014年，所有美国学生的数学和英语必须达到熟练水平。这个法案导致学校将很大精力放在提高考试成绩上。但是，最近发布的一份报告中指出（Devise，2008）：

> 马里兰州的官员取消了2008年该州阅读和数学测试中的多项选择题，将原来大约3小时的考试缩短到2.5小时。官方并未对此变化做出评论，但确有24个学校系统负责人在2007年6月被通报。
>
> 这些变化很好地解释了为什么马里兰州各个学校考试成绩取得了跳跃式进步。各州都朝着NCLB的标准努力的同时，有关州级测试的类似问题也不断见诸报端。

考试题目的选择会极大地影响考试分数。这一点也表明了利用“客观”测试来判断学生或学校表现时所存在的问题。穆尼（Mooney，2008）在报道中说，如果重新设计小学和中学的能力测试，使其变得更加严格，那么达到“熟练”的学生数量将会大幅度下降。一些学校的通过率甚至下降了50%～60%。难怪学生、家长、老师和学校领导会对州政府这样大幅度改变测试表示不满。毫无疑问，将来各州考试会再次变得不那么“严格”。

还有其他的方法可以提高客观测试的效度。学生有一些共同的错误认识，特别是在科学和数学方面，因此很多人对此进行了研究（Helm & Novak，1983；Novak，1987；Novak & Abrams，1993）。这些研究已经找出了那些干涉事件理解的概念或概念关系。我们可以设计一些多项选择题，给出的备选答案直指学生通常会有的错误认识，使学生觉得是合理的，但实际上是错误的。这样做的结果是考生答题的正确率会低于应有的比率（多项选择题中有5个选项时，正确率低于20%），但测试又具有高信度和效度。塞德勒（Sadler，1995）发现，天文学测试采用同样的措施时，即使是低难度的题目也可以有很高的区分度。此外，他还发现当某个题目按照学生的能力设计时，实际上能力低的学生可能会比中等能力的学生表现得要好。我们以一个学校的学生作为样本群体，完成 47 个测试项目，结果表明，以上的模式确实多次出现。这些数据说明，当学生获得了相关信息后，实际上这些信息可能会加深他们的误解，从而表现得更差（见图 9.5）。数据还要求人们要仔细对所教的概念进行排序，从而使后续题目难度降到最低，以提高整体成绩。如果我们能够按照塞德勒（Sadler）书中所描述的那样，进行复杂的试题分析，那么这些客观测试数据在课程设计中会很有用。

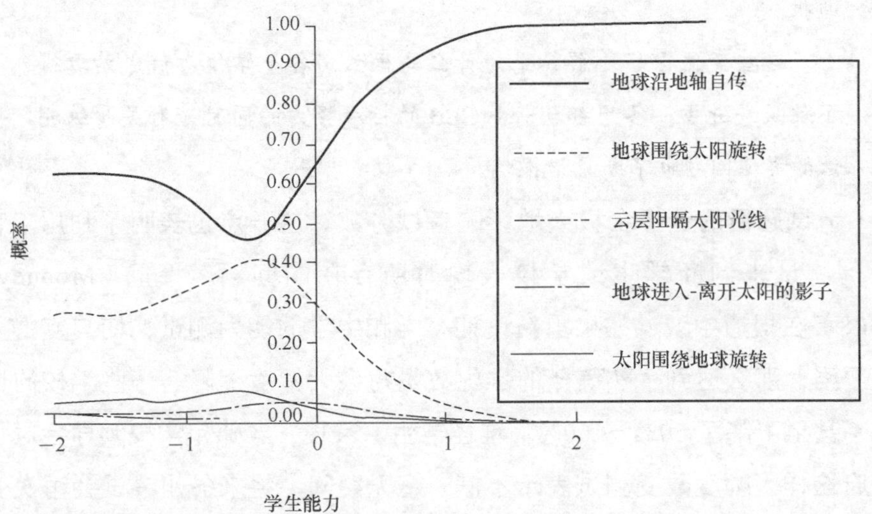


■ 图 9.5　学生对日夜形成的原因了解不够全面，因此常常会出错。如果测试中出现相关的试题，中等学生往往会比能力低的学生表现得更差

## 9.3.2　李克特量表

李克特（Likert，1932）设计的测量形式中，没有“对”或“错”这样的答案选择，取而代之的是一些有关情感态度的表达。其中，考生会看到一组陈述，从 1 ～ 5，或者是从“非常同意”到“非常不同意”。例如，根据李克特量表（Likert scales），我们设计了一个关于学习方法的不同选项，具体如表 9.1 所示。

**表 9.1　关于学习方法的不同选项**

| 学习方法 | 关键词 |
|---|---|
| 在阅读的时候，我努力将新的材料和我对于这个话题已经知道的知识联系起来（SA= 意义学习） | SD　D　U　A　SA |
| 比起尝试太过冒险的东西，我宁愿选择已经经过测试的方法来解决问题（SA= 机械学习） | SD　D　U　A　SA |
| 学习的时候，我通常会思考我所学的东西在怎样的现实环境中才会有用（SA= 意义学习） | SD　D　U　A　SA |
| 我发现，如果我集中精神记住老师或书本上讲的知识的顺序，我会更好地记住这些知识（SA= 机械学习） | SD　D　U　A　SA |

注：SD——非常不同意；D——不同意；U——不确定；A——同意；SA——非常同意。

我们很难确定为什么一个人会选择同意或不同意一项陈述，但是，我们可以通过采访样本群体，来确定这些测试题目是否能对被测者的信仰结构做出准确的测试，从而保证李克特量表的有效性。通过一系列采用李克特量表的研究，我们的经验是，在评价一些事情时，如个人的学习偏好、对于科学本质的观点、是否相信自己可以掌控自己的命运或其他相似的态度或选择测量时，李克特量表即使在最好的情况下，其有效性也是有限的。但是，如果汇集一个人对于 10 个或更多的李克特题目的选择取向，那么就可以实现有效地预测，如这个人是如何开始一个特定领域的学习的。布雷兹（Bretz，1994）发现，在一个帮助学生理解和接触化学科学知识的大学化学课程中，那些在李克特量表中选择机械学习方法的学生，在采访中所描述的学习策略也基本上是机械式的；相反，原理同样适用于那些选择意义学习的学生。在课堂上，特别是要求创新应用知识的考试题目中，通常意义学习者会比机械学习者的表现要好。

最初李克特量表是用来评价情感，但逐渐也被用于其他方面。例如，Alaiyemola、Jegede 和 Okebukola 在 1990 年利用关于学生焦虑的测试来研究概念图制作对于缓解焦虑的作用。他们发现，经过 6 周对所选科学论题的学习，使用概念图的学生表现出的焦虑明显低于不制作概念图的学生。尽管这些情感不能推广到其他科学论题的学习，这些发现却可以指出采用促进意义学习的策略确实能产生积极的情感结果。本书是极力肯定这个理论的。

到目前为止，我已经讨论了关于认知学习的测试和涉及情感学习的测试，也有关于我们的行为或心理运动学习的测试，但它们有着本质上的差异。图 9.6 阐述了测量中所涉及的一系列概念和原则，接下来我将讨论其他形式的评价，其中一些通常被称为另类评估，后文将会讨论到（参见 Herman，Aschbacher & Winters，1992）。

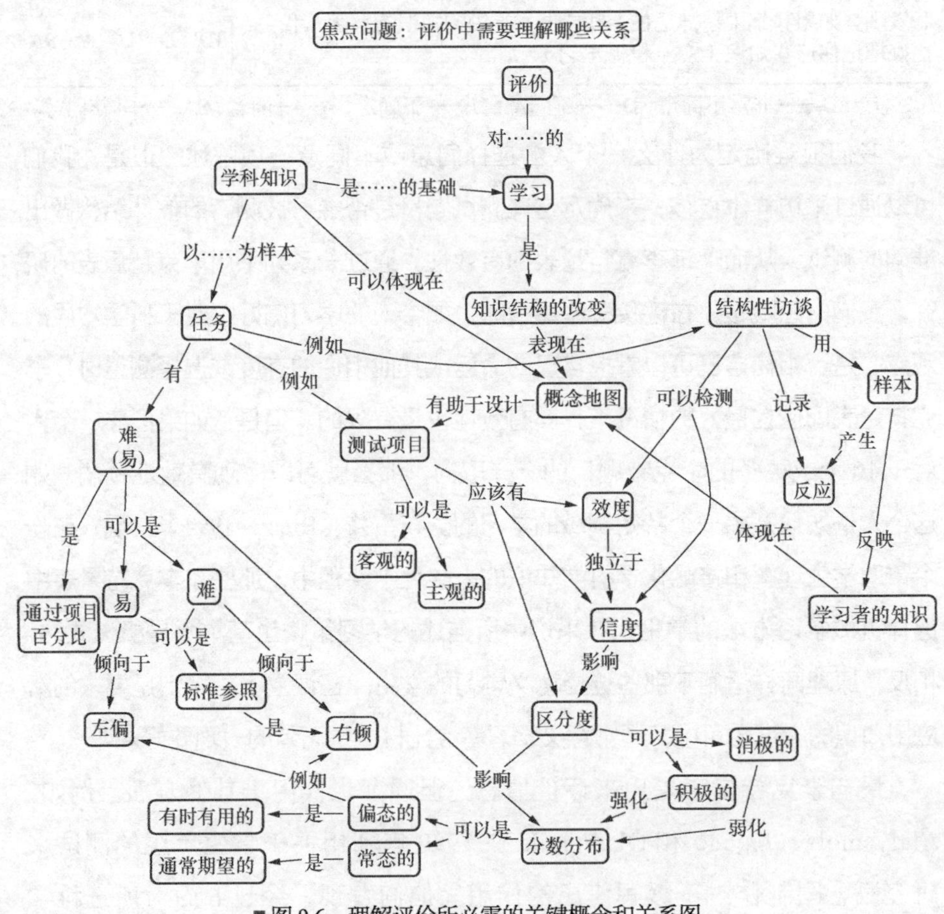


■图 9.6　理解评价所必需的关键概念和关系图

## 9.4 其他评价形式

### 9.4.1 表现性评价

对于发达国家的人民来说，驾驶证考试可能是最常见的表现性评价（performance evaluation）了。考试的第一项往往是笔试，而笔试要求的知识和应试技巧往往和驾驶证考试关系不大。有一些技术熟练、经验丰富的司机有时候也会通不过笔试部分。这在一定程度上表明，有必要改进驾驶证考试中的笔试环节。一个人要想成为一个技术娴熟的司机，或是熟练地完成一切心理运动任务，都必须在思维、情感和行动上实现建设性的统一。因此，我们应该设计出更加合理的笔试题目，使其更好地与熟练驾驶所要求的认知能力和态度属性相匹配。

表现性评价在音乐、艺术、摄影、舞蹈和所有的体育运动等领域中占主导地位，通常能够有效地将出类拔萃之人与平庸之流区分开来。但是，认识到认知和情感在技艺娴熟的表演中所发挥的关键性支持作用也很重要。成功的表演者必须协调好思维和情感，就像格尔（Herrigel）在他的《射箭艺术中的禅理》中巧妙地描述的那样。

我们学校的一个叫Nadborn的毕业生（参见Novak & Gowin，1984）发现，当他所在的校篮球队采用概念图来实现更好的理解和沟通时，他们的比赛成绩由原来的三胜八负一跃成为八胜三负。史密斯（smith，1992）发现当要求护士专业的学生在每周的护理技能指导中准备概念图和温习V形图，他们中的大部分人会比那些不使用这些学习工具的学生的表现好得多。Ben Amar Baeanga发现，五年级学生如果在写小说和诗之前准备了概念图，那么他们的表现会远远超过同年龄的普通学生。第二个例子中，学生甚至成功地创作了一部戏剧，在本校进行演出，并应邀在其他学校演出。

使用元认知工具来提高表现尚未得到普及，但我坚信这是非常有发展前景的研究和教育发展领域。十多年来，和我们合作的很多研究小组都使用概念图和V形图来使他们的研究概念化，结果，他们的研究成果大幅度提升。更有研究显示，元认知工具的使用对于人们创造新的知识有实质作用，鉴于知识创造对于学术界和企业界的重要性（Drucker，1993），这一研究发现比起在学校里学习成绩的提高更让人感到兴奋。

保健科学是最常使用表现性评价的领域之一。上文已经提到一些我们和护士专业学生的合作。从表面上来看，表现性评价有效性高，这是不言而喻的，因为这种测试要求主体完成的任务正是他们今后知识运用时需要实现的操作。然而，在一定程度上，测试总是一种人为的经历，因为要对表现进行打分和排名，这种评价就有可能是有问题的。斯旺森和诺曼（Swanson & Norman，1995）简洁地概括了从医疗保健行业的工作中吸取的“教训”。他们的“教训”见表9.2。

表9.2中所列事项清楚表明，表现性评价也存在一定问题。无论是在学校还是工作场所，采用表现性评价时都需要加倍小心。以这种评价为基础，决定晋升和一切奖励时更是如此。

**表9.2　医疗保健行业学到的关于表现性评价的教训**[1]

| | |
|---|---|
| 教训1 | 尽管被试者需要在真实的表现情境下进行测试，但这并不能简化测试设计和预采样的过程。采样必须同时考虑背景（情境、任务）和构建（知识、技能）维度。而且在这些不同的维度之间存在着复杂的相互作用 |
| 教训2 | 无论一项基于表现的评价多么切合实际，它仍是一个模拟场景，考生的表现和现实生活中并不一样 |
| 教训3 | 虽然非常准确的基于表现的评价方法通常会产生丰富的、有趣的考生行为，但是对这些丰富的、有趣的行为进行评分却存在问题。有些答案虽然表现形式不同，但同样有效。但是我们很难设计出能够有效识别替代答案的计分键，一方面是因为我们对计分键尚未达成高度的共识；另一方面不同的回答形式可能会造成计分假象 |
| 教训4 | 无论采用什么评估方法，一种环境下的表现（通常是一个病人的案例）也不能预测其他环境下的表现。有些领域里深度评估得到的分数不见得会在高风险的测试中再现 |

❶ 引自斯旺森等，1995。复制经过塞齐（Sage）的允许。

续表

| | |
|---|---|
| 教训 5 | 对于表现性测试的分数和其他针对不同技巧的评估方法之间的关系展开的相关研究一般会产生多变且难以解释的结果。验证性工作应该重视分析影响分数解读有效性的因素，而不是和其他测量方式的一般的关系 |
| 教训 6 | 因为表现性评估的方法过于复杂，不好管理，所以测试大量考生的时候需要多种测试形式和测试管理。由于这些测试通常包含数量相对较少的独立任务，所以会带来难以应付的平等和安全问题 |
| 教训 7 | 所有的高风险的评估，无论采用什么方法，都会影响教学和学习。这种影响的本质是不能预计的，所以需要认真研究（有意或无意的）优点和缺点，但却很少有人这样做 |
| 教训 8 | 不管是传统的测试还是各种表现性评估方法都不是万能的。选择评估方法应该基于所要评价的技能，通常还需要使用多种评估方法 |

### 9.4.2 概念图

在前几章中，我已经给出了我们在研究和教学项目中使用的几个概念图的例子。概念图是由我们的研究小组提出的，因为我们需要一种评价工具，帮助我们轻松且准确地看出学生在概念理解方面的变化。如今，我通常会在自己的课堂上使用概念图，将其作为一种评价工具。图 9.7 是我教授《教育的理论和方法》课程时我的一个学生绘制的概念图。

从图 9.7 中可以明显看出，这个概念图呈现了大量的知识。我的方法是给学生提供 20 ～ 30 个概念，要求他们将这些概念用图来表示，并添加 10 ～ 20 个自己选择的概念。当然，这是一个高难度的任务，我通常将这些任务作为“带回家的”测试。概念图框架构建时要极具创造力，选择重要的、相关的概念添加到概念图上，并寻找突出的“交叉连接”，以表现出概念图中不同区域的概念之间的关系。毫无疑问，对于我的学生来说，概念图已经成为一个重要的学习经历，也是一个独特的评价体验。学生给我的一致评价是：“我本以为已经知道了您要考的所有概念，但是当我开始绘制概念图时，我才意识到，我了解的还不够准确、清楚，不足以将这些概念合理地融合成一个概念图。”当然在将概念图作为评估手段之前，应该给学生几周的时间进行练习，并对构建小的概念图给出建设性反馈意见，图 9.7 所示大小的概念图不适合小学生。在初中和职业学校中，一些老师将绘制综合性的概念图作为年终评价手段。这些老师普遍反映他们对学习的评价更加全面了，学生的情感回应也更加积极了。

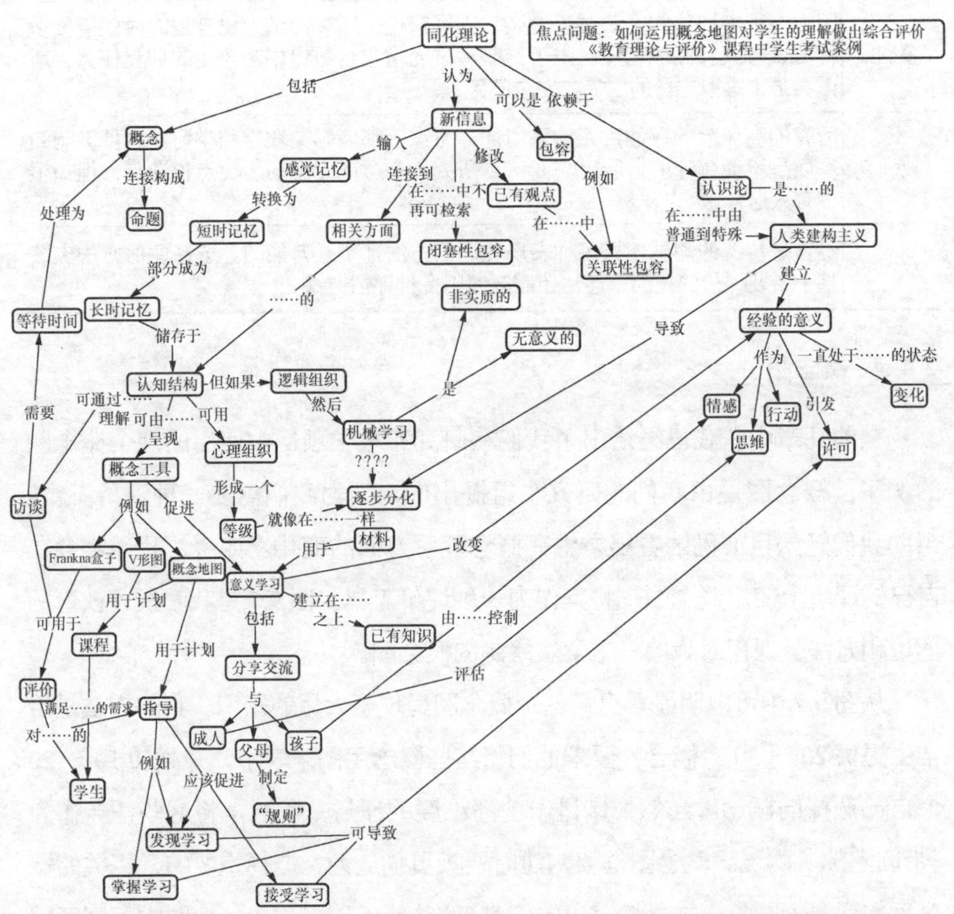


■图 9.7　在我教授的《教育理论和方法》课程的期中考试中，一个学生绘制的概念图

传统测试的一个问题是，判断题和多项选择题只能呈现一小部分所授知识。试想一下，要想测试学生是否理解图 9.7 中展示的概念，并把这些概念联系起来，得需要多少道选择题。此外，学生也没有机会展示他们是如何组织这些知识，也无法体现他们选择额外概念添加到概念图上时展现的创造力。在我看来，概念图是教育者所能采用的最有力的评价工具，但这必须建立在

已经将概念图用于前期学习的基础上。或许到 2050 年，我们就可以看到概念图在全世界的商业领域和教育领域得到广泛使用。

实际上概念图已经成功应用于研究的每个领域。例如，沃克和金（Walker & King，2003）发现，生物工程专业的学生后来提交的地图中，有效概念更多，词汇使用也更加精准。同样的，奎因（Quinn，2003）和他的同事发现，生物学专业的学生后来绘制的地图更加复杂，显示了他们对知识的理解。巴鲁迪和巴特尔（Baroody & Bartels，2001）表示，可以从学生绘制的数学概念图中看出学生是否理解了数学概念。

概念图的使用还需要考虑可信度和有效性的问题。有效性相对比较透明，因为很显然，一张精心绘制的概念图就可以展示构建主义学习的基本特征。对于任何一个称职的评价者来说，判断地图上显示的命题是否有效和决定地图结构中不同概念的上下级属性是否合理是相对容易的事情。

现在研究人员普遍同意，临床会谈能够最清楚地评价学习者概念框架发生的变化。但问题在于，通过会谈进行评价对评估人员的能力和时间都提出了较高的要求。此外，对于访谈过程中的内容解读依然是一个问题。事实上，正是第二个问题才促使我们研究小组去发明概念图这个工具。我们还发明了各种计分算法，为概念图打分，支持数据测试，并可以和其他形式的测试进行对比（Novak & Gowin，1984）。评分标准一旦确立，给一个概念图评分只需要 3 ～ 10 分钟，视地图的复杂程度而定（Lancaster，et al.，1997）。如果会谈仍是评价认知结构的“金牌标准”，那么概念图如何与之相较量呢？爱德华兹和弗雷泽（Edwards & Fraser，1983）表明，和对学生进行临床会谈一样，学生绘制的概念图也可以反映他们的知识结构。在过去的 20 多年里，在我们研究小组和其他研究人员开展的几十项研究表明，概念图是值得信赖的评估工具（Ählberg & Ahoranta，2008；Shavelson，et al.，1994；Ruiz-Primo & Shavelson，1996；Ruiz-Primo，et al.，1998；Ruiz-Primo，2000；Shavelson & Ruiz-Primo，2000；Ruiz-Primo，et al.，2001）。

利用概念图进行评价的一个显著优势是可以很轻松地设计新的测试题目，

只需要在原来要求学生进行概念图制作的概念清单上添加或减少 1/3 或更多的概念，就可以设计出一套新的测试。正如前面提到的，这样可以比较轻松地覆盖大范围的知识，还可以有创新表现的机会。虽然给概念图评分存在一定的主观性，但是个体却拥有了有极大的自由表达的权利，他们可以清楚地呈现自己对某一学科主题独特的意义构建，这就可以消除我们之前多次提到的因出题人的主观性造成的偏见和不合理性。使用概念图作为指导和评价手段的一大优点在于，它可以鼓励意义学习，抵制机械学习。在我们的一个研究中，格利 - 迪尔格（Gurley-Dilger，1982）要求采访她班上的学生，看学生对于她在高中生物课上使用概念图进行教学是怎么想的，有什么感受。下面是部分访谈内容。

如果可以选择，我可能不会使用。我不喜欢制作概念图，但是……它确实能将重点呈现出来。

我一直在用概念图。因为如果你只是看，你可能不会明白这一章的重点，以及这一章的内容是怎么组合在一起的。但是概念图可以让内容理解变得容易。它把书上的知识以不同的方式呈现出来。你可以按照自己的思路来绘制地图。诚然，这会花费很多时间，但一切都是值得的，至少它让我的学习更加容易了。

我不会使用概念图。我宁愿一遍一遍地反复阅读这一章的内容。绘制概念图的工程量太大。因为它不是简单的记忆，而是要明确各个概念之间的关系。

概念图很难学。虽然你在制作地图的同时，你也是在学习它。如果地图制作得好，它确实可以帮你，但前提是你要读书。所以，我宁愿不画图。（Gurley-Dilger，1982）

长久以来，学校教育一直存在很多问题，其中包括以多项选择题和判断题作为测试手段评价，因为这样的评价考察的只是机械记忆罢了。所以，我们再怎么强调这个问题也不为过。柯其（Kinchin，2001）在他的一篇论文中写道，“如果概念图在生物学习中真那么有用，为什么大家不都去用它呢？”

有两方面原因：一是大家对意义学习还存在一些抵制情绪；另一个是很多老师都不认为强调信息记忆有什么问题。柯其（Kinchin）说到："在合适的教学环境中，概念图可以作为支持学习的一种工具。这种环境可能会有要求，如重新定义教师角色，在这个过程中，教学、学习和改变都将被视为有效教学的完整组成部分"。在第1章中我们已经说过，这在哥斯达黎加的Silesky的学校很难实现。但是，在一贯的领导下，他还是可以帮助学生和老师摆脱对机械学习的偏爱。Trifone在他的研究中（Trifone，2005）发现一些能力强的高中生也不愿意改变：

> 特别是，这些发现表明，制作概念图可以给学生学习生物提供一个更有意义的学习方法。学生考试成绩的提升、学习动机和态度的改变都可以印证以上说法，而且，其进步大小和绘图熟练度成正相关。实际上，以上两种改变取决于学习者是否明白制作概念图可以给他们提供一个比过去更有效率的学习策略；更重要的是，他们是否愿意投入必要的时间和精力去学习概念图的绘制，并借此规范自我，促进意义学习。因此，有兴趣制作概念图的教育者应该考虑学生是否接受使用概念图，应该鼓励学生认识到熟练使用概念图的价值。

我们可以看到，学生普遍能够认识到概念图作为学习工具和评价工具的价值。此外，学生也很清楚，构建自我意义是一项"困难的工作"，所以很多人宁愿选择死记硬背。而长期以来，学校也一直这么做，所以也难怪学生会觉得构建自我意义是一件颇具挑战的事情，但是大部分人还是知道这样做是有意义的。不幸的是，我们发现医学院的学生对于使用概念图有着强烈的抗拒，而对于他们来说，如果想成为一个称职的医生，意义学习是必需的。之前的机械学习带来的成功使得他们对于意义学习产生了不安全感和畏惧感，不敢做出改变。事实上，医学院入学考试几乎不要求考生有对信息进行综述和评价的能力，这也在一定程度上抑制了意义学习的发生（Zheng，et al.，2008）。实际上，第二个小组发现，大学生物和医学院一年级的考试中，只有少数考试题目会被要求用布鲁姆的分类学中的高水平思维，学生总是会选择最容易走的路。所以，如果不要求他们学习时要搞清楚意思，并用所学知识创新性地解决问题，或进行其他形式的综合和评价，他们一定会选择机械学习，最终导致他们无法构建强大的功能性知识结构。不管怎么样，概念图的使用已经在兽医专业的学生和其他学生那里获得了成果，并证明了其作为评价工具的作用（Edmondson，2000）。

使用概念图工具不仅可以极大地方便概念图的绘制过程，还便于评估。例如，如果教师准备了一个“专家”概念图来展示某个领域的知识，那么概念图工具就可以将学生制作的概念图和“专家”概念图进行对比，列出学生图中的概念和命题，并得出学生制作的图和专家制作的图之间的差异，便于检查前者的完整性和准确性。打开概念图工具中的“历史”工具之后，就可以看到绘图者绘图的每一个步骤。如果这幅图是由团队合作完成的，那么也可以利用这个方法查看每个人的贡献。在分析不同类型的学习者或特定群体的思维方式的认知研究中，这个工具也有很大价值。

在和巴拿马的合作中，我们发现，需要一个更系统的方法来评价老师和学生的概念图的质量。在提高概念图制作技巧的培训项目中，为了明确优点和缺点，我们提出了一种分类学来评价概念图的结构，提出一种评价量规来处理概念图中的观点和观点的质量。我们将分析概念图整体框架的分类学称为“拓扑分类学”，将评价信息质量的分析量规称为“语义评价标准”。布鲁姆（Bloom，1956）提出的分类学是将考试题目进行分类，他使用了从 1 ～ 6 的量表，分别表示从简单事实回忆到综合和评价。在此基础之上，我们提出了更简单的量表，但是标准更切合概念图。最终提出了拓扑分类学和语义评价标准（Cañas & Novak，et al.，2006；Beirute & Miller，2008；Miller & Cañas，2008）。对这些评分机制的简单总结如下。

**1. 拓扑分类学**

拓扑分类学根据 5 个标准对概念图进行分类：概念识别、连接短语的使用、分支程度、深度和交叉连接的使用。这些标准逐层深化地考虑拓扑元素，从概念开始，然后是命题，最后是完整的概念图。我们注意到，参照第一条标准时，必须考虑内容。因此，这似乎是一个语义标准，也确实是语义标准。但是，要构建一张丰富的、相互联系的、灵活的概念图，识别个别概念的能力是最基本的，所以这条标准就包含在结构标准里。换句话说，重点不是到底说了什么，而是制图者是否能够在原来的背景下识别概念，并描述它们是如何互相联系起来的。一旦连接点（概念）写在一个地图上，它们就和其他的概念相互联系并形成更大的图形结构，通常是三面形的，通过连接性的短语连接起来。当几个关系从同一个连接点发散开来，或几个关系同时使用一个连接元素时，就产生了分支。通常认为这种情况和奥苏贝尔（Ausubel，1968）的“渐进分化”的观点相关。分层深度（hierarchical depth）指的是概念图中起点概念下包含的概念的层级数量。尽管这种包含可以表明概念涵义，但二者并不相同。拓扑标准只考虑层级的数量，而不考虑每层包含的概念是什么。最后一个标准考虑的是交叉连接。从空间组织的角度来看，当和上述其他要素一起时，交叉连接会使拓扑元素形成更加复杂的整体。一般会将交叉连接和“整合协调”联系起来，后者也是奥苏贝尔理论的一个基本原则。

**2. 语义评分标准**

用来评价概念图的语义评分标准包含 6 个方面：概念相关性和完整性、正确的命题结构、使用错误命题、使用动态命题、交叉连接的数量和质量、出现循环。与之前的拓扑分类学一样，在语义评价中，我们也会从不同层次上对内容进行评价。第 1 个标准关注单个概念的级别，人们称之为概念图的“原子级别”。第 2 个标准上升一个等级，达到“分子”级别，要求能够以命题的形式构建和表达连贯的语义群。再往上，第 3 个标准评价的是语义单位的真实性，通常这和外部的客观标准相关，依托于一定的语境。继续往上，第 4 个标准关注的是命题中概念之间关系的复杂程度。最后，第 5 个和第 6 个标准关注整个概念图。这就好比是“物质”的不同层次，当制图者将自己的生活经验绘制成一个完整、连贯的整体时，概念图中每一条支线都是相互联系的。

我们从巴拿马项目中发现，老师们已经能够严格依照并使用上述的各种评分机制，而且这些机制与老师和同学的概念图制作模式也是相符的。对于那些想将概念图作为一种评价工具和一种学习工具的人来说，这种分类学和语义评价量规都是有用的。使用拓扑分类学时，我们发现计算机对概念图的评分很可靠，这意味着我们在解决如何评价大量的概念图和探索其在其他领域运用的道路上又迈出了新的一步（Valerio，2008）。虽然要真正实现这一点还需要多年的努力，但至少我们可以将分类标准作为评价概念图质量的第一个指标。登录概念图工具的网站（http://camp.ihmc.us）可以查到其他使用概念图进行评价的研究，在此网站和 http://camppers.net 网站还可以找到很多概念图在各个领域应用的例子。打开网站，输入特定的搜索条目，就可以利用拓扑分类学检索到相关概念图。

在概念图制作还没有作为一种学习工具使用时，虽然很难做到在州或全美范围内使用概念图进行评价，但是将一个样本概念图和一个“骨架”概念图加入考试中也不失为一种开始的途径。如果标准测试开始采用概念图来进行评价，那么这种实践无疑会鼓励老师们在教学中采用概念图。此外，随着计算机在课堂普及，上网越来越方便，人们会越来越愿意使用免费的概念图软件来提高学习效率，改善评价。从图 9.8 中可以看出，概念图软件的下载量正在逐步增加，这表明概念图作为学习和评价工具的普及度正在逐步提高。登录 http://pictor.ihmc.us/geolookup/ 网页，可以查询过去 24 小时内下载用户在全球的分布情况。

### 9.4.3 V 形图评价

和概念图一样，V 形图也可以作为一种有效的学习工具和评价工具。当研究的兴趣点是一个事件的时候，尤其适用。这个兴趣点可以是一个演示、表演、实验、野外活动或任何一项有创意的活动。例如，在我的一些课程中，我要求学生就他们的课程任务绘制一张 V 形图。通常我会让他们自由选择采访对象和主题，然后针对自己定的题目制作 V 形图。图 9.9 是我的一个学生做的 V

形图。V 形图的左侧侧重于我在课堂上教授的理论、原则和概念，以及其他与具体研究相关的事项；右侧画的是他们参与的活动，这也是调查的一部分。

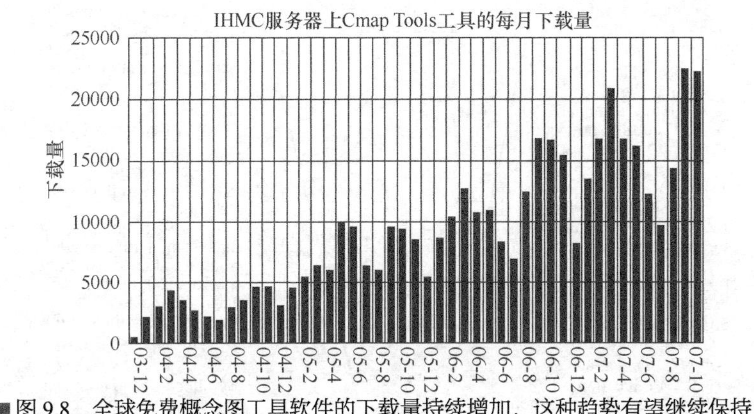


■ 图 9.8　全球免费概念图工具软件的下载量持续增加，这种趋势有望继续保持

V 形图既可以帮助学习者理解知识建构的复杂性，也可以让他们体会到其中的简明性。如果考虑周到，且不断反思，V 形图可以帮助学习者认识到每个要素之间是相互联系、彼此影响的，以及为什么这些要素有助于我们理解焦点问题。其实 V 形图在小组中也可以得到很好的运用。V 形图可以帮助我们明确左边的相关要素，确定焦点问题，描绘研究事件，描绘右边呈现的内容，从而激发创意表达。因为 V 形图的基本形式已经给出，所以学生会觉得 V 形图比概念图更容易制作，也更全面。事实上，我们可以在 V 形图里插入一个概念图，用于呈现 V 形图左边的概念、构想、原则和理论，再用另外一个概念图代表 V 形图右侧的知识观和价值观（参见图 6.3 和图 6.4）。

V 形图的综合性在某种程度上解释了，为什么它作为学习工具和评价工具，不如概念图受欢迎。此外，正如第 6 章中所提到的，学校以及研究所里的实证主义倾向让人们对 V 形图产生了抵触情绪。人们乐于使用 V 形图的前提是他们认同建构主义学习理论，这要求他们既能够理解知识建构的自主性，还应该认识到知识具有暂时性并不断发展[1]。

---

❶ 借用冯 • 格拉斯菲尔德（Glasersfeld，1984）的术语。

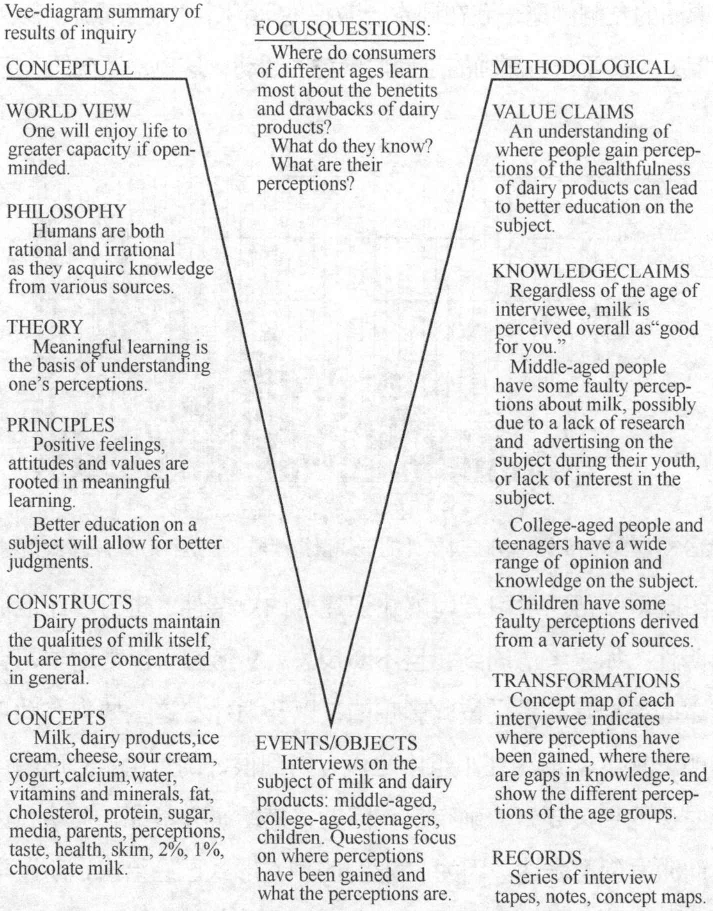

Vee-diagram summary of results of inquiry

FOCUSQUESTIONS:
Where do consumers of different ages learn most about the benetits and drawbacks of dairy products?
What do they know?
What are their perceptions?

CONCEPTUAL

WORLD VIEW
One will enjoy life to greater capacity if open-minded.

PHILOSOPHY
Humans are both rational and irrational as they acquirc knowledge from various sources.

THEORY
Meaningful learning is the basis of understanding one's perceptions.

PRINCIPLES
Positive feelings, attitudes and values are rooted in meaningful learning.
Better education on a subject will allow for better judgments.

CONSTRUCTS
Dairy products maintain the qualities of milk itself, but are more concentrated in general.

CONCEPTS
Milk, dairy products,ice cream, cheese, sour cream, yogurt,calcium,water, vitamins and minerals, fat, cholesterol, protein, sugar, media, parents, perceptions, taste, health, skim, 2%, 1%, chocolate milk.

EVENTS/OBJECTS
Interviews on the subject of milk and dairy products: middle-aged, college-aged,teenagers, children. Questions focus on where perceptions have been gained and what the perceptions are.

METHODOLOGICAL

VALUE CLAIMS
An understanding of where people gain perceptions of the healthfulness of dairy products can lead to better education on the subject.

KNOWLEDGECLAIMS
Regardless of the age of interviewee, milk is perceived overall as"good for you."
Middle-aged people have some faulty perceptions about milk, possibly due to a lack of research and advertising on the subject during their youth, or lack of interest in the subject.
College-aged people and teenagers have a wide range of opinion and knowledge on the subject.
Children have some faulty perceptions derived from a variety of sources.

TRANSFORMATIONS
Concept map of each interviewee indicates where perceptions have been gained, where there are gaps in knowledge, and show the different perceptions of the age groups.

RECORDS
Series of interview tapes, notes, concept maps.

■图 9.9　我的一个学生绘制的 V 形图，阐述她关于消费者对奶制品的看法的研究

再次参考格利 - 迪尔格的著作，下面引自她所在学校的心理学家和她的学生们就 V 形图展开的对话：

我不喜欢 V 形图，宁愿做实验题。因为实验题更简单。我猜你清楚使用 V 形图做哪些事会更好。

V 形图左边的东西我们都学过。所以在绘制的过程中，它会帮助我更好的记忆。我不介意使用 V 形图，因为它很容易，不会花费很多时间。

实验时使用 V 形图的话，我会收获更多。其实不只在实验中如

此，一旦你习惯了，就会发现V形图其实很简单。碰到问题你可以跳过，但V形图迫使你将所有的事情都联系起来，并努力解决。

我们可以再次看到，学生觉得自主建构意义很有挑战，但是很值得。我们研究小组在康奈尔大学以及同事在其他大学和学校系统中开展的几十个研究都得出了类似的结果，科学学习、文献研究（Moreira，1977；Baranga，1990）、数学研究（Afamasaga-Fuatai，1985；Afamasaga-Fuatai ，2009；Kahn，1994）和其他领域的研究基本都是这样。

### 9.4.4 报告作为评价工具

在我所有的课程中，我都要求学生利用自己调查得到的数据，进行口头或书面报告。通常，报告占总成绩的 40% ～ 50%，概念图和其他的任务组成剩下的 50% ～ 60%。在小班教学（小于等于 30 人）中，我通常要求他们做口头报告，一部分原因是我认为学生需要在公众面前表达的机会。今后，很多的“白领”和“蓝领”在工作中都会被要求做类似的汇报。经常有学生会说，在我的课堂上做的报告，是他们来到康奈尔大学 2 ～ 3 年里做的第一个口头报告。口头报告非常耗费课堂时间，所以必须考虑与其他课堂活动相比，这种做法的时间价值。书面报告需要学生花费大量的时间去准备，也要求评价人员花费大量的时间去阅读。对于那些教授大班（大于等于 50 人）的老师来说，无论是口头报告还是书面报告都不切合实际，除非特殊时间允许，或在评价的时候能有个得力的助手。

关于如何准备报告，怎么做报告，有必要给学习者提供清楚、充足的指导。先前小组做的报告样本（删掉小组名字）很有参考价值。我通常会把它们作为范本，指出优缺点，并解释为什么会做出相应的评价。我还会使用录像带来展示那些做得好的口头报告，当然我会事先征得发言人的允许。和任何评价一样，如果评判优劣的标准不清楚，那学生的积极性会严重受影响，表现也会不尽如人意。如果我们希望学生能够清楚地展示他们自己的意义建构、表达新观点，那么必须给予必要的引导和帮助，此外，必要的练习也少不了。

海报也是一种报告形式，可以由个人或小组制作。关于宝洁公司如何使用海报，雷富礼和查兰（Lafley，2008）说道：

> 宝洁公司也用很多海报，是的，很多海报。我们将它们作为传达创新观点的一种途径。这种方法技术含量低。如果有什么的话，也就是海报给人一种小学科学展览的感觉。每一小组创作一张海报，简单列出主要观点和创新技术、相关的消费者研究数据、商业潜力、关键时间点和里程碑，以及小组面临的关键问题。为什么选择海报？因为这些评论往往是科学家们做出的，海报会迫使科学家们使用上层管理人员能够理解的词语。如果上层管理人员能看得懂，那么业务部门乃至消费者就能看得懂。此外，海报重点突出，简洁明了，能将创新提炼成一套简单的观点。海报会陈列在屋中的一些架子上，这样团队成员们就可以四处走动，围绕某一张海报进行讨论。小组里有一到两个人负责阅读所有数据，并添加自己的评论。通常讨论过程中还有展示说明，人们可以接触和使用主要产品，体验主要科技元素。

有人可能会只以海报作为评价工具的效度。有些创新虽然是以海报的形式介绍给大家的，但后期还是可以通过新产品或是改良产品带来的额外收益进行评价的。但是，这些收益只是新产品价值的一部分，因此，根据海报对它进行评价可能会更加主观。显然，有人会担心评价者会有偏见，但其实人们进行书面或口头报告也存在这个问题。我们在评估时面临着做决定的问题，我们称之为价值取向。除非我们在自己的评价项目中也要求书面和口头表达，否则我们怎么能提高学习者书面和口头表达的水平？有很多方法可以识别人们在这些能力方面存在的差异。对于有的学习者而言，其文化背景造成了他们不擅于用英语进行书面和口语表达。但是也有很多方法能够改善不现实的标准给学习者带来的潜在的消极影响。逃避或忽视这些问题会限制学生和员工的未来发展，也会导致美国劳动力能力和竞争力的下降。长期的结果就是导致美国人生活水平下降，这种趋势已经在逐渐形成，使美国青年人感到更加沮丧和迷茫（参见 Marshall & Tucker，1992；Serge，1990）。2008 ～ 2009 年全球金融危机（financial meltdown ）之后，人们更加重视美国和其他国家的经济前途（Jubak，2009）。仍待解决的问题是，美国是否有足够的智力资源，在最终到来的经济复苏中受益?

### 9.4.5 档案袋评价

简而言之，档案袋是学习者的作品集，用来展示他们的能力。档案袋通常包含艺术作品、作文、音乐（纸质或录制的）作品、表演的视频、概念图、V 形图，以及其他一系列学生努力的成果。如果档案袋可以收集有关学生思维、情感和行动的所有证明文件，那就不会存在所谓的有效性的问题。然而在实践中，档案袋收集的作品样本十分有限，因此存在选择性偏倚。

正如之前所提到的，利用概念图工具可以相对轻松地建立数字档案袋。当我们评价这些档案袋时，可以采用下面几个标准。

（1）“骨架”概念图的质量和完整性，附有链接其他资源的图标。

（2）档案袋中包含的资源的数量和种类。

（3）资源的质量，是否解释了关键概念。

（4）资源的原创性，特别是由档案袋制作人提供的资源。

（5）关于项目的书面或口头报告的质量。

上述每一个项目都可以进行评分，分值从 1（很低）到 10（很高）不等。

如果档案袋是以小组为单位制作的，我们可以进行一次全班的或全校的竞赛，让所有学生都有机会看到这些档案袋，并对其打分。学生对档案袋的评价通常都是非常公正的，颇具建设性。

档案袋评价的信度取决于学习者能否利用资源保证作品的完成，以及评价人评价作品样本的能力。如果将档案袋作为主要的评价手段，那就必须认真考虑所有问题。因为，无论是在制作档案袋材料的机会方面，还是在评价方面，种族、文化、社会经济地位和性别差异都会导致重大偏见，不管怎么样，档案袋收集的都是学习者的“真实”的作品样本，并且和“真实世界”

所要求的能力联系密切。所以，它至少应该作为一部分，被纳入综合评价系统中。

马丁（Martin）、米勒（Miller）和迪亚格（Delago）（Martin，et al.，1996）在加利福尼亚开展了一项研究，该研究涉及500个科学老师以及4000份档案。参与研究的老师们参加了两次州级档案袋培训与发展会议和几次区域执行会议，还参与了档案袋评分。学生被要求提交3份实际运用科学概念的档案资料。评分标准确定之后，对同一个档案，两个独立的评分人基本能够达成共识。他们发现女生会比男生得分高，相比之下，在多项选择类型的测试中，男生的得分会高一点。与其他测试表现的方法相比，种族差异在档案袋评价中未显出明显不同。当然，其中有一部分原因是非裔美国人提交的档案数量不足以完成数据统计比较。化学科目中，档案得分和多项选择测试得分的关系是 $r$=0.3，在生物学测试中 $r$=0.4。因此，档案得分中84%～91%的差异无法用多项选择的分数进行解释。很显然，档案袋为学生呈现自己对科学的理解提供了一个新的方式。

不幸的是，如果要将档案作为一种评价工具和一种教学方法，老师则要付出更多。因为学生需要更多的指导，所以老师的工作范围可能还要延续到图书馆甚至是校外。此外，评价也会变复杂，不是简单地根据答案给分，再累计总分。因此，除非将档案作为学校政策和标准课程的一部分，否则它很难被采用，并长期沿用。

档案袋评价的另一种形式是使用计算机生成一个电子文档，将信息、图片和视频截图等合并在一起形成一个混合的电子“档案”。克拉伊奇克（Krajcik），Spitulnik 和 Zembal（Krajcik，et al.，1998）发现这种方法在高中理科生和准教师身上运用很成功。当然，这种形式的指导评价要求学生能够拥有相对好的计算机和网络连接，以及称职的教师来指导他们。随着计算机以及信息高速通道的进步，这种指导和评价方式会越来越普及。摩尔定律（Moores Law）表明，计算机的性能每18个月就会翻倍，这个定律仍有效（Brock，2006；Service，2009）。然而，我们考虑的教学实践需要更多的资源，要求老师要积极，能够胜任领导的工作。网络可以让人们在家学习，注册“远程教育”学位课程（Novak，2002）。可能几十年之后，这些功能就会在公立学校普及。

## 9.5 真实性评价

最近几年传统的“测试”实践饱受批评，越来越多的证据表明这些测试不能真实地反应被测试者的“真实”表现和能力。这引发了对“真实性评价”的需要。维金斯（Wiggins，1989）明确了真实性测试的一些特征，如表 9.3 所示。浏览完这些特征后可以发现，“真实性测试”绝对是明智之选。问题在于，具备这些特征的评价项目实施起来非常困难。档案和表现性测试也会具备部分特点，但是正像我们之前看到的，这些实施起来并不容易，也很麻烦。帕克特和布莱克（Puckett & Black，1994）引用了维金斯的著作，编写了一本实践手册。但是他们也不能提供好的办法进行真实性评价。显然，维金斯表格中列出的大部分标准也同样适用于公司环境。

虽然概念图和 V 形图不能成为真实性评价的万能药，但是它们满足这种类型的评价的很多标准。如果将概念图和 V 形图也用作教学工具，它们会在教育的各个层级都很有效。如果能将它们与各种有关消费者知识和兴趣的数据收集相结合，或是作为当事人“自检”的工具，概念图和 V 形图在商业环境中的效果也非常显著。我希望看到，慢慢地会有更多的人使用这些工具。这样，到 21 世纪中期，如果看到概念图和 V 形图得到广泛使用，也就不足为奇了。

评价问题是普遍存在的，而且影响深远，但很多时候难以解决。作为影响教育的“第五大因素”，评价问题绝不能含糊应付。错误的评价行为会让我们在组织和传授知识时做出的努力付之东流。它还会损害个人的自尊，有时候甚至造成难以弥补的伤害。我的建议是，必须严肃对待评价问题。明茨等给出了很多关于有效真实性评价方法的例子。

**表 9.3 真实性测试的特征[1]**

| A. 结构和后勤 |
| --- |
| 1. 最好是适当公开的；可以纳入一个观众，一个评审团等<br>2. 不依赖不现实、随意的时间限制<br>3. 提供已知的、而非秘密的问题或任务<br>4. 更像是档案或一季的游戏（不是一次性的）<br>5. 需要和他人合作<br>6. 循环出现——值得不断练习、演练、重复<br>7. 确保学生评价和反馈工作的中心地位，调整学校的日程安排和政策为其提供支持 |
| B. 智力设计特征 |
| 1. 是“必要的”——不是为了“筛选”出某个成绩而做的无意义的随意性评价<br>2. 是“赋予能量的”——指引学生运用这些知识和技能解决更复杂的问题<br>3. 是情境化、复杂的智力挑战，而不是与孤立的“结果”相对应的“粒子化的”任务<br>4. 设计学生自己对知识的研究和使用，“内容”只是一个手段<br>5. 评价学生的习惯和全部技能，而不仅仅是回忆或记忆的技巧<br>6. 是有代表性的挑战——设计的目的是强调深度而不是宽度<br>7. 极具吸引力和教育意义<br>8. 包含一些不明确的（结构有问题的）任务或问题 |
| C. 评级和评分标准 |
| 1. 包含对根本性错误的评价标准，而不是那些容易统计但相对来说不重要的错误<br>2. 并不是“曲线”评级，而是参考了表现性标准（参照标准，而不是参照规范）<br>3. 明确成功的标准<br>4. 将自我评估作为评估的一部分<br>5. 采用一个多方面的评分系统，而不是一个总计分数<br>6. 与全校共同的目标保持一致——一个标准 |
| D. 公平和平等 |
| 1. 挖掘并确定（或许是隐藏的）优势<br>2. 不断检查，在表彰成就和天赋之间寻求平衡<br>3. 将不必要的、不公平的、令人泄气的比较降到最低<br>4. 考虑学生不同的学习方式、才能和兴趣<br>5. 可以，也应该是所有学生都能通过努力做到的，测试应该为学生的进步搭建“脚手架”，而不是一味地挫败他们<br>6. 颠覆传统的测试设计流程：让“成绩责任制”为学生学习服务（首先应关注测试的“面子”和“生态”有效性） |

❶ 摘自维金斯（Wiggins，1989）的“教学的真实性测验”，教育领导。

10

Chapter

# 学校和企业教育的改革

## 10.1 对教育持乐观态度的前提

1977 年，我在《一种教育理论》（*A Theory of Education*）一书中谈到，教育改革酷似布朗运动（Brownian motion），就像托弗勒（Toffler，1971）描述的那样“不断转变但却没有固定的方向”。当时我断定这种现象很有可能持续下去，现在我更加坚信这一点，除非包括学校和企业在内的每一种教育环境都在综合性的教育理论上寻求根本的变革。正如第 1 章所提到的那样，尽管学校教育在生均经费上有了大幅度增长（即使去除通货膨胀因素也是如此），但从各式各样的成就测试等常规测试标准看，鲜有证据表明学校教育正在取得进步。更何况，我们反复提到的这些标准化测试本身就具有局限性，所以我们呼吁有更强大、可靠的成就检测标准。我认为我们在教育上进步甚微的一个原因是：我们的教育评估方法测评的都是一些琐碎的细节，而很难识别出人类理解过程中产生的实质性改变。我们应该在广泛应用较好的评估手段上有更大作为。幸运的是，即使是使用传统的多项选择题，我们也已经取得了一些进展。

人们可能认为冷战时期军费的高开支限制了我们在教育上的投资，但在一段时间内，军费支出已经大幅度削减了，用定值美元来计算或从其在 GDP

上的占比来看更是如此。然而在 2002 年之后，阿富汗战争和伊拉克战争导致美国军费支出激增。此外，发生在 2008 年的经济混沌（economic chaos）又造成了数万亿美元的美债危机；在撰写此书时，我们仍无法确定经济何时才能好转。经济问题已经席卷全球，目前已经导致许多国家在教育事业上难以有更多投资。医疗保健费用的增长已经远超通货膨胀，正呈现出新的危机。谁又知道这部分开支中有多少是由低劣的健康教育、疾病预防教育以及对医疗保健人员的教育不足而导致的呢？在福利和犯罪问题上付出的代价也多多少少与教育的失败有关。美国的犯人监禁率为 0.615‰，在人均囚犯数量上，美国要比其他工业化国家高 6 ～ 8 倍。

预防犯罪、罪犯监禁、社会保障（公共福利计划）和医疗保健开销一起构成了美国以及所有发达国家财务预算的大头。如果不在各种教育上取得根本性的改进，所有这些开销都没办法控制，更别说缩减了！ 再加上从 1980 年起，美国从最大的债权国变成了最大的债务国，所带来的财政危机是非常吓人的。

另一个因素是经济的全球化，虽然从 1977 年才开始，但今天已经渗透到我们日常生活的方方面面。数百年来，各国都在不断进行着商品贸易，各国银行间也在不断忙着兑换货币，但与当前发生的以及我们可预期的未来二十或几十年发生的情况相比，这些贸易活动所产生的货币量只是货币、物资和服务全球流通中的涓涓细流而已。美国和其他国家都签订了很多自由贸易协定，这些协定已经明显加剧了市场全球化的程度。自 1993 年成立以来，在很大程度上欧盟（EU）成员国已经成为一体，27 个成员国间的贸易额显著增长。这主要得益于其共同货币（欧元）在大多数成员国中获得认可，如今欧盟的国内生产总值已经占到全球生产总值的 30%。我们正在迅速进入这样一个时代——只要价格合理，任何产品、物资或服务几乎均可由任何地方产、供、销。究竟这种格局对商业的重要性多大，我们目前只能靠推测。就像马歇尔（Marshall）和塔克（Tucker）（Marshall & Tucker，1992）指出的那样，我们已经进入一个经济新纪元：

> 19 世纪和 20 世纪初，美国最重要的优势在于其无与伦比的原材料贮备和廉价的能源，但在第二次世界大战后，随着技术的稳步发展，美国在原材料上的天然优势已被大幅度削弱……我们用一个事实来说明天然资源被思想、技能和知识取代的程度：由沙子制成的 50 ～ 100 磅（22.6 ～ 45.36 千克）的玻璃纤维电缆就可以起到 1 吨铜丝线路在电话通信中的传播作用……如今，思想、技能和知识等人力资源（已经）取代天然资源，成为生产和财富的主要源泉。

（技术）对全球经济的最后冲击尚未真正到来。作为一种新兴技术，纳米制造使得人们可以使用相对便宜的原材料在原子层面生产产品，目前这种技术还仅仅处于初期阶段。自从 2003 年人类基因组测序完成，以及遗传学知识的不断完善，人类已进入一个药物生产的新时代，“个人定制药物”将在未来 10 ～ 20 年内引发一场医疗保健上的革命。没有人能够预料经济将如何适应这些新兴技术，但传达的信息却是明晰的，那就是旧的经济规律将不再发挥作用，新知识将是未来首要的财富源泉。这一点已为众多事实所证明，例如，那些能源正在加速短缺的国家都在急于寻找新的清洁能源，特别是那些不会导致全球变暖的能源。佘维斯（Service，2008）描述了一项新研究，这项研究制造了一种能将非食用植物转换为油类产品的微生物，这样的创新能够在下一个 10 年极大地改变能源的图景。正如德鲁克（Drucker，1993）所断定的那样：

> 用经济学家的术语来描述，生产所凭借的最基本的经济资源不再是资本，也不再是天然资源（经济学家眼里的“土地”）或“劳动力”，而是知识，并将继续是知识。核心的财富产生的活动既不是来自于生产运用环节中的资本分配，也不是来自于劳动力，而资本和劳动力是 19 世纪和 20 世纪经济理论的两大支柱，无论是在古典经济学、马克思主义经济学（Marxist）、凯恩斯主义经济学（Keynesian）中，还是新古典主义经济学（neoclassical）中，都是如此。“生产力”（productivity）和“革新能力”（innovation）已成为当今价值的主要

来源，而这两者无不依赖于知识的运用。

由于一直接受科学教育，我越来越相信科学家们构建的理论所带来的解释能力和预见能力是科学及其相应技术取得巨大发展的真正原因。诚然，随着时间的推移，这些理论中的某些部分会不断被修正或摒弃，但在其产生的时候，它们对科学发展的推动是非常有益的。人们固然不会机械地按照原子或分子的运行模式来处事，但人类和组织在建构方式上具有一定的规律性，在运转的方式上也是如此。在 1977 年就已经建立了一种具有解释和预见能力的教育理论，而现在该理论已被证明是正确的。在《一种教育理论》第一次出版时，我的一位挚友、尊敬的学者内德·宾汉姆（Ned Bingham）致信于我时写道："书中的理论解释了我作为教育工作者工作 40 年来为何学习和学习什么的问题，解释了为何工作和做什么的问题。"已故学者拉尔夫·泰勒（Ralph Tyler）很热心地为那本书撰写了优雅的前言。尽管有这些美妙的语言，尽管那本书已被译为西班牙语、葡萄牙语，近期又被译成巴斯克[1]语，但《一种教育理论》一书还没有对美国以及其他大多数国家的教育产生重大影响。我们的理论观点和所推介的研究工具以及实践在西班牙语系国家和意大利获得了更多的认可，这些国家的大学授予我荣誉博士称号可以证明这一点。这一理论已经对我和我的部分海内外同事的研究项目产生了重大影响。

俗话说："时势造英雄"。回顾过去，我清晰地感受到过去教育工作者并未为教育理论做好准备，也没有获得教育理论的那份渴望。过去的教育实践主要依据的是如今广受诟病的行为主义心理学（见 Brown，1994），而它曾经似乎足以支持教育事业的运作——无论是学校教育，还是职业教育和公司培训。但是，正如另一则谚语所说的那样："我们现在面临的是一个全新的局面。"加速全球化中的世界经济对所有人的教育都提出了新的需求，正如马歇尔和塔克（1992）所看到的那样：

> 直到一线工作者不断学习并学以致用和管理本身一样重要，如果管理者不能理解这一点，那么新的工作组织就难以运行。通过

❶ 西班牙北部的自治区。

（让员工）学习足够多的知识来接管之前预留给管理者的工作，不仅可以大幅度提升他们的生产力，而且还能减少组织内部的分化，从而进一步提升组织自身的学习能力。通过这样的方式，学习型组织得以在产品质量和生产数量两方面同时提高，这是其他任何方法都达不到的。而且，这也将在最大程度上使现代社会中以思想、技能和知识取代物理资源成为可能。

仅仅让组织中的个人去学习是远远不够的。组织自身作为一个整体也必须成为一个学习的有机体。截至 1983 年，1970 年曾在福布斯榜上的 500 强企业中的 1/3 已经消失。对这一现象进行评论时，彼得圣吉（Senge，1990）写道：

> 假如高破产率是一种不仅仅困扰着那些破产企业，而且困扰所有企业的深层次问题的表面现象，假如连最成功的企业也是笨拙的学习者，他们可以生存但从未提升到他们自身应有的潜力，假如（极具可能性）“贤才”实则为“庸才”，这个世界将会是怎样的呢？大多数组织在学习上表现拙劣并不令人感到意外，他们设计和管理的方式，以及教我们所有人思考和交流的（广泛而不局限于组织内部）方式正是这种基本学习能力丧失的根本原因。

本书中呈现的观点和工具与想要学习的个体学习者和组织都是相关的，这些观点和工具已经在美国和海外的一些组织中得以应用。

回到本节标题所揭示的主题上，我相信这本书中所列的例子能就“教育水平有可能提升吗”这一问题给出十分肯定的回答。前面我已经试着去展示了这些理论观点是如何指导和推进各类机构的教育改进过程。进一步说，我相信在今后几十年，经济压力也将逼迫学校教育发生实质性的变革。但学校不可能独自做这样的事情；没有更好的学校教育，企业也难以成为高效的创造和应用知识的机构。在创造、分享和运用新的教育观方面，（学校和企业间）建立合作伙伴关系是非常必要的。图 10.1 总结了本章中的主要观点。

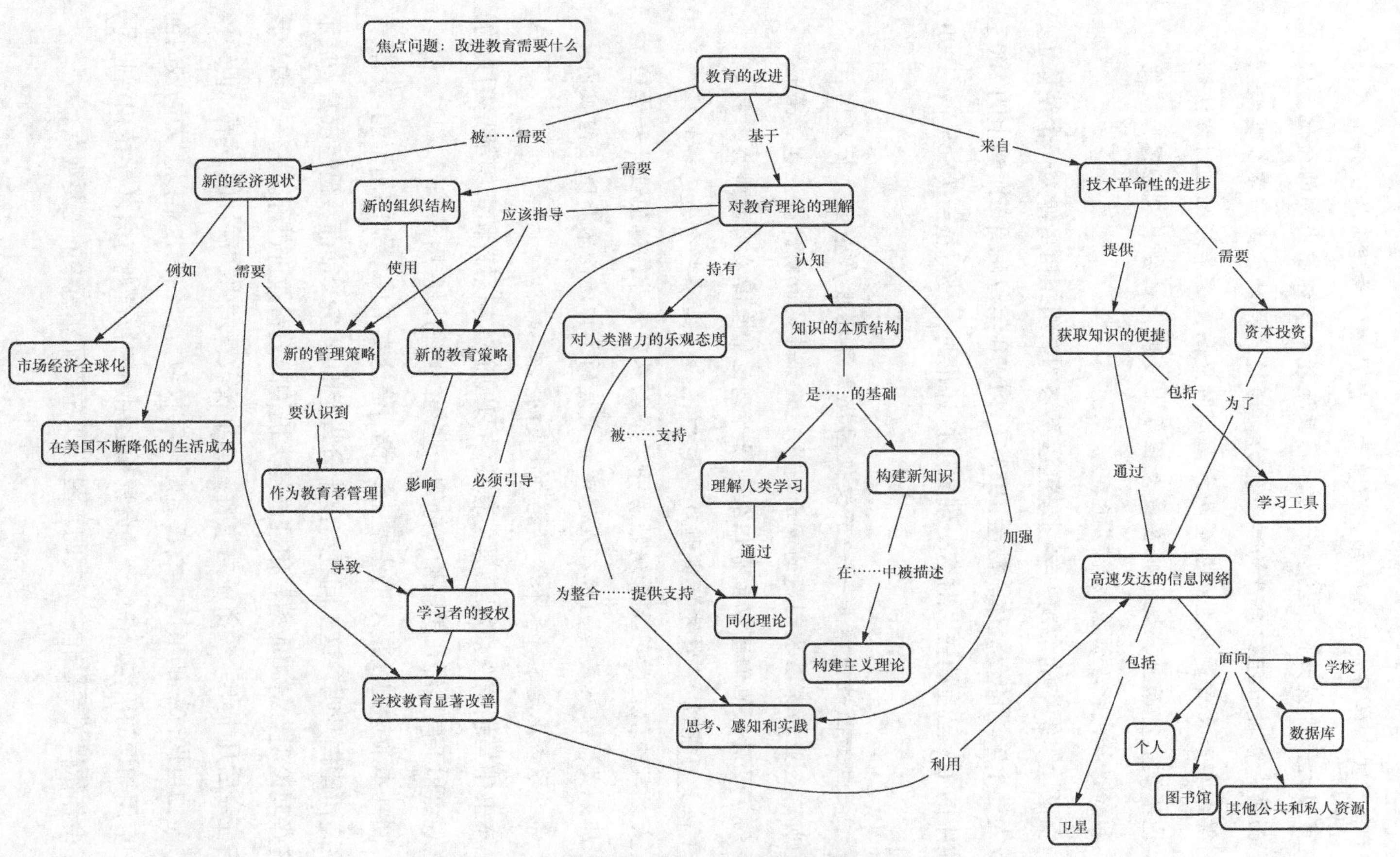


■图 10.1 本章所涉及的关键性观点概念图

## 10.2 组织的提升

### 10.2.1 学校组织

在大多数国家，学校教育的相关政策是由国家政府制定的。但在美国，除了诸如学校午餐之类的特殊项目，与教育相关的责任则是由州政府承担的。州政府和各方面社会团体一起为学校提供财政支持，并就教师、教育管理人员和学校其他职员的资格问题制定政策。总体来说，教师许可制度考虑的是大学里修读的课程学分数，而不是广义的智力能力和技巧。这样一来，各种各样的专业化领域都需要某些特定的课程，这种僵化的许可制度很可能就是妨碍教育工作者发挥创造性的主要因素。虽然，僵化的学校教育以及其他培养教育工作者的教育机构一起停滞不前，但是教育工作者依旧做了一些努力以冲破陈规，总部设在布朗大学的精英学校同盟（Coalition of Essential Schools）就是一个例子。一些州已经开始放开限制，允许精英学校开展试验性教学项目，一些大学也加进来帮助修改教师培养程序。但在美国的大多数学校中，针对教职工培养和教学制度的革新充其量只是在隔靴搔痒。

### 10.2.2 学校改革

1983 年，美国国家教育优化委员会（the National Commission on Excellence）发布了题为《国家处于危险之中：教育改革势在必行》（*Nation At Risk: The Imperative for Educational Reform*）的报告，这份报告被许多学校、组织和州立机构当作在学校推进激烈变革的护身符。那么，20 多年过去了，学校教育是怎样的一番场景呢？变革结果最多只能说是温和的，在某些学区情况还比之前变得更加糟糕。萨拉逊（Sarason，1993）在其《教育改革中可预料的失败》（*The Predictable Failure of Educational Reform*）一书中指出，存在已久的教育结构，加上不同群体对自身权利的守护，共同扼杀了改革的努力。萨拉逊就教育工作者如何开展实质性的、具有长期效果的改革提出了建议。但迄今为止，变革的步伐还是非常缓慢。1993 年 9 月《教育领导力》（*Educational Leadership*）上发表了一系列涉及系统变革的论文，在本书中我也引用了部分篇目。

《国家处于危险之中：教育改革势在必行》发表后，大多数州以立法形式对教师资格认证提出了更高的标准，制定了学生在学业上要达到的基本标准，并给出了用来检验、评估学生是否达到这些标准的测试手段。当然，这些法案对系统的改变收效甚微。大学里面针对教师的课程、课堂上采用的教学形式、课程安排和教材等，都一如既往地维持原状。无论是在教师层面，还是在管理者层面，都很少有新的学习形式发生。简而言之，从组织层面上看，变革发生得微乎其微。

在科学和数学领域，美国国家自然科学基金会（NSF）于 1990 年启动了一个系统改革激励计划。“计划”认为以往用来改进教材和教师教育的国家自然科学基金项目只关注了教育产业的一部分。而这些努力大多被影响学校运行的其他因素冲淡了，在有的情况下甚至被完全破坏了。体制改革必须把应对影响学校科学和数学教学质量的大多数因素作为其改革目标（Lawler，1994）。国家自然科学基金会从一些有竞争力的提案中选择了 25 项州级项目和大量的城镇体系（urban system）给予创新资助，这些项目包括教师能力提升、设备购置、新型评价程序，以及利用全面质量管理（Total Quality Management，TQM）策略等。这里的 TQM 策略涉及标杆管理（benchmarking）以及来自客户（包括家长、学生和雇主等）的反馈等。

尽管这一计划的用意是提供一些教育改革的范本，不幸的是，这一计划中每年的 1 亿美元拨款对整个美国的学校教育改革来说只是杯水车薪。如果这些基金只用于校区中两三个真正的范本项目中，那么随着时间的推移，出现一些革命性的变化还是有可能的。但考虑到华盛顿的政治形势，这些项目是不可能得到资助的，也更不可能持续。不仅如此，与 TQM 以及企业再造项目类似，这些项目充其量也只是对科学和数学的教学机制进行了大幅度修正，在学校如何促进教师和学生创造和运用新知识方面却没有实质性的修正。我对 20 世纪五六十年代的科学和数学课程改革持悲观态度（Novak，1969），这是因为我认为那些项目计划没有找出和应用关于教学和学习过程的新知识，美国国家科学基金会于 20 世纪 90 年代资助的市级和州级体制改革尝试未能收到好的效果（Clune，1998）就是一个很好的证明。它们只是在重复一些无法从本质上提升学习的工作，而很少采纳我们在书中提出的思想和建议的活动，这些书籍包括：《科学教学：为理解而教》（*Teaching Science for Understanding*）（Mintzes，Wandersee，& Novak，1998）、《对科学理解的评估》（*Assessing Science Understanding*）（*Mintzes Wandersee and Novak*，2000） 和《意义学习：技术的应用》（*Aprendizaje Significativo*：*Tecnicasy aplicaciones*）（Gonzales & Novak，1996）等。

部分问题出在领导力的缺乏上，即缺乏能为教育带来真正有效改进的远见和智慧。勃兰特（Brandt，1993）引用了加拿大阿尔伯塔省埃德蒙顿市一位学校督导的案例。该督导利用其行政权利和 20 年的经验，将治理学校的权利交给学校自身，并让学校掌控 70% 以上的资金预算。学校校长与教师、家长和社区团体共同修改教学程序。然而，这样的领导力非常罕见，而且大多数学校督导的任期只有 3 ～ 5 年。即使因变革而获得了较多授权，学校也还是不能左右师资培训、教材质量和劳资谈判，还有大量的其他因素在影响着日常的课堂教学。费曼（Feynman，1985）严厉批评加利福尼亚的教材选用机制，这些批评同样适用于当今美国的很多州。

从 1979 年开始，一些学校的领导人共同成立了一个团体，也就是众所周知的精英学校联盟。这一团体致力于在其他们的学校里开展实质性的变革，并互相交流成功的经验和失败的教训。目前已经有数百所学校隶属于该联盟，但只有大约 50 所学校在真正做着与主流显著不同的事情（O'Neil，1995a）。在前哈佛教育学院院长泰德 · 森泽（Ted Sizer）的领导下，和许多基金的资助下，精英学校联盟在持续推动学校改进。即便是在基金的切实支持下，该联盟取得的成绩也非常有限，甚至存在着明显的失败。

斯戴克罗（Stecklow，1994）在发表于《华尔街日报》（*The Wall Street Journal*）的一篇文章中认为，对学校成就的评估数据在很大程度上就是“坊间数据”。需要承认的是，对真正进行革新的学校进行有效的评估是非常困难的，身为联盟的一个支持者，埃克森基金（Exxon Foundation）拒绝资助这类的研究。正如第 9 章所说的那样，好的评估程序可以在很大程度上推动好的学校项目，劣质的评估程序则相反。

在一份对彼得·圣吉（Peter Senge）的访谈记录中，奥尼尔（O'Neil，1995b）写道：

> 无论对一种新的思想如何沉迷，如果你不去开始一段新的学习历程，一切都将维持原状。学习是一段随着时间迁移，人的信念、观察世界的方式以及最终掌握的技能与能力都随之发生改变的过程。它总是随时间而发生着，总是与你采取行动的领域密切相关，无论是人际关系还是你的专业工作。学习发生在“家里”，因此它一定要融入我们的生活中，而且往往需要付出时间和精力。

当系统中的要素很少能通过组织成员的学习而被控制和改变时，彼得·圣吉所推崇的系统思维模式就是很难付诸实施。第 1 章中讨论到的奥托·希勒斯基（Otto Silesky）学校的成功是一个案例，在这个案例中，领导者成功地推动教师们努力追求卓越成果。当前精英学校联盟的信息可以在 http://www.essentialschools.org/ 网站上获得。考虑到学校改进进程的缓慢，针对民办学校的支持越来越多，即不断有公共基金与盈利性机构合作来教育孩子。民办学校已经出现很多年了，但这些学校都是由家长来支付学费和其他费用的。总体来讲，因其大多数学生的家庭在经济状况和社会资源占有情况上都远远好于平均水平，民办学校已经享受了由此带来的非凡成功。毋庸置疑，这些学校比普通公立学校更容易有所作为。那么，由盈利性机构运作的民办学校能否在所有孩子身上都获得类似的培养成果呢？

特许学校是民办学校的一种形式。比尔莱因和马尔霍兰（Bierlein and Mulholland，1994）是这样描述特许学校的：

> 特许学校是一个自主的教育实体，其形式非常单一。它通过管理学校的组织者（教师、家长或其他公私阶层）与主管契约制定的赞助人（地方学校董事会、州立教育董事会或其他公立当局）间签订的协约来运作。契约规定了包括学校教学计划、特定的教育产出、评价手段，以及管理和财务问题在内的各种问题。

特许学校可以在一所已有学校的原班人马和原有设施基础上建成，也可以只是现有学校的一部分（如校中校模式），还可以是拥有自己设施的全新实体。只要获得了承认，特许学校就成为一个独立的法人实体，可以自主雇佣和解聘职员，可以起诉和被起诉，可以与外界进行协议洽谈，也可以掌控学校的财务。学校的经费主要取决于学生的报名情况，这也将是学区的规矩。特许学校聚焦教育产出，因而摆脱了许多（或全部）学区和州里法规的束缚，而这些规定往往被视为是阻碍创新的，如过多的教师资格条件要求、集体谈判协议、卡内基单元（Carnegie units）和其他课程要求。理论上，特许学校有机会以常规公立学校不可能进行的方式进行革新。但在实际上，那些阻碍许多公立学校进行真正革新的限制性条件在特许学校同样存在。伊利诺伊斯大学最近（2009 年）的一项研究指出公立学校的数学教学要好于私立学校。就像莫尔纳在其论文《盈利性教育：没有前途的黄砖路》（*Education for Profit*：*A Yellow Brick Road to Nowhere*，Molnar，1994）中指出的那样：

> 私有化显得很吸引人，因为它规避了在真正变革中所必需做出的牺牲，呈现出一副令人欣慰的变革图景。它帮助保守了一份秘密，那就是城镇学校的根本问题是官僚主义、不胜任以及工会的自私贪婪，而非贫困、种族主义和工作机会不足。

最近，丁格尔森（Dingerson）及其合作者评论特许学校时认为，有关问题仍将持续存在。一方面，访问过很多特许学校的杰伊·马修（Jay Mathews，2008）发现，它们中的一部分已经大大超出了附近的公立学校的水平。他看到，借助知识来管理的学校最让人满意的是权力的组织形式（Power organization)。另一方面，在 2006 ～ 2007 年间，31 所白帽管理组织[1]（White Hat Management）运作的特许学校中只有两所在年度进展上达到了联邦基准（federal benchmarks）。格洛德和特克（Glod and Turque，2008）的一则报告指出，在一项针对华盛顿特区由公立基金资助进入特许学校的 1903 名孩子的研究中，调查结果显示其两年后的表现并不如公立学校同龄人。不过，尽管特许学校还会持续处于备受争议的境况，但有证据表明它们的存在能够刺激公立学校的变革，至少大家都赞同公立学校需要得到显著的改进。

在家上学一些家长做出了另一种选择——在家里教育他们的孩子。有些家长是基于宗教原因选择了这样的方式，但是越来越多的家长是为了给孩子寻找比公立、私立或教区学校更好的教育质量和更多的受教育机会。他们要为在家上学付出不菲的经济代价，因为他们还要继续支付公立教育基金，他们既得不到减税补偿，也得不到什么支持。在一些案例中，家庭和公立学校建立起一种合作关系，孩子们可以利用公立学校的设施参与体育活动和其他课程以外的活动。公立学校这么做的一个优势是他们能够代表在家上学的孩子们接受政府的资助，而又无需承担教育这些孩子的全部压力。

在家上学已经变得越来越流行，现在大约有 200 万名孩子正通过这样的方式接受教育。随着互联网和其他媒体带来的学习机会的增加，我们很乐意看到在家上学模式的继续普及。如果能有专款提供给家长用于在家上学，不管是通过直接的基金支持还是通过税收减免，在家上学的规模将大幅度扩张。当然，现在还无法充分满足其需求，但至少可以维持现阶段政府对学校教育的投资。即使不能充分满足其需求，对维持学校教育的现状还是有一定保障的。

大多数父母相信当地学校在教育子女方面所做的工作是充分的，或者说是非常好的。若以他们自己以往的学校经历作为标准，他们的想法毋庸置疑。但若标准是要让毕业生能够在新的全球经济舞台上参与竞争，那就相差甚远了。对于 1/5 的辍学生来说，学校教育显然是失败的，但这些人仍需就业。报

❶ 有关白帽管理组织，可参考 http://www.whitehatmgmt.com。

告指出，即使是那些高中或大学毕业生，他们的知识能力也是令人堪忧的。例如，据当地报纸上的一篇文章报道，1994 名进入公立大学的高中毕业生中，46% 的学生的阅读能力低于 8 年级水平，进入佛罗里达各大学的学生中也有 60% 低于这一水平（Moloney，1996）。与其他 40 个发达国家的学生相比，8 年级的学生在科学和数学测试中分别排在第 17 位和第 28 位（Hegarty，1996）。

为什么学校的表现如此糟糕？当然，正如我们前面所指出的那样，这里涉及许多复杂难解的社会问题，如人口结构在持续变化，城市学校中找不到完全是本地人的学校，学生都是操着各种各样的语言；药物滥用问题，不仅家长如此，学生也如此；刀枪对学生人身安全的威胁……这样的例子举不胜举。这些问题中的任何一个都没有简单的解决办法。然而，我看到促成以上所列问题的最主要原因是学校没能帮助学生提高他们自身意义建构的能力。为什么这么说呢？一方面，和我共事过的大多数学校管理者并不理解（让意义学习发生）所需的条件。在理解人类如何学习以及如何组织学校去增强学习者能力方面，他们要么是没有受过相关的教育，要么就是没学好。在康奈尔大学的 30 年任教生涯中，只有一个学生注册并学完了我的《教育理论和方法》课程。大多数学校领导仍然没有看到理解人类如何学习以及知识的本质和结构所能带来的革命性变化。翻阅最近有关学校管理的教科书时，我发现 6 本书中只有 2 本涉及学生如何学习的相关知识，其中一本书用了一页半的篇幅，而另一本书只用了半页。真正关心如何增强学习者能力的管理者非常少，而那些真正关心的管理者又感觉自己深陷体制的牢笼之中。

尽管如此，但我一直是一个乐观主义者，所以我坚信世界可以为每个人而变得更好。但在美国公立学校能否摆脱组织和政治问题方面，我看在未来 10 年内依然看不到希望。一些海外国家和美国公司更让我乐观一些，按照本书中所提的一些建议，在那里已经让我们看到了变化。例如，西班牙从国家层面承诺，决心要推进教会学习者如何学习，并努力让学校学习变得有意义。西班牙教育和科学部（Ministry of Education and Science，MEC）于

1989年出版的《教育改革白皮书》(*White Book for the Reform of Education*)一书中提出了一个教育改进的日程表，将促进意义学习置于改革的中心位置。不幸的是，尽管白皮书中描绘的场景在某些方面是富有远见的，但在西班牙大、中、小学完成教学变革并不比任何其他国家的重大教育改革容易。不过，一些北欧国家却取得了成功，他们的学生一年比一年表现更优异，并在各种评估中胜出。

美国的公司（尤其是以盈利为目的的组织）显然正面临着公立学校不必面对的压力：他们必须通过竞争才能生存。他们不能通过加税而动用公共资金来弥补他们的损失。尽管我担心使用纳税人的资金来支持私立学校带来的短期后果，但在我看来，这种资助将不可避免地发生在越来越多的州。到目前为止，虽然一些在家上学的费用是可以抵税的，但还没有一个州立法支持纳税人在家上学。一个主要的原因是，对各州来说，如何保证在家上学的资金不被滥用是非常困难的。然而，如果在家教育孩子的父母确实可以从国家获取一些资金援助的话，采取这种学习方式的人数的增长可能是爆炸性的。我希望看到，在未来，美国纳税人不断增加的压力是由于要去支持除了公立学校以外的学校。多数地区的公立学校在它们改革之前就不得不消失了，而它们改革的条件就是承诺不按能力水平区分学生，而是去增强所有学习者的学习能力。在将增强学习者的学习能力作为最核心的承诺方面，美国大多数州、地区的组织机构以及学校都还没有做好准备，它们也没打算这么做。

### 10.2.3 营利性组织

正如圣吉在其报告中指出的那样，营利性组织（for-profit organizations）也失去了学习的能力。几十年来，我发现美国商业领域对我提出的引入《一种教育理论》的理念的建议毫无回应。在会议或研讨会上经常有比较低级的企业管理人员在听到我们的工作时以极大的热情来回应，并询问我是否愿意与他们的同事会面，但我从未接到过邀请电话。我相信在低级主管谈到我们在理解学习者和知识方面所做的努力时，企业高官很少甚至没有意识到这对他们来说是非常重要的。圣吉曾说过，美国商业公司已经失去学习能力。从20世纪90年代初开始，所有这一切都变了，变化虽不显著却意义重大。一些公司的高管，特别是在国外，对于在企业中基于理论的方法和工具促进学习和创造知识很感兴趣 [ 参见较早与宝洁公司合作的相关内容 ]。

我们的著作《学会学习》就是时代精神在不断变化的一个证据。当此书于1984年出版时，在这些通过剑桥大学出版社来翻译书的日本出版商中，没有一个出版商对翻译权感兴趣。1990年，一个著名的日本出版商从出版社获得翻译权，并于1992年正式出版了该书（日文版）。20世纪80年代，美国从世界上最大的债权国转变为最大的债务国，日本却正好相反。普莱斯特威兹（Prestowitz，1988）指出，美国和日本正在互换位置。科研生产力是造成这个问题的部分原因，至少也是密切相关的。借用普莱斯特威兹（Prestowitz）的话来说：

> 美国在研发方面所获得的收益很少。研发在国内生产总值（GDP）中的占比重不仅少于商业研究和开发（研发在美国国民生产总值占比为1.6%，日本是2.9%），而且产出与投入也不成比例。我们必须为我们的研发项目争取一个更合理的组织……

是的，我们必须提高创造新知识的能力。引用德鲁克（Drucker，1993）和其他人所提的，“在知识社会（我们现在所处的社会）中，人们必须学会如何学习。事实上，在知识社会中，学生具有持续学习的能力和动机比所学的科目内容重要的多”。我相信日本人看到了这一点，并且日文版译者告诉我日文版《学会学习》正受到热烈的追捧（Yumino，1994）。在美国的学校和企业凋零的时候，日本是否会接过“学习如何学习”的接力棒并使它运转起来？我希望不是这样。或许中国、印度或其他新兴经济大国会成为新的领袖。扎卡里亚（Zakaria，2009）说这可能成为事实。

企业学习。最近几年发表的关于如何促进企业成功的每本书或文章都指出了一个关键的问题：企业必须成为善于学习的组织团体，不仅上级管理部门需要学习，而且组织中的所有人都需要学习。圣吉（Senge，1990）提出了学习型组织所需的5项修炼。

（1）系统思考（System Thinking）——对于任何既定的问题领域，培养人们纵观全局的思维方式。例如，要开发一辆真正具有革命性的汽车，要考虑所有的构成要素及其相互之间的关系——动力系统、车身、悬架、客户需求等。

（2）自我超越（Personal Mastery）——“不断理清和深化我们的个人愿景，集中精力，培养耐心，客观地看清现实的原则”（Senge，1990）。实现自我超越过程的一部分就是运用系统思考，从而使接下来的修炼更高效。

（3）建立更好的心智模式（Building better mental models）——在面临新任务时，我们都带着关于事务或过程的某种特定模式。心智模式往往阻碍了新的学习。例如，大多数实习老师在开始他们的教学实践时，都带着“教学就是讲授”的心智模式，因为这是他们在大多数学校和大学里看到的课堂教学模式。要让他们发现“什么是更好的教学形式”是需要时间和实践的，这些教学形式包括指导小组学习、与学生一起做计划，给学生的计算机活动做出评价等。在公司环境中，处理胃酸和胃灼热问题时，可以用抗胃酸钙片和罗雷兹来中和胃酸，或者我们可以设想一个新的、更加有效的方法，如用善胃得、泰胃美或者爱希来使胃酸分泌减少。我们的概念框架是以心智模式为基础的，面临的挑战是如何去丰富、修改或替换新的概念框架以获得新的问题解决方案。

（4）建立共同愿景（Building Shared Vision）——部分原因是每个人都有自己的心智模式，但对于个人或组织来说，这些心智模式不是那么显而易见，因此在学校和企业中建立共同愿景是非常困难的。学校很难发生积极变化的一个原因就是在“什么才是好的教育以及模范的学校”方面几乎没有共同愿景。

在第8章（见图8.5），我们指出了公司存在的主要问题，概念图显示很少有迹象表明它们拥有共同愿景。圣吉（Senge，1990）指出：

> 当一个真正的愿景出现时（并不是大家通常所熟知的“愿景陈述”），人们开始学习并实现自我超越，并不是因为他们被要求这么

做，而是他们自己想要这么做。但许多具有个人愿景的领导人从没有将他们的个人愿景转化为激励组织的共同愿景。一家公司的共同愿景常常都是围绕着具有超凡魅力的领导人，或是能够暂时激励大家的危机事件。但是如果可以选择的话，大多数人会选择追求一个崇高的目标，不仅仅是出现危机的时候，而是在任何时间。我们一直需要的是将个人愿景转化为共同愿景的具体操作机制，是一系列原则和实践指导，而不是空洞的“菜谱”。

拉弗雷和查兰（Lafley & Charan，2008）在他们的书中不仅仅写到拉弗雷（Lafley）带给宝洁公司一个明确的愿景（该愿景使得各部门把客户需求当作创新的驱动力），还介绍了能让每个员工参与并达成他们愿景的众多实践活动。

（5）团队学习（Team Learning）——我们所有人都在团队中工作，即使是草原上的拓荒者也是如此，他们也要和他的家人或邻居组成团队进行工作。圣吉（Senge，1990）断言：“团队学习是至关重要的，因为现代组织最基本的学习单位是团队而非个人”。我们都知道团队合作对于大多数体育运动来说是至关重要的。在《团队思考：利用体育运动开发、激励和管理一个成功的商业团队》（*Team Think：Using the Sports Connection to Develop，Motivate and Manage a Winning Business Team*）一书中，马丁（Martin，1993）把体育运动模型作为此书的基础，强调商业团队需要一个领袖或教练。他还认为：“要想成为一个高效的管理者，你必须成为一个领袖”。同时他还将团队领袖与旧式管理者进行了对比：

- 管理者经营，领导者革新。
- 管理者维持，领导者发展。
- 管理者计划，领导者确定方向。

圣吉强调对话和真正思考的重要性，并将其作为团队高效学习的重中之重。具体来说，团队必须有效地协商团队成员的新旧想法并修改、完善所有团队成员的概念框架。在体育运动项目中，团队的目标通常是明确的，例如尽可能地获得最高的触地得分、命中次数以及转换次数。彼得斯（Peters，

1992）认为，公司需要让所有的组织成员更多地参与管理。在学校学习或商业中，团队也需要领导来确定目标并领导团队。这就需要相关技能以及对圣吉的5项修炼的理解。圣吉观察到：

> 团队学习固然重要，但人们对其仍然知之甚少。它将一直保持神秘，直到我们能更好地描述这一现象；在个体屈服于团队压力，试图与团队保持一致时，我们将无法区分什么是团队智慧，而什么是团队思考，除非我们对团队学习（与团队学习中的个体相反）时发生了什么有了深入的了解；团队学习的出现可能只是一个偶然事件，直到我们找到一种可靠的构建团队学习的方法。这就是为什么说团队学习是建立学习型组织最为关键的一步。

我认为应该把团队学习看作一个基本的教育问题。本书中提供的工具和思想在促进团队学习方面富有成效，同时也帮助在学校和企业中的个人实现自我超越。

哈默尔（Hamel）和普拉哈拉德（Prahalad）对愿景和远见进行了区分。行业远见帮助经理回答3个关键问题。哈默尔（Hamel）和普拉哈拉德（Prahalad）指出，愿景、虚荣和远见是不一样的：

> 公司似乎喜欢花言巧语胜于行动，考虑不周的愿景是浮夸的，因而理应得到批评。通常来说，“这样的愿景只不过是CEO用来掩盖自我意识驱使的疯狂行为的幌子。克赖斯勒汽车公司（Chrysler）收购意大利进口跑车制造商及喷气式飞机制造商，这些决策更多是出于公司昔日董事长李·艾科卡（Lee Iococca）的自我意识和心血来潮，而不是一个能够帮助企业在汽车行业再展10年雄风并巩固根基的观点和想法。任何仅仅是CEO自我膨胀的愿景都是危险的。另一方面，拒绝具有远见的观点同样是过于简单和危险的，因为一些公司的领导人不能区分开虚荣和愿景。

卡特森伯奇（Katzenbach，1995）和他的同事研究发现，成功的企业中真正的变革领导者具备高效的工作愿景，并且这些愿景具备以下功能。

（1）赋予人们预期变化的意义。

（2）唤起“它应该实现”之类的清晰和积极的精神图像。

（3）在此过程中会产生自豪感、富有能量并获得成就感。

（4）将活动变化与经营业绩联系起来。

除了提供一个共同的愿景，拉弗雷和查兰也强调变革领导人必须激励组织的所有成员。

> 由于革新的过程会出现不确定的结果并充斥着风险，革新领导人必须激发知识型员工的情绪能量，包括个人和组织两个层面。在事情没有按照计划进行的时候，他们也是有耐心的，就算团队需要较长时间才能让客户需要的原型产品完工，他们也不会感到沮丧。事实上，他们知道什么时候鼓励团队去进行深入的探索以确保他们已考虑到所有的可能性，同时他们也知道什么时候应该收敛以进入发展的下一阶段。
>
> 通过参加创新项目评审，他们激励个人和团队，通过提出有关创新的问题以预见新的可能性，如还有什么问题没注意到，什么是你可以联系但没有联系的，如何利用圈内圈外人各种各样的想法。总之，他们激励人们可以做到，他们可以取得突破。

如果我们认可管理的本质是教育或教学，对学校和企业来说，我们就可以运用前面章节所提到的工具和方法，这些工具和方法对于帮助建立、共享和执行一个更加宏大的愿景是非常必需的。

## 10.3 新技术带来的希望

### 10.3.1 互联网

互联网的前身是阿帕网（ARPANET），这是 1969 年由美国国防部创建的政府网络，其目的是让国防承包商和研究员在遭受核攻击后依然可以通信。计算机上的资源分布存储于不同的地点，在其部分被摧毁后仍然可以通信。由于受到科学家和计算机专家的欢迎，阿帕网就逐步演变为今天人们熟知的互联网。互联网是由一个商业和非商业计算机网络构成的松散集合，彼此之间通过通信线路连接在一起。当联邦政府停止对阿帕网进行资助时，互联网就诞生了，并获得了来自各种用户团体的支持。

起初，互联网主要是为科研机构、计算机公司、科学家和研究生群体提供电子邮件服务。后来它用来承载组织或个人建立的网页。只要人们有一台能上网的计算机，他们都可以使用免费软件浏览网站，这使得人们越来越喜爱互联网。互联网现在被数以百万计[1]的世界各地的人访问。然而，即使是在今天，一些国家（尤其在非洲）互联网的接入速度和频带宽度仅为世界平均水平的1%或2%（Juma & Moyer，2008）。这极大地限制了通过互联网获取信息和进行协作的能力。

随着个人计算机的功能变得越来越强大而使用成本却变得越来越低，这极大地扩大了互联网的使用范围。现在信息的传输速度成了学校和家庭使用互联网最主要的限制。许多国家和地区还不能接入互联网，尤其是一些偏远地区。除了一些直接用光纤电缆传输信息的地方，目前通过信息高速公路传输大量信息的速度还是较慢，而且不适宜进行双向视频传输。毫无疑问，在接下来的10年里，在解决计算机之间传输大量信息方面将会取得巨大的进步，也许会有新的突破。然而，即使是当前的承载能力，互联网也为获得新知识创造了大量的机会。大多数学校和企业在利用已有资源方面都做得很不够。随着诸如麻省理工学院这样的大学把他们的所有课程和学习指南发布到互联网上，一个全新的教育机会正在显现。泰普斯科特和威廉姆斯（Tapscott & Williams，2006）指出："如今，一位一直梦想到麻省理工学院学习的孟买（Mumbai）学生可以访问该大学的全部在线课程且不用付

❶ 原文如此，现在的网民数量已超30亿。

一分钱学费。”虽然通过互联网学习仍处于初级阶段，但毫无疑问的是，新机会的出现将及时且显著地影响很多学生的学习方式。

### 10.3.2 双向视频会议

当前的计算机技术和互联网功能已经允许进行双向视频会议（video conferencing，two-way）。IChat 和 Skype 都可免费提供给任何人，并允许几乎在美国任何地方以及其他国家的学生和位于教室或办公室的专家们进行对话和视频交流。尽管我已经大幅度地缩减了我的旅行计划，但我经常使用 IChat 或 Skype 在美国和全世界范围内授课，或通过其他方式与来自美国和世界各地的学生和教授们进行交流。对学校来说，这意味着将会获得许多新的知识资源，同时来自不同学校的学生也会开展合作项目研究。对于在家上学的孩子们来说，这些新资源可以给他们前所未有的学习和协作机会。

在企业界，双向视频会议的出现可以为团队提供新的合作途径，包括几乎全球任何地方的成员之间的合作。随着全球化业务的持续增长，视频会议和其他知识交流形式无疑将成倍增加。现如今计算机与“白板”的组合允许会议团队使用电子笔对原始白板和远程白板进行标记，这些记录也将储存在计算机文件中，同时可以进行检索、修改和打印。这样一来，只要时间允许，会议可以实时进行，个人和团队也可以同步处理文件。

### 10.3.3 课程开发的新形式

长期以来，课程开发意味着编写新的教科书、学习指导和教学大纲。以在 19 世纪 50 年代末和 19 世纪 60 年代联邦政府资助的大量诸如“字母计划”等用以提高美国科学和数学教学水平的项目为例，他们开发的就是类似这样的材料。物理科学研究委员会（the Physical Science Study Committee，PSSC）、生物科学课程研究所（Biological Sciences Curriculum Study，BSCS）、小学科学项目（Elementary School Science，ESS）和明尼苏达州数学和科学教学项目（the

Minnesota Math and Science Teaching，MMST）等都是由联邦政府资助的这一类课程开发项目。然而，所有这些项目中没有一个是基于某种教育理论和学习理论的，如果说有的话，要么是皮亚杰发展理论，要么就是行为心理学理论（Novak，1969）。除了生物科学课程研究所（BSCS）还存在，大部分课程开发小组都连同他们开发的材料一起成为了历史。联邦政府投入数十亿美元来开发这些资料并进行教师培训，现在看来对美国的科学和数学教学质量影响甚微，在其他使用这些材料的国家亦是如此。类似的结果出现在社会科学领域，他们开发的政治敏感性材料受到广泛批评，并快速地被学校遗弃。教育工作者和出版商继续开发新的书籍和教学大纲并提供给学校，现在常常带有视频光盘作为纸质材料的补充。毫无疑问，这种模式将持续到 21 世纪。但目前正在发生的技术革命已为开发新课程材料带来了新的机会。因为（每个人的）学习必然是异质的（idiosyncratic），意义建构过程需要由学习者自己来完成，所以最好的课程开发方式是让学习者自己去建构知识。

克拉奇（Krajcik）和他在密歇根大学的同事们（Krajcik & Spitulnik，et al.，2000）迈出了这种课程开发模式的第一步。他们与高中生和职前教师一起，他们开发出一套帮助学习者使用计算机开发个性化课件的策略，这种课件整合了网络文本资源、图像和视频以及用来说明一些主要科学概念的其他资源。基于计算机的蒙太奇手法或材料的创作是由教师指导的，但最终的结果是由学习者自己创造的。此外，未来的学生可以回顾先前学生完成的工作，并对其进行修改，或在此基础上开发新的材料。

### 10.3.4 一种新的教育模式

过去 10 年中，概念图工具软件在佛罗里达人机认知研究所的努力下不断得到改进，其获得的新功能连同爆炸性增长的万维网一起，使得我们提出的新的教育模式成为可能（Novak，2004；Novak and Cañas，2006b）。图 10.2 总结了这种新的教育模式的关键特征。

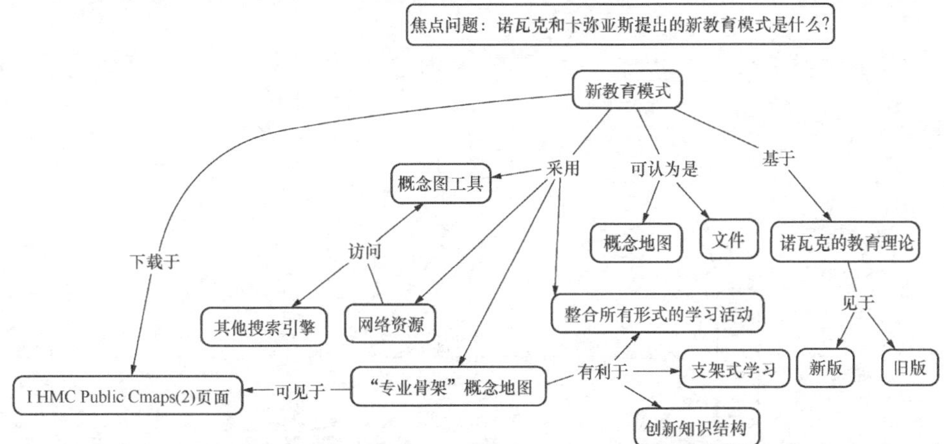


■图 10.2　诺瓦克和卡弥亚斯提出的新教育模式概览图

**专家骨架概念图。**专家骨架概念图可以为学习者提供一定的概念性的脚手架，从而帮助学习者为一个给定的知识领域构建概念图。通过提供一个包含 6 ～ 12 个概念和正确连接词的小型概念图，我们可以帮助学习者激起对相关概念的回忆，或针对这些概念建立起合适的结构。骨架图也可以用作先行组织者，通过补充想法，至少是一些学习者比较熟悉的想法，促进学习者继续构建一个更加详细的知识模型。由于学习者往往存在对概念的误解以及错误的知识结构，专家骨架概念图还可以鼓励学习者对已有的命题进行反思。专家骨架概念图还可以包含几个建议的概念，我们称之为“概念停车场”，这些都是学习者可以纳入概念图的概念，从而为他们提供了进一步深入学习的脚手架。图 10.3 展示了一个专家骨架概念图（图 a）以及和带有一些概念的“概念停车场”的示例（图 b）。

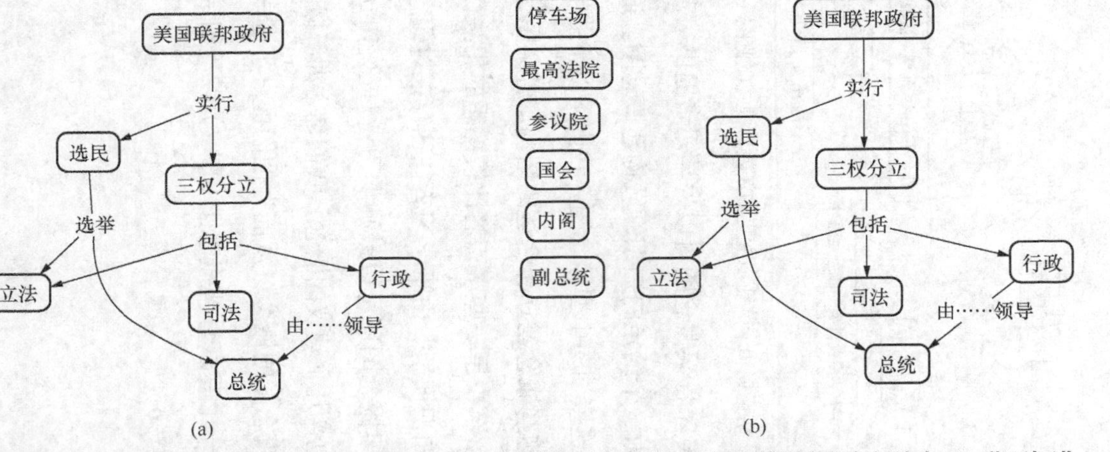


■图 10.3　两个专家骨架概念图示例，可以帮助学习者进行支架式学习。图 b 的概念停车场给出了一些可加进概念图的概念，从而可以进一步为学习提供支架

## 10.4 将资源添加到概念图中以构建“知识模型”

从图 10.3 的图 a 或图 b 开始，个人或小组可以从他们自己的记忆或者互联网上搜索其他概念，将其添加到概念图中并与其他概念正确地联系在一起。此外，学习者可以使用概念图工具的“搜索”工具从互联网中搜索与概念图相关的其他材料，这些材料可以提供更多的额外概念和命题。还可以使用谷歌浏览器或其他搜索引擎进行进一步的搜索。例如，在构建一个关于美国政府的“知识模型”时，图片、文字、视频剪辑以及其他资源都可以添加到概念图中。概念图工具可以选择把概念图作为知识模型的一部分来保存。在使用概念图工具添加这些资源时，构图者只需要将资源的图标拖曳到合适的目标概念上，就能成功添加一个新的图标，在稍后检索资源时只需要单击图标并选择资源名称就可以了。图片、视频、文本、网址链接和数字资源都可以添加到知识模型中。如果这个知识模型被移动到另一个文件夹或服务器中，这些资源将作为知识模型的一部分，随着概念图一起被传输。一般来说，我们建议将学生分为 2 ～ 4 人一组构建知识模型，小组就应该添加什么以及如何添加新概念和新命题展开讨论。小组合作会带来更好的学习效果。如果打开概念图工具里的“记录器”工具，每次添加的记录都将被保存，当然也包括个人的身份识别信息。学习者还可以在概念图中添加附注，如提出建议或等待其他团队成员回答的问题。图 10.4 所示为一个可能的正在开发中的知识模型示例图。

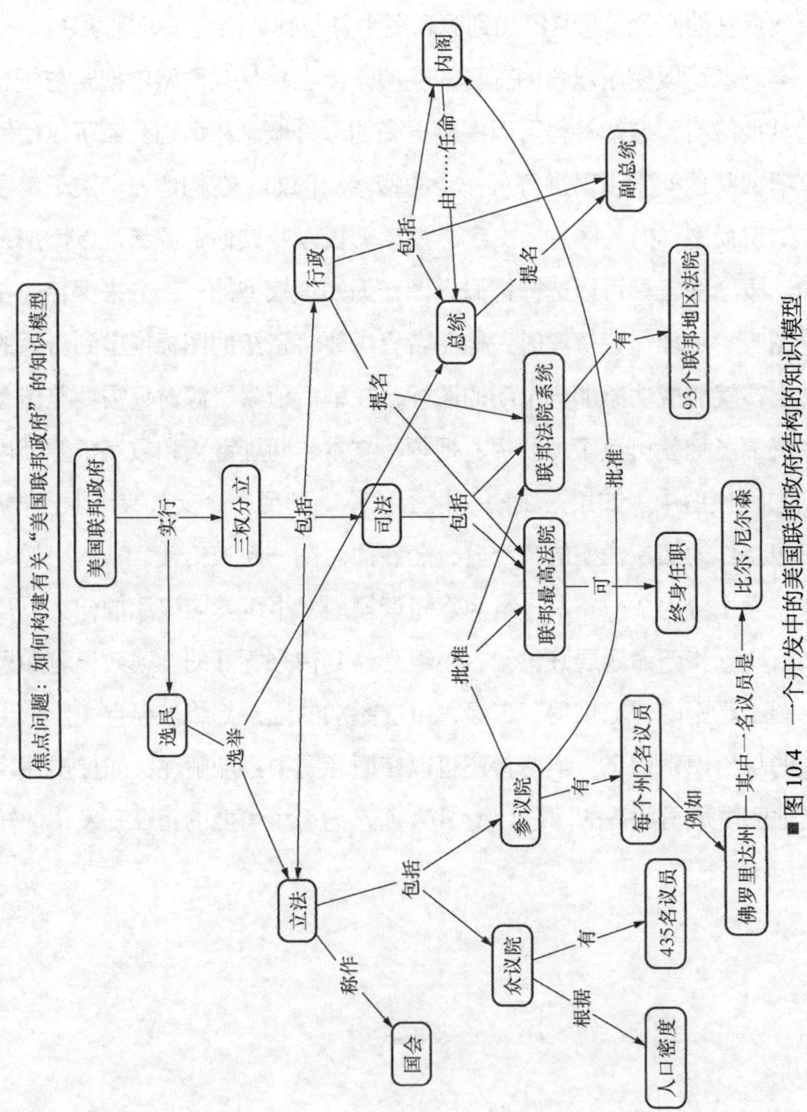


■图 10.4　一个开发中的美国联邦政府结构的知识模型

## 10.5 各种学习体验形式的整合

为了避免原本好的建议被用偏，我想特别强调的是，在所有好的学习实践中，用于绘制概念图的时间不要超过课堂时间的 15% ～ 20%。图 10.5 展示了一个以概念图制作为中心的课堂，无论是在学校还是企业培训计划过程中都应该包括一系列完整的学习活动。采用一种新的教育模式的不同之处在于所有的活动在概念上都是清晰的，同时通过一个不断演化的知识模型将它们联系在一起。在这个知识模型中，概念图整合了各种学习活动并在此过程中不断演化。此外，学习者与教师或管理者拥有了一个可供观察、评估并保留下来的作品。可以从这个知识模型出发开始任何相关的更深入的学习，从而进一步促进意义学习的发生。图 10.5 所示为各种不同的可以整合于构建知识模型的学习活动。

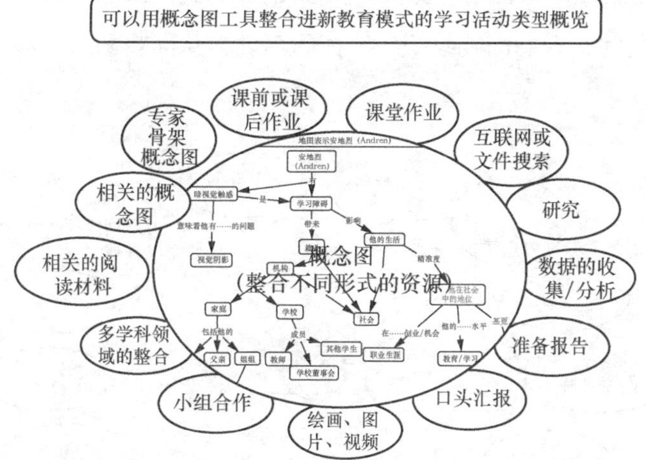


■ 图 10.5　可以整合于概念图的学习活动类型概览。该图可认为是知识模型的基础，可整合从早期预试、实验及其他方式的研究到书面或口头汇报等一系列不同形式的学习活动

在新教育模式的课堂中，书本仍然扮演着重要的角色，但不再是购买一套教科书，因为它们在出版印刷时往往就过时了。对学习者来说，书本只是学生在教室和图书馆使用的众多学习资源之一，更多的时间应花在组织学习

小组准备口头、张贴或书面报告上。对本地学生和远程学生来说，学习成为了一个高度协作的事业。可以允许其他人只查看概念图，也可以允许他们一边查看一边编辑概念图，后一种方式通常在合作的时候使用。只要简单地把一个人的概念图文件夹拖曳到电子邮件中就可以将其以电子邮件的方式发送给其他人。收到邮件的人也只需要将文件移动到他概念图文件夹中就可以保存或修改该概念图。教师的角色从信息的传播者变为学习活动的指导者以及评价的督促者。新模型适用于学校的所有学科，在理想情况下，学习者应为每个主题领域构建知识模型。例如，图 10.6 所示为一个有关历史主题领域的模型。如图 10.7 所示，在哥斯达黎加，学前儿童正在使用图片和单词表示的概念来构建概念图。稍大一些的孩子经常使用西班牙语和英文单词标记的概念来构建概念图，这也帮助他们学习了英语。在理想情况下，新模型的应用可以贯穿从幼儿园到高中的全过程。可以想象一下，每一个学习者会建立一个终身的学习质量记录，学习资料可以存储在服务器上或刻录到 DVD 上以便携带。毫无疑问，我们需要组织一些在职培训，从而将新模型应用到传统学校中。

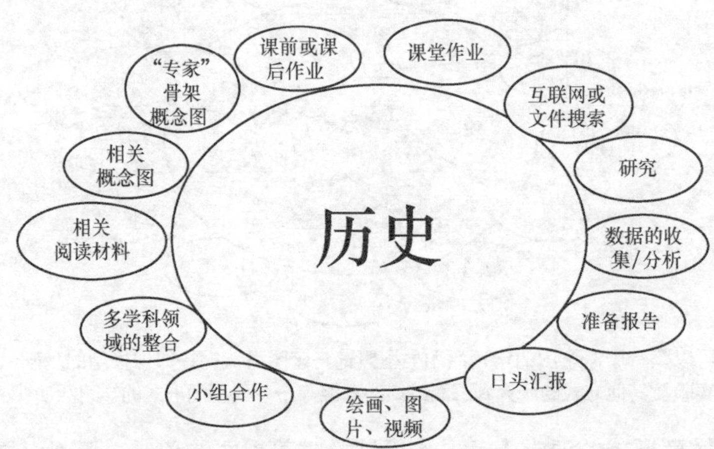


■图 10.6　在历史学科中也可构建该种知识模型，可整合相关内容及其他学科的知识模型

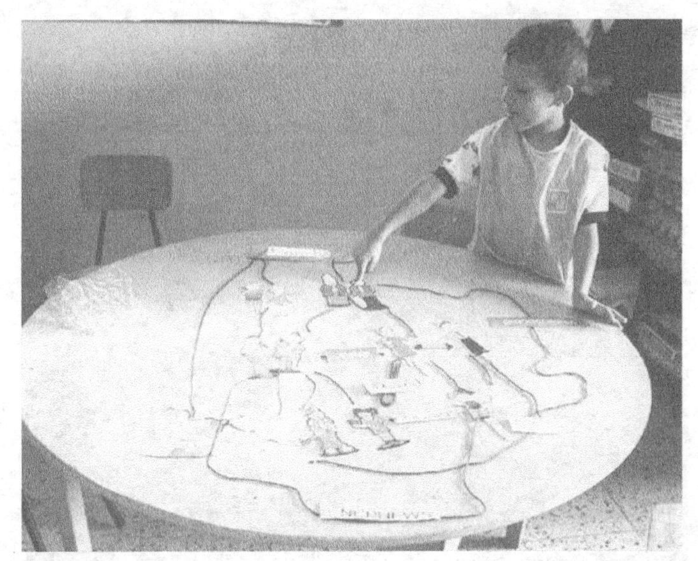

■ 图 10.7　哥斯达黎加的学前儿童正用图片和字母构建概念图。这个概念图显示的是家庭成员（图片由 L. Beirute 提供，经授权后使用）

尽管在美国的许多州，每个学生每年在教育上花费超过 10000 美元，容纳 20 名学生的教室的花费也有 200000 美元，但大部分的钱都用在校园维护、校车、校园管理和其他方面上。尽管实际上只需要花费不到 5000 美元就能为每个教室提供一流的计算机和互联网设施，从而可以完全应用我们的新模式，可是目前这样的课堂在美国几乎是不存在的。这种情况在发展中国家更糟糕。然而，有一些学校和老师正朝着实现我们新模式的方向努力着。在哥斯达黎加，奥托·希勒斯基的学校就是一个例子，更要指出的是他的学校取得了骄人的成绩。

在马萨诸塞州的北桥，我一直同校长和詹姆斯·戈尔曼（James Gorman）一起在戈尔曼的班级中推动该模式的应用。图 8.3 和图 8.4（见第 8 章）展示了他的学生正在课堂上使用白板制作概念图，他在课上能使用计算机的时间是有限的。尽管如此，戈尔曼和他的校长约翰逊女士一直致力于在他们的学校应用新的教学模式。

瓦利图蒂（Valitutti，2006）和他的同事们在意大利的乌尔比诺一直致力于将新模式应用于小学教学中。图 10.8 展示了孩子们正在进行秋天树叶变化的课题探究活动。在图 10.9 中我们看到由于计算机和网络设备的限制，孩子们先用蜡笔和纸来绘制概念图，然后再将其转入计算机中。

■图 10.8　乌尔比诺的初级学校儿童正在研究郊游时收集的树叶（图片由 G. Valitutti 提供，经授权后使用）

正在实施的最富有野心的项目之一是“Conecate al Cono-cimiento”计划，该项目要在巴拿马培训 1000 所学校里所有的四至六年级的老师使用概念图工具软件、掌握新技术并制定有意义的学习策略。该项目已经进行了 5 年并在不断发展着。该项目获得时任总统托里霍斯和内阁成员的大力支持，而且他们已经多次访问参与该项目的学校。教师来到巴拿马城接受为期两周的培训，大部分学校的校长也会同时接受培训。他们发现在培训快结束时，那些在培训前从未使用过计算机的教师所绘制的概念图并不比拥有计算机使用经验（如使用过电子邮件）的教师差（Miller，et al.，2006；2008）。在以帮助老师和评估项目进程为目的的后续访问中，我们发现尽管一些学校在硬件设施上仍然有所欠缺，但教师素养等其他方面都做得非常好。考虑到巴拿马乡下地区的一些教室是露天的，如图 10.10 所示，借助新技术以及培训教师使用新方法，学生的学习正在得到进一步提高，这一点是非常值得注意的。图 10.11 和图 10.12 展示了该项目的其他案例。这些都是巴拿马 9 个省典型的教室和活动内容。将计算机、互联网和建构主义教学实践应用在该国几乎所有的小学

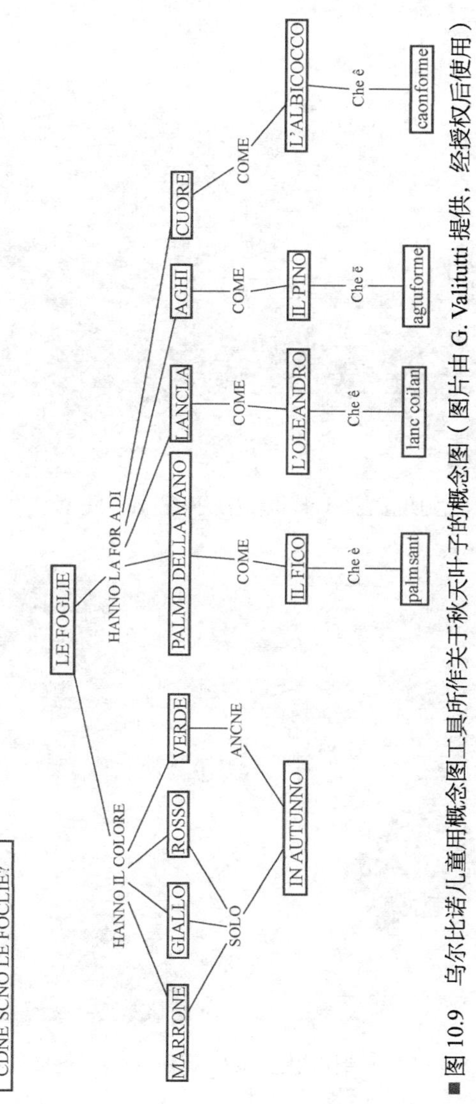


■图 10.9　乌尔比诺儿童用概念图工具所作关于秋天叶子的概念图（图片由 G. Valitutti 提供，经授权后使用）

中，就我所知，很少有其他国家具有这样的雄心。我们可以通过此网站跟踪该项目的进展 :http://www.conectate.gob.pa。

■图 10.10　巴拿马农村的儿童在有计算机和互联网配置的开放教室中学习（图片由 J. Barrios 提供）

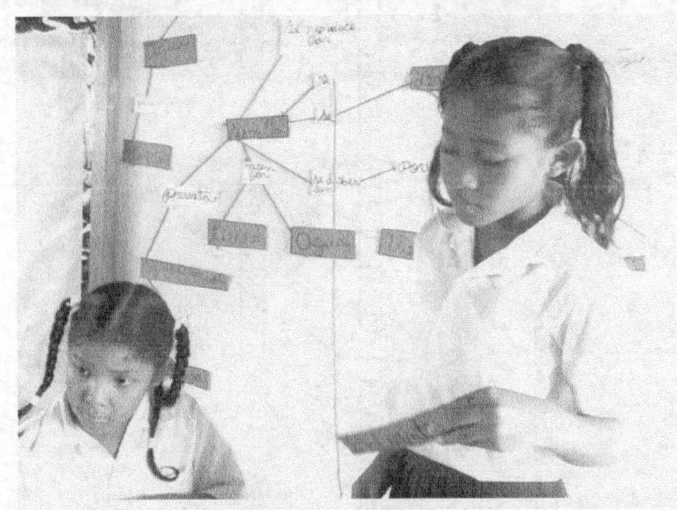

■图 10.11　巴拿马的孩子们正合作构建一张概念图海报，这些成果可能不久后就被转化为计算机中的概念图（本图经 J. Barrios 授权后使用）

不要天真地认为只要理论和实证研究支持在学校和企业中实施新的教育模式，转变就能在不久的将来发生。除非我们能够获得大规模教育改革所必需的政治领导力，否则我们必须坦然面对这种缓慢但充满希望的渐进式改变。

已经意识到当前大多数学习者都在这种毫无意义的苦海“教育”中挣扎，我们需要利用积累的最佳实践及技术提供的坚实理论，走向未来教育。借用奥巴马总统书中的一段标题——无畏的希望（*The Audacity of Hope*），我选择大胆地去相信，未来教育可以转变为一种增强学习者认同感和责任感的体验。离这样的教育越近，高质量地实现这些目标的机会就越大。

■ 图 10.12　巴拿马的孩子们正用概念图工具构建概念图（本图经 J. Barrios 授权后使用）

## 将客户视为老师和学生

什么将是席卷商业领域的新的变革浪潮呢？在 20 世纪 80 年代，TQM 就是这股浪潮，TQM 通过使用多样化的策略对顾客需求、产品质量以及生产效率进行系统的评估，从而帮助人们提高生产力。这些策略首先由美国的戴明（Deming）引入，最后在日本企业中得到了广泛采用，曾一度带来希望。以汽车产业为首的美国公司努力地应用这些策略，与此同时，管理咨询公司则竞相把它当作“福音”来传播。TQM 为如何管理人力和资源提供了指导原则，因而是一个非常必要的管理方法。20 世纪 90 年代，一个新的“福音”出现了，用野中郁次郎和竹内（Nonaka & Takeuchi，1995）的话来说，“这种潮涌，就是要成为知识创造型企业。”TQM 的运用和对知识创造策略的强调，都对提升商业竞争力做出了贡献。事实上，关于后者的运动如今正在积极地进行中，并且本书十分有希望对企业知识创造效率起到促进作用。如今，这种（对知识创造性策略的）强调表现在促进革新上，拉弗雷和查尔兰的书（Lafley & Charan，2008）是这种努力的集中体现。

那么，未来会是怎样的？谁会成为新的领导者？新的策略又会是什么呢？基于自身经验和咨询方面的实践，敏金（Minkin，1995）指出了他所看到的100种全球性的趋势。他预言小型企业家的数量将会越来越多，与此同时，小型企业的管理者将更加年轻化，而且将有越来越多的女性崭露头角。摩尔（J. Moore，1996）在他《竞争的灭亡》（*The Death of Competition*）一书中写道：

不是说竞争正在消失。事实上，竞争正在加剧，但是大部分人想象的那种竞争已经灭亡——所有没有意识到这一点的商业管理者都将面临威胁。让我来解释一下，传统思维方式认为竞争发生在生产和销售环节，只要你的产品或服务比竞争对手好，你就赢了。你可以通过倾听消费者的声音，或者投资于生产的各个环节来提升你的产品。

这种观点的问题在于忽视了所处的环境，也就是企业赖以生存的环境，同时也忽视了对同一环境中与其他人共同发展的需求，这个过程合作与竞争并存。即使是很成功的业务也可能被周围的环境所破坏。就像夏威夷的那些物种一样，就算自身没有做错什么，但它们一样时刻面临着灭绝，因为被它们称为“家”的生态系统在走向自我灭亡。在一个衰落的社区中，一个不错的餐厅是很可能走向消亡的。如果面对的是一个正在瓦解的零售链，就算你是一个一流的供应商，最好也要警觉一些。

哈梅尔（Hamel）和普拉哈来德（Prahalad，1994）在《为未来而竞争》（*Competing for the Future*）一书中指出：

为未来而竞争不是为了争夺市场份额，而是为了争夺机会份额。这种竞争帮助企业获得未来机会份额的最大化，使得企业能在一个更为广阔的机会竞技场中获得潜在的机会，这些机会可以是关于家庭生活信息系统、基因工程药物、金融服务、高端材料或其他领域。其中一种他们认为增加机会的必要途径是果断地进入市场，在竞争中先发制人。举例来说：

在超能吸收尿不湿的全球市场争夺战中，宝洁在与其竞争对手日本花王竞争时先发制人，实现了对之前处于不利地位的大逆转。1985年，花王在日本发售了一种技术先进、具有超强吸收能力的尿不湿，这让宝洁公司措手不及。这种新的尿不湿很快就超过宝洁的帮宝适，成为市场的引领者。但由于在亚洲以外地区配给不足，加上品牌效应有限，花王在将其创新推向全球市场时显得力不从心。这样一来，宝洁得以在全球范围内发售它们自己的超能吸收尿不湿，且完全没有来自花王的竞争，最终从这种新的尿不湿技术中获得更多收益的是宝洁而非花王。尽管仅仅是全球配给能力一项并不能完全弥补在其他领域的能力的不足，但它绝对是让创新回报倍增的关键性因素。

敏金（Minkin，1995）指出的另一个趋势是我们学习时间和学习方式的变化。他看到，随着新技术的发展，教育和娱乐正在逐步融合：

美国人在学习上的投入越来越少，并在经济和社会中产生了一系列连锁反应。这一点让很多人都认为教育不能再委托给教育或者政府机构去办，而应该在关注的焦点上做一些重大转移："我们什么时候学习"，这一问题的答案是"什么时候寓教于乐"，即通过交互式多媒体实现教育与娱乐的融合，让学校教室和公司的培训室的配置更加丰富化。在全球竞争、新技术以及其他推动力为培训和教育领域持续提供更多就业空间的情况下，互动式教育将成为一个巨大的产业。

从需要向客户学习的视角，摩尔（J. Moore，1996）发觉到，我们可以从初期的客户身上学到最多。尽管不是全然如此，但初期客户往往是教育程度最高、最有优势的个体。举一个相对早期的场景为例。

理想的顾客是那些能够容忍以最终报价去使用早期版本的顾客，因为他们知道，即使是最原始的形态，它所蕴含的价值也有利于改善他们的生活或工作。索马里人就是很好的例子，他们会很耐心地为一个电话等上好几天，因为不等就意味着不能和某个人说上话了。

其次，他们还会就提供的服务以及如何改进给出有价值的反馈，而且他们还经常会通过建立自己的支持系统为改善服务做出贡献。最后，即使他们只是初期的客户，他们也足以代表其他各种类型的客户，从他们那里收集到的任何信息都可以得到更广泛的应用。

并不是所有市场专家都把这种工作看成向消费者接受教育和学习的过程。例如，海登（Hayden，2007）就认为："把市场和销售拆解为一系列的简单步骤，你就会确切知道应该从哪里去寻找顾客了。这些步骤组织了由 3 个要素组成的过程系统：有效的个别化市场策略，行动导向的 28 天项目，以及如何管理有可能阻碍市场运作的焦虑、抵抗和拖延等。"

毫无疑问，海登的方法对信息匮乏时的市场是有用的，但在国际竞争或全球市场中，很难看出他的方法有何用武之地。

去预测未来 10 年卫星互联网的使用会对学校和商业带来什么样的影响是非常困难的。网络性能和成本的变化速度实在太快，唯一可以确信的是卫星互联网将随着时间的推移而获得越来越多的应用。美国军方研发的、如今普遍适用的全球定位系统（Global Positioning System，GPS）成功地为地球上任意位置的跟踪、辨认提供了所需的信息，那些在车上、飞机上或船上装过 GPS 设备的人都会感受到这种传播方式的威力有多大。

随着公司逐渐把客户视作教师和学习者，他们需要了解本书中提到的与教育理论有关的几个原则，并运用这些原则来指导他们的项目。关于教育我们知道：

（1）学习者必须具备学习动机。除非学习者选择去学习，否则学习将不会发生。

（2）必须了解并调动学习者的已有知识，不管它是有效的还是无效的。

（3）必须组织所要教授的概念性知识。

（4）学习在特定的情境下发生，因此必须考虑什么情境会促进教学。

（5）知识渊博并善于察觉学习者的想法和感受的教师更能促进学习者的学习。

（6）评价对于了解学习进展以及进一步激发学习者的学习动机都至关重要。

这 6 个原则是所有学习实质发生的基础。我们将对这些原则的含义进行简要回顾，因为它们适用于市场调研和广告项目。这6个原则的每一个都会影响其他原则，因此我们需要清楚它们之间的相互关系。

就部分学习者而言，动机的来源是一些未被满足的需求或欲望。客户的需求和欲望既涉及思维和认知因素，又涉及情感、态度因素。市场调研时，必须仔细去调查目标客户对产品或服务的看法和感受。

虽然有很多用来评估消费者想法和感受的方法，但个人访谈还是最有效的。个人访谈的设计是至关重要的，最好通过一个迭代的过程去识别与产品或服务相关的概念和感情，然后建立起这些知识的概念图，并在概念图的基础上设计用来探测客户想法和感受的问题，再把个别客户和群体客户的想法与感受做成概念图，然后基于概念图呈现的深刻见解再重新设计访谈。通常把这个过程重复3～5次就可以生成一份优秀的访谈规约。

哈佛大学的扎特曼和海杰（Zaltman & Higie，1993）以及康奈尔大学的我以及我的学生都发现，无论是针对什么主题、产品或服务，针对6～10个代表性客户进行一次精心设计、执行和评估的访谈，就可以获得目标群体的相对完整和可靠的个人想法和感受。这样一来，我们就可以获得客户对任何产品或服务的底层动机。还可以根据为访谈而准备的概念图去设计更为有效的调查问卷，将其分发给大量的客户从而提供一些新的数据。想了解更多相关技术，请看诺瓦克和戈文的研究（Novak & Gowin，1984）。

- 如果设计良好的访谈得到恰如其分的执行，那就可以获得客户持有的想法和感受。我们必须认识到客户就是以这种观念去看待他的世界，并基于这些想法去解释新的信息。因此，我们必须基于客户的想法和感受去设计对他们有意义的广告文案或海报。然而，我们必须小心地不能去强化客户的误解，而是要以更有效的观点代之。有大量的文献是针对这个问题的，我们前面已经引用过一些。

- 对于任何一个产品或服务，为之创建一个表征专家和客户如何理解该产品或服务的特性、优点和价值的相关知识的概念图都是可能的。这些知识应该适当地做成概念图，并作为前两个步骤的基础。这些概念图有助于研发团队和营销人员进行交流，它们也是研发团队和市场团队开展创作性工作的基础。

- 我们需要仔细考虑学习发生的情境或环境。那些适合作为包装或用于店内展示的样品和视觉设计，可能要完全不同于那些以包裹的形式寄往家庭或用于电视展示的设计。

如果很好地设计和实施了针对消费者的访谈，他们就会提供各种各样的有关消费者如何获得产品或服务的信息。拉弗雷和查尔兰（2008，第48页）描述了宝洁公司在2002年推出的两个项目：一个是沉浸式项目，员工有几天住在消费者的家里，成为家庭的一部分；另一个是工作式项目，是员工在小型商店的柜台前工作。这些项目的成功都源自于获得了在一个非常真实的情境中向客户学习的机会。

- 我们必须敏感地对待性别、文化、种族、年龄、教育、经济地位以及客户的其他特征。如果展示的产品或服务在以上任何方面冒犯了他们，他们都不会成为该产品或服务的消费者，至少不会成为长期的消费者。精心设计并执行的个人采访以及基于访谈开发的概念图又一次成为相关信息的来源。
- 必须给客户提供能帮助他们评估产品或服务的价值所需的相关信息。客户需要一种方法来评估是否能得到他们想要的，以及他们到底在为什么而买单。同样，公司也需要一种方法来评估他们是否提供了客户想要的东西，以及客户对产品或服务的满意程度如何。

当然，对于怎么办、为什么和理由是什么这些问题，还有很多细节可以添加进来。不过就我们所了解的针对客户的关于教与学的基本组成部分而言，以上所提供的原则是完整的。它们是任何一家想成为教育型企业的重要组成部分。

## 10.6 前方的路

盖茨（Gates，1996）很好地描绘了有关技术的发展在商业和教育上的应用案例，我们当前在哪里以及在不久的将来可能去往哪里。但他不仅没有讨论新知识和工具可能为教学和学习过程带来什么，也没有讨论这种潜在的、激进的变革将如何发生，以及企业如何创造和运用这些知识才会改变我们所生活的世界。后者就是我试图在这本书中阐述的内容。盖茨确实看到了教育同样至关重要：

> 教育不是回答整个信息时代所带来的挑战的全部答案，但它是答案的一部分，正如教育是解决一系列社会问题的答案的一部分一样。早在1920年，富有想象力和远见的未来学家H. G·威尔斯（H. G. Wells）就总结出这个观点。威尔斯说，“人类历史越来越像是一场教育与灾难之间的赛跑。”教育是调节社会的最伟大的杠杆，教育上的任何进步都会帮人们朝着平等的机会迈一大步。电子世界的亮点之一在于让更多的人在使用教育材料时所需的额外成本几乎为零。

当我们进入任何人可以在任何时间、任何地点获得到任何信息的时代——花费极少甚至完全免费——我们就进入了一个教育可能性无限的全新王国。是的，1460年印刷机的发明至少为那些富裕的人大大地提高了获得伟大书籍的可能性。我们现在正处于一个所有已知事物几乎可以对所有人免费开放的边缘时期。问题是，我们如何利用这种潜在的可能去改善世界各地人们的生活呢？正如我多次提到的，信息不会自动转化为知识，需要做的是提升人们获取和使用这些信息并构建新的意义的能力。这是我们面临的主要挑战。我相信我们现在已经知道很多能够让所有人达到更高层次的意义建构的方法。目前，如果用1～10来衡量学校和企业应用中我们对知识、学习、自我提高、个人能力增强的程度，我相信大多数学校和企业只是在2或3的操作水平上。在更广泛地应用这些知识和类似于新的教育模式方面，我们还有很多工作要做，也许我们会达到6或8的教育效果。在创造新知识方面，我们也还有很多事情要做。我希望这本书对这项事业有所帮助。

# 附录 1 如何构建概念图

1. 确定焦点问题。该问题是你的概念图想要解决的问题或想要描述的知识领域。在焦点问题的指引下，识别并列出 10 ～ 20 个与焦点问题有关的概念。有人发现把概念单独写在卡片或便签贴上很有用，这样就可以方便地移动它们。如果使用计算机软件构图，可以直接把概念列表放在计算机上。概念标签应该是单个的词，或 2 ～ 3 个词。

2. 对概念进行排序。把范围最广、最具包含性的概念置于概念图的顶端。找出范围最广、最具包含性的概念有时是很困难的，回头去审视焦点问题对于决定概念的顺序是有帮助的。有时这一过程会导致对焦点问题的修改，甚至是写一个新的焦点问题。

3. 依次处理列表中的概念，按需添加更多概念。

4. 开始构建概念图，把最一般、最具包含性的概念放到概念图的顶端。在概念图的顶端通常只有 1 ～ 3 个概念。

5. 接下来，为每个概念选择 2 个、3 个或 4 个子概念并放到其下。任何概念下不要放 4 个以上的子概念。如果看起来有 6 ～ 8 个概念从属于一个概念或子概念，可以找一个合适的中间概念，这样就可以创建出概念图的另一个层次。

6. 用线条连接概念，用一个或多个连接词对连线进行标注。连接词应该定义出两个概念之间的关系，让其读起来是一个有效的陈述句或命题。连接创造意义，当你分层次将大量相关概念连接在一起的时候，你就可以看到一个给定领域的意义的结构。

7. 修订概念图的结构，可以是添加、删减或修改上级概念。这个工作可能需要多做几次，事实上，当你获得新知识或新见解的时候，这个过程可以进行无限次。这也是便签贴比较有用的原因，当然，计算机软件更好。

8. 寻找概念图不同分支间的交叉连接并标明连接词。交叉连接往往可以帮助你看到知识领域里新的、创造性的联系。

9. 在概念图标签中可以附上概念的实例（如金毛猎犬是犬类的实例）。

10. 同一组概念可以画出多种不同形式的概念图。概念图没有固定的形式，当你对概念关系的理解发生变化时，你的概念图也会跟着改变。

# 附录 2 V形图教学流程

1. 选择一个相对容易观察的实验事件或真实事件（或对象），针对这个事件能够很轻松地识别一个或多个焦点问题。另外，类似的文献需要在学生和老师之间充分传播、学习。

2. 从讨论事件或观察的对象开始，确保找出的正是那些要记录的事件。这一点可能比想象的难。

3. 确定并写下焦点问题的最佳表述。再一次，确保焦点问题与研究和要记录的事件或对象有关。

4. 探讨如何能将问题集中在事件的具体特征上，并且需要明确如果要回答焦点问题，必须要得到哪些记录。

5. 讨论这些问题的来源，及我们需要集中观察的事件、对象。引导学生认识到，一般来说，我们了解的相关概念、命题或一些原理的规律，都会不自觉地影响我们究竟提出什么样的问题，及选择观察什么事物。

6. 讨论记录的信度和效度。这些记录都可靠吗？（如信度、效度是不是达标）记录的工具及相关的概念、命题、理论，是不是能确定他们的信度和效度？有没有更好的方法收集更有效的记录？

7. 讨论如何用记录信息来解决我们的焦点问题。能不能通过图表及一些统计数据来支持、说明？

8. 讨论知识要求的建构。引导学生认识到，不同的问题需要收集不同的信息，而且通过不同的方式来展示信息。结果可能会与源事物有着截然不同的知识观。

9. 讨论价值观。会有诸如此类的价值称述，如 X 比 Y 好，或 X 不错，抑或我们需要追寻 X。写下那些来自知识观的价值观，但是需要明确，价值观并非知识观。

10. 明确概念、命题及理论是如何修正我们已有的知识观，及影响我们的价值观的。

11. 探索一些可以改进已有探究方式的方法，检查 V 形图中哪些元素是推理链中的弱连接。

12. 引导学生认识到，我们要用建构主义的认识论来构建世界观，而非经验主义或实证主义。

13. 引导学生认识到，世界观即激励、指引我们选择或愿意去理解什么，而且可以掌控我们自身对探究事物的热情。科学家们关心价值，一直在寻求更好的方法来合理地解释世界的规律。占星家、神秘主义者、神创论者及很多其他非科学建构指导的人们，都在努力探索。

14. 对比不同学生就同一事物绘制的 V 形图，讨论信度如何说明本质知识的建构。

# 参考文献


1. Aberdene, P.（2005）. *Megatrends* 2010: *The rise of conscious capitalism*. Charlottsville, VA: Hampton Roads Publishing Co, Inc.
2. Achterberg, C.L., Novak, J.D., & Gillespie, A.H.（1985）. Theory-driven research as a means to improve nutrition education. *Journal of Nutrition Education*, 17（5）:179–184.
3. Afamasaga-Fuata'i, K.（1998）. *Learning to solve mathematics problems through concept mapping & vee mapping*. National University of Samoa, Samoa.
4. Afamasaga-Fuata'i, K.（2004）. Concept maps and vee diagrams as tools for learning new mathematics topics. In Canãs, A.J., Novak, J.D. & Gonázales, F.M.（Eds.）, Concept maps: *Theory, methodology, technology, Proceedings of the First International Conference on Concept Mapping*（Vol. 1, pp. 13–20）. Navarra, Spain: Dirección de Publicaciones de la Universidad Pública de Navarra.
5. Afamasaga-Fuata'i, K.（Ed.）（2009）. *Concept mapping in mathematics: Research into practice*, New York: Springer.
6. Åhlberg, M., & Ahoranta, V. 2008. Concept maps and short-answer tests: Probing pupils, learning and cognitive structure. In Cañas, A., Reiska, P., Åhlberg, M., & Novak, J.D.（Eds.）（2008）. *Proceedings of the Third International Conference on Concept Mapping*（Vol. 1, pp. 260–267）. Tallinn, Estonia & Helsinki, Finland.
7. Alaiyemola, F.F., Jegede, O.J., & Okebukola, P.A.O.（1990）. The effect of a metacognitive strategy of instruction on the anxiety level of students in science classes. *International Journal of Science Education*, 12（1）: 95–99.
8. Allen, E.I., & Seaman, J.（2007）. *Online nation: Five years of growth in online learning*. Needham, MA: Sloan Consortium.
9. American Association of University Women.（1995）. *Growing smart: What's working for girls in schools*, Washington, DC: AAUW.
10. Anderson, J.R.（1983）. *The architecture of cognition. Cambridge*, MA: Harvard University Press.
11. Anderson, J.R.（1990）. *The adaptive character of thought*. Mahwah, NJ: Lawrence Erlbaum Associates.
12. Anderson, J.R.（2000）. *Learning and memory: An integrated approach*. New York: John Wiley.
13. Argyris, C. & Schon, D.（1978）. *Organizational learning: A theory of action perspective*. Reading, Mass: Addison-Wesley.
14. Arzi, H.J., & White, R.T.（2007）. Change in teachers' knowledge of subject matter: A 17-year longitudinal study. *Science Education*. Published online 14 December 2007 in Wiley InterScience（www.interscience.wiley.com）.

⑮ Arzi, H.J. (1998). Enhancing science education through laboratory environments:More than walls, benches and widgets. In Fraser, B., & Tobin, K.G. (Eds.), *International handbook of science education* (pp. 595–608). Dordrecht, Netherlands:Kluwer Academic Publishers.

⑯ Ausubel, D.P. (1962). A subsumption theory of meaningful verbal learning and retention. *Journal of General Psychology*, 66: 213–224.

⑰ Ausubel, D.P. (1963). *The psychology of meaningful verbal learning.* New York: Grune and Stratton.

⑱ Ausubel, D.P. (1968). *Educational psychology: A cognitive view.* New York: Holt, Rinehart and Winston.

⑲ Ausubel, D.P., Novak, J.D., & Hanesian, H. (1978). *Educational psychology: A cognitive view* (2nd ed.). New York: Holt, Rinehart, and Winston. Reprinted, 1986, New York:Werbel and Peck.

⑳ Bacharach, S.B., & Mitchell, S. (1985). Strategic choice and collective action: organizational determinants of teacher militancy. *Research in Industrial Relations.*

㉑ Baranga, C.B.A. (1990). *Meaningful learning of creative writing in fourth grade with a word processing program integrated in the whole language curriculum.* Unpublished masters thesis. Ithaca, NY: Cornell University, Department of Education.

㉒ Baroody, A.J., & Benson, A.P. (2001). Early number instruction. *Teaching Children Mathematics*, 8 (3).

㉓ Baroody, A.J., & Bartels, B.H. (2001). Assessing understanding in mathematics with concept mapping. *Mathematics in School*, 30 (3): 1–3.

㉔ Bartlett, F.C. (1932). *Remembering.* Cambridge: Cambridge University Press.

㉕ Bascones, J., & Novak, J.D. (1985). Alternative instructional systems and the development of problem solving skills in physics.*European Journal of Science Education*, 7 (2): 253–261.

㉖ Bauer, L., & Borman, K. (1988). *A review of educational foundations courses offered in U.S. Colleges and universities.* Unpublished manuscript, University of Cincinnati. Cited in Houston, W.R., *Handbook on teacher education.* New York: Macmillan.

㉗ Beirute, L., & Miller, N.L. (2008). Interaction between topology and semantics in concept maps: A neurolinguistic interpretation. In Cañas, A.J., Reiska, P., Åhlberg, M., & Novak, J.D. (Eds.), *Proceedings of the Third International Conference on Concept Mapping*, Vol. 2. Tallinn, Estonia & Helsinki, Finland.

㉘ Belenky, M.F., Clinchy, B., Goldberger, N.R., & Tarule, J.M. (1986). *Woman's ways of knowing: The development of self, voice, and mind.* New York: Basic Books.

㉙ Benbow, C.P., & Stanley, J.C. (1982). Consequences in high school and college of sex differences in mathematical reasoning ability: A longitudinal perspective. *American Educational Research Journal*, 14: 15–71.

30 Berne, E. ( 1964 ) . *Games people play*. New York: Grove Press.

31 Best, R. ( 1983 ) . *We've all got scars: What boys and girls learn in elementary school*. Bloomington: Indiana University Press.

32 Bierlein, L.A., and Mulholland, L.A. ( 1994 ) . The promise of charter schools. *Educational Leadership*, 52: 34–35; 37–40 ( September ) .

33 Bloom, B.S. ( 1956 ) . *Taxonomy of educational objectives—The classification of educational goals. Handbook I: Cognitive domain*. New York: David McKay.

34 Bloom, B.S. ( 1968 ) . *Learning for mastery, UCLA evaluation comment*, 1 ( 2 ), 1.

35 Bloom, B.S. ( 1976 ) . *Human characteristics and school learning*. New York: McGraw-Hill.

36 Bloom, B.S. ( 1981 ) . *All our children learning: A primer for parents, teachers, and other educators*. New York: McGraw-Hill.

37 Bloom, P. ( 2000 ) . *How children learn the meanings of words. Cambridge*, MA: MIT press.

38 Bloom, P., & Weisberg, D.S. ( 2007 ) . Childhood origins of adult resistance to science. *Science*, 316: 996–997. May 19.

39 Bonner, J.T. ( 1962 ) . *The ideas of biology*. New York: Harper.

40 Borgman, C.L. ( 2007 ) . *Scholarship in a digital age*. Cambridge, MA: MIT Press.

41 Bowen, B.L. ( 1972 ) . *A proposed theoretical model using the work of Thomas Kuhn, David Ausubel and Mauritz Johnson as a basis for curriculum and instruction decisions in science education*. Unpublished doctoral thesis. Ithaca, NY: Cornell University, Department of Education.

42 Brandt, R. ( 1993 ) . Overview: A consistent system. *Educational Leadership*, 51 ( 1 ) : 7 ( September ) .

43 Bretz, S. ( 1994 ) . *Learning strategies and their influence upon students' conceptions of science literacy and meaningful learning: The case of a college chemistry course for non-science majors*. Unpublished doctoral thesis. Ithaca, NY: Cornell University, Department of Education.

44 Bridges, E.M. ( 1986 ) . *The incompetent teacher: The challenge and the response*. Philadelphia, PA: Falmer Press.

45 Bridges, E.M. ( 1992 ) . *The incompetent teacher:Managerial responses*. Philadelphia, PA: Falmer Press.

46 Briggs, G., Shamma, D.A., Cañas, A.J., Carff, R., Scargle, J., & Novak, J.D. ( 2004 ) . Concept maps applied to Mars exploration public outreach. In Cañas, A.J., Novak, J.D., & González, F. ( Eds. ), *Concept maps: Theory, methodology, technology. Proceedings of the First International Conference on Concept Mapping* ( Vol. I, pp. 109–116 ) . Pamplona, Spain: Universidad Pública de Navarra.

47 Brock, D.C. ( Ed. ), ( 2006 ) . *Understanding Moore's Law: Four decades of innovation*. Philadelphia: Chemical Heritage Press.

48 Bronfenbrenner, U., & Ceci, S.J. ( 1994 ) . Nature-nurture reconceptualized in developmental

perspective: A bioecological model. *Psychological Review*, 101（4）: 568–586.

49 Brown, A.L.（1994）. The advancement of learning. *Educational Researcher*, 23（8）: 4–12.

50 Brown, J.S., Collins, A., & Duguid, P.（1989）. Situated cognition and the culture of learning. *Educational Researcher*, 18（1）: 34–41.

51 Burton, R.F.（2005）. Multiple-choice and true/false tests: myths and misapprehensions. *Assessment & Evaluation in Higher Education*, 30（1）: 65–72.

52 Bush, V.（1945）. *Science: The endless frontier*. Washington, DC: U.S. Government Printing Office.

53 Buzan, T.（1974）. *Use your head*. London: BBC Books.

54 Cañas, A.J., & Novak, J.D.（2008）. Concept mapping using CmapTools to enhance meaningful learning. In Osaka, A., Shum, S.B., & Sherborne, T.（Eds.）, *Knowledge cartography*: London: Springer Verlag.

55 Cañas, A.J., Novak, J.D., Miller, N.L., Collado, C.M., Rodríguez, M., Concepción, M., et al.（2006）. Confiabilidad de una Taxonomía Topológica para Mapas Conceptuales. In Cañas, A.J., & Novak, J.D.（Eds.）, *Concept maps: Theory, methodology, technology. Proceedings of the Second International Conference on Concept Mapping*（Vol. 1, pp. 153–161）. San Jose, Costa Rica: Universidad de Costa Rica.

56 Cannon, W.B.（1932）. *The wisdom of the body. New York*: W.W. Norton & Company.

57 Carey, S.（1985）. *Conceptual change in childhood. Cambridge*. MA: MIT Press.

58 Cech, S.J.（2008）. AP Trends: *Tests soar, scores slip. Education Week*, 27（24）: 1, 13.

59 Ceci, S.J., & Williams, W.M.（2007）. *Why aren't there more women in science? Top researchers debate the evidence. Washington*, DC: American Psychological Assosication.

60 Chi, M.T.H.（1983）. Network representation of a child's dinosaur knowledge. *Developmental Psychology*, 19（1）: 29–39.

61 Chomsky, N.（1972）. *Language and mind*. New York: Harcourt, Brace and Jovanovich.

62 Clery, D.（1994）. Element 110 is created, but who spotted it first? Science, 266: 1479.

63 Clune, William（1998）. *Toward a theory of systemic reform: The case of nine NSF Statewide systemic initiatives*. Madison WI: Nationals Center for Improving Science Education, Reseach Monograph No. 16.

64 Commoner, B.（1971）. *The closing circle: Nature, man, and technology*. New York: Knopf.

65 Crosby, P.B.（1992）. *The eternally successful organization*. New York: Mentor Books.

66 Cullen, J.F., Jr.（1983）. *Concept learning and problem solving: The use of the entropy concept in college teaching*. Unpublished doctoral thesis. Ithaca, NY: Cornell University, Department of Education.

67 De Vise, D.（2008）. *No single explanation for MD test score bump*. WashingtonPost.com: Web archive.

68 Dethier, V.G.（1962）. *To know a fly. San Francisco*, CA: Holden-Day.

69 Devaney, Laura,（2009）. Why some students choose virtual schools. *eSchool News*. P.14,

January.

70 Diamond, A., Barnett, W.S., Thomas, J., & Munro, S.(2007). Preschool program improves cognitive control. *Science*, 318: 1887–1888, November 30.

71 Dingerson, L., Miner, B., Peterson, B., & Walters, S.(Eds.)(2008). *Keeping the promise: The debate over charter schools*. Milwaukee, WI: Rethinking Schools.

72 Donaldson, M.C.(1978). *Children's minds*. New York: Norton.

73 Drucker, P.F.(1993). *Post-capitalist society*. New York: Harper Business.

74 Dunn, J.(1987). Understanding feelings: The early stages. In Brunes, J., & Haste, H.(Eds.), *Making sense*. New York: Methuen.

75 Edmondson, K.M.(2000). Assessing science understanding through concept maps. In Mintzes, J.J., Wandersee, J.H., and Novak, J.D.(Eds.), *Assessing science understanding: A human constructivist view*(pp. 15–40) San Diego, CA: Academic Press.

76 Edmondson, K.M., & Novak, J.D.(1993). The interplay of scientific epistemological views, learning strategies, and attitudes of college students. *Journal of Research in Science Teaching*, 32(6): 547–559.

77 Educational Policies Commission.(1961). *The central purpose of American education*. Washington, DC: National Education Association.

78 Edwards, J., & Fraser, K.(1983). Concept maps as reflectors of conceptual understanding. *Research in Science Education*, 13: 19–26.

79 Ellis, L., Wersinger, E.M., Field, E.M., Hetsroni, A., Pellis, S. Karadi, D.G., Geary, D. Palmer, C.T., & Hoyenga, K.B.(2008). *Sex differences: Summarizing more than a century of scientific research. Boca Raton*, FL: CRC Press.

80 Fedock, P.M., Zambo, R., & Cobern, W.W.(1996). The professional development of college science professors as science teachers. *Science Education*, 80(1): 5–19.

81 Feldsine, J.E., Jr.(1987).Distinguishing student's misconceptions from alternative conceptual frameworks through construction of concept maps. In Novak, J.D.(Ed.), *Proceedings of the second international seminar on misconceptions and educational strategies in science and mathematics*. Ithaca, NY: Cornell University, Dept. of Education.

82 Ferrell, W.C., Johnson, J.H., Jones, C.K., & Sapp, M.(1994). Will privatizing schools really help inner-city students of color? *Educational Leadership*, 52(1): 72–75.

83 Feynman, R.P.(1985). *"Surely you must be kidding, Mr. Feynman": Adventures of a curious character*. New York: W.W. Norton.

84 Fields, G.(2008). The high school dropout's economic effect: Mayors go door to door, personally encouraging students to stay in the game for their own good—and for the sake of the city. *Wall Street Journal*, October 21.

85 Flavell, J.H.(1985). *Cognitive development*(2nd ed.). Englewood Cliffs, NJ: Prentice Hall.

86 Ford, K., Cañas, A., Jones, J., Stahl, H., Novak, J.D., & Adams-Weber, J.(1991). ICONKAT: An integrated constructivist knowledge acquisition tool. *Knowledge Acquisition*

*Journal*, 3: 215–236.

87 Fraser, K. ( 1993 ) . *Theory based use of concept mapping in organizational development: Creating shared understanding as a basis for the cooperative design of work changes and changes in working relationships*, Ph.D. dissertation, Ithaca, NY: Cornell University.

88 Freire, P. ( 1985 ) . *The politics of education: Culture, power and liberation.* South Hadley, MA: Bergin and Garvey.

89 Friedman, T. ( 2005 ) . *The world is flat: A brief history of the twenty-first century*, New York: Farrar, Straus & Giroux.

90 Fromm, E. ( 1956 ) . *The art of loving.* New York: Harper & Row. New York: Avon Books edition, 1973.

91 Gabel, D. ( 1994 ) . Learning: Alternative conceptions. In Gabel, D.L. ( Ed. ), *Handbook on research in science teaching* ( pp. 177–210 ) . New York: Macmillan.

92 Gage, N. L. ( 1963 ) . *Handbook of research on teaching. A project of the American Educational Research Association.* Chicago, IL: Rand McNally.

93 Gamoran, A., Nystrand, M., Berends, M., & LePore, P.C. ( 1995 ) . An organizational analysis of the effects of ability grouping. *American Educational Research Journal*, 32 ( 4 ) : 687–715, ( Winter ) .

94 Gardner, H. ( 1983 ) . *Frames of mind: The theory of multiple intelligences.* New York: Basic Books.

95 Gardner, H. ( 1994 ) . *Creating minds.* New York: Basic Books.

96 Gates, B. ( 1996 ) . *The road ahead.* New York: Penguin Books.

97 Gazzaniga, M. ( 1989 ) . *Mind matters: How mind and brain interact to create our conscious lives.* Boston, MA: Houghton Mifflin.

98 Gazzaniga, M. ( Ed. ) . ( 1995 ) . *The cognitive neurosciences.* Cambridge, MA: MIT Press.

99 Gazzaniga, M.S. ( 2008 ) . *Human: The science behind what makes us unique.* New York: Ecco.

100 Gazzola, V., Aziz-Zadeh, L., and Keysers, C. ( 2006 ) . Empathy and the somatotopic auditory mirror system in humans. *Current Biology*, 18: 1824–1829, September 19.

101 Gelman, S.A., ( 1999 ) . *Dialog on early childhood science, mathematics and technology education: A context for learning. Concept Development in Pre-school Children.* ( http://www.project2061.org/tools/earlychild/context/gelman.htm )

102 Georgi, H. ( 1996 ) . Quoted in, Glantz, J. ( 1996 ) . How not to pick a physicist? *Science*, 274: 710–712.

103 Geraci, B. ( 1995 ) . Local decision making: A report from the trenches. *Educational Leadership*, 35 ( 4 ) : 50–52. December–January.

104 Gerber, J.A. ( 1992 ) . *Promoting excellence in elementary school teaching: Theory driven practitioners.* Unpublished doctoral dissertation. Ithaca, NY: Cornell University, Department of Education.

105 Getzelz, J.W., & Jackson, P.W. ( 1962 ) . *Creativity and intelligence: Explorations with gifted*

*students*. New York: Wiley.

106 Gilligan，C.（1982）. *In a different voice: Psychology theory and women's development*. Cambridge，MA: Harvard University Press.

107 Glanz，J.（1996）. How not to pick a physicist? *Science*，274: 710–712.（November）.

108 Glasser，W.（1994）. *The control theory manager*. New York: HarperCollins Publishers，Inc.

109 Glod，M.，& Turque，B.（2008）. Report finds little gain from vouchers. *Washington post.com*，June 17，P. B06.

110 Goleman，D.（1995）. *Emotional intelligence: Why it can matter more than I.Q*. New York: Bantum Books.

111 Gonzales，F.M.，and Novak，J.D.（1996）. *Aprendizaje significativo: Tecnicas y aplicaciones*. Madrid: Ediciones Pedagogicas.

112 Goodlad，J.I.（1984）. *A place called school: Prospects for the future*. New York: McGraw-Hill.

113 Gorman，J.（in review）. Knowledge modeling and portfolios in the sciences. Submitted to *The Physics Teacher*.

114 Gould，S.J.（1981）. *The mismeasure of man*. New York: Norton.

115 Gowin，D.B.（1970）. The structure of knowledge. *Educational Theory*，20（4）: 319–328.

116 Greeno，J.G.（1998）. The situativity of knowing，learning，and research. *American Psychologist*，53（1）: 5–26，January.

117 Grove，E.A.（2008）. Organizing the source of memory. *Science*，319: 288–289，January 18.

118 Gubrud，A.R.，& Novak，J.（1973）. Learning achievement and the efficiency of learning the concept of vector addition at three different grade levels. *Science Education*，57（2）: 179–191.

119 Guilford，J.P.（1959）. Three faces of intellect. *American Psychologist*，14: 469–479.

120 Guilford，J.P.，& Christensen，P.R.（1973）. The one-way relationship between creative potential and IQ. *Journal of Creative Behavior*，7（4）: 247–252.

121 Guiso，L.，Monte，F.，Sapienza，P.，& Singales，L.（2008）. Culture gender and math. *Science*，320: 1164，30 May.

122 Gurley-Dilger，L.I.（1982）. *Use of Gowin's vee and concept mapping strategies to teach responsibility for learning in high school biological sciences*. Unpublished doctoral thesis. Ithaca，NY: Cornell University，Department of Education.

123 Hagerman，H.（1966）. *An analysis of learning and retention in college students and the common goldfish*（*Carassius auratus*，*Lin*）. Doctoral thesis. Lafayette，IN: Purdue University.

124 Haidt，J.（2007）. The roots of morality. *Science*，316: 998–999，18 May.

125 Halpern，D.E.（1989）. *Thought and knowledge: An introduction to critical thinking*，2nd ed. Hillsdale，NJ: Lawrence Erlbaum Associates.

126 Hamel，G.，& Prahalad，C.K.（1994）. *Competing for the future*. Boston，MA: Harvard Business School Press.

127 Hamilton，W.，Sir（1853）. *Discussions on philosophy*（2nd ed.）. London: Longman，Brown，Green.

128 Hammer, M., & Champy, J. (1993). *Reengineering the corporation: A manifesto for business revolution*. New York, NY: HarperCollins Publishers, Inc.

129 Hangen, J. (1989). *Educational experience as a factor in bulimia and anorexia*. Unpublished masters thesis. Ithaca, NY: Cornell University, Department of Education.

130 Hanushek, E.A. (1981). Throwing money at schools. *Journal of Policy Analysis and Management*, 1: 19–41.

131 Hanushek, E.A. (1989). The impact of differential expenditures on school performance. *Educational Researcher*, 18 (4): 45–65.

132 Hanushek, E.A. (1996). School resources and student performance. In Burtless, G. (Ed.), *Does money matter? The effect of school resources on student achievement and adult success*. Washington, DC: Brookings Institute Press.

133 Hanuschek, E.A., Costrell, R.M., & Loeb, S. (2008). What do cost functions tell us about the cost of an adequate education? *Peabody Journal of Education*, 83 (2): 198–223.

134 Hanushek, E.A., & Raymond, M.E. (2005). Does school accountability lead to improved student performance? *Journal of Policy Analysis and Management*. 24 (2): 297–327.

135 Harper, S.C. (2001). *The forward-focused organization: Visionary thinking and breakthrough leadership to create your company's future*. New York: American Management Association.

136 Harris, T. A. (1969). *I'm OK—You're OK; A practical guide to transactional analysis*. New York: Harper & Row.

137 Hay, D.B., & Kinchin, I.M. (2006) Using concept maps to reveal conceptual typologies. *Education and Training*, 48 (2&3): 127–142.

138 Hayden, C.J. (2007). *Get clients now: A marketing program for professionals, consultants, and coaches*. New York: AMACOM.

139 Hedges, L.V., Laine, R.D., & Greenwald, R. (1994). Does money matter? A meta-analysis of studies of the effects of differential school inputs on student outcomes. *Educational Researcher*, 23(3): 5–14.

140 Hegarty, S. (1996). Science, math study renews call for reform. St. *Petersburg Times*, p 1A: 10A(November 21).

141 Helm, H., & Novak, J.D. (1983). Overview of the international seminar on misconceptions in science and mathematics. In Helm & Novak (Eds.), *Proceedings of the international seminar on misconceptions in science and mathematics* (pp. 1–4). Ithaca, NY: Cornell University, Department of Education.

142 Herman, J.L., Aschbacher, P.R., & Winters, L. (1992). *A practical guide to alternative assessment*. Alexandria, VA: Association for Supervision and Curriculum Development.

143 Herrigel, E. (1973). *Zen in the art of archery*. New York: Vintage Books. Translated by R.F.C. Hull.

144 Herrnstein, R.J., & Murray, C. (1994). *The bell curve*. New York: Free Press.

145 Hibbard, K.M., & Novak, J.D. (1975). Audio-tutorial elementary school science instruction

as a method for studying of children's concept learning: Particulate nature of matter. *Science Education*, 59 (4) : 559–570.

146 Higgins, J.M. (1995) . *Innovate or evaporate*. Winter Park, FL: The New Management Publishing Co.

147 Hoff, D.J. (2008) . More schools facing sanctions under NCLB. *Education Week Online*, Dec. 19. http://www.edweek.org/ew/articles/2008/12/18/16ayp.h28.html? tmp=206215354.

148 Hoffman, B. (1962) . *The tyranny of testing*. New York: Crowell-Collier Press.

149 Hoffman, R.R., Coffey, J.W., Ford, K.M., & Carnot, M. (2001, October) STORM-LK: A human-centered knowledge model for weather forecasting. *In Proceedings of the 45th Annual Meeting of the Human Factors and Ergonomics Society*, Santa Monica, CA: HFES.

150 Hoffman, R.R., Coffey, J.W., Ford, K.M. and Novak, J.D. (2006) . A method for eliciting, preserving, and sharing the knowledge of forecasters. *Weather and Forecasting*, 21: 416–428.

151 Hofstadter, D. (2007) . *I am a strange loop*. New York: Basic Books.

152 Hogan, K., & Pressley, M. (Eds.) . (1997) . *Scaffolding student learning: Instructional approaches and issues*. Cambridge, MA: Brookline.

153 Holden, C. (1992) . Study flunks science and math tests. *Science*, 258: 541, 23 (October) .

154 Houston, W.R. (Ed.) . (1990) . *Handbook of research on teacher education*. New York: Macmillan.

155 Howe, K.R. (1995) . Wrong problem, wrong solution. *Educational Leadership*, 56 (6) : 22–23 (March) .

156 Hughes, B.F. (1986) . *Knowledge, beliefs and actions of Elmira Water customers related to groundwater, contamination of groundwater*. Unpublished M.S. Thesis, Ithaca, NY: Cornell University.

157 Huston, L. (2004) . Personal communication.

158 Huston, L., & Sakkab, N. (March, 2006) . Connect and develop: Inside Procter & Gamble's new model for innovation. *Harvard Business Review*, 84 (3) : 58–66.

159 Hyde, J.S. (1991). How large are cognitive gender differences? *American Psychologist*, 36 (8): 892–901.

160 Hyde, J.S., Lindburg, S.M., Linn, M.C., Ellis, A.B., & Williams, C.C. (2008) . Gender characteristics characterize math performance. *Science*, 321: 494–495, 25 July.

161 Ichijo, K., & Nonaka, I. (Eds.) (2007) . *Knowledge creation and management*: New challenges for managers. New York: Oxford University Press.

162 Jensen, A.R. (1969) . How much can we boost IQ and scholastic achievement? H*arvard Educational Review*, 39: 1–123.

163 Johnson, D.W., Johnson, R.T., Holubec, E.J. (1988). *Cooperation in the classroom* (Revised Ed) . Edina, MN: Interaction Book Co.

164 Jonassen, D.H., Beissner, K., & Yacci, M. (1993) . *Structural knowledge: Techniques for representing, conveying, and acquiring structural knowledge*. Hillsdale, NJ: Lawrence Erlbaum

Associates.

165 Jubak, J. ( 2009 ) . US living standards in jeopardy. *Jubak's Journal*, 16 Jan, Access at: http://articles.moneycentral.msn.com/Investing/JubaksJournal/us-dilemma-howt-o-grow-faster.aspx.

166 Juma, C., & Moyer, E. ( 2008 ) . Broadband Internet for Africa. Science, 320: 1261, 6 June. Kaestle, C.F. ( 1993 ) . The awful reputation of education research. *Educational Researcher*, 22 ( 1 ) : 21–31.

167 Kahle, J.B., Douglas, C.B., & Nordland, F.H. ( 1976 ) An analysis of learner efficiency when individualized and group instructional formats are utilized with disadvantaged students. *Science Education*, 60 ( 2 ) : 245–250.

168 Kahn, K.M. ( 1994 ) . *Concept mapping as a strategy for teaching and developing the Caribbean Examinations Council ( CXC ) mathematics curriculum in a secondary school*. Unpublished Ph.D. thesis. Barbados, W.I.: Faculty of Education, The University of the West Indies.

169 Kamin, L. ( 1972 ) . *The science and politics of IQ*. Potomac, MD: Lawrence Erlbaum Associates.

170 Kaminski, J., Stoutsky, V.M., & Hackler, A.F. ( 2008 ) . The advantage of abstract examples in learning math. *Science*, 370: 454–455, 25 April.

171 Kao, J. ( 2007 ) . *Innovation nation: How America is losing its innovative edge, why it matters, and how we can get it back*. New York, Free Press.

172 Katzenbach, J.R. ( 1995 ) . *Real change leaders*. New York: Times Books.

173 Keating, D.P. ( 1984 ) . The emperor's new clothes: The "new look" in intelligence research. In Sternberg, R.J. ( Ed. ), *Advances in the psychology of human intelligence* ( Vol. 3, pp. 221–254 ) . Hillsdale, NJ: Lawrence Erlbaum Associates.

174 Keddie, N. ( Ed. ) . ( 1973 ) . *The myth of cultural deprivation*. Baltimore, MD: Penguin Books.

175 Keller, E.F. ( 1983 ) . *A feeling for the organism: The life and work of Barbara McClintock*. New York: W.H. Freeman.

176 Keller, E.F. ( 1985 ) . *Reflections on gender and science*. New Haven, CT: Yale University Press.

177 Kerr, P. ( 1988 ) . *A conceptualization of learning, teaching and research experiences of women scientists and its implications for science education*. Unpublished doctoral thesis. Ithaca, NY: Cornell University, Department of Education.

178 Kilts, J.A., Manfredi, J.F., & Lorber, R. ( 2007 ) . *Doing what matters: How to get results that make a difference: The revolutionary old-school approach*. New York: Crown.

179 Kinchin, I. ( 2001 ) . If concept mapping is so helpful to learning biology, why aren't we all doing it? *International Journal of Science Education*, 23 ( 12 ) : 1257–1269.

180 Kinchin, I.M. ( 2006 ) Concept mapping, PowerPoint, and a pedagogy of access. *Journal of Biological Education*, 40 ( 2 ) : 79–83.

181 Kinchin, I.M., & Hay, D.B. ( 2005 ) Using concept maps to optimize the composition of collaborative student groups: A pilot study. *Journal of Advanced Nursing*, 51 ( 2 ) : 182–187.

182 Kinchin, I.M., & Cabot, L.B. ( 2007 ) Using concept mapping principles in PowerPoint.

*European Journal of Dental Education*，11（4）: 194–199.

183 Kinchin，I.M.，DeLeij，F.A.A.M.，& Hay，D.B.（2005）The evolution of a collaborative concept mapping activity for undergraduate microbiology students. *Journal of Further and Higher Education*，29（1）: 1–14.

184 Kirschner，P.A.，Sweller，J.，& Clark，R.E.（2006）. Why minimal guided instruction does not work: An analysis of constructivist，problem based，experiential，and inquiry based learning. *Educational Psychologist*，41（20）: 75–86.

185 Kitchener，R.F.（1986）. *Piaget' stheory of knowledge: Genetic epistemology & scientific reason.* New Haven，CT: Yale University Press.

186 Klausmeier，H.J.，& Harris，C.W.（1966）. *Analysis of concept learning.* New York: Academic Press.

187 Koshland，D.E.（2007）. The Cha-cha-cha theory of scientific discovery. *Science*，317: 761–762，August 10.

188 Kotter，J.P.（2002）. *The heart of change: Real life stories of how people change their organizations.* Boston，MA: Harvard Business School Publishing.

189 Kouzes，J.，& Posner，B.Z.（2006）. *A leader's legacy.* San Francisco，Jossey-Bass.

190 Kozulin，A.（1990）. *Vygotsky's psychology: A biography of ideas.* New York: Harvester Wheatsheaf.

191 Krajcik，J.，Spitulnik，M.W.，& Zembal，C.（1998）. Using hypermedia to represent student understanding: Science learners and preservice teachers. In Mintzes，J.，Wandersee，J.，& Novak，J.D.（Eds.），*Teaching science for understanding*（pp. 229–259）. New York: Academic Press.

192 Kuhn，D.（2000）. Metacognitive development. *Current Developments in Cognitive Science*，9: 178–181.

193 Kuhn，T.S.（1962）. *The structure of scientific revolutions.* Chicago，IL: University of Chicago Press.

194 Kuncel，N.R.，& Hezlett，S.A.（2007）. Standardized tests predict graduate students' success. *Science*，315: 1080–1081，February 23.

195 Lafley，A.G.，& Charan，R.（2008）. *Game changer: Now you can drive revenue growth and profit growth with innovation.* New York: Crown.

196 Lakoff，G.，& Johnson，M.（1980）. *Metaphors we live by.* Chicago，IL: University of Chicago Press.

197 Lancaster，K.J.，Smiciklas-Wright，H.，Ahern，F.，Achterberg，C.，& Taylor-Davis，S.（1997）Evaluation of a nutrition newsletter by older adults. *Journal of Nutrition Education*，29（3）: 145–151（May）.

198 Lawler，A.（1994）. NSF takes leap into school reform. *Science*，266: 1936–1938，23（December）.

199 Lewis，M.（1995）. Self conscious emotions. *American Scientist*，83（January–Febraury），

68–78.

200 Lieberman, M.D., & Eisenberger, N.I. ( 2009 ) . Pains and pleasures of social life. *Science*, 323: 890–891, February 12.

201 Likert, R. ( 1932 ) . A technique for measurement of attitudes. *Archives of Psychology*, 40 ( whole issue ) .

202 Linn, M.C., & Hsi, S. ( 2000 ) . *Computers, teachers, and peers: Science learning partners.* Mahwah, NJ: Lawrence Erlbaum Associates.

203 Linn, M.C., Davis, E.A., & Bell, P. ( Eds. ) ( 2004 ) . *Internet environments for science education.* Mahwah, NJ: Lawrence Erlbaum Associates.

204 Lutz, W., Cuaresma, J.C., & Sanderson, W. ( 2008 ) . The demography of educational attainment and economic growth. *Science*, 319: 1047–1048 ( February 22 ) .

205 Macnamara, J.T. ( 1982 ) . *Names for things: A study of human learning.* Cambridge, MA: MIT Press.

206 Mandler, G. ( 1967 ) . Verbal learning: Introduction. In Mandler, G., Mussen, P., Kogan, K., & Wallach, M.A., *New Directions in Psychology* III, by pp. 3–50 ) . New York: Holt, Rhinehart, and Winston.

207 Marshall, H., & McCombs, B.L. ( 1995 ) . Learner-centered psychological principles: Guidelines for the teaching of educational psychology in teacher education programs. *NEP 15-Newsletter for Educational Psychologists*, 19 ( 1 ) : 4–8.

208 Marshall, R., & Tucker, M. ( 1992 ) . *Thinking for a living: Education and the wealth of nations.* New York: Basic Books.

209 Martin, D. ( 1993 ) . *Team think: Using the sports connection to develop, motivate and manage a winning business team.* New York: Penguin Books—Dutton.

210 Martin, M., Miller, G., & Delago, J. ( 1995 ) . Portfolio performance: Research results from California's Golden State Examinations science portfolio project. *The Science Teacher*, 62 ( 1 ) : 50–54, ( January ) .

211 Martin, B.L., Mintzes, J.J., & Clavijo, I.E. ( 2000 ) . Restructuring knowledge in biology: Cognitive processes and metacognitive reflections, *International Journal of Science Education* 32 ( 3 ) : 303–323.

212 Marton, F., & Säljö, R. ( 1976a ) On qualitative differences in learning, 1: Outcome and process. *British Journal of Educational Psychology*, 46: 4–11.

213 Marton, F., & Säljö, R. ( 1976b ) .On qualitative differences in learning, 2: Outcome as a function of the learner's conception of the task. *British Journal of Educational Psychology*, 46: 115–27.

214 Maslow, A.H. ( 1984 ) . *Motivation and personality.* New York: Harper & Row.

215 Mathews, J. ( 2008 ) . Few solutions in book on charters. *Washington Post.com*, May 6, p. 1.

216 Matthews, G.B. ( 1980 ) . *Philosophy and the young child.* Cambridge, MA: Harvard University Press.

217 Matthews, G.B. ( 1984 ) . *Dialogues with children.* Cambridge, MA: Harvard University Press.

218 Matthews, L.(1995). *Gravitropic responses of five maize Zea mays*. Unpublished Ph.D. study. Ithaca, NY: Department of Education, Cornell University.

219 Matus, R.(2009). It takes a lot to dismiss a teacher. St. *Petersburg Times*, (March 29), pp. 1A, 6–7A.

220 Mayer, R.E.(2004). Should there be a three-strikes rule against discovery learning? *American Psychologist*, 59(1): 14–19.

221 Mayeroff, M.(1972). *On caring*. New York: Harper & Row(1971). New York: Barnes & Noble Books(1974). New York: Harper Perennial(1990).

222 Mazur, J.M.(1989). *Using concept maps in therapy with substance abusers in the context of Gowin's theory of education. Unpublished masters thesis*. Ithaca, NY: Cornell University, Department of Education.

223 McGrory, K.(2009). Report: *Costly plan failed to improve schools*. Miami Herald, http://www.miamiherald.com/news/miami-dade/story/1049341.html

224 Mervis, J.,(2007a). Researchers fault US report critiquing education programs. *Science*, 316: 1267(June 1).

225 Mervis, J.(2007b). US expert panel sees algebra as key to improvements in math. *Science*, 318: 1534–35(December 7).

226 Miller, G.A.(1956). The magical number seven, plus or minus two: Some limits on our capacity for processing information. *Psychological Review*, 63: 81–97.

227 Miller, G.(2007a). A surprising connection between memory and imagination. *Science*, 315: 312(January 19).

228 Miller, G.(2007b). All together now—pull. *Science*, 317: 1339–1340(September 7).

229 Miller, G.(2008). The roots of Morality. *Science*, 320: 734–737(May 9).

230 Miller, N.L., Cañas, A.J., & Novak, J.D.(2006). Preconceptions regarding concept maps held by Panamanian teachers. In Cañas, A.J., & Novak, J.D.(Eds.), *Concept maps: Theory, methodology, technology. Proceedings of the Second International Conference on Concept Mapping*(Vol. 1, pp. 469–476). San José, Costa Rica: Universidad de Costa Rica.

231 Miller, N.L., & Cañas, A..(2008). A semantic scoring rubric for concept maps: Design and reliability. In Cañas, A.J., Reiska, P., Åhlberg, M. & Novak, J.D.(Eds.), *Concept mapping: Connecting educators. Proceedings of the Third International Conference on Concept Mapping*(Vol. 1, pp. 60–67). Tallinn, Estonia: Tallinn University.

232 Ministry of Education and Science, Spain.(1989). *Libio blanco la reforma del sistema educativo*(White Book for the Reform of the Educational System). Madrid, Spain: Ministry of Education.

233 Minkin, B.H.(1995). Future in sight. New York, NY: Macmillian Co.

234 Mintzes, J., Wandersee, I., & Novak, J.(Eds.)(1998). T*eaching science for understanding: A human constructivist view*. San Diego: Academic Press.

235 Mintzes, J., Wandersee, I., & Novak, J.(Eds.)(2000). *Assessing science understanding: A human constructivist view*. San Diego: Academic Press.

236 Moll, L. C. (Ed.). (1990). *Vygotsky and education: Instructional implications and applications of sociohistorical psychology*. Cambridge, UK, and New York: Cambridge University Press.

237 Molnar, A. (1994). Education for profit: A yellow brick road to nowhere. *Educational Leadership*, 52(1): 66–71 (September).

238 Molnar, A. (1995). The bell curve: For whom it tolls. *Education Leadership*, 52 (7): 69–70 (April).

239 Moloney, W.J. (1996). Reading at the 8th-grade level in college. St. *Petersburg Times*, p. 18A (December 11).

240 Mooney, J. (2008). Test scores plummet as State raises standards. *The Star-Ledger* (October 26).

241 Moore, J.F. (1996). *The death of competition*. New York, NY: Harper Collins Publishers, Inc.

242 Moore, R. (1996). Teachers unions. *The American Biology Teacher*, 58(5): 260–262.

243 Moreira, M.M. (1977). *The use of concept maps and the five questions in a Brazilian foreign language classroom: Effects on* communication. Unpublished doctoral thesis. Ithaca, NY: Cornell University, Department of Education.

244 Motz, L.L., Biehle, J. and West, S.S. (2007). *NSTA guide to planning school science facilities*, Second Edition. Arlington, VA: NSTA Press.

245 Mrozowski, J., (2008). DPS grade rates low for black males. *detnews.com*, July 28.

246 Muller, H.J. (1958). *The loom of history*. New York: Harper.

247 National Commission on Excellence in Education. (1983). *A nation at risk: The imperative for educational reform*. Washington, DC: US Government Printing Office.

248 National Research Council (NRC). (1996) *National science education standards*. Washington, DC: National Academy Press.

249 Nicolini, D., & Meznar, M.B. (1995). The social construction of organizational learning: Conceptual and practical issues in the field. *Human Relations*, 48(7): 727–746.

250 Niedenthal, P.M. (2007). Embodying emotion. *Science*, 316: 1002–1005 (May 18).

251 Nonaka, I., & Takeuchi, H. (1995). *The knowledge-creating company*. New York: Oxford University Press.

252 Nonaka, I., & Toyama, R. (2007). Why do firms differ? In Ichijo, K., & Nonaka, I. (Eds.), *Knowledge creation and management: New challenges for managers*. New York: Oxford University Press.

253 Nordland, F.H., Lawson, A.E., & Kahle, J.B. (1974). A study of levels of concrete and formal reasoning ability in disadvantaged junior and senior high school science students. *Science Education*, 58(4): 569–575.

254 Norton, A. (2008). *Self confident children may be healthier as adults*. New York: Reuters Health (June 19).

255 Novak, J.D. (1958). An experimential comparision of a conventional and a project centered method of teaching a college general botany course. *Journal of Experimential Education*, 26:

217–230.

256 Novak, J.D.(1994). A view on the current status of Ausubel's Assimilation theory of learning, or "La teoria dell'appendimento per assimilation di D. P. Ausubel. Le proopsettive attuali." CADMO(*Giornal Italiano di Pedagogoa sperimentale, Didattica Doc imologia, Tecnologia dell'Instrusione*), 2(4): 7–23. Also in Novak, J.D.(Ed.), *Proceeding of the Third International Seminar on Misconceptions and educational Strategies in Science and Mathematics* (August 1–4, 1993). Published electronically, Internet. Access: misconceptions.mannlib.cornell.edu(users need to have access to GOPHER program).

257 Novak, J.D.(1963). What should we teach in biology? NABT News and Views, 7(2): 1. *Reprinted in Journal of Research in Science Teaching*, 1(3): 241–243.

258 Novak, J.D.(1964). Importance of conceptual schemes for science teaching. *The Science Teacher*, 31(6): 10.

259 Novak, J.D.(1969). A case study of curriculum change: Science since PSSC. *School Science and Mathematics*, 69: 374–384(May).

260 Novak, J.D.(1972). Facilities for secondary school science teaching. The Science Teacher, 39(3): 2–13.

261 Novak, J.D.(1977a). *A theory of education*. Ithaca, NY: Cornell University Press.

262 Novak, J.D.(1977b). An alternative to Piagetian psychology for science and mathematics education. *Science Education*, 61(4): 453–477.

263 Novak, J.D.(1983). Can metalearning and metaknowledge strategies to help students learn how to learn serve as a basis for overcoming misconceptions? In Helm, H., & Novak, J.D.(Eds.), *Proceedings of the International Seminar on Misconceptions in Science and Mathematics* (pp. 118–130). Ithaca, NY: Cornell University.

264 Novak, J.D.(1987). *Proceedings of the Second International Seminar on Misconceptions and Educational Strategies in Science and Mathematics Conference, June* 1987. Ithaca, NY: Department of Education, Cornell University.

265 Novak, J.D.(1991). Clarify with concept maps. *The Science Teacher*, 58(7): 45–49.

266 Novak, J.D.(1993). Human constructivism: A unification of psychological and epistemological phenomena in meaning making. I*nternational Journal of Personal Construct Psychology*, 6: 167–193.

267 Novak, J.D.(1996a). Personal interview with a senior manager of a prominent accounting firm.

268 Novak, J.D.(1996b). Personal interview with a senior executive of a firm in the construction industry.

269 Novak, J.D.(1997). Personal interview with a senior airline captain.

270 Novak, J.D.(2002). Meaningful learning: The essential factor for conceptual change in limited or appropriate propositional hierarchies(LIPHs) leading to empowerment of learners. *Science Education*, 86(4): 548–571.

271 Novak. J.D.(2004). Reflections on a half century of thinking in science education and research:

Implications from a twelve-year longitudinal study of children's learning. *Canadian Journal of Science, Mathematics, and Technology Education*, 4 (1) : 23–41.

272 Novak, J.D. (2005) . Results and implications of a 12-year longitudinal study of science concept learning. *Research in Science Education*, 35 (1) : 23–40.

273 Novak, J.D., & Abrams, R. (eds.) . (1993) . *Proceedings of the Third International Seminar on Misconceptions and Educational Strategies in Science and Mathematics*. Held at Cornell University in Ithaca, NY, on August 1–4, 1993.

274 Novak, J.D., & Cañas, A.J. (2006a) . *The theory underlying concept maps and how to construct them* (Technical Report No. IHMC CmapTools 2006–01) . Pensacola, FL: Institute for Human and Machine Cognition.

275 Novak, J.D., & Cañas, A.J. (2006b) . The origins of the concept mapping tool and the continuing evolution of the tool. *Information Visualization Journal*, 5 (3) : 175–184.

276 Novak, J.D., & Gowin, D.B. (1984) . *Learning how to learn*. New York: Cambridge University Press.

277 Novak, J.D., Gowin, D.B., & Johansen, G.T. (1983) . The use of concept mapping and knowledge Vee mapping with junior high school science students. *Science Education*, 67 (5) : 625–645.

278 Novak, J.D., & Iuli, R.I. (1995) . Meaningful Learning as the foundation for constructivist epistemology. *Proceedings of the Third International History, Philosophy and Science Teaching Conference*, Vol. 2. Minneapolis, MN: University of Minnesota, College of Education.

279 Novak, J.D., & Musonda, D. (1991) . A twelve-year longitudinal study of science concept learning. *American Educational Research Journal*, 28 (1) : 117–153.

280 Novak, J.D., & Wandersee, J.H. (1990) . Co-Editors, Perspectives on concept mapping: Special issue of *Journal of Research in Science Teaching*, 28 (1)(January 1991) . New York: John Wiley & Sons.

281 Nussbaum, J., & Novak, J.D. (1976) . An assessment of children's concepts of earth utilizing structured interviews. *Science Education*, 60 (4) : 535–550.

282 Ohio State University (2008, August 5) . Teacher-student relationships key to learning health and sex education. *ScienceDaily*. http://www.sciencedaily.com/releases/2008/08/080804114258.ht

283 Okada, A. (2008) . Personal communication.

284 O'Neil, J. (1995) . On lasting school reform: A conversation with Ted Sizer. *Educational Leadership*, 52 (5) : 4–9 (April) .

285 O'Neil, J. (1995) . On schools as learning organizationa: A conversation with Peter Senge. *Educational Leadership*, 52 (7) : 20–23 (February) .

286 Paavola, S., Lipponen, L., & Hakkarainen, K. (2004) . Models of innovative knowledge communities and three metaphors of learning. *Review of Educational Research* 74 (4) : 557–576.

287 Page, C. (2009) . Youth crime surge. *Washington Times*, Jan. 10. http://www. washingtontimes .com/news/2009/jan/10/youth-crime-surge/.

288 Papalia, D.E. (1972). The status of several conservation abilities across the life span. *Human Development*, 15: 229–243.

289 Penfield, W. (1952). Memory mechanisms. A.M.A. *Archives of Neurology and Psychiatry*, 67: 178–198.

290 Perkins, D.N. (1992). Smart schools: *Better thinking and learning for every child*. New York, NY: The Free Press.

291 Peters, T.J. (1992). *Liberation management*. New York, NY: Alfred A. Knopf, Inc.

292 Peters, T.J. (1994). *The Thomas Peters seminar*: Crazy times call for crazy organizations. New York, NY: Vintage Books.

293 Piaget, J. (1926). *The language and thought of the child*. New York: Harcourt Brace.

294 Piaget, J. (1972). *Psychology and epistemology*. New York: The Viking Press. Translated by A. Rosin.

295 Pines, A.L., Novak, J.D., Posner, G.J., & VanKirk, J. (1978). *The clinical interview:A method for evaluating cognitive structure* (Research Report #6). Ithaca, NY: Department of Education, Cornell University.

296 Pinker, S., (2007). *The stuff of thought: Language as a window into human nature*. New York: Viking Penguin.

297 Polyani, M. (1966). *The tacit dimension*. New York: Doubleday.

298 Postlethwait, S.N., Novak, J.D., & Murray, H.T., Jr. (1969). *The audio-tutorial approach to learning through independent study and integrated experiences* (2nd ed.). Minneapolis, MN: Burgess.

299 Postlethwait, S.N., Novak, J.D., & Murray, H.T., Jr. (1972). *The audio-tutorial approach to learning through independent study and integrated experiences* (3rd ed.). Minneapolis, MN: Burgess.

300 Prestowitz, C.V., Jr. (1988). *Trading places*. New York: Basic Books.

301 Puckett, M.B., & Black, J.K. (1994). *Authentic Assessment of the young child: Celebrating development and learning*. New York: Macmillan.

302 Quinn, H.J., Mintzes, J.J., & Laws, R.A. (2003/2004). Successive concept mapping: Assessing understanding in college science classes, *Journal of College Science Teaching*, 3 (3): 12–16.

303 Resnick, L., and Nolan, K. (1995). Where in the world are world-class standards. *Educational Leadership*, 52(6): 6–10(March).

304 Richardson, V. (Ed.). (2001). *Handbook of research on teaching* (4th Ed.). Washington, DC: American Educational Research Association.

305 Richland, L.E., Osnat, Z., & Holyoak, K.J. (2007). Cognitive supports for analogies in the mathematics classroom. *Science*, 316: 1128–1129(May 25).

306 Ridley, D.R., & Novak, J.D. (1983). Sex-related differences in high school science and mathematics Enrollments: Do they give males a critical headstart toward science and math-related

careers? *Alberta Journal of Educational Research*, 29 (4) : 308–318.

307 Ripple, R.E., & Rockcastle, V.N. ( Eds. ) . ( 1964 ) . *Piaget rediscovered.* Ithaca, NY: Department of Education, Cornell University.

308 Robinson, G.E., Fernald, R.D. & Clayton, D.F. ( 2008 ) . Genes and social behavior. *Science*, 322: 896–900 ( November 7 ) .

309 Roland, D. ( 2009 ) . *Contract shools.* Posted in: http://www.showmedaily.org/2009/01/ contract-schools.html.

310 Rowan, B. ( 1994 ) . Comparing teachers' work with work in other occupations: Notes on the professional status of teaching. *Educational Researcher*, 23 ( 6 ) : 4–21.

311 Rowe, M.B. ( 1974 ) . Wait-time and rewards as instructional variables: Their influence on Learning, Logic and Fate Control. I. Wait-time. *Journal of Research in Science Teaching*, 11 ( 2 ): 81–94.

312 Ruiz-Primo, M.A. ( 2000 ) . On the use of concept maps as an assessment tool in science: What have we learned so far? *Revista Electronica de Investogacion Educativa*, 2 (1) .

313 Ruiz-Primo, M.A., Schultz, S.E., Li, M., & Shavelson, R.J. ( 1998 ) . *Comparison of the reliability and validity of scores from two concept mapping techniques* ( No. 492 ) . Los Angeles, CA: Center for the Study of Evaluation, Standards and Student Testing.

314 Ruiz-Primo, M.A., Schultz, S.E., Li, M., & Shavelson, R.J. ( 2001 ) . Comparison of the reliability and validity of scores from two concept-mapping techniques. *Journal of Research in Science Teaching*, 38 (2) : 260–278.

315 Ruiz-Primo, M.A., & Shavelson, R.J. ( 1996 ) . Problems and issues in the use of concept maps in science assessment. *Journal of Research in Science Teaching*, 33: 569–6.

316 Ryle, G. ( 1949 ) . *Collected papers*, Vol. II. Critical Essays. London: Hutchinson.

317 Sadler, P.M. ( 1995 ) . Personal communication.

318 Sadler, P.M. ( 1995 ) . Astronomy's conceptual hierarchy. In Perry, J. ( Ed. ), *Astronomy education: Current developments, future coordination.* San Francisco: Astronomical Society of the Pacific, pp. 46–60.

319 Saha, L., & Dwarkin, G. ( Eds. ) . ( 2009 ) . *International handbook of research on teachers and teaching* ( Springer International Handbooks of Education. ) London: Springer.

320 Sarason, S.B. ( 1993 ) . *The predictable failure of educational reform.* San Francisco, CA: Jossey-Bass.

321 Schmitt, H.H. ( 2006 ) . *Return to the Moon: Exploration, enterprise, and energy in the human settlement of space.* New York: Praxis Publishing, Ltd.

322 Schwab, J.J. ( 1973 ) . The practical 3: Translation into curriculum. *School Review*, 81 (4) : 501–522. [See Chapter 1, p. 1.3]

323 Sedlak, M.W., Wheeler, C.W., Pullin, D.C., & Cusick, P.A. ( 1986 ) . *Selling students short.* New York: Teachers College Press.

324 Senge, P.M. ( 1990 ) . *The fifth discipline: The art and practice of the learning organization.* New

York: Doubleday.

325 Service, R.E. (2008). Eyeing oil, synthetic biologists mine microbes for black gold. *Science*, 322: 522–523 (October 24).

326 Service, R.E. (2009). Is silicone's reign nearing an end? *Science*, 323: 1000–1002 (February 20).

327 Shavelson, R.J., Lang, H., & Lewin, B. (1994). *On concept maps as potential "authentic" assessments in science*. Los Angeles: CRESST.

328 Shavelson, R.J., & Ruiz-Primo, M.A. (2000). On the psychometrics of assessing science understanding. In Mintzes, J., Wandersee, J., & Novak, J. (Eds.), *Assessing science understanding* (pp. 304–341). San Diego: Academic Press.

329 Shayer, M., & Adey, P. (1981). *Towards a science of science teaching: Curriculum development and curriculum demand*. London, UK: Heinemann Educational Books.

330 Shuell, T.J. (1993). Toward an integrated theory of teaching and learning. *Educational Psychologist*, 28 (4): 291–311.

331 Shulman, L.S., & Keislar, E.R. (Eds.). (1966). *Learning by discovery*. Chicago: Rand McNally.

332 Silesky, O. (2008). *Concept maps and standardized tests*. PowerPoint presentation, Sept. 23, Tallinn, Estonia.

333 Simon, H.A. (1974). How big is a chunk? *Science*, 183 (8): 482–488.

334 Slavin, R.E. (1982). *Cooperative learning: Student teams*. Washington, DC: NEA Professional Library.

335 Smith, B.E. (1992). Linking theory and practice in teaching basic nursing skills. *Journal of Nursing Education*, 31 (1): 16–23.

336 Songer, N.B., & Linn, M.C. (1991). How do students' views of science influence knowledge integration? *Journal of Research in Science Teaching*, (28): 761–784.

337 Sonnert, G., and Holton, G. (1996). Career patterns of women and men in the sciences. *American Scientist*, 84: 63–71 (February).

338 Stansbury, M. (2008). Students to their schools: "Got Game?". *eSchool News*, 11 (5): 9.

339 Sakal, K.L. (2005). Language acquisition and brain development. *Science*, 310: 815–819 (November).

340 Schon, D. (1983). *The reflective practitioner: How professionals think in action*. New York: Basic Books.

341 Stecklow, S. (1994). Critical thought: Acclaimed educational reform developed by Dr. Sizer are popular but unproved. *Wall Street Journal*, pp. A1, A4, (December 28).

342 Sternberg, R.J. (1986). *The triarchic mind*. New York: Penguin Books.

343 Sternberg, R.J. (1988). *The nature of creativity*. New York: Cambridge University Press.

344 Sternberg, R.J. (1996a). *Successful intelligence*. New York: Simon & Schuster.

345 Sternberg, R.J. (1996b). Myths, countermyths, and truths about intelligence. *Educational*

*Researcher*, 25 ( 2 ) : 11–16 ( March ) .

346 Sternberg, R.J. ( 2008 ) . *Cognitive psychology*. Belmont, CA: Wadsworth.

347 Suppes, P., & Ginsberg, R. ( 1963 ) . A fundamental property of all-or-none models, binomial distribution of respnses prior to conditioning, with application to concept formation in children. *Psychological Review*, 70: 139–161.

348 Swanson, D.B., Geoffrey, R.N., & Linn, R.L. ( 1995 ) . Performance-Based Assessment: Lessons from the health professions. *Educational Researcher*, 24 ( 5 ) : 5–11, 35 ( June/July ) .

349 Sweeney, E. ( 2009 ) . The school bully: Does it run in families? *Science News*, August 5. Retrieved February 18, 2009, from http://www.sciencedaily.com-/releases/2008/08/080804111636.htm.

350 Swiss, D. ( 1996 ) . *Women breaking through*. Princeton, NJ: Petersons/Pacesetter Books.

351 Szabo, A., and N. Hastings. ( 2000 ) . Using IT in the undergraduate classroom: Should we replace the blackboard with PowerPoint? *Computers and Education*, 35: 175–87.

352 Talbot, David. ( 2008 ) Una Laptop por Nino. T*echnology Review*. April, 2008. http://www.technologyreview.com/business/20572/?a=f.

353 Tannen, D. ( 1994 ) . Talking from 9 to 5: *How women's and men's conversational styles affect who gets heard, who gets credit, and what gets done at work*. New York, NY: William Morrow and Co., Inc.

354 Tapscott, D., & Williams, A.D. ( 2006 ) .*Wikinomics: How mass collaboration changes everything*. New York: Penguin Group.

355 Taylor, D. ( 1991 ) . *Learning denied*. Portsmouth, NJ: Heinemann.

356 Thaler, L.K., and Koval, R. ( 2006 ) . *The power of nice: How to negotiate so everyone wins, Especially you*! New York: Currency Books.

357 The American Association for the Advancement of Science ( AAAS ) . ( 1993 ), *Benchmarks for Science Literacy*. New York: Oxford University Press.

358 Thorndike, E.L. ( 1922 ) . The effect of changed data upon reasoning. J*ournal of Experimental Psychology*, 5: 33–38.

359 Toffler, A. ( 1971 ) . *Future shock*. New York: A Bantam Book, Random House.

360 Toulmin, S. ( 1972 ) . *Human understanding. volume 1: The collective use and evolution of concepts*. Princeton, NJ: Princeton University Press.

361 Trifone, J.D. ( 2005 ) .To what extent can concept mapping motivate students to take a more meaningful approach to learning biology? *Science Education Review*, 5 ( 4 ) : 122–145.

362 Tronto, J.C. ( 1993 ) . *Moral boundaries: A political argument for an ethic of care*. London: Routledge, Chapman and Hall.

363 Truesdale, V. ( 2008 ) . Investing in healthy teachers. *Education*, 50 ( 10 ) : October. http://www.ascd.org/publications/newsletters/education_update/oct08/vol50/num10/Investing_in_Healthy_Teachers.aspx.

364 Tsien, J.Z. ( 2007 ) . The memory. *Scientific American*, July: http://www.sciam.com/ article.cfm?id=the-memory-code.

365 Tufte，E.R.（2003）. *The Cognitive Style of PowerPoint*. Cheshire，CT: Graphics Press LLC.

366 Tyler，R.W.（1977）. Foreword. In Novak，J.D.，*A Theory of Education*（pp. 7–8）. Ithaca，NY: Cornell University Press.

367 University of Illinois at Urbana-Champaign（2009）. *Public schools outperform private schools in math instruction*. February 25.

368 U.S. Department of Education，National Center for Educational Statistics.（2001）*Paving the way to Postsecondary education: K-12 programs for underrepresented youth*. NCES 2001–205. Prepared by Patricia Gandura and Deborah Biai for the National Postsecondary Cooperative Access Working Group. Washington，D.C.: 2001.

369 US Department of Education，May 2007. *Report of the Academic Competitiveness Council.*（www.ed.gov/about/inits/ed/competitiveness/acc-mathscience/report.pdf）

370 Valadares，J.，& Soares，M.（2008）. The teaching value of concept maps. In Cañas，A.，Reiska，P.，Åhlberg，M.，& Novak，J.D.（Eds.）（2008）. *Proceedings of the Third International Conference on Concept Mapping*.（Vol. 2，pp. 634–642）. Tallinn，Estonia & Helsinki，Finland，2008.

371 Valerio，A.，Leake，D.B.，& Cañas，A.J.（2008）. Automatic classification of concept maps based on a topological classifications and its application to studying humanbuilt maps. In Cañas，A.J.，Reiska，P.，Åhlberg，M.，& Novak，J.D.（Eds.），Concept Mapping: Connecting Educators，*Proceedings of the Third International Conference on Concept Mapping*. Tallinn，Estonia & Helsinki，Finland，Vol I，pp. 122–129.

372 Valitutti，G.（2006）. ESPLORANDO . . . SCOPRIAMO. PowerPoint presentation on studies in Urbino Italy.

373 Vance，M.，& Deacon，D.（1995）. *Think out of the box*. Franklin Lakes，NJ: Career Press.

374 Villarini-Jusino，A.R.（2007）. Theories that are needed by educational researchers and practitioners: A Critical Reflection. A contribution to the debate What theories do we need in education? *Culture y Educacion*，19（3）: 249–255.

375 Von Glasersfeld，E.（1984）. An introduction to radical constructivism. In Watzlanick，P.（Ed.），*The Invented Reality*（pp. 17–40）. New York: Norton.

376 Von Krogh，G.，Ichijo，G.，& Nonaka，I.（2000）. *Enabling knowledge creation*. New York: Oxford University Press.

377 Vygotsky，L.S.（1962）. *Thought and language*. Cambridge，MA: MIT Press（edited and translated by Eugenia Hanfmann and Gertrude Vakar）.

378 Vygotsky，L.S.（1986）. *Thought and language*.（Translation & editing by A. Kozulin）. Cambridge，MA: The MIT Press.

379 Wainer，H.（1993）. Does spending money on education help? *Educational Researcher*，22（9）: 22–24.

380 Waitley，D.（1995）. *Empires of the mind: Lessons to lead and succeed in a knowledge-based world*. New York，NY: William Morrow and Co.，Inc.

381 Walker, J.M.T., & King, P.H. ( 2003 ) . Concept mapping as a form of student assessment in the domain of bioengineering. *Journal of Engineering Education*, 19 ( 2 ) : 167–179 ( April ) .

382 Waterman, R.H. ( 1995 ) . *What America does right*. New York Penguin, Plume.

383 Welch, J., with Welch, S. ( 2005 ) . *Winning*. New York: HarperCollins.

384 White, J.B., & Suris, O. ( 1993 ) . New pony: How "Skunk Works" kept Mustang alive: On a tight budget. *Wall Street Journal*, pp. A1, A12 ( Sept. 21 ) .

385 Whorf, B.L. ( 1956 ) . *Language, Thought and Reality. Selected Writings of Benjamin Lee Whorf* ( edited and with an introduction by J.B. Carroll ) . Cambridge, MA: The MIT Press.

386 Wiggins, G. ( 1989 ). Teaching to the authentic test. *Educational Leadership*, 49( 7 ): 45 ( April ).

387 Wiggins, G., & McTighe, J. ( 2008 ). Put understanding first. *Educational Leadership*, 65 ( 8 ): 36–41.

388 Wilshire, B. ( 1990 ) . *The moral collapse of the university professionalism, purity, and alienation*. Albany: State University of New York Press.

389 Wilson, K.G., & Davis, B. ( 1994 ) . *Redesigning education*. New York: Henry Holt & Co.

390 Wilson, M.L., & Peterson, P.L. ( 2006 ) . *Theories of learning and teaching*: What do they mean? Atlanta, GA: NEA Professional Library.

391 Wittrock, M.C. ( 1974 ) . Learning as a generative process. *Educational Psychologist*, 11: 87–95.

392 Wood, D., Bruner, J.S., & Ross, G. ( 1976 ) . The role of tutoring in problem solving. *Journal of Psychology and Psychiatry*. 17.

393 Woodruff, R.B., & Gardial, S.F. ( 1996 ) . *Know your customer: New approaches to understanding customer value and satisfaction*. Cambridge, MA: Blackwell.

394 Yumino, K. ( 1994 ) . Personal communication.

395 Zahkaria, F. ( 2009 ) . *The post American world*. New York: Norton ( paperback ) .

396 Zaltman, G., & Higie, R.A. ( 1993 ) . *Seeing the voice of the customer: The Zaltman Metaphore Elicitation Technique*. Cambridge, MA: Marketing Science Institute, Report No. 93–114.

397 Zehr, M.A. ( 2009 ) . Supplementary reading programs found ineffective. *Education Week*, May 5: http://www.edweek.org/login.html?source=http://www.edweek.org/ew/articles/2009/05/05/31reading.h28.html&destination=http://www.edweek.org/ew/articles/2009/05/05/31reading.h28.html&levelId=2100.

398 Zheng, A.Y., Lawhorn, J.K., Lumley, T. & Freeman, S. ( 2008 ) . Application of Bloom's Taxonomy debunks the "MCAT" myth. *Science*, 319: 414–415 ( January 25 ) .

399 Ziliak, S.T., & McClosky, D.N. ( 2008 ) . *The cult of statistical significance*. Ann Arbor: University of Michigan Press.

Names Index

# 人名索引

Abrams，154，247
Aburdene，193
Achterberg，129
Afamasaga-Fuata'i，K.，144，217
Ählberg，255
Ahoranta，255
Alaiyemola，249
Allen，222
Anderson，60，92，192
Andrews，127
Argyris，147
Aschbacher，250
Ausubel，7，36，53，59，62，63，64，90，93，259
Aziz-Zadeh，100
Bacharach，235
Baroody，261，255
Barrios，300
Bartels，255
Bartlett，30
Bascones，88，89
Bauer，147
Beirute，258，297
Benbow，288
Berends，234
Best，228
Biehle，220
Bierlein，278
Bingham，272
Black，267
Bloom，28，57，60，246，258
Bonner，218
Borgman，200
Borman，147
Brandt，277
Bretz，249
Bridges，185
Briggs，139
Brock，266
Bronfenbrenner，226
Brown，17，55，272
Bruner，62
Bush，121
Buzan，144
Caldwell，217
Cañas，64，127，200，210，258
Cannon，218
Carey，60，85
Ceci，99，226
Charan，96，120，209，237，285，302
Chi，60，85
Christensen，98
Clune，277
Cobern，155
Collins，55
Commoner，218
Crosby，39，161
Cullen，86
Cusick，185
Davis，161
Deacon，137
Delago，266
Dethier，218
Devaney，202
Diamond，226
Dingerson，279
Donaldson，60
Drucker，192，207，209，252，271，283
Duguid，55
Dwarkin，146
Ebbinghaus，30
Edmondson，33，121，258
Edwards，255
Eisenberger，151
Fedock，155
Feldsine，154
Ferrell，234
Feynman，277
Fields，2
Flavell，60，61
Fraser，213，255
Freire，42
Friedman，2，118，199
Gamoran，234
Gardial，129
Gardner，95，96，171
Gates，306
Gazzaniga，21，45，151
Gazzola，100
Gelman，60，85
Georgi，98
Gerber，162
Getzelz，98
Gilligan，229
Ginsberg，77
Glasersfeld，105，216
Glasser，21
Glod，280

Goleman，100
Gonzales，12，277
Goodlad，1
Gorman，297
Gould，116，225
Gowin，13，17，38，40，69，117，131，210，255，305
Greeno，55
Grove，30
Guilford，98，100
Guiso，99
Gurley-Dilger，256
Hagerman，77
Haidt，151
Halpern，111
Hamel，137，186，286，302
Hanesian，93
Hanushek，171
Harper，200
Harris，62，150
Hegarty，281
Helm，247
Henderson，216
Herman，250
Herrigel，33
Herrnstein，225，226
Hezlett，99
Hibbard，168
Higgins，96，237
Higie，131，305
Hogan，91
Holden，243，246
Holton，232
Holubec，191
Houston，146
Huston，11，199
Hyde，229
Ichijo，44，106
Iuli，134
Jackson，98
Jegede，249
Jensen，225
Johansen，117
Johnson，191，218，234
Jonassen，64
Jones，234
Kaestle，116
Kahle，202
Kamin，225
Kao，200
Katzenbach，238，286
Keating，226
Keddie，225
Keislar，72
Keller，14
Kerr，155，156
Keysers，100
Kilts，192
Kinchin，144，156，256，251
King，255
Kirschner，72
Klausmeier，62
Koshland，94
Kotter，237
Kouzes，20
Koval，191
Krajcik，266
Krogh，127
Kuhn，63
Kuncel，98
Lafley，2，11，20，96，130，209，237，264，285
Lakoff，218
Lancaster，255
Lawler，276
LePore，234
Lieberman，151
Linn，121，223
Lucia，178
Lutz，1
Macnamara，28，53，57，60
Mandler，21
Marshall，93，270
Martin，79，192，266，285
Marton，68
Mathews，279
Matthews，60，109，125，129
Matus，185
Mayer，72
McClintock，14
McCombs，93
McGrory，9
McTighe，112
Mervis，113，217
Meznar，237
Miller，32，151，258，266，298
Minkin，302，303
Mintzes，17，277
Mitchell，235
Moll，58
Molnar，226，279
Moloney，281
Mooney，247
Moore，235，302，303
Moreira，36，37
Motz，220
Mrozowski，226
Mulholland，278

Muller，218
Murray，107
Musonda，16，60，64，82，83，84，170，203
Neisser，123
Nicolini，237
Niedenthal，15，30
Nolan，17
Nonaka，44，106，118，198，208，218，236
Nordland，59
Norman，252
Norton，13，213
Novak，13，16，17，33，37，38，39，40，58，60，64，69，76，82，83，84，85，88，89，93，102，107，120，121，123，131，134，152，154，167，168，170，186，187，218，223，247，255，258，267，277，305
Nussbaum，85，168
Nystrand，234
O' Neil，234，237，277，278
Obama，13
Okada，143，144
Okebukola，249
Papalia，85
Pasteur，94
Perkins，87
Peters，147，190，198，237，285
Piaget，6，57
Pines，36
Pinker，28
Posner，20
Postlethwait，167
Prahalad，137，186，286，302
Pressley，91
Prestowitz，3，283，336
Puckett，267
Pullin，185
Quinn，255
Raven，88
Resnick，17
Richland，112
Ridley，229
Ripple，58，63
Robinson，150
Rockcastle，58，63
Rowan，146
Rowe，131
Ruiz-Primo，255
Sadler，247
Saha，146
Sapp，234
Schon，147
Schwab，15
Seaman，222
Sedlak，185
Senge，44，161，236，273，283，284，285
Service，266，271
Shavelson，8，14，255
Shuell，17
Shulman，72
Silesky，9，223，257
Simon，17，32
Sizer，234，277
Smith，80
Songer，121
Sonnert，232
Spitulnik，266
Stanley，228
Stansbury，202
Stecklow，278
Sternberg，23，69，92，95，96，97，151，225，226
Stimson，190
Summers，232
Suppes，77
Swanson，252
Szabo，156
Takeuchi，2，3，44，118，198，208，218，236
Talbot，222
Tannen，229，230，231
Tapscott，2，22，199，288
Taylor，184
Thaler，191
Thorndike，217
Toulmin，121
Trifone，154，257
Tronto，231
Truesdale，2
Tsien，27，30
Tucker，270
Turque，280
Tyler，6，272
Valitutti，12，297，298，299
Vance，137
Villarini-Jusino，18
Vygotsky，58，59，91
Wainer，17
Waitley，87，198
Walker，255
Wandersee，39，277
Waterman，208
Welch，192
Wells，307
West，220

Wheeler，185
White，191，279
Wiggins，267，268
Williams，2，22，98，199，288
Wilshire，171
Wilson，147，161
Winters，250
Wittrock，60
Wood，91
Yumino，283
Zakaria，4，12，283
Zaltman，131，305
Zambo，155
Zehr，9
Zembal，266
Zheng，257
Zobel，124

Terminology Index

# 术语索引

V 形图（Vee diagrams）, 7, 17, 91, 92, 104, 105, 106, 107, 108, 109, 110, 111, 112, 114, 116, 117, 118, 119, 121, 122, 123, 124, 125, 126, 129, 130, 132, 141, 144, 164, 194, 195, 197, 198, 199, 212, 241, 251, 252, 260, 261, 262, 263, 265, 267, 310
表现性评价（performance evaluation）, 251, 252
表征学习（representational learning）, 47, 48
程序性知识（procedural knowledge）, 80, 128
刺激—反应理论（stimulus-response，S-R 理论）, 21
档案袋评价（Portfolio Evaluation）, 265, 266
短时记忆（short-term memory）, 32
概念图（concept map）, 5, 6, 10, 12, 17, 23, 26, 27, 29, 36, 37, 38, 39, 40, 41, 50, 51, 52, 64, 65, 67, 68, 69, 80, 81, 82, 83, 84, 88, 89, 90, 91, 92, 101, 104, 105, 108, 110, 114, 116, 117, 119, 120, 121, 123, 124, 125, 126, 127, 128, 129, 130, 131, 132, 133, 134, 135, 136, 137, 138, 139, 140, 141, 144, 152, 154, 156, 157, 158, 159, 161, 163, 164, 168, 172, 173, 174, 178, 194, 195, 196, 197, 198, 199, 200, 210, 211, 212, 213, 214, 217, 219, 221, 222, 224, 249, 251, 253, 254, 255, 256, 257, 258, 259, 260, 261, 263, 265, 267, 274, 284, 290, 291, 292, 293, 295, 296, 297, 298, 299, 300, 301, 305, 306, 308, 309, 346
概念学习（Concept Learning）, 47, 48, 53, 54, 62, 64, 79, 80, 83, 166
感觉记忆（perceptual memory）, 31, 32, 33
感觉运动阶段（sensorymotor stage）, 57
行为心理学（behavioral psychology）, 63, 216, 289
行为主义（behaviourism）, 7, 21, 63, 120, 223, 272
机械学习（rote learning）, 6, 13, 20, 21, 25, 26, 33, 35, 39, 42, 43, 48, 51, 66, 67, 68, 69, 70, 71, 72, 73, 76, 77, 78, 81, 95, 121, 157, 162, 228, 249, 256, 257, 258
建构主义（constructivism）, 61, 92, 102, 103, 106, 107, 109, 116, 119, 120, 121, 122, 156, 162, 163, 261, 298
渐进分化（Progressive Differentiation）, 79, 80, 81, 82, 83, 93, 101, 123, 148, 259
脚手架学习（Scaffolding Learning）, 91
具体运算阶段（concrete operations stage）, 57, 58, 83
摩尔定律（Moores Law）, 266
前运算阶段（preoperational stage）, 57, 83
情感敏感度（emotional sensitivity）, 148, 152, 154, 174
情境（context）, 6, 8, 16, 21, 26, 34, 46, 47, 49, 51, 55, 63, 68, 77, 88, 106, 107, 108, 112, 149, 157, 162, 163, 164, 165, 167, 171, 172, 179, 186, 199, 200, 201, 202, 203, 213, 215, 217, 219, 221, 224, 225, 228, 232, 233, 235, 236, 239, 252, 268, 304, 306
人类建构主义（human constructivism）, 102, 103, 119, 120, 122

# Terminology Index

认识论（epistemology）, 63, 65, 92, 102, 103, 105, 106, 109, 118, 119, 120, 125, 221
认知发展理论（cognitive developmental theory ）, 6, 58, 61, 83
认知学习（cognitive learning）, 14, 30, 52, 62, 65, 66, 93, 123, 219, 242, 250
认知主义（cognitivism）, 7
生成性学习理论（generative learning theory）, 60
实证主义（empiricism）, 63, 106, 120, 121, 261
思维导图（Mind Mapping）, 143, 144, 145
同化学习理论（assimilation learning theory ）, 7, 62, 68, 90, 92, 123
先行组织者（Advance organizers）, 89, 90, 91, 291
显性知识（explicit knowledge）, 7, 126, 127
形式运算阶段（formal operational stage）, 58, 83
意义学习（meaningful learning）, 6, 7, 9, 10, 12, 13, 14, 20, 25, 26, 32, 33, 34, 36, 37, 42, 46, 47, 48, 49, 51, 53, 62, 67, 68, 69, 70, 71, 72, 73, 74, 75, 76, 77, 78, 79, 80, 81, 82, 83, 86, 87, 88, 90, 91, 92, 93, 94, 95, 96, 101, 102, 111, 112, 119, 121, 122, 123, 147, 148, 149, 154, 156, 157, 158, 163, 164, 168, 172, 217, 219, 221, 222, 228, 242, 249, 250, 256, 257, 277, 281, 282, 295
元认知知识（metacognitive knowledge）, 90
元知识（metaknowledge）, 118
长时记忆（long-term/permanent memory， LTM）, 31, 32

Keywords index

# 主题词索引

"后美国世界（Post-American World）"，4
"驯化（domestication）"（Freire 的术语），42
《爱的艺术》（*The Art of Loving*），205
《被否定的学习》（*Learning Denied*），184
《第五项修炼》（*The Fifth Discipline*），237
《对科学理解的评估》（*Assessing Science Understanding*），277
《封闭的循环》（*The Closing Circle*），218
《革新或消亡》（*Innovate or Evaporate*），237
《关怀》（*On Caring*），175
《国家科学教育标准》（*National Science Education Standards*，NSES），72
《后资本主义社会》（*Post-Capitalist Society*），3
《获胜》（*Winning*，*Welch*），192
《教师教育研究手册》（*The Handbook of Research on Teacher Education*），146
《教育的重塑》（*Redesigning Education*），161
《教育改革中可预料的失败》（*The Predictable Failure of Educational Reform*），275
《教育领导力》（*Educational Leadership*），226, 276
《竞争的灭亡》（*The Death of Competition*），302
《考试的暴政》（*The Tyranny of Testing*，Hoffman），76
《科学革命的结构》（*The Structure of Scientific Revolutions*，Kuhn），63
《科学教学：为理解而教》（*Teaching Science for Understanding*，Mintzes, Wandersee, & Novak, 1998），277
《情有独钟》（*A Feeling for the Organism*，McClintock), 14
《认识一只苍蝇》（*To Know a Fly*），218
《身体的智慧》（*Wisdom of the Body*），218
《神奇的数字：7±2》，32
《为未来而竞争》（*Competing for the Future*），302
《维基经济学》（*Wikinomics*），2
《我好！你好！》（*I'm OK—You're OK*），150,204
《学会学习》（*Learning How to Learn*, Novak & Gowin, 1984），16, 40, 184, 283
《一种教育理论》（*A Theory of Education*，Novak），13, 123, 164, 222, 269, 272, 282
《意义言语学习心理学》（*The Psychology of Meaningful Verbal Learning*，Ausubel），59, 62, 64
《隐秘的世界》（*A Private Universe*），154
8mm 循环影片（8-mm loop films），167
AP 预科课程（Advance Placement courses），99

# Keywords index

一个都不能少（No Child Left Behind，译者注：美国国会通过的一个旨在提高学生入学率和减少辍学率的项目）, 99
委内瑞拉（Venezuela）, 88
暗视觉敏感（*scotopic sensitivity*）, 178
奥顿 - 吉林厄姆阅读方法（Orton-Gillingham reading method）, 178
奥托（Otto Silesky）, 9, 10, 11, 12, 278, 297
宝洁公司（Procter and Gamble）, 11, 13, 20, 117, 124, 199, 200, 210, 211, 264, 283, 285, 303, 306
暴食症（bulimic）, 35
不让一个孩子落后（No Child Left Behind Program）, 247
创造性（creativity）, 1, 2, 13, 18, 39, 77, 93, 94, 96, 97, 98, 101, 137, 163, 208, 239, 243, 246, 347
导听教学（audio-tutorial instruction）, 167, 171, 172
多项选择题（multiple-choice questions）, 8, 23, 247, 254, 256
惰性智力（Inert intelligence）, 97, 98, 101
发现式学习（inquiry (discovery) learning）, 68, 71, 72
非营利性组织（for-profit organizations）, 4
佛罗里达人机认知研究所（Florida Institute for Human and Machine Cognition）, 41, 290
复杂的认知（complex cognition）, 87
概念图工具（CmapTools）, 1, 6, 9, 10, 12, 13, 14, 41, 105, 117, 136, 137, 139, 140, 196, 197, 200, 212, 217, 222, 258, 261, 293, 298, 299
公立学校（public schools）, 1, 9, 168, 177, 235, 267, 278, 279, 280, 281, 282
公立学校的私立化（privatization of public schools）, 9
公司环境（corporate setting）, 14, 15, 39, 124, 185, 195, 203, 239, 267, 284
公助私立学校（Instituto de Educacion Integral）, 10
国家安全局（NSA）, 139
国家科学教师协会 (National Science Teachers Association，NSTA), 218, 220
过度学习（over learning）, 76, 77
哈佛史密森天体物理中心（Harvard Smithsonian Center for Astrophysics）, 154
合作学习（cooperative learning）, 191, 192, 211
核心概念（key concepts）, 20, 46, 64, 103
后资本主义社会（Post-Capitalist Society）, 3, 4, 207
环境资料局（EDS）, 197
激素系统（hormone systems）, 33
记录转换（Record Transformations）, 114, 115, 116
记忆系统（memory systems）, 6, 9, 31, 32, 33
专业词汇（technical vocabulary）, 48, 49
继续学习（continuing learning）, 4, 76
加利福尼亚—洛杉矶洞察力学校项目（Insight School of California–Los Angeles）, 202
假设推理（hypothetical reasoning）, 58

Keywords index

假设性构想（hypothetical construct）, 111
价值主张（value claims）, 103, 116, 117, 118, 121, 197
建立更好的心智模式（Building better mental models）, 284
建立共同愿景（Building Shared Vision）, 284
交叉连接（crosslink）, 5, 81, 137, 259
交流分析法 (Transactional Analysis，TA), 204
焦点团体（focus group）, 133
焦点问题（focus questions）6, 107, 109, 115, 116, 118, 123, 130, 132, 136, 210, 261
教育的五要素（five elements of education）, 15
教育政策委员会（Educational Policies Commission，EPC）, 14
阶层式组织（hierachical organization）, 26
进化论（evolution theory）, 13, 54, 94, 122,
经济全球化（globalization of economy）, 2, 4, 9
康奈尔大学（Cornell University）, 1, 10, 11, 13, 50, 124, 134, 151, 155, 159, 160, 171, 184, 216, 235, 281, 305
康奈尔大学农学院（College of Agriculture at Cornell University）, 171
壳牌石油公司（Shell Oil Company）, 192
课程开发（curriculum development）, 163, 289, 290
李克特量表（Likert scales）, 248, 249
美国国家科学院（National Academy of Science，NAS）, 72
美国国家自然科学基金会（NSF）, 276
美国科学进步协会（AAAS）, 72
命题（propositions）, 6, 25, 26, 27, 28, 29, 36, 37, 38, 50, 51, 52, 53, 54, 55, 56, 59, 60, 64, 67, 69, 70, 71, 78, 79, 80, 83, 84, 90, 91, 96, 102, 111, 121, 128, 135, 138, 149, 156, 157, 158, 165, 242, 255, 258, 259, 291, 293
牛顿的万有引力（universal gravitation, Newtonian concept）, 85
拍摄资助（subsidizing of the screening）, 179
片面理论（only theories）, 106
普渡大学（Purdue University）, 64
普利策奖（Pulitzer）, 93
特许学校（charter school）, 234, 278, 279, 280,
情境认知（situated cognition）, 49, 55
全面质量管理（Total Quality ManagementTQM）, 144, 276
人工制品（artifacts）, 28, 114
人机认知研究所（The Institute for Human and Machine Cognition , IHMC）, 41, 196,
认知结构（cognitive frameworks）, 6, 28, 34, 49, 53, 54, 55, 56, 59, 64, 67, 70, 74, 76, 77, 78, 79, 80, 81, 82, 83, 85, 90, 93, 148, 171, 185, 237, 242, 255
认知驱动（cognitive drive）, 202

上位学习（superordinate learning）, 85, 86, 87, 93, 123,
社会科学（social sciences）, 28, 111, 113, 114, 115, 219, 241, 242, 290
深度学习（deep learning）, 26
神经簇（neural cliques）, 27
神经元（neurons）, 27, 30, 56, 67, 74, 77, 81, 100
实践共同体（community of practice）, 198
世界观（world view）, 108, 109, 117, 132, 194, 197, 311
市场研究（market research）, 129
事实（facts）, 27, 94
树突（dendrites）, 30
双向视频会议（video conferencing, two-way）, 289
太阳马戏团（Cirque du Soleil）, 196
特殊儿童中心（Special Children's Center）, 181
特许或契约学校（Charter or Contract schools）, 185
特许学校（charter schools）, 234, 279
调查问卷（questionnaires）, 23, 209, 305
跳槽率（turnover rate）, 8
同伴关系（peer relations）, 211, 213, 215
团队学习（Team Learning）, 285
文化背景（cultural context）, 8, 10, 264
无意义音节（nonsense syllables）, 30
系统思考（System Thinking）, 284
下位概念（subordinate concepts）, 79
先验知识（prior knowledge）, 25
相互关系（interrelationships）, 5
校本管理（site-based management，SBM）, 235
心理记录（mental records）, 115
心理陷阱（psychometric trap）, 246
学习材料（learning materials）, 25, 43, 202, 215, 217,
学习研究所（Institute for Research on Learning, IRL）, 198
学习障碍（learning disability）, 161, 176, 177, 178, 179, 180, 181, 182, 183, 219, 236
学校的私立化（privatization of schools）, 9
湮灭性归并（Obliterative Subsumption）, 74, 76
衍生词（generative words）, 42
一级抽象概念和二级抽象概念（primary abstractions and secondary abstractions）, 166
伊萨卡公立学校（Ithaca Public Schools）, 168
以技术为中介的教育（technology-mediated education）, 13, 18, 19
营利性组织（for-profit organizations）, 4, 282

有准备的大脑（prepared mind）, 94
语义评分标准（semantic scoring rubric）, 259
原则（principles）, 20, 27, 29, 37, 40, 50, 105, 112, 114, 117, 123, 130, 131, 152, 187, 206, 209, 217, 250, 259, 261, 284, 285
阅读障碍（dyslexia）, 177, 181
真实性评价（authentic assessment）, 267
知识模型（Knowledge models）, 291, 293, 294, 295, 296
知识主张（Knowledge claims）, 105, 113, 116, 117, 121
智商测试（intelligence (IQ) testing）, 98, 100
种族（race）, 8, 10, 40, 150, 212, 225, 233, 266, 279, 306
轴突（axons）, 30
专家骨架概念图（expert skeleton concept maps）, 291, 292
资源教室（resource room）, 179
自我超越（Personal Mastery）, 284, 286
字母记忆训练（letters, remembering）, 32
追踪研究（longitudinal study）, 166, 171, 223

# 译者后记

本书的译者之一吴金闪，从小不花时间学习，但每次做“助教”都乐于回答其他同学的问题，尤其是比较难的问题。可能正是这个回答同学问题的习惯，使得他必须对知识做深入的思考和理解，然后企图用几种不同的方式来解释给同学们听。同时，他也有一个很好的习惯，几乎每天睡觉之前，都简单回想一下今天所学的知识——那个年代，晚上熄灯早，很少家庭有电视，没事可做。现在看起来，这个对（尤其是多角度的）理解的追求，还有不断精简的习惯，使他有了非常高的学习效率。不过，这个体会，在深度阅读本书之前，仅仅是一个模糊的认识。而且，在学习过程中，理解和精简的重要性和效果很容易被理解，但是很难给出具体明确的方法来促进理解和精简。

因此，在2012年之前，这个模糊的体会仅仅停留在理念的阶段。但是，在那一年，吴金闪的研究小组作出了一个利用汉字之间的结构联系，来促进汉字的读音和含义的学习的研究，其根本思想就是把汉字之间的结构、读音、含义之间的联系整理出来，在形成了一个相互联系的网络的基础上，思考学习某个汉字的时候利用哪些汉字，以及什么样的学习顺序可以提高汉字的学习效率。从这个研究稍微发散一点，我们开始考虑物理学的学习：如果我们把所有基本的核心的物理概念之间的联系搞清楚，那么，我们就可以问学习某一个物理概念的时候可以利用哪些物理概念，什么样的物理概念的学习顺序，可以提高效率。所有的逻辑上比较严密的学科的学习，其实都可以运用这个方法。于是，吴金闪就开始在这个方向上思考和探索，直到有一天偶然之间发现本书——完全类似的思想，并且已经有一定的理论指导，有广泛的实证研究，有相应的软件，更重要的，已经有了一个很好的名字“概念图”。就好像真实世界的地图指导我们出行一样，这个概念世界中的地图，指导我们的学习，帮助我们提升理解。这完全就是他要寻找的促进理解和精简的具体方法。

于是，不仅有理念，我们还有了可操作的方法。

本书的译者之一赵国庆跟概念图的结缘是另一个故事。基于自己的学习、研究和教学经验，他注意到提升解决问题的能力、创造性、学习效率的关键在于提升思维的质量。那么如何提升思维的质量呢，他提出“隐性思维显性化”——需要运用某种方式把思维呈现出来，这个是考察和提升思维的第一步。因此，他寻找、整理和运用各种思维显性化工具，来提高学生的学习效率，概念图就是其中之一。从 2004 年开始，他就在概念图这个领域开展研究、推广和应用的工作，并且从 2013 年开始做思维训练联盟学校，在中小学中开展思维训练教学。

于是，不仅有理念及可操作的方法，我们还有了推广和应用的实践。

在北京师范大学的国际处、教务处、教师发展中心和研究生院，以及相关院系的支持下，我们也开展了把概念图和专业学习相结合的学习和教学实践。学生学习一门学科里最基础的核心知识，然后思考和理解这些少而精的内容之间的联系，进而掌握这个学科的思维方式、进一步学习的基础，形成对这个学科的品味，发展对这个学科的感情。在此过程中，我们还找到了更多的有类似思想的志同道合的老师。

于是，不仅有理念，有可操作的方法，有了推广和应用的实践，还有了一定的队伍。

这一切的基础就是这个促进理解和精简，以概念地图为基础的，理解型学习方法。而这个方法，就是本书的主题。因此，我们非常迫切地希望能够与更多的人，不仅仅是老师、学生和教育工作者，还包括家长、管理者，来分享本书。为了让更多的中小学生和中小学家长能够接触到本书，在 2012 年，我们就开始了本书的翻译的工作。

当时，为了理解型教学团队的建设，本书的阅读和翻译，是作为团队的一项日常活动。团队的成员有：梁前进、刘京莉、马利文、尉东英、辛明秀、杨丽姣、朱嘉、朱文泉。每一位团队成员会在自己对本书的阅读和理解的基础上来讲解本书的章节。然后，形成翻译的初稿。这样的以理解和讲解为主的翻译方式，导致所翻译出来的文本不适合作为译著出版。因此，本书目前的中文版本，是另一轮独立翻译的成果。对于各位团队成员付出的劳动，我们致以最深的谢意。

本书翻译过程中，有一些我们坚持的理念：尽可能避开专业词汇，因为我们的读者首先是中小学老师、学生和家长，而不是教育学研究者；保留原文的文献、索引，并且建立中文版的索引，因为我们希望有兴趣的读者可以进一步阅读文献，也可以利用索引跳读和检索；人名、地名我们都保留原文，仅仅对于存在通用翻译的给出中文译名。读者和其他译者完全可能存在不同的理念。翻译过程中的错误和失误也再所难免，尽管我们已经交叉阅读过很多遍。衷心地希望读者能够把意见反馈给我们。这样我们可以进一步提高本书的翻译质量。